"十二五"普通高等教育本科国家级规划教材

普通高等教育"十一五"国家级规划教材

SOLID WASTE TREATMENT AND RECYCLING

固体废物处理与资源化

第四版

赵由才　牛冬杰　周　涛　主编

U0235020

化学工业出版社

·北京·

内容简介

固体废物处理与资源化是环境工程专业三大核心方向之一。《固体废物处理与资源化》（第四版）全面系统地描述了生活垃圾、危险废物（医疗废物、重金属废物等）、工业固体废物、电子废物、建筑废物、城市污泥等固体废物污染控制与资源化技术体系，特别是生活垃圾源头分类、废物利用、收集、转运、焚烧发电、卫生填埋与填埋场存量垃圾再利用，有机固体废物好氧堆肥、厌氧消化、气化热解，各类危险废物预处理、安全填埋、焚烧、分离利用，各种工业固体废物预处理、有价物质分离利用、资源化利用，电子废物拆解和再生利用，建筑废物破碎分选与再利用，以及碳减排、清洁生产、资源再生利用产业园、信息化与人工智能应用等，力求客观反映工程应用实际需求，充分展示了我国改革开放以来取得的巨大科技进步。

《固体废物处理与资源化》（第四版）可作为高等学校环境工程、环境科学、环境生态工程、资源循环科学与工程等专业的教材，还可供从事环境工程设计与工程应用的技术人员、管理人员阅读参考，也适合作为其他专业人员学习和掌握固体废物处理与资源化技术的入门参考书。

图书在版编目（CIP）数据

固体废物处理与资源化/赵由才，牛冬杰，周涛主编.—4版
.—北京：化学工业出版社，2023.7（2025.1重印）
"十二五"普通高等教育本科国家级规划教材 普通高等
教育"十一五"国家级规划教材
　ISBN 978-7-122-41292-8

Ⅰ.①固… Ⅱ.①赵… ②牛… ③周… Ⅲ.①固体废物处理-
高等学校-教材②固体废物利用-高等学校-教材 Ⅳ.①X705

中国版本图书馆CIP数据核字（2022）第067226号

责任编辑：满悦芝　杨振美　　　　　　　　　　装帧设计：李子姮
责任校对：杜杏然

出版发行：化学工业出版社（北京市东城区青年湖南街13号　邮政编码100011）
印　　装：大厂回族自治县聚鑫印刷有限责任公司
787mm×1092mm　1/16　印张17½　字数411千字　2025年1月北京第4版第3次印刷

购书咨询：010-64518888　　　　　　　　　　售后服务：010-64518899
网　　址：http://www.cip.com.cn
凡购买本书，如有缺损质量问题，本社销售中心负责调换。

定　　价：59.80元

前言

固体废物，是来源于人类日常生活生产过程的废弃的固态或半固态物质，包括生活垃圾、电子废物、危险废物（病死动物、医疗废物、重金属废物等）、建筑废物、城市污泥、工业固体废物、农业废物。固体废物处理与资源化，是重要民生问题。日常叫法中，废物亦称垃圾、废弃物等；生活垃圾，亦称城市固体废物、农村固体废物、农村垃圾；建筑废物，亦称建筑垃圾等。

固体废物处理与资源化，是环境工程三大核心方向之一，与水污染控制、大气污染控制并列。自 20 世纪 80 年代，我国高等院校环境工程专业就一直在本科生、硕士和博士研究生层次上开设固体废物处置与资源化课程，教育部高等学校环境科学与工程类专业教学指导委员会也把该课程列为本科生必修课。其他课程名称还包括固体废弃物处理与处置、固体废物处理与处置、固体废物处理处置工程等，但核心内容相差不大，都是以固体废物污染控制与资源化为核心，描述固体废物的特征、处理与资源化方法、末端处置技术等。不过，不同学校和专业方向，如城市污染控制、农业污染控制、工业污染控制等，其内容侧重点存在差异。

笔者于 2003 年开始编写本科生教材《固体废物处理与资源化》，第一版于 2006 年出版，被遴选为普通高等教育"十一五"国家级规划教材；第二版于 2012 年出版，并于 2015 年被遴选为"十二五"普通高等教育本科国家级规划教材；第三版于 2019 年出版，教材内容力求与时俱进，融合世界先进技术与我国生态文明建设发展的具体实践，有助于学生跨越课堂学习与工作的最后一道"鸿沟"，受到师生的广泛欢迎和认可。

虽然第三版教材体系完整、系统，配套了实验教材、习题库、课堂教学电子教案等，然而，近年来，国内外固体废物处理与资源化技术发展快速，特别是在危险废物、医疗废物、建筑废物、智能管控、工业固体废物、碳减排、环境卫生风险防控等领域，出现了大量新技术和相应的工程应用，有关标准规范也不断发展更新，因此，有必要在第三版基础上进行修订，以补充、完善、更新相关内容。

现有固体废物处理与资源化教材以处理技术或处理对象为主线，或两者交叉。然而，某项技术可能适用于处理不同废物，而某种废物可能需要多种技术进行处理；实际工程设计中，基本上是以处理对象为核心，根据处理对象的特性和处理目标，选择处理技术，优化工程参数。因此，本教材以处理对象为主线，结合先进可行经济的处理技术，力求客观反映工程应用实际需求，使读者能够快速全面系统掌握和应用相关处理技术。

随着对环境认知和科技的发展，固体废物处理方式也从过去的"污染控制"升级到"废物资源化"。特别是党的二十大报告中指出，"协同推进降碳、减污、扩绿、增长，推进生态优先、节约集约、绿色低碳发展"，这是对统筹做好碳达峰碳中和工作提出的明确要求，也是"双碳"目标战略路径和重点任务部署，而固体废物处理与资源化是其重要抓手。本书深度融合生态文明思想、可持续发展理念和工程创新思维，工艺设计原理与应用实例相结合，全面描述固体废物处理与资源化利用的各种原理、工艺、新技术、新方法、新理论。书中介绍了固体废物处理与资源化发展历程等内容，充分展示了我国生态文明建设取得的巨大科技进步，引导学生及其他广大读者独立思考、爱岗敬业，为建设美丽中国、实现中华民族伟大复兴不懈努力。教材力求体系完整，图文并茂，适合高等学校环境工程、环境科学、环境生态工程、资源循环科学与工程等专业师生使用，还可供从事环境工程设计与工程应用的技术人员、管理人员阅读参考，也适合作为其他专业人员学习和掌握固体废物处理与资源化技术的入门参考书。

本教材被遴选为普通高等教育"十一五"国家级规划教材和"十二五"普通高等教育本科国家级规划教材，石油和化工行业"十四五"规划教材，也是同济大学本科教材出版基金资助教材，获同济大学教学成果奖一等奖。

与本教材配套的，有化学工业出版社出版的《固体废物处理与资源化实验》（第二版）本科生教材（2018 年），以及长学时和短学时在线课堂授课 PPT、音频、视频、动画、在线题库及配套答案等数字资源（详情可发邮件至 cipedu@163.com 咨询或联系赵由才 zhaoyoucai@tongji.edu.cn）。此外，还有研究生教材《固体废物处理与资源化原理及技术》供选用和参考。

本书各章节具体编写分工如下：第 1 章由牛冬杰、周涛、赵由才、高小峰、林坤森、王燕编写，第 2 章由赵由才、牛冬杰、周涛、郭燕燕编写，第 3 章由赵由才、牛冬杰、周涛编写，第 4 章由赵由才、周涛、牛冬杰编写，第 5 章由赵由才编写，第 6 章由牛冬杰编写，第 7 章由赵由才、牛冬杰编写，第 8 章由牛冬杰、高小峰编写，第 9 章由牛冬杰、高小峰编写。

由于编者时间和水平有限，书中难免存在疏漏，敬请广大读者批评指正。

赵由才　牛冬杰　周　涛
2023 年 7 月

第一版前言

固体废物是固态或半固态废弃物的总称，包括城市生活垃圾（亦称城市固体废物）、工业垃圾等。固体废物的任意排放会严重污染和破坏环境，其处理与处置一直受到各级政府、科技界、产业界和环境保护企业界的重视。

固体废物处理与资源化涵盖了城市生活垃圾的减量化、资源化和无害化，工业固体废物的末端处理与综合利用及以削减固体废物产生量、提高劳动生产率为目的的清洁生产与管理等内容。目前我国城市生活垃圾每年的收集量达 1.4 亿吨以上，并仍以较快的速度在增长。根据我国目前的经济和社会发展水平，在当前和今后相当长的时期内，城市生活垃圾仍然以填埋为主，辅之以焚烧、堆肥等其他处理方法。垃圾的分类收集是必然趋势，但必须开发分类后各种废物经济可行的处理与资源化技术。

工业固体废物种类繁多，成分复杂，其污染控制与资源化方法包括填埋、焚烧、综合利用等。有些工业固体废物中，有害有毒物质的含量并不高，如铬渣、汞渣等，但处理难度相当大。因此，对于工业固体废物来讲，也必须遵循减量化、资源化和无害化的原则，即清洁生产。清洁生产是通过产品设计、原料选择、工艺改革等途径，使工业生产以全新的工业生产方法和管理模式，最终产生最少的污染物，改变原来的末端治理为过程治理，具有巨大的经济效益和环境效益。

固体废物处理与资源化既是一门科学，也是一种行业，必须有相应的法律法规加以规范和约束。因此，有必要对固体废物处理与资源化所涉及的法律法规进行论述，使读者了解相关的知识，这对于防止和消除固体废物污染环境具有重要意义。

近年来，固体废物处理与资源化领域发生了许多变化。在城市生活垃圾方面，人们更强调源头分类收集，同时在垃圾收集运输工具、固体废物预处理、填埋、焚烧、裂解、气化和综合利用等处理技术方面有了长足的进步。另外，垃圾分类收集技术与管理也进一步完善，并得到社会的共识。但新问题也出现了，就是分类后各类垃圾的出路比较困难，处理技术不完善，这使垃圾分类收集遇到了很大障碍。

在工业固体废物处理与资源化方面，清洁生产和绿色技术已经越来越受到重视。单纯的末端治理已无法适应时代的要求。随着科学技术的发展，原来无法解决的末端治理问题通过清洁生产就可顺利解决。例如铬渣的处理是一个长期未能解决的难题，近几年来，人们采用烧碱法，以烧碱代替纯碱，使矿石中铬的提取率明显提高，铬渣中含铬量下降，才有可能从根本上解决铬渣处理难的问题。

目前固体废物处理与资源化领域面临的新问题包括废汽车、废机电和废家电（工业设备、计算机、手机、CD、VCD、冰箱等）、泔脚、医疗垃圾、包装品废物等。某些固体废物问题在我国刚刚出现，对其处理与资源化的管理研究、技术开发还未引起注意。另外，我国的固体废物处理处置行业近年来才逐步被重视，而发达国家已经走过了几十年的历史。因此，有必要对发达国家的固体废物处理与资源化的历史进程进行总结，供国内借鉴。

"固体废物处理与资源化"是高等学校环境工程和环境科学专业的一门必修或选修课程。本书的编写是以固体废物的处理和资源化为两条主线，重点论述生活垃圾、危险废物和一般工业固体废物的处理与资源化，涉及卫生填埋、安全填埋、生物处理、焚烧和热解、循环利用等，全面描述各种方法的原理、工艺、管理、法律和法规，力求全面完整地描述固体废物处理与资源化新技术、新方法、新理论。本书主要适合作为大中专院校环境工程等专业的教材，也可供从事固体废物处理的工程技术人员、管理人员等阅读和参考。

参加本书编写人员的分工如下：赵由才、祝优珍编写第1章，赵由才编写第3章、第4章，牛冬杰编写第6章、第8章、第9章、第10章部分内容，柴晓利编写第2章、第5章、第7章、第10章部分内容。

周莉菊编写了部分习题，宋玉、楼紫阳、石磊、郭强、魏俊等参与了校对、修改和部分内容编写工作，在此谨向他们表示感谢。

由于时间及编者水平所限，书中疏漏之处在所难免，欢迎专家、学者及广大读者批评指正。

赵由才
2005 年 12 月于同济大学

第二版前言

"固体废物处理与资源化"是高等学校环境工程和环境科学专业的一门必修或选修课程。由赵由才、牛冬杰、柴晓利等编的高等学校教材《固体废物处理与资源化》（第一版）（普通高等教育"十一五"国家级规划教材）自2006年2月出版以来，深受读者欢迎。六年来，固体废物处理与资源化应用技术发生了许多变化，科学技术研发取得了重要进展，建设与运行了成千上万座大中型生活垃圾和工业固体废物处理设施，为实现资源与环境的可持续发展奠定了初步基础，急需对第一版的内容进行修订。

本书第二版对第一版的内容进行了适当压缩，增加了六年来固体废物方面的研发和工程应用进展，以生活垃圾和工业废物为主线，力求全面完整地描述固体废物处理与资源化新技术、新方法、新理论；删除了有关固体废物实验的内容。本教材于2014年被教育部遴选为"十二五"普通高等教育本科国家级规划教材。本书配套电子教案，请发信到 cipedu@163.com 免费索取；或到化学工业出版社教学资源网 http://www.cipedu.com.cn 免费下载。

参加本书编写的人员主要有赵由才（第1章、第3章、第4章）、牛冬杰（第6章、第8章、第9章）、柴晓利（第2章、第5章、第7章）。《固体废物处理与资源化实验》已经由化学工业出版社出版（2008年1月）。本书可与《固体废物处理与资源化实验》配合使用。崔亚伟参与了书稿部分内容的整理和编排，朱英参与了污泥卫生填埋部分的编写工作。

由于作者时间和水平有限，书中难免存在疏漏之处，恳请广大读者多提宝贵意见。

赵由才

2012年3月于同济大学

第三版前言

"固体废物处理与资源化"是高等学校环境工程和环境科学专业的一门必修课程。由赵由才、牛冬杰、柴晓利等编写的高等学校教材《固体废物处理与资源化》第二版自2012年3月出版以来，深受读者欢迎。近年来，固体废物处理与资源化应用技术发生了深刻变化，生活垃圾从卫生填埋为主开始向焚烧发电为主过渡，生活垃圾源头分类正在强力推进，危险废物管理日趋严格，全国各地建设并投入运行了成千上万座大中型生活垃圾、危险废物和工业固体废物处理设施。同时，环境卫生信息化和在线监测及监管技术发展迅速，应用广泛，因此，急需对第二版的内容进行修订。

本书第三版对第二版的内容进行了修改补充，增加了近年来固体废物方面的研发和工程应用进展，以生活垃圾和工业废物为主线，力求全面完整地描述固体废物处理与资源化新技术、新方法、新理论。增加的内容包括城市生活垃圾分类与资源化、环境卫生信息化、危险废物处理与资源化、卫生填埋信息化、焚烧发电厂信息化和在线监测等，对一些过时的内容进行了删减。同时，插入必要的二维码动画片，以增加可读性和趣味性。本书的编写分工如下：赵由才编写第1章、第3章、第4章，柴晓利、赵由才编写第2章、第9章，柴晓利编写第5章，牛冬杰编写第6章、第8章、第9章，马文超、柴晓利编写第7章。黄庭梁（环境卫生信息化）、潘慧（生活垃圾焚烧过程信息化）、孙向军（生活垃圾焚烧在线监测）参与了部分内容编写工作。陈彧、戴世金等协助制作了相关动画片。周涛参编部分内容，参与全书文字润色、修改工作。本书可与《固体废物处理与资源化实验》（ISBN 978-7-122-32576-1）和相关在线教材配合使用。

由于编写时间所限，教材疏漏之处在所难免，敬请各位读者批评指正。

赵由才

2019年3月于同济大学

目录

第 6 章　有机固体废物堆肥与厌氧发酵技术 137

第 7 章　有机固体废物热解技术 172

第8章　工业固体废物处理与资源化技术　191

第9章　典型固体废物资源化技术　216

二维码目录

第1章 绪论

1.1 固体废物概述

1.1.1 固体废物的定义

固体废物是指在生产、生活和其他活动中产生的丧失原有利用价值或者虽未丧失利用价值但被抛弃或者放弃的固态、半固态和置于容器中的气态的物品、物质以及法律、行政法规规定纳入固体废物管理的物品、物质。

固体废物一般具有如下特点。

（1）无主性　被丢弃后，不再属于谁，找不到具体负责者，特别是城市固体废物。

（2）分散性　丢弃、分散在各处，需要收集。

（3）危害性　给人们的生产和生活带来不便，危害人体健康。

（4）错位性　一个时空领域的废物在另一个时空领域是宝贵的资源，又被称为"在时空上错位的资源"。

固体废物对环境的危害与所涉及的固体废物的性质和数量有关，其处理的依据主要是当地的环境污染控制标准，对固体废物造成的环境污染的控制程度与经济发展和民众生活水平有密切关系。

1.1.2 固体废物的性质

（1）物理性质　包括物理组成、色、臭、温度、含水率、孔隙率、渗透性、粒度、密度、磁性、电性、光电性、摩擦性、弹性等。固体废物的压实、破碎、分选等处理方法的选择主要与其物理性质有关，其中色、臭等感官特性可以通过视觉或嗅觉直接加以判断。

（2）化学性质　包括元素组成、重金属含量、pH、植物营养元素含量、有机污染物含量、碳氮比（C/N）、五日生化需氧量与化学需氧量之比（BOD_5/COD）、生物呼吸所需的耗氧量、热值（发热量）、灰分熔点、闪点与燃点、挥发分、灰分和固定碳、表面润湿性等。固体废物的堆肥、发酵、焚烧、热解、浮选等处理方法的选择主要与其化学性质有关。

（3）生物化学性质　包括病毒、细菌、原生及后生动物、寄生虫卵等生物性污染等。固体废物的堆肥、发酵、填埋等生化处理方法的选择主要与其生物化学性质有关。

1.1.3　固体废物的分类

固体废物可按来源、性质与危害、处理处置方法等，从不同角度进行分类。按化学成分，固体废物可分为有机废物和无机废物；按热值，可分为高热值废物和低热值废物；按处理处置方法，可分为可资源化废物、可堆肥废物、可燃废物和其他废物等；按来源，可分为城市生活垃圾和工农业生产中所产生的废弃物；按危害特性，可分为有毒有害固体废物和无毒无害固体废物两类；按水分，可分为干垃圾和湿垃圾。

为方便起见，一般把生活垃圾简称为垃圾，其他固体废物则以全称描述之。本书中，垃圾就是指生活垃圾（特定情况下主要指城市生活垃圾）。

1.1.4　固体废物处理与资源化发展历程

环境污染和破坏不是个别国家和个别地区的现象，而是一个世界性的问题，不管是发达国家，还是发展中国家，都存在不同程度的环境问题。固体废物处理与资源化，是环境保护的重要领域，必须加以重视和发展。在过去，固体废物数量少，主要是生活垃圾，其中又以可降解有机物为主，可以农用；工业固体废物总产生量也不多，基本上是就地消纳。因此，直至20世纪80年代初，我国虽然已经产生较明显的环境问题，但不严重，重视程度也不够。

改革开放后，随着人民生活水平的快速提高，城市和乡村生活垃圾数量快速增长。同时，我国能源、原材料加工、黑色金属和有色金属冶炼、化工等基础行业快速发展，产生的大量选矿尾渣、钢渣、高炉渣、煤渣和废石膏等工业固废，由于缺乏配套的处理处置技术和设备，长期堆存于工厂仓库和堆场。加之当时我国尚未建立固体废物污染防治管理体系，固体废物污染的隐蔽性和潜在性使其危害未引起广泛重视，堆场废物经雨雪淋溶可向土壤和地下水富集有害物质，使堆场附近土质恶化，甚至引发铅、铜、锌等重金属污染，进而威胁人类健康。

自1972年中国在联合国人类环境会议上提出"综合利用，化害为利"的环境保护工作方针，固体废物综合利用已成为一项基本国策。就生活垃圾来说，在1984年以前，绝大部分还田利用，之后，随着生活垃圾组分的日益复杂化，急需发展能处理具有"三高"（高含水率、高杂性、高湿垃圾含量）特性的生活垃圾的新处置方式，开发符合国情的生活垃圾产业化技术成为解决垃圾量急剧增长、实现生活垃圾处理可持续发展的重要民生问题。为此，通过一系列重大技术难题的攻关，实现了生活垃圾从随意丢弃到源头减量与资源回收利用、从简易堆填到安全可控卫生填埋和填埋气发电、从露天堆烧到大型炉排清洁焚烧发电的重大变革，使卫生填埋和焚烧发电逐步成为我国生活垃圾大规模、快速消纳处置的两大主流技术。据此提出和发展的生活垃圾产业化技术路线，有力保证了生活垃圾处置的无害化要求，并促进了能源化与资源化的协同发展。近年来，全国范围内开展了生活垃圾源头分类，取得了源头减量、精细分类、资源回收、环境卫生风险防控等多重效益。

工业固体废物是指在工业生产活动中产生的固体废物。其产生源涵盖了几乎所有的工业生产过程及工业资源的消耗过程。随着工业生产的快速发展，工业固体废物种类与数量日益增加。其中矿业、冶金等行业的固体废物（如尾矿、有色金属渣、粉煤灰、盐泥等）

排放量最大，化工、电子等行业的固体废物（如油泥、酸碱液、电子废物等）排放种类繁多，上述特点给后续的处理带来了很多困难。因此目前国内外大部分工业固体废物多以消纳处理处置（堆存、焚烧、填埋等）为主，而部分有害工业废物尚未得到妥善有效的处理，带来了极大的环境污染风险。

从物质流角度来看，工业固体废物产生后未能再进入流通过程，即失去了使用价值。然而随着固体废物处理技术的发展，工业废物经过适当的工艺处理或者通过产业共生体的彼此交换，可以成为工业原料或能源，再次进入物质循环链中，延长其使用的生命周期，达到资源化利用的目的。一些工业废物已制成多种产品，如制成水泥、混凝土骨料、砖瓦、纤维、路基等建筑材料，提取铁、铝、铜、铅、锌、钒、铀、锗、钼、钪、钛等金属，制造肥料、土壤改良剂等。此外，还可用于处理废水、矿山灭火，以及用作化工原料等。

一些工业固体废物，可追溯到秦朝或更早的年代。青铜器时代炼铜，就已经产生了大量含铜等重金属的废物；明朝、清朝、民国时期，也有许多冶炼厂，产生的尾矿、冶炼渣等随意堆放；新中国成立以来，随着工业的迅速发展，堆放的一般工业固体废物和危险废物的数量远远超过同期的城市生活垃圾。国内外对工业固体废物的治理、利用程度仍然严重偏低，新产生的工业固体废物都无法及时消纳和无害化处理，历年堆存的废物就更难治理了。

几十年来，煤炭行业利用石煤、石灰石、尾矿制水泥，化工行业开发了磷石膏制硫酸联产水泥技术，石化行业完善了硫回收技术，建材行业利用煤矸石和粉煤灰制砖，开发了粉煤灰生产水泥的双掺技术、掺量达 90% 以上的粉煤类烧结砖技术。在以高附加值利用为主的再生资源回收利用方面，开发了利用废轮胎和废塑料生产汽油、柴油和炭黑技术，利用废玻璃生产仿大理石及保温防冻等建材产品的技术。食品酿造行业开发了从有机废液中提取蛋白饲料、生产沼气及发电技术。同时，研发了高铝粉煤灰提取氧化铝多联产技术、尾矿生产加气混凝土技术等，并应用于生产实践。2010 年后，在开发大型废旧家电低成本破碎与高效分选一体化装备、小型废旧电子产品贵重金属清洁分离与提取技术、非金属材料高值化利用技术及二次污染控制技术等关键技术与装备领域实现了突破。

危险废物（简称危废）是工业生产和人类生活消费过程中必然产生的有毒有害废物，种类繁多，数量巨大（我国年产 3000 万吨），毒害性极强。危险废物污染控制与资源化，是保障国家工农业可持续发展的前提，是相关实体企业生存的重要条件，也是国家重大民生工程。自 1995 年开始，针对高毒性、高传染性、高污染性危废，围绕"有毒有害物质分离和稳定化、无害化"核心科学问题和技术引领方向，在危废管理与鉴别、高毒性重金属富集回收、高传染性有机危废焚烧发电和熔盐转化、高污染危废收运冷藏和末端无人驾驶安全填埋等关键技术和设备领域取得突破，形成了"危废鉴别、无机危废和有机危废污染控制与资源化、末端安全填埋消纳"系列技术创新链和完整的工程应用产业链，为我国生态文明建设、社会经济可持续发展作出了重大贡献。

新时代，伴随着工业化和城镇化进程加快，我国环境污染格局日趋复杂多样，传统与新型环境问题叠加，环境污染的类型由工业污染为主，向工业、城市和农业全方位污染转变，污染范围由重点城市、重点地区的局部污染向区域、流域污染扩展。从"十二五"开始，围绕科学发展和加快转变经济发展方式的主线，全面推进环境保护历史性转变，积极探索代价小、效益好、排放低、可持续的环境保护新道路。规划新增了污染物约束性指标，提出重点地区实施特征污染物总量控制，着力解决危险废物、持久性有机污染物（POPs）、危险化学品等环境安全问题，深入开展生活垃圾源头分类，以及分类废物资源化利用。

当前，生态文明建设已经纳入中国特色社会主义事业总体布局，把生态文明建设放在突出地位，要求将生态文明建设融入经济建设、政治建设、文化建设、社会建设各方面和全过程，努力建设美丽中国，实现中华民族永续发展，走向社会主义生态文明新时代。这是具有里程碑意义的科学论断和战略抉择，昭示着要从建设生态文明的战略高度来认识和解决我国的环境问题，生态环境保护被摆上重

二维码 1-1　人工智能在固体废物处理与资源化中的应用

要的战略位置。此外，党的二十大提出，"站在人与自然和谐共生的高度谋划发展"，部署了"加快发展方式绿色转型""深入推进环境污染防治""提升生态系统的多样性、稳定性、持续性""积极稳妥推进碳达峰碳中和"等任务，固体废物处理与资源化也是实现绿色发展转型、人与自然和谐共生的重要支撑。

1.2　城市生活垃圾末端处置

生活垃圾是人类社会必然产物，在我国，其处置大致经历了还田利用、粗放堆放与焚烧、旨在能源化和资源化的可持续卫生填埋和填埋气发电与大型焚烧发电等阶段。1984年前，绝大部分生活垃圾还田利用。之后，因组分日益复杂，"二高二低"（高水、高杂、低质、低热值）特性凸显，传统利用方式难以为继，急需发展无害化新技术。近40年来，基于我国生活垃圾组成和经济发展水平，在开展生活垃圾源头减量与废品回收的同时，重点发展和应用了卫生填埋和焚烧发电两项主流技术，实现了我国生活垃圾从简易堆填到安全可控卫生填埋、从露天堆烧到大型炉排清洁焚烧发电的重大变革，使卫生填埋和焚烧发电成为我国生活垃圾大规模、快速消纳处置的两大主流技术，建立了比较完整的生活垃圾能源化与资源化技术研发与应用体系。

首先，生活垃圾含有大量病原菌，早期的传染病很多就是通过生活垃圾和人畜粪便发生的。这些病原菌包括伤寒沙门菌、沙门菌属、志贺杆菌、大肠杆菌、阿米巴属、无钩绦虫、美洲钩虫、流产布鲁氏菌、化脓性球菌、酿脓链球菌、结核分枝杆菌、牛结核杆菌、疯牛病病毒（朊病毒）、口蹄疫病毒等。在设计和应用生活垃圾处理与资源化技术时，必须考虑公共卫生安全。其次，城市生活垃圾数量多，污染严重，必须日产日清。清运的生活垃圾，必须马上无害化处置，这样才能确保城市安全运行。超过3天的城市生活垃圾无法及时清运，后果将十分严重。在设计和应用生活垃圾处理与资源化技术时，必须考虑城市安全运行。卫生填埋场和焚烧发电厂等的选址应留有足够的安全空间，其围墙或红线应尽可能远离居民住宅。安全空间太小，周边居民心理承受能力受到严重考验，天长日久，极易造成过激反应。因此，固体废物处理设施的用地及其周边绿化面积必须足够大。

卫生填埋是利用工程手段，采取有效技术措施，防止渗滤液及有害气体对水体和大气的污染，在每天操作结束或每隔一定时间用土或高密度聚乙烯膜覆盖，使整个过程对公共卫生安全及环境均无危害的一种垃圾土地处理方法。卫生填埋场中，渗滤液导出并无害化，沼气导出焚烧或发电供气供热，填埋若干年（如10年以上）后，填埋场达到稳定化，矿化

垃圾可以开采利用，土地可轻度利用。严格的卫生填埋场是无二次污染的，是卫生干净的。

　　一座城市在考虑生活垃圾处理技术时，首先应该考虑的是卫生填埋。卫生填埋场的选址、建设周期较短，总投资和运行费用相对较低。通过卫生填埋场的建设和运营，可以迅速解决生活垃圾出路问题，改变城市卫生面貌。填埋技术作为生活垃圾的最终处置方法，目前仍然是中国大多数城市解决生活垃圾出路的主要方法。每一座城市或一定区域内，至少应该有一座卫生填埋场。目前，由于可持续发展和循环经济理念日益深入人心，生活垃圾的减量化和资源化受到高度重视，但是，无论如何减量化和资源化，总有部分固体废物需要填埋，因此，填埋场是必备的，是城市运行的基础设施。

　　焚烧法是一种高温热处理技术，即以一定量的过剩空气与被处理的有机废物在焚烧炉内进行氧化燃烧反应，废物中的有毒有害物质在 $850 \sim 950℃$ 的高温下氧化、热解而被破坏，是一种可同时实现废物无害化、减量化和资源化的处理技术。经过多年发展，我国生活垃圾焚烧发电技术与设备已经相当成熟，混合生活垃圾发电量为每吨入厂垃圾 $320 \sim 360kW \cdot h$，发电的热量利用效率达到30%，热电联供的利用率大于80%。另外，焚烧发电厂的政府与社会资本合作（PPP）商业模式非常完善，案例极多，这也是该技术可以广泛应用的原因。

1.3　生活垃圾分类及资源化

1.3.1　生活垃圾分类的定义

　　《中华人民共和国固体废物污染环境防治法》规定：国家推行生活垃圾分类制度。生活垃圾分类坚持政府推动、全民参与、城乡统筹、因地制宜、简便易行的原则。应用比较广泛的垃圾分类定义为：按照城市生活垃圾的组成、利用价值以及环境影响程度等，并根据不同处理方式的要求，实施分类投放、分类收集、分类运输和分类处置的行为。垃圾分类的定义可分为"狭义"和"广义"两种。狭义的垃圾分类是指从居民家庭、单位或集体等开始，按照垃圾的不同成分或性质进行分类投放的过程，多以居民家庭产生的生活垃圾为对象，而且多将重点放在垃圾收集的环节。广义的垃圾分类是指从垃圾产生的源头开始，按照垃圾的不同成分、属性、利用价值以及对环境的影响，并根据不同处置方式的要求，将垃圾分类收集、贮存和转运以及最后分类处理处置及资源化的全过程。除了居民家庭产生的生活垃圾，广义的垃圾分类对象还包括了其他垃圾如建筑垃圾、园林绿化垃圾、餐厨废弃物等，且将垃圾分类的理念贯穿于收集、转运和最后分类处理处置及资源化的全过程。尽管定义有别，但分类的目的却是一致的，即通过垃圾分类提高垃圾的资源价值和经济价值，力争物尽其用，减少最终需要处理处置的垃圾量。

1.3.2　以资源化为导向的生活垃圾分类方法

　　如果利用得当，"垃圾"就是宝贵的资源，而与开采天然资源进行加工提炼相比，废料加工利用过程产生的污染物可能更少，对环境的影响可能更小。如果居民源头分类后的生活垃圾最终无法得到资源化利用

二维码 1-2　生活
垃圾分类与智能环卫

（即仍需要进行末端处置），不仅无法做到垃圾的减量化，同时源头分类的意义也不复存在。因此，生活垃圾分类与资源化相辅相成，做好生活垃圾分类工作，必须坚持以资源化利用为导向。

城市居民在垃圾分类之前必须注意一些基本原则。例如，城市居民应以 3R（reduce，reuse，recycle）原则为指引：减量化（reduce），从源头减少垃圾的产生量，尽可能地通过物理手段减小垃圾的体积，滤干餐厨垃圾中的水分等，将容器盛装的物质与容器本身分离等；再利用（reuse），尽可能购买和使用能够循环利用的产品，将仍有使用价值的物品捐赠给有需要的人而非扔掉；再循环（recycle），积极按照规定投放分类的生活垃圾，为后续垃圾资源化利用打好基础。此外，生活垃圾管理部门应该以此为基础，按照法律法规制定好相关的垃圾分类配套措施或提供完善的配套服务，如制定本地区统一的生活垃圾分类与收集办法，建立专业化的垃圾分类管理部门或队伍，提供完善的垃圾分类设施等，保障垃圾分类收集处理系统的正常运行。以资源化为导向的生活垃圾分类可参考以下方法。

（1）餐厨垃圾类　是指居民日常生活消费过程中产生的废弃物，包括残羹剩饭、西餐糕点等食物残余，易腐烂的菜梗、菜叶等植物残体，动物内脏、鸡骨鱼刺，茶叶渣、果核瓜皮等。特别地，冷冻食品的包装盒、一次性餐具、玉米核、核桃壳、大骨棒（猪骨、牛骨等）因受到污染或不易粉碎，不能归为餐厨垃圾类。在分类打包时，应将餐厨垃圾中的油、水滤干。若废弃食用油为液体，而且不具有一般餐厨垃圾的易腐性质，则不应纳入餐厨垃圾类，可使用专门的食用油凝固剂做凝固处理或装入透明容器（不得流出液体）后归入其他垃圾或可燃垃圾（进入焚烧厂）。

经源头分类的餐厨垃圾，可通过专门的收集车每天定时收集，由环卫运输车队或者具有生活垃圾运输许可证的企业负责按照城市管理行政主管部门制定的路线及时运输至专门的餐厨垃圾处理场所。常见的餐厨垃圾处理的关键技术包括厌氧发酵、湿热处理、好氧堆肥、饲料化处理（脱水干燥和生物处理），以及制氢、制乙醇、饲养蝇蛆制蝇蛆蛋白和有机肥等技术。若经分类的餐厨垃圾无合适的后续资源化利用技术，也可作为可燃垃圾运至生活垃圾焚烧厂焚烧处理。常用的处理方法有堆肥和厌氧发酵处理。因容易发生同源性污染，餐厨垃圾不能用于家畜喂养。

（2）可回收垃圾类　是指能够作为再生资源循环使用的废弃物，常见的可回收垃圾包括纸类（报纸、纸板箱、快递包装纸/箱、图书、杂志、药盒、传单广告纸、办公用纸、牛奶盒等饮料包装纸、纸杯等）、金属（各类铝制罐、钢制罐、金属制奶粉罐、金属制包装盒，废旧钢精锅、水壶、不锈钢调羹、铁钉、刀具、金属元件，废旧电线与金属衣架等金属制品器具）、塑料（包装塑料如塑料网、塑料袋、保鲜膜等，其他塑料如塑料杯、塑料盖、塑料瓶、塑料花盆、塑料地毡和泡沫板类缓冲材料等，为避免交叉污染，脏污去不掉的塑料不应分类为可回收垃圾）、玻璃（平面玻璃如镜子、玻璃窗、玻璃门等，瓶类玻璃如酱油瓶、调料瓶、酒瓶和花瓶等各类玻璃瓶罐，其他玻璃如水杯、玻璃盆、玻璃管、玻璃工艺品等）和织物（衣服、床单、毛毯、书包、毛巾、围巾、袜子、布料、窗帘、毛绒玩具等纺织物）等。

结合市场经济理论，可以狭义地认为可回收垃圾就是废品收购人员所收购的废弃物种类，但由于地区或利润差异，不同地区的"有价废品"种类也不一样。由于可再生资源的种类和资源化利用方式差别较大，既可将不同种类的可回收垃圾（如报纸、金属等）混合收集后由工作人员再二次分类并进行后续的资源化利用，也可根据实际情况将可回收垃圾在源头就分得更为细致，如纸类垃圾、金属类垃圾、塑料类垃圾和玻璃类垃圾等可单独分类。目前，这些可回收垃圾均有对应的资源化利用技术。例如，用废纸制造再生纸的技术已经非常成熟，以废纸作原料，将其打碎、去色制浆等，经过多种工序即可加工生产出再生纸，生产再生纸的原料中 80% 来源于回收的废纸，因而被誉为低能耗、轻污染的环保型用纸；又如，废塑料经过清洗、加热，另加填充料、着色剂、增色剂，就可以再生为新的塑料产品；再如，玻璃类废品经过分选、处理，可作为生产玻璃的原料，节约大量的因生产玻璃而消耗的电、煤、重油等能源。一些家用小器具和材料，如小型电器（熨斗、吹风机）、化妆品玻璃瓶、保温瓶、雨伞、热水瓶、电灯泡、一次性取暖炉、一次性和非一次性打火机、皮革、橡胶等，也可回收利用。

特别地，可回收垃圾分类时也应该遵从一些基本原则，例如将废纸用绳捆绑好后再丢弃，按一定规格将织物捆绑分类，各类塑料或金属容器应先用水清洗干净且瓶盖分离（如塑料瓶罐含有金属盖），按照产品包装上指出的印刷包装回收的种类进行分类，污染严重的垃圾应按照其他垃圾直接进行末端处理处置。可回收垃圾经源头分类收集后，应由专门的工作人员送往资源再生中心或不同的再生资源利用企业进行利用、处置，促进再生产品直接进入商品流通领域。

（3）有害垃圾类　是指存有对人体健康有害的重金属、有毒的物质或者对环境造成现实危害或者潜在危害的垃圾，包括各类电池（无汞电池除外）、含汞体温计、过期药品、矿物油、废含汞血压计、颜料、灯管、节能灯、日用化学品（过期化妆品、溶剂、杀虫剂及其容器、废涂料及其容器）等。由于有害垃圾的特殊性质，应该单独分类投放，经统一收集后交由经生态环境行政主管部门核准的有害垃圾处置单位（点）进行后续末端处理处置。

（4）大件垃圾类　是指体积较大、整体性强，需要拆分再处理的废弃物品，包括废家用电器、棚架、包装框架、家具（台凳、沙发、床、椅）、棉被、地毯、自行车等。由于大件垃圾体积大且笨重，会影响正常的日常清扫保洁和垃圾清运，废弃电器拆解过程会产生废气、废液、废渣等，从而造成新的环境污染，因此大件垃圾的收集应与普通生活垃圾有所区分，按指定地点投放、定时清运，或预约收集清运（支付相关费用）。整体性强的大件垃圾不得随意拆卸，例如，应将家具的门和抽屉固定好，镶嵌的玻璃应当拆卸下来或者用报纸、泡沫塑料等做好保护措施。废家用电器可通过大型连锁电器商场以旧换新回收旧家电。木质类大件垃圾除部分回用外，可在前端对木材进行简单破碎后送至焚烧厂焚烧发电。浴缸等不可燃物归入建筑垃圾，由清运人员送入建筑垃圾贮运场后分类处置。

（5）其他垃圾类　不属于餐厨垃圾类、可回收垃圾类等能够资源化或循环利用的，又不属于有害垃圾类或大件垃圾类范围的垃圾，可单独分类为其他垃圾类，包括陶瓷碗、一次性纸尿布（尿布内的大便应倒入厕所）、卫生纸、湿纸巾、烟蒂、清扫渣土等。此外，其他混杂、污染的生活垃圾如海鲜甲壳、蛋壳、动物大骨棒、甘蔗渣、椰子壳等不属于餐厨垃圾的食物残余类，脏污的塑料（袋）、厕纸等，以及难分类的生活垃圾，也属于其他垃圾类，应进入其他垃圾投放容器。

在当前阶段，如果取消垃圾卫生填埋和焚烧发电等末端处理设施，将其他垃圾也全部资源化，由于其他垃圾组分复杂且回收成本相对较高，既不能保证其资源化利用的顺利进行，也无法保证城市的安全运行，因此，可在收集后直接送至填埋场填埋处理或焚烧厂焚烧处理。若填埋库容限制或焚烧厂邻避效应压力较大，可在必要时再将其他垃圾在源头分类或由分拣人员二次细分为填埋垃圾和可燃垃圾（是指可以燃烧的垃圾，包括脏污纸和餐巾纸等无法成为资源的纸类、草木类，橡胶或皮革类，大件垃圾类中的棉被、地毯和木质类等），分别运送至填埋场和焚烧厂进行末端处置。

需要说明的是，生活垃圾分类不应局限于以上方法和模式，应结合地区垃圾资源化处理设施发展和生活垃圾分类的推进情况综合考虑。同时，鉴于我国的生活垃圾分类仍处于起步阶段，应当在确保生活垃圾末端安全处置的基础上，重视相关技术的研发与应用，开展源头分类和资源化利用。

1.3.3　生活垃圾分类与资源化利用技术

（1）市政部门清运的生活垃圾之理论资源量　据 2021 年中国生活垃圾处理行业发展报告，2019 年度，我国城市生活垃圾清运量约 2.4 亿吨，填埋和焚烧无害化处置率 97% 以上。按生活垃圾含水率 50%～60% 计算，折算干重约 1.2 亿吨，潜在资源包括 1300 万吨废塑料和橡胶、1300 万吨废纸张、2600 万吨废纤维、600 万吨废玻璃等，生产塑料、橡胶和纤维类石油产品所消耗的石油为 4500 万吨。这些潜在资源若得到再生利用，每年可节省末端处置费用 50 亿元，减少卫生填埋量 1 亿吨，清洁发展机制（clean development mechanism，CDM）贸易减排甲烷 800 万吨，贸易额 4000 万美元，制造出再生成品后，总价值超过 600 亿元。另外，每年产生的生活垃圾中还存在废金属 500 万吨，总价值超过 20 亿元。

（2）市政部门清运的生活垃圾之实际资源量　然而，这些由地方政府清运的生活垃圾，实在是无法再源头分类了。居民投放在垃圾桶中的废物，各种物品混合在一起，而且均受到严重污染，卫生条件极差。如纸张，很多擦过鼻涕、口腔、皮肤等，极其不卫生；又如塑料容器，有些装了剩菜剩饭、过期药物、浓痰等，也无法分类回收。玻璃、纤维（衣物、毯子、毛巾等）亦然。大型废品，如家具、被子等，基本上不进入地方清运系统，而是由收购人员收运和出售。

（3）市政部门清运的生活垃圾资源化利用的技术要求　由地方政府收运的生活垃圾，虽然潜在资源数量巨大，但这些潜在资源混合在一起，各种废物交叉污染，要使其转化为现实资源，应该满足以下条件，但由于长期缺乏深入系统的研究，目前尚缺乏实现这些条件的技术方法。

① 塑料、橡胶类废物。冶炼石油，但要求废物分流为含氯塑料与无氯塑料，含无机杂物小于 0.1%～0.5%。

② 纸张类废物。制备纸浆，但要求废物含无机杂物小于 1%，同时不得含有有毒有害难降解有机物。

③ 纤维废物。冶炼石油，但要求废物含无机杂物小于 0.1%～0.5%；再生纤维，要求废物深度分类为石油基废物、棉基废物、皮革类废物等，同时无机杂物小于 0.2%，同时不得含有有毒有害难降解有机物。

④ 玻璃类废物。再生玻璃，但要求深度分类为钠玻璃、石英玻璃、有机玻璃、着色玻璃等，清洁干净，杂物含量小于 0.2%。

⑤ 金属制品废物。再冶炼，但要求深度分类为有色金属、黑色金属。

⑥ 易腐废物。厌氧发酵、气化、压滤脱水焚烧。

⑦ 砖瓦等废物。筑路，但要求塑料、橡胶、纤维、可降解有机物含量小于1%（灼减率小于5%），同时不得含有有毒有害难降解有机物。

洁净的废纸、废塑料、废纤维、废玻璃再生循环利用技术已经得到广泛应用，产生巨大的经济效益、环境效益和社会效益，但这些废物只能是源头收集到的、未被污染的大宗废物。市政部门收运的生活垃圾中所含废物，由于是混合收集，各种废品交叉污染，很难利用，目前只能卫生填埋和焚烧发电。采用混合收集的生活垃圾中分离出来的废塑料制成的再生塑料袋，是不能再在菜场使用的。

生活垃圾源头分类出来的各类废旧物资，黏附大量有机物和无机物，应清洗干净，以提高利用价值。其中，废旧塑料回收利用价值较高，经过破碎、清洗、再生造粒或裂解等过程可以用于生产各种再生塑材制品。除了传统的废旧塑料湿法清洗外，还可以应用干洗方法，清洁废旧物资。

对于非油性污染的废旧硬质塑料，通过破碎、烘干，在烘干过程中附着物黏着度下降，附着力也随之减小。对烘干后的附着物进行无介质清洗，通过搅拌桨与塑料片之间、塑料片与清洗主罐内壁之间和塑料片与塑料片之间的撞击力、摩擦力作用使低黏着度的附着物脱落，并通过隔网与塑料片分离，可实现废塑料的高效清洁。对于油性污染的废旧硬质塑料，采用"固体介质清洗 - 无介质清洗"方法，可以选择"木屑""电石渣＋河沙""粉煤灰＋河沙"作为固体清洗介质，清洗效果良好。当河沙与废塑料质量比为（10 ～ 15）：1时，废塑料中的附着物去除率超过95%。也可以采用干磨的摩擦方法，使废塑料、废旧织物通过自身相互摩擦脱除附着物，再使用其他方法实现进一步深度清洁。

对于家用电器，如电视机、影碟机、家用游戏机、家庭音响、家用电话、跑步机、空调、冰箱、洗衣机、电炉、微波炉、电热水器等大件家电，回收利用体系已经比较健全。然而，生活垃圾中还含有大量的小件家用电器，如果不加区分全部进入干垃圾中焚烧处理，会造成资源极端浪费。这些小电器包括手机、对讲机、摄像头、话筒、小投影仪、收音机、MP3、MP4、无线耳机、电动玩具、电子钟表、电动牙刷、剃须刀、电子温度计、灭蚊器、移动电源、鼠标、小台灯、继电器等，含有高价值的铜、银、金，以及铁和塑料等，应进行源头分类、转运和资源回收。

1.4　环境卫生信息化和智能化

信息化系统是指信息化工作推进过程中所需要的硬件、软件等产品。信息化系统分为通用领域和专用领域两部分：通用领域的信息化系统包括操作系统、数据库、办公软件等，这些软件系统没有明显的行业特性，因此功能统一、无须定制、价格便宜；而专用领域的信息化系统，例如环卫信息化系统具有明显的环卫行业业务特点，需要有定制功能，这类信息化产品完全符合环卫行业用户要求，可以引领环卫行业信息化潮流。

1.4.1　环卫信息化系统建设的目的和意义

环卫信息化系统可及时了解掌握垃圾（粪便）收集清运、道路作业、末端处置等环卫管理全过程中的重要数据，这些数据包括垃圾（粪便）产生量、清运量、处理量，道路作业面积、频次、作业规范、作业质量，垃圾处理过程中的废水、废气的浓度、数量，环卫作业中所需投入的人、财、物的量，以及填埋场和焚烧厂的运行数据等，为环卫作业各不同部门之间提供结算平台，也可以为相关部门提供实时在线的监管平台。

1.4.2　环卫信息化系统的建设范围

环卫行业主要涉及收集清运处理、环卫清扫保洁、环卫作业监管、卫生填埋、焚烧发电等全过程信息化。收集清运处理包括生活垃圾、建筑垃圾、餐厨垃圾、粪便的收集、清运、转运、处理；环卫清扫保洁包括道路清扫保洁、厕所清扫保洁等；环卫作业监管主要包括垃圾产生量、清运量、处理量监管，道路作业质量监管，保洁作业质量监管，垃圾处理过程监管，垃圾处理结果监管，等等。

环卫信息化系统建设范围一般包括生活垃圾和餐厨垃圾收集清运全过程的监控、垃圾分类监管、垃圾中转站监管、机械化清扫作业监管、公共厕所监管、保洁人员监管、处置设施监管、环卫作业监督考评、卫生填埋作业管理、焚烧发电运行管理、设备管理、车辆管理、材料管理、维修保养管理、人力资源管理、合同管理、预算管理、安保管理、后勤管理、任务管理、融雪管理等。环卫信息化系统的典型应用拓扑如图1-1所示。

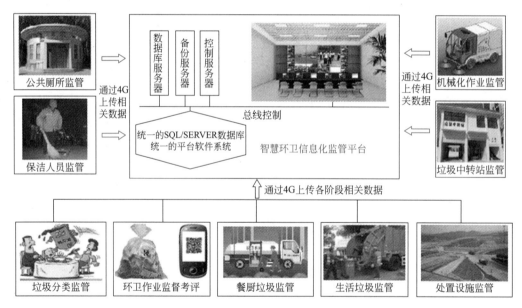

图 1-1　环卫信息化系统的典型应用拓扑
（4G：第四代移动通信技术）

1.4.3　环卫信息化系统典型技术架构

目前国内环卫信息化产品几乎都采用了基于"5个层次、2个体系、1个标准"的业务架构，该架构也是当前大型信息化系统典型的技术架构（图1-2）。

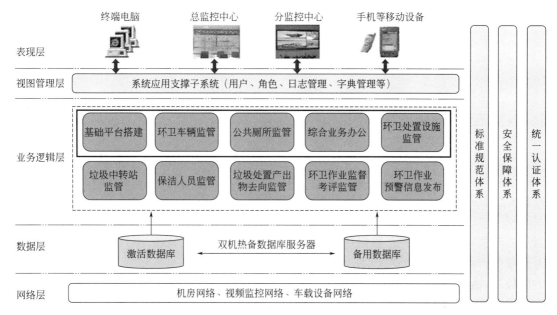

图 1-2　大型信息化系统典型的技术架构

（1）网络层　网络层作为基础设施层，是支撑整个系统运行的信息基础设施平台，应采用市场主流产品和业界成熟技术，并充分考虑系统的扩展能力、容错能力和纠错能力，确保整个网络基础设施运行稳定、可靠。

（2）数据层　数据层是信息系统建设的重点，通过对项目信息资源的整合，为用户提供业务数据支撑和分析指导。数据层主要包括基础数据库、地理信息系统（GIS）数据库、视频数据库和业务数据库等。

（3）业务逻辑层　业务逻辑层是"平台化"机制开发的基础，包括运行环境、系统定制和系统管理等主要功能。提供基于插件化的应用框架，保证系统高效、低成本开发与扩展；提供统一的身份认证和统一与分散相结合的授权机制，保证系统安全运行；提供多种适应变化性机制，适应系统大范围应用。

（4）视图管理层　视图管理层是指支撑应用系统的基础平台，为应用系统提供权限认证、安全管理、资源管理、事务管理、数据管理等基础功能。包含了针对业务应用集成的应用接入配置管理，数据采集和分析、优化服务运行配置管理；提供用户、角色、组织机构、授权等基础系统管理；提供日志管理、数据及服务字典管理、数据库维护管理等辅助功能。

（5）表现层　表现层利用可视化框架对业务逻辑层处理后的数据进行展现利用，同时针对不同的业务场景，向用户提供个性化的信息视图。具体包括监控中心、终端电脑和移动终端等。

（6）标准规范体系　标准规范体系贯穿于信息化项目建设全过程。规范的信息化建设项目应该遵循国家电子政务等相关标准，重点制定总体标准规范、技术标准规范、业务标准规范、管理标准规范和运营标准规范，确保整个系统的成熟性、拓展性和适应性，规避系统建设的风险。

（7）安全保障体系　安全保障体系是信息化项目建设的重要组成部分，与标准规范的建设策略相类似，信息安全也应该贯穿项目建设的始终。主要由安全计算环境、安全区域边界、安全通信网络、安全管理等组成。

（8）统一认证体系　统一认证体系建立对使用信息化系统的用户、角色、权限等的统一认证管理。

1.4.4　环卫信息化系统的网络拓扑

环卫信息化系统的数据网络包含数据采集、数据传输、数据存储、数据展示以及安全保障等（图1-3）。前端数据采集包含各种环卫车辆的行驶作业信息、保洁人员定位信息、监督考核人员定位信息、处置设施处理工艺过程中各种参数信息的采集；数据传输大部分采用网络运营商的无线网络，包括GPRS、3G、4G、5G等，对于视频信息等大数据量数据，则可以采用专用光纤；数据存储则根据数据量多少以及对连续运行时间的要求，可以采用双机热备、磁盘阵列等技术，保证系统连续稳定运行；数据展示则一般采用监控中心大屏幕和电脑终端相结合的模式，既能实现集中指挥调度，又能在每个岗位上完成日常工作；安全保障体系则基本通过交换机、防火墙、负载均衡设备等硬件系统来实现。

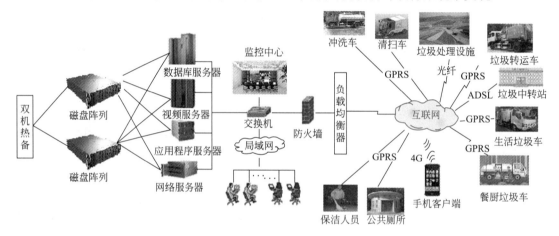

图 1-3　环卫信息化系统的网络拓扑

（GPRS：通用分组无线服务技术；ADSL：非对称数字用户线路）

1.4.5　信息化在环卫车辆作业监管中的应用

（1）实时监测子系统　适用于清扫车、洗扫车、洒水车、垃圾清运车等环卫作业车辆，实现对其实时位置、作业状态、作业轨迹、作业里程、违规情况的监管。

（2）作业过程监控子系统　实现对车辆GIS位置、速度、方向、点火状况、最近上传的时间等信息的监管，以及查看车辆某段时间内的行驶轨迹，并回放运行轨迹，追溯当时的运行情况。

（3）作业状态监管子系统　能够对车辆作业过程中的副发动机启动、喷雾降尘、扫帚盘旋转、警示标识、乱倒乱卸等情况进行实时监管。

（4）油耗管理子系统　跟踪车辆的实时油耗，智能判断加油情况和异常油耗升高行为，并生成油耗报表曲线和一些异常情况下的报表；判断出车辆的耗油情况和偷油等异常行为，以此提高监管力度。

（5）违规预警子系统　对车辆作业过程中的速度、停留时间、作业区域、作业路线等进行实时监控，在车辆超速、超时、越界、越线时，自动进行预警。

（6）作业质量监管子系统　通过实时照片、实时视频等手段，对车辆作业质量进行监管。

（7）实时调度子系统　能够通过短信、语音、对讲等方式，实现对所有在线车辆的实时调度管理。

1.4.6　信息化在环卫设施环境监测中的应用

环卫信息化系统能够实现对环卫处理设施（填埋场、焚烧厂、堆肥厂、粪便处理厂、中转站等）的场界空气质量监测、渗滤液处理结果监测、工艺参数采集等，并负责接入这些设施的视频监控设备。

空气质量监测指标包括硫化氢、氨气、甲烷、粉尘以及气象五参数（气温、气压、风速、风向、湿度）；渗滤液处理结果监测指标包括化学需氧量（COD）、氨氮、水质五参数 [pH、浊度、色度、溶解氧（DO）、温度]；工艺参数包括填埋气浓度、压力、温度、流量、处理量等。

系统主要功能是：实时采集这些数据，并传输到监控中心，在监控中心实时显示这些数据，当有超标数据时，系统自动报警，对这些数据进行趋势分析；实现与定期监测数据的比较；对甲烷产生量和渗滤液产生量进行实时统计；等等。

1.4.7　信息化在市容环境质量监测中的应用

环卫信息化系统应用于市容环境质量监测的主要目的是对道路环境质量和市容环境质量进行监督、检查、考核、评价，并按照客观公正的原则，对检查结果进行排名，以督促相关主管部门提高道路作业质量。系统主要功能为按照规则抽取被检查对象、根据要求进行人员排班、系统自动发送检查任务到检查人员掌上电脑（PDA）或手机端、检查人员检查结果实时上传、日常监测问题的采集上传、日常整改工作的回复、检查结果的核查、检查结果的评分、检查区域的排名、检查情况的统计分析等。

1.4.8　环卫智能化简介

环卫智能化，是环卫信息化的发展和提升，是依托 5G(第五代移动通信技术)、AI(人工智能)、数字孪生、仿真、互联网、物联网等技术的"智慧环卫"，可显著降低运营成本、提高企业管理效率和运营决策效率、提升企业应急管理水平。

环卫集装运输车辆道路运输环境监控平台是基于 5G 网络，提供包含车辆实时垃圾清运跑冒滴漏监测、垃圾散落实时处理处置功能，兼具语音调度业务、可视化调度业务、视频调度业务能力的指挥调度系统，适应新形势下集装生活垃圾运输车在行驶过程中跑冒滴漏实时监控和环境污染应急指挥分层分级体系设置与管理要求，借助车载视频监控系统智能化识别车上垃圾集装箱渗漏、跑冒及散落垃圾，并在跑冒滴漏事件发生后为集装箱卡车应急指挥调度提供可靠、高效的联动体系，该系统可实现区 - 街镇 - 社区多级联动、视频互联互通的管理体系，在城市环卫综合管理、环境应急指挥处置等方面起到良好的协同保障作用。

利用数字孪生技术构建两网融合数字孪生展示系统与两网融合数据融合平台，引入PET（聚对苯二甲酸乙二醇酯）及HDPE（高密度聚乙烯）类的塑料瓶、各类纸板和泡沫塑料自动分拣、打包、转运及自动仓储产线运行数据，实时在线构建两网融合再生资源数字孪生集散场，实现自动化两网融合产线数字孪生运营，实现产线全程监控，提升可回收垃圾收运托底保障能力。

针对废镍铬电池和废氧化汞电池、废荧光灯管、废弃药品及其包装物、废油漆和溶剂及其包装物、废矿物油及其包装物、废含汞温度计/血压计、废杀虫剂/消毒剂及其包装物、废胶片及废相纸等全品种八大类居民源有害垃圾，通过指纹或人脸识别的智能投放箱和实时称重、满仓提醒的智能收运设备，以及密闭、防渗漏、防爆收运中转设备，构建收运追溯管理平台，建设集"有害垃圾收集专用桶＋物理化学特性技术安全防范＋智能技术＋运维管控＋外观设计"等要素于一体的新型收集站，利用全过程智能中转存储和语音投入引导实现无人值守。相关数据接入5G+AI的智慧环境物流运营平台，可实现对有害垃圾的智慧监管与实时跟踪。

为应对重大公共卫生突发事件，尤其是在新冠肺炎疫情常态化管控的大环境下，基于数学模型探讨优化特种生活垃圾应急转运物流路径，由点入手，建立5G+AI的生活垃圾物流过程终末智能消毒、除臭系统，有利于形成闭环专线转运高效应急预案。

1.5　工业固体废物

1.5.1　化工冶金采矿废物

我国大多数金属资源矿产品位较低，伴生元素多，再加上选冶的生产技术水平不高，绝大部分冶炼厂一般仅提取所用矿产的一种或两种元素，使得选冶过程的单位产品固体废物产生量大。总体来说，冶金废渣的数量巨大，成分相对复杂。除了一些特殊的废渣，如砷渣、硼渣、盐泥、铬渣、汞渣以及含钡废渣外，化工废渣中主要以铁、铝及镁等的氧化物形式存在。这些废渣中所含主价金属的总量巨大，同时还含有少量的铬、硼、砷等化合物。

1.5.2　废机电和废家电

废机电和废家电包括报废的汽车、自行车、电动车、其他交通工具、电视、计算机、手机、影碟、医疗器械以及废电池等含有金属并需要能源驱动的任何物品和化学能源系统。废机电和废家电的处理与管理已经成为世界各国共同关注的问题。废机电和废家电在很大程度上有别于一般城市生活垃圾。前者在干燥的环境中不会像后者那样发生腐烂，产生渗滤液和气体。其中的电子废物也有别于量大面广、价值低的工业有毒有害固体废物，不加适当处理的废机电和废家电会对环境造成严重污染。当这些废物被任意丢弃在野外时，由于风吹雨淋，电子废物中的有毒有害物质如重金属就会被淋溶出来，随地表水流入地下水或侵入土壤，使地下水和土壤受到一定污染。电子废物一般拆分成电路板、电缆电线、显像管等几类，根据各自的组成特点分别进行处理，处理流程类似。目前，废电路板的回收利用基本上分为电子元器件的再利用和金属、塑料等组分的分选回收。后者一般是将电子线路板粉碎后，从中分选出塑料、铜和铅。一般采用磁选、重力分选和涡电流分选的方法。这种方法可完全分离塑料、黑色金属和大部分有色金属，但铅、锌易混在一起，还需用化学方法分离。

1.5.3 废橡胶

可首先考虑在橡胶生产工厂中减少废胶料的产生，尽量减少废品的产生量。出厂后的轮胎则尽量延长其使用寿命，可采用的措施有：保养好轮胎；改进轮胎测压装置；改善路面状况，降低胎面磨耗等。废轮胎的处理处置方法大致可分为材料回收（包括整体再用、加工成其他原料再用）和能源回收、处置三大类。具体来看，主要包括整体翻新再用、生产胶粉、制造再生胶、焚烧热解和填埋处置等方法。

1.6 建筑废物概况

建筑废物又被称作建筑垃圾。建筑废物是指居民、企业、施工单位等对建筑物、构筑物、管网等进行建设、铺设、拆除、修缮及装饰的过程中所产生的余泥、余渣、泥浆及对建筑物本身无用或不需要的其他垃圾。根据来源不同，建筑废物主要分为六大类：①土地开挖垃圾，指的是未做特殊处理的土地在开挖过程中产生的垃圾，分为表层土和深层土；②道路开挖垃圾，根据道路性质不同又分为混凝土道路开挖垃圾和沥青道路开挖垃圾，包括废弃混凝土块、沥青混凝土块等；③建筑施工垃圾，指建设施工项目产生的垃圾，主要包括渣土、石膏、散落灰浆、砂浆、混凝土碎块、废弃砖块、石块、废弃木材、钢筋混凝土桩头、塑料、玻璃、废弃金属配件、小五金、木屑、刨花、包装材料、金属管线废料等；④建筑物拆除垃圾，与建筑施工垃圾相比，拆除过程中产生的废物与建筑物本身特性有关，其组成差异相对明显，主要包括石块、混凝土块、砖块、渣土、木材、塑料、玻璃、纸类、灰浆、屋面废料、钢铁和废弃金属等；⑤建筑装修垃圾，指来自新房首次装修和非新房翻新装修装饰阶段的混凝土块、砖块、石块、桩头、砂子、砂浆、废弃钢筋、废铁丝、金属边角料、小五金、塑料、玻璃、木材、刨花等废料；⑥建材生产垃圾，主要是指生产各种建筑材料时产生的废料和废渣，以及在建材成品加工和运输过程中产生的碎块、碎片等。

建筑废物来源广泛，公共建筑及住宅建筑在施工、装修、拆除等不同阶段产生的建筑废物以及工业企业建筑在修缮、拆毁、改扩建等过程产生的建筑废物差异较大。非工业源的一般建筑废物，可经破碎、分选等物理处理后安全再生利用或处置。但由于缺乏成熟的废物回收市场，建筑废物可能在未经处理的情况下，直接被施工单位运往城郊非法倾倒、露天堆放或者简易堆置，既占用了大量土地资源，也对土壤、地表水和地下水带来潜在环境危害，造成二次污染。工业源建筑废物污染性质复杂，不同工业类型生产企业产生的建筑废物污染特性各异，甚至同一企业内不同工艺阶段的建筑废物也有显著差别。化工、冶金、轻工、农药等工业企业，生产运行期间存在含重金属、硫酸盐、有机物（如多环芳烃等）等有毒有害物质的生产原料或产品渗漏至地面、喷洒至墙壁等情况，其中的污染物经雨水淋溶而转移至渗滤液中，随水体迁移污染周边土壤和水域。近年来，我国每年有大量化工、冶金、火电、轻工企业面临拆迁或改建，由此产生数量庞大的受污染建筑废物，对生态环境构成了新的威胁。但迄今为止，我国关于工业源建筑废物处置与资源化的科学研究和政策法规都相对滞后，给经济与环境的和谐发展带来巨大压力。

1.7 危险废物概况

危险废物亦称有毒有害废物，包括医疗垃圾、废树脂、药渣、含重金属污泥、酸和碱废物等。生态设计与清洁生产均是降低危险废物数量的最佳途径之一。凡是被列为危险废物的废物，其处理费用与一般废物相比将高几倍至几百倍甚至上千倍。在生产过程中不采用或少用有毒有害原料或可能产生有毒有害废物的原料，可以大幅度降低危险废物的产生量。把有毒有害废物与一般废物分开收集与运输，也是降低危险废物产生量的有效途径。已经产生的、必须单独处理的危险废物，其处理优先程序是通过物理、化学和生物学方法，把危险废物中的有毒有害成分分离出来并加以利用，使之转化为无毒无害废物；其次是减容化，尽可能降低危险废物体积，如高静压压块或焚烧；再次是把危险废物中的有毒有害成分通过固化或稳定化，降低有毒有害成分的迁移能力，同时采取永久性措施加以贮存，如在安全填埋场中填埋。

为了预防危险废物非法转运和处理，法律已经规定，非法排放、倾倒、处置危险废物3吨以上的，或非法排放含重金属、持久性有机污染物等严重危害环境、损害人体健康的污染物超过国家污染物排放标准或者省、自治区、直辖市人民政府根据法律授权制定的污染物排放标准3倍以上的，就属于刑事犯罪。产生危险废物的单位，必须按照国家有关规定处置危险废物，不得擅自倾倒、堆放。禁止无经营许可证或者不按照经营许可证规定从事危险废物收集、贮存、利用、处置的经营活动，禁止将危险废物提供或者委托给无经营许可证的单位从事收集、贮存、利用、处置的经营活动。

1.8 医疗废物概况

医疗废物是来自病人生活、医疗诊断和治疗过程中的各类有害固体废物。各国对医疗废物的定义和收运范围的规定有差异，一般分为感染性废物、病理性废物、损伤性废物、药物性废物、细胞毒性废物、化学性废物、压力容器、放射性废物等。医疗废物收运处置过程中，主要针对前六类。洁净的压力容器属于一般废物。放射性废物必须专门收运处置。国内会不定期发布《医疗废物分类目录》。

医疗废物的来源根据产生数量可分为集中源和分散源。医疗废物组分受产生源特性影响。对于医院，不同的部门产生不同的医疗废物，如内科病房主要产生绷带、手套、注射针头、服装等，手术室和外科病房主要产生组织、器官、肢体等病理性废物，试验室主要产生药物性废物、传染性废物、损伤性废物等，药房和化学品贮存仓库主要产生包装材料等药物性废物、化学性废物。对于分散源，以医疗护理和内科为主的服务机构主要产生感染性废物和损伤性废物，牙科诊所主要产生感染性废物、损伤性废物和化学性废物。

每千人医疗机构床位数体现了床位的分布情况，也反映了医疗卫生服务的可及性，这个指标在不同的地区之间因为经济水平不同会有差异，全国各个城市都会定期发布该项指标的具体数据。鉴于各个城市的卫生资源配置和医疗卫生服务水平不同，各城市配置的病床总数与人口有很大关系，人口是造成医疗废物快速增长的决定性因素。以人口为主要考量因素，并结合各城市每千人医疗机构床位数的规划，预测医疗废物产生量的计算方法见式（1-1）。

$$W_T = P \times A \times N \times 10/1000 \tag{1-1}$$

式中　W_T——未来某年城市医疗废物产生量，t；

　　　P——本市常住人口，万人；

　　　A——人均配置床位数，张/千人；

　　　N——每张床位医疗废物产生量，t/张；

　　$\dfrac{10}{1000}$——换算系数。

目前，国内各大城市每年所处置的医疗废物都在递增，根据历年的调查统计资料，先确定城市医疗废物的年递增率，再以新近年份城市医疗废物的产生量作为基准年产生量，就可以计算未来某年城市医疗废物的产生量。该法较适于历年的调查统计资料比较齐全、准确，预测年与基准年时间间隔不远，城市医疗废物年递增率变化不大的情况，一定时间后城市医疗废物的年递增率应根据实际情况进行调整。预测方法见式（1-2）。

$$W_T = W(1+a)^n \tag{1-2}$$

式中　W_T——未来某年城市医疗废物产生量，t；

　　　W——城市医疗废物基准年产生量，t；

　　　a——城市医疗废物年递增率，%；

　　　n——从基准年开始到预测年的时间跨度，a。

医疗废物的毒性和腐蚀性、可燃性、反应性等其他危害特性都会对自然环境造成直接负面影响。医疗废物隶属危险废物，危险废物危害特性定义同样适用于医疗废物。医疗废物因包括具有传染性、细胞毒性和其他危害特性的化学物质、损伤性废物，具有直接或间接感染性和毒性，如管理不当或不完善，易导致疾病传染和引起人体损伤。因此，医疗废物污染首先会引起公众健康和职业健康风险。

医疗废物中的有害化学物质通常因其浓度较低或数量较少，一般不会对职业人员和公众的健康产生明显的危害。医疗废物导致损伤从而使感染性微生物载体进入人体，以及医疗废物处理处置过程中毒性污染物释放等被认为是医疗废物污染的主要途径。

医疗废物组分也有可能产生携带人或动物病原体的雾状微粒（直径小于 $1 \sim 3\mu m$ 的液滴），从而引起传染性微生物的传播。医疗卫生机构实验室产生的医疗废物含有高浓度的传染性病原体，如肺结核分枝杆菌，有可能通过空气传播进入人体。另外，被认为是传染性悬浮微粒产生源的还有人或动物的组织、器官和肢体，以及渗透过体液、血液或排泄物的物品等医疗废物，这些医疗废物都可能产生潜在的微生物传播风险。

血液、血液制品和体液等医疗废物可通过口、鼻、眼内膜以及皮肤受损区域传播病原体，很多研究报道了急救、外科手术（甚至在医疗废物商业处理）过程中，感染性血滴溅到器官内膜或受损皮肤上传播 HIV（人体免疫缺陷病毒）、HBV（乙型肝炎病毒）和 HCV（丙型肝炎病毒）等的事件。

1.9   固体废物处理与资源化过程碳减排技术

准确计算全球、国家、城市、企业、活动等不同层面的碳排放量是实现碳达峰、碳中和目标的前提和基础。碳排放量计算的准确性与计算边界和计算方法有关。目前国内外温室气体核算方法主要包括《2006 年 IPCC 国家温室气体清单指南》、世界资源研究所（WRI）发布的温室气体核算体系、ISO 14064、ISO 14067、《省级温室气体清单编制指南（试行）》、中国行业企业温室气体排放核算方法与报告指南等。

碳排放核算方法可以分为排放因子法、质量平衡法、实测法、全生命周期法。其中，排放因子法是适用范围最广、应用最为普遍的一种碳核算办法。根据 IPCC（政府间气候变化专门委员会）提供的碳核算基本方程，温室气体排放量计算方法为：

$$温室气体(GHG)排放量 = 活动数据(AD) \times 排放因子(EF) \tag{1-3}$$

废弃物领域的碳排放核算方法，主要基于《2006 年 IPCC 国家温室气体清单指南》第五卷废弃物核算方法，可以计算：①填埋场中甲烷产生量及填埋过程中的碳积累量；② 废弃物堆肥处理、厌氧分解及废弃物的机械 - 生物处理过程中散逸的 CH_4 和 N_2O；③废弃物焚化和露天焚烧过程中排放的 CO_2、CH_4 和 N_2O；④废水处理过程中排放的 CH_4 和 N_2O。

本章主要内容

固体废物处理与资源化，是生态文明建设的重要内容。本章描述了固体废物的定义、性质和分类等，重点是生活垃圾、工业固体废物、建筑废物、危险废物、医疗废物等处理与资源化的发展历史和方向，以及环卫信息化、环卫智能化等。源头分类收集和处理利用、人工智能和智慧管控、碳减排技术在固体废物处理与资源化领域的应用发展很快。生活垃圾分类收运与利用、末端处置（卫生填埋、焚烧发电）、信息化与智能化三者相结合，可为城市环境卫生事业的健康发展提供保障。危险废物毒害性大，应在源头减量和作为原料使用，末端处置（安全填埋和焚烧）应安全可靠。

习题与思考题

1. 简述生活垃圾特性和组分，对比生活垃圾各种处理处置方法的优缺点。
2. 描述环境卫生信息化基本原理和具体操作方案。
3. 试论各种固体废物资源化利用技术的优势与存在的问题。
4. 结合所在学校垃圾桶中生活垃圾组分的现场调查，论述生活垃圾分类的基本方法以及分类后各组分的利用方法。
5. 总结我国改革开放以来，固体废物处理与资源化的发展历程和发展方向，论述固体废物处理与资源化和生态文明建设的关系。

第2章　生活垃圾清运保洁和机械分选技术

2.1　生活垃圾的收集与运输

生活垃圾收运是垃圾处理系统中的一个重要环节，其费用占整个垃圾处理系统的 60%～80%。生活垃圾收运并非单一阶段操作过程，通常需包括三个阶段：第一阶段是从垃圾产生源到垃圾桶的过程，即搬运与贮存（简称运贮）；第二阶段是垃圾的清除（简称清运），通常指垃圾的近距离运输，清运车辆沿一定路线收集清除贮存设施（容器）中的垃圾，并运至垃圾转运站，有时也可就近直接送至垃圾处理处置场；第三阶段为转运，特指垃圾的远距离运输，即在转运站将垃圾转载至大容量运输工具，并运往远处的处理处置场。后两个阶段需应用最优化技术，将垃圾从垃圾产生源分配到不同的处置场，使成本降到最低。

对生活垃圾的短途运输要求做到封闭化和无污水渗漏运输、低噪声作业，外形清洁、美观，提高车辆的装载量，以实现满载、清洁、无污染的垃圾收集运输。现行的生活垃圾收集方式主要分为混合收集和分类收集两种类型。

2.1.1　混合收集

混合收集是指收集未经任何处理的原生固体废物并将其混杂在一起的收集方式，该方法应用广泛，历史悠久。其优点是比较简单易行，运行费用低。但这种收集方式将全部生活垃圾混合在一起收集运输，增大了生活垃圾资源化、无害化的难度。首先，垃圾混合收集容易混入危险废物如废电池、日光灯管和废油等，不利于对危险废物进行特殊环境管理，并增大了垃圾无害化处理的难度。其次，混合收集造成极大的资源浪费和能源浪费，各种废物相互混杂、黏结，降低了废物中有用物质的纯度和再利用价值，降低了可用于生化处理和焚烧的有机物的资源化和能源化价值，混合收集后再利用（分选）又浪费人力、财力、物力。因此，混合收集被分类收集所取代是收运方式发展的趋势。

二维码 2-1　生活垃圾内河集装化转运系统流程

2.1.2 分类收集

分类收集是生活垃圾收集方式的重要内容之一，其定义为根据垃圾的不同成分及处理方式，在源头对生活垃圾进行分类收集。这种方式可以提高回收物资的纯度和数量，减少需要处理的垃圾数量，有利于生活垃圾的资源化和减量化，可以减少垃圾运输车辆、优化运输线路，从而提高生活垃圾的收运效率，并有效降低管理成本及处理费用。

推行分类收集，是一项相当复杂、艰难的工作，要在具有一定经济实力的前提下，依靠有效的宣传教育、立法，提供必要的垃圾分类收集的条件，积极鼓励城市居民主动将垃圾分类存放，仔细地组织分类收集工作，才能使垃圾分类收集的推广持续发展下去。在全国范围内开展垃圾分类收集，需要因地制宜，增强政策扶持和升级配套措施，完善垃圾处理系统，加大教育宣传，提高市民的垃圾分类收集意识和积极性等。

生活垃圾可以分为干垃圾和湿垃圾两大类，也可以分为有机易腐类废物（厨余垃圾、植物残体和果皮等）、惰性无机废物（灰土、煤渣、砖块和草木灰等）、可回收废物（废纸、塑料、金属等）、有毒有害废物（废电池、农药瓶、日光灯管、涂料桶等）四大类，也可以进行更细致的分类，如理想情况下的 28 ～ 43 类（表 2-1）。生活垃圾分类综合利用物流系统流程如图 2-1 所示。

表2-1 城市生活垃圾分类

分类	项目	成分
无机物	玻璃	碎片、瓶、管、镜子、仪器、球、玩具等
	金属	碎片、铁丝、罐头、零件、玩具、锅等
	砖瓦	石块、瓦、水泥块、缸、陶瓷件、石灰片
	炉灰	炉渣、灰土等
	其他	废电池、石膏等
有机物	塑料	薄膜、瓶、管、袋、玩具、鞋、录音带、车轮等
	纸类	包装纸、纸箱、信纸、卫生纸、报纸、烟纸等
	纤维类	破旧衣物、布鞋等
	有机质	剩饭剩菜、尾菜烂菜、动物尸体与毛发、竹木制品等

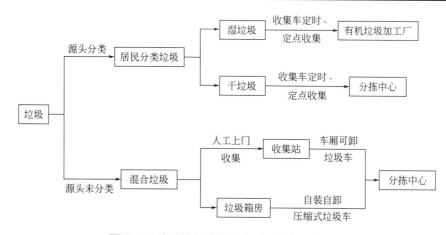

图 2-1 生活垃圾分类综合利用物流系统流程

接收居民投放垃圾的地点（没有房子或简易房子），服务半径一般为城市70m，乡镇100m，村庄200m。接收附近居民投放垃圾的设施（有房子），服务半径一般为人力0.4km，小型机动车2km。

大件垃圾由大件垃圾特种收集车定时、定点按申报进行收集，送往大件垃圾处置场进行处置。因总量大及收集次数少，大件垃圾收集车的装载量应不小于8t。配置较好的大件垃圾收集车，可具有破碎功能或起重功能。

餐厨垃圾是指饭店、宾馆等餐饮业及单位等公共食堂的食物下料和食物残余。未经沥（脱）水的餐厨垃圾含水率平均高达90%以上，油脂和盐分含量也较高，其主要固体成分包括淀粉类、食物纤维类、动物油脂类等有机物质。餐厨垃圾具有极易腐烂变质的特性，易散发臭气，滋生蚊蝇和老鼠。餐厨垃圾由于含有丰富的有机物和大量水分，极易引起细菌和病毒等微生物生长，极易传播疾病、危害人体健康，不宜直接作为生猪的饲料，所以许多地方已禁止将其作为饲料使用，但是原有的垃圾物流系统（图2-2）不能适应水分和有机物含量高的餐厨垃圾的收运处置。

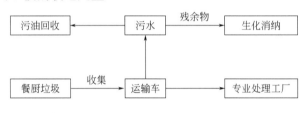

图2-2　餐厨垃圾物流系统流程

餐厨垃圾产生单位用容器盛装或沥水袋装后，由环卫运输单位用餐厨垃圾专用收集车收集运输。该种类收集车具有自卸、自装和沥水或油水分离等多种功能。餐厨垃圾进入处置场后，经分选去除不能发酵的杂物、粉碎进入发酵器具，经发酵、腐熟后，造粒成有机肥料。也可以根据需要添加微量元素及嵌合氮、磷、钾元素等添加剂，制成精品，可作为有机复合肥使用。目前，餐厨垃圾一般通过厌氧发酵生产沼气，沼渣堆肥或焚烧，沼液与渗滤液协同处理。

2.2　生活垃圾清运

2.2.1　拖曳容器收集操作法

拖曳容器收集操作法是指将某集装点装满的垃圾连容器一起运往转运站或处理处置场，卸空后再将空容器送回原处或下一个集装点，其中前者称为一般操作法，后者称为修改工作法。其收集操作图如图2-3所示。

收集成本的高低主要取决于收集时间长短，因此对收集操作过程的不同单元时间进行分析，可以建立设计数据和关系式，求出某区域垃圾收集耗费的人力和物力，从而计算收集成本。可以将收集操作过程分为四个基本用时，即集装时间、运输时间、卸车时间和非收集时间（其他用时）。

（1）集装时间　对于一般操作法，每次行程集装时间包括容器间行驶时间、满容器装车时间、卸空容器放回原处时间三部分。用公式表示为：

$$P_{hcs}=t_{pc}+t_{uc}+t_{dbc} \tag{2-1}$$

式中　P_{hcs}——每次行程集装时间，h/次；

$\quad\quad t_{pc}$——满容器装车时间，h/次；

$\quad\quad t_{uc}$——卸空容器放回原处时间，h/次；

$\quad\quad t_{dbc}$——容器间行驶时间，h/次。

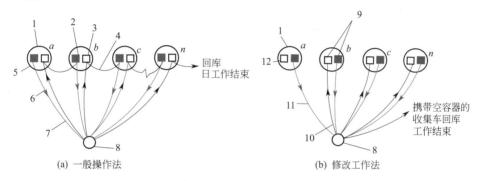

图2-3　生活垃圾拖曳容器收集操作图

1—容器点；2—容器装车；3—空容器放还原处；4—驶向下一个容器；5—车库来的车行程开始；
6—满容器运往转运台；7—空容器放还原处；8—转运站、加工站或处置场；9—a点容器放在b点，
b点容器运往转运站；10—空容器放在b点；11—满容器运往转运站；12—携带空容器的收集车自车库来，行程开始

如果容器间行驶时间未知，可用下面运输时间公式 [式（2-2）] 估算。

（2）运输时间　是指收集车从集装点行驶至终点所需时间，加上离开终点驶回原处或下一个集装点的时间，不包括停在终点的时间。当装车和卸车时间相对恒定时，运输时间取决于运输距离和速度。运输时间可以用下式近似表示：

$$l=a+bx \tag{2-2}$$

式中　l——运输时间，h/次；

$\quad\quad a$——经验常数，h/次；

$\quad\quad b$——经验常数，h/km；

$\quad\quad x$——往返运输距离，km/次。

（3）卸车时间　是指垃圾收集车在终点（转运站或处理处置场）逗留时间，包括卸车及等待卸车时间。每一行程卸车时间用符号 S（h/次）表示。

（4）非收集时间　是指在收集操作全过程中非生产性活动所花费的时间。常用符号ω（%）表示非收集时间占总时间的比例。

因此，一次收集清运操作行程所需时间（T_{hcs}）可用下式表示：

$$T_{hcs}=(P_{hcs}+S+l)/(1-\omega) \tag{2-3}$$

也可用下式表示：

$$T_{hcs}=(P_{hcs}+S+a+bx)/(1-\omega) \tag{2-4}$$

求出 T_{hcs} 后，则每日每辆收集车的行程次数用下式求出：

$$N_d = H/T_{hcs} \tag{2-5}$$

式中 N_d——每天行程次数，次/d；

　　　　H——每天工作时数，h/d。

每周所需收集的行程次数即行程数可根据收集范围的垃圾清除量和容器平均容量用下式求出：

$$N_w = V_w/(cf) \tag{2-6}$$

式中 N_w——每周收集次数，即行程数，次/周（计算值带小数时，需进位到整数值）；

　　　　V_w——每周清运垃圾产生量，m^3/周；

　　　　c——容器平均容量，m^3/次；

　　　　f——容器平均充填系数。

由此，每周所需作业时间 D_w（h/周）为：

$$D_w = t_w T_{hcs} \tag{2-7}$$

式中 t_w——N_w 值进位后的整数值。

应用上述公式，即可计算出拖曳容器收集操作条件下的工作时间和收集次数，并合理编制作业计划。

2.2.2　固定容器收集操作法

固定容器收集操作法是指用垃圾车到各容器集装点装载垃圾，容器倒空后固定在原地不动，车装满后运往转运站或处理处置场。固定容器收集操作法的一次行程中，装车时间是关键因素，分为机械操作和人工操作。生活垃圾固定容器收集操作图如图 2-4 所示。

（1）机械装车　固定容器收集法每一行程时间用下式表示：

$$T_{scs} = (P_{scs} + S + a + bx)/(1 - \omega) \tag{2-8}$$

式中 T_{scs}——固定容器收集法每一行程时间，h/次；

　　　　P_{scs}——每次行程集装时间，h/次。

此处，集装时间为：

$$P_{scs} = c_t t_{uc} + (N_p - 1)t_{dbc} \tag{2-9}$$

式中 c_t——每次行程倒空的容器数，个/次；

　　　　t_{uc}——卸空一个容器的平均时间，h/个；

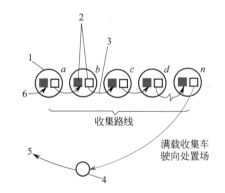

图2-4　生活垃圾固定容器收集操作图
1—垃圾集装点；2—将容器内的垃圾装入收集车；
3—驶向下一个集装点；4—中转站、加工站或处置场；
5—卸空的收集车进行新的行程或回库；
6—车库来的空车行程开始

N_p——每一行程经历的集装点数，点 / 次；

t_{dbc}——每一行程各集装点之间平均行驶时间，h/ 点。

如果集装点之间平均行驶时间未知，也可用式（2-2）进行估算，但以集装点间距离代替往返运输距离 x（km/ 次）。

每一行程能倒空的容器数与收集车容积、压缩比以及容器体积有直接关系，其关系式为：

$$c_t=Vr/(cf) \tag{2-10}$$

式中　V——收集车容积，m^3/次；

r——收集车压缩比。

每周需要的行程次数可用下式求出：

$$N_w=V_w/(Vr) \tag{2-11}$$

式中　N_w——每周行程次数，次/周。

由此每周需要的收集时间为：

$$D_w=[N_wP_{scs}+t_w(S+a+bx)]/[(1-\omega)H] \tag{2-12}$$

式中　D_w——每周收集时间，h/周；

t_w——N_w 值进位后的整数值。

（2）人工装车　使用人工装车，每天进行的收集行程数为已知值或保持不变，这种情况下日工作时间为：

$$P_{scs}=(1-\omega)H/N_d-(S+a+bx) \tag{2-13}$$

每一行程能够收集垃圾的集装点数可以由下式估算：

$$N_r=60P_{scs}n/t_p \tag{2-14}$$

式中　n——收集工人数，人；

t_p——每个集装点需要的集装时间，人·min/ 点。

每次行程的集装点数确定后，即可用下式估算收集车的合适车型尺寸（载重量）：

$$V=V_pN_p/r \tag{2-15}$$

式中　V_p——每一集装点收集的垃圾的平均量，m^3/次。

每周的行程次数即收集次数为：

$$N_w=T_pF/N_p \tag{2-16}$$

式中　N_w——每周行程次数，次/周；

T_p——集装点总数，点；

F——周容器收集频率，周$^{-1}$。

2.2.3　收集车辆

装车形式大致可分为前装式、侧装式、后装式、顶装式、集装箱直接上车等。车身大小按载重量分，额定量为10~30t，装载垃圾有效容积为6~25m³（有效载重量为4~15t）。为了清运狭窄小巷内的垃圾，还有数量甚多的人力手推车、人力三轮车和小型机动车作为清运工具。在美国，用于住宅区和商业部门的废物收集卡车都装有称为装填器的压紧装置，液压压紧机可把松散的废物由容重35kg/m³压实到200~240kg/m³，常规的装载量为12m³和15m³。

（1）简易自卸式收集车　这是国内最常用的收集车，一般是在解放牌或东风牌货车底盘上加装液压倾倒机构和垃圾车改装而成（载重量为3~5t）。常见的有两种形式：一是罩盖式自卸收集车，为了防止运输途中垃圾飞散，在原敞口的货车上加装防水帆布盖或框架式玻璃钢罩盖，后者可通过液压装置在装入垃圾前启动罩盖，要求密封程度较高；二是密封自卸车，即车厢带盖的整体容器，顶部开有数个垃圾投入口。简易自卸式垃圾车一般配以叉车或铲车，便于在车厢上方机械装车，适用于固定容器收集法作业。

（2）活动斗式收集车　这种收集车的车厢作为活动敞开式贮存容器，平时放置在垃圾收集点。因车厢贴地且容量大，适宜贮存装载大件垃圾，故亦称多功能车，用于拖曳容器收集法作业。

（3）侧装式密封收集车　这种车型的车辆内侧装有液压驱动提升机构，用于提升配套圆形垃圾桶，可将地面上垃圾桶提升至车厢顶部，由倒入口倾翻，空桶复位至地面。倒入口有顶盖，随桶倾倒动作而启闭。国外这类车的机械化程度高，改进形式很多，一个垃圾桶的卸料周期不超过10s，保证较高的工作效率。另外提升架悬臂长、旋转角度大，可以在相当大的作业区内抓取垃圾桶，故车辆不必对准垃圾桶停放。

（4）后装式压缩收集车　这种车型在车厢后部开设投入口，装配有压缩推板装置。通常投入口高度较低，能适应中老年人和儿童倒垃圾，同时由于有压缩推板，适应体积大、密度小的垃圾收集。这种车与手推车收集垃圾相比，工效提高6倍以上，大大减轻了环卫工人的劳动强度，缩短了工作时间，另外还减少了二次污染，方便了群众。

2.2.4　收集次数与作业时间

我国各城市住宅区、商业区基本上要求垃圾及时收集，即日产日清。欧美各国则划分较细：一般情形，对于住宅区厨房垃圾，冬季每周两三次，夏季至少三次；旅馆酒店、食品工厂、商业区等，不论夏冬每日至少收集一次；煤灰夏季每月收集两次，冬季改为每周一次；如厨房垃圾与一般垃圾混合收集，其收集次数可采取二者的折中或酌情而定。国外对废旧家用电器、家具等庞大垃圾定为一月两次，对分类贮存的废纸、玻璃等亦有规定的收集周期，以利于居民的配合。垃圾收集时间，大致可分为昼间、晚间及黎明三种。住宅区最好在昼间收集，晚间可能骚扰住户；商业区则宜在晚间收集，此时车辆行人稀少，可加快收集速度；黎明收集，可兼有白昼及晚间之利，但集装操作不便。总之，收集次数与时间，应视当地实际情况，如气候、垃圾产生量与性质、收集方法、道路交通、居民生活习俗等而确定，不能一成不变，其原则是希望能在卫生、快捷、经济的前提下达到垃圾收集的目的。

2.2.5　垃圾收集质量要求

垃圾收集容器应定位设置，摆放整齐。设置点及周围 2～3m 内应整洁，无散落、存留垃圾和污水，无残缺、破损，封闭性好，外体干净。构筑物内外墙面不得有明显积灰、污物。特种垃圾的收集，必须用设有明显标识、能防止污染扩散的密封容器。蚊蝇滋生季节，垃圾收集站（点）应定时喷洒消毒、灭蚊蝇药物。在可视范围内，苍蝇应少于 3 只 /次。楼房垃圾管道的底层垃圾间应整洁，无散落垃圾和积留污水，无恶臭，基本无蝇。生活垃圾应全部实行容器收集，有条件的地区可实行分类收集。

居民应按规定将生活垃圾倒入垃圾收集容器内。实行分类、袋装收集的地区，居民应将垃圾分类、袋装封闭后，定时投入收集容器内或放置于指定的收集点。企事业等单位应将所产生的生活垃圾投放于自设的收集容器内，不得裸露堆放。特种垃圾、工业垃圾和建筑垃圾，必须与生活垃圾分开存放，分别收集。居民的生活垃圾应每日清除，无堆积；单位的生活垃圾应按时清除，无积压，不腐烂发臭；废旧家具、家用电器等粗大垃圾应按指定地点存放，定期清除。

收集作业完成后，应及时清理场地，将可移动式垃圾收集容器复位，车走地净。垃圾应直接送至指定的转运站或处置场。废物箱内的垃圾应及时清除，无满溢和散落，并定时清洗箱体。地面（含天桥、地道）清扫的垃圾应及时收集和运输，不遗漏，不得堆放在路边。

公交车、长途汽车、飞机、火车上的垃圾，应由营运单位自行袋装收集，按规定处置，严禁任意排放。水域沿岸的码头、趸船、单位所产生的垃圾应定时收集。严禁向水域倾倒或抛撒垃圾。

行驶、停泊在市区水域的各类船舶产生的生活垃圾，应按规定分类袋装，定时收集，统一处置；扫舱垃圾及特种垃圾应分类存放，按规定处置，严禁任意排放。市内水域漂浮垃圾应有专人负责打捞，及时清除；主要河段、湖区应每天清除，在可视范围内水面不得有单个面积在 $0.5m^2$ 以上的漂浮垃圾和动物尸体。

2.2.6　生活垃圾收运路线

一般来说，收集清运路线的设计需要进行反复试算，没有能应用于所有情况的固定规则。一条完整的收集清运路线大致由"实际路线"和"区域路线"组成。前者指垃圾收集车在指定的收集区域内所行驶经过的实际收集路线，又可称为微观路线；后者指装满垃圾后，收集车为运往转运站（或处理处置场）需走过的地区或街区。

对于一个小型的独立的居民区，确定区域路线的问题就是去寻找一条从路线的终端到处置地点之间最直接的道路。而对于区域较大的城区，通常可以使用分配模型来拟制区域路线，从而获得最佳的处置与运输方案。所谓的分配模型，其基本概念是在一定的约束条件下，使目标函数达到最小。在区域路线设计工作中使用该模型可以将其优点极大地发挥出来。该技术中使用最多的是线性规划。

最简单的分配问题是对于有多个处置地点的固体废物的分配最优化。显然最常用的办法是将最近处的废物源首先分配，然后是下一个最靠近的，依次类推。而对于较复杂的系统，有必要应用最优化技术。运输规则系统是最适宜的最优化方案，它是一种线性规划。

假定有一个简单的系统，如图 2-5 所示，将四个废物源地区产生的垃圾（用收集区的矩心表示）分配到两个处置场所，目标是达到成本最低。

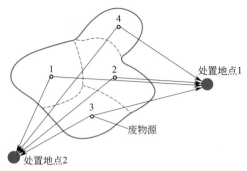

同时，必须满足几项要求（最优化模型中的约束条件）：①每一个处置场所（例如填埋场）的能力是有限的；②处置废物的数量必须等于废物的产生量；③收集路线矩心不能充当处置地点，从每个收集区运来的废物总数量必须大于等于 0。设计收集路线的一般步骤包括：准备适当比例的地域地形图，在图上标明垃圾清运区域边界、道口、车库和各个垃圾集装点的位置、容器数、收集次数

图 2-5　废物源与废物处置点的废物分配方案

等，如果使用固定容器收集法，应标注各集装点垃圾量；资料分析，将资料数据概要列为表格；初步收集路线设计；对初步收集路线进行比较，通过反复试算进一步均衡收集路线，使每周各个工作日收集的垃圾量、行驶路程、收集时间等大致相等，最后将确定的收集路线画在收集区域图上。

2.2.7　生活垃圾转运

生活垃圾转运是指利用转运站，将从各分散收集点用小型收集车清运的垃圾，转运到大型运输工具，并将其远距离运输至垃圾处理处置场的过程。生活垃圾转运站是连接垃圾产生源头和末端处置系统的结合点，起到枢纽作用。由于长距离大吨位运输比小车运输的成本低，收集车一旦取消长距离运输就能够腾出时间更有效地收集，因此设置转运站有助于降低垃圾收运的总费用。但是对转运站、大型运输工具或其他必需的专用设备的大量投资会提高收运费用。是否设置转运站需要根据以上情况综合决定。

转运站选址应符合城市总体规划和城市环境卫生行业规划的要求，宜选在服务区域的中心或垃圾集中产生的地方，应设置在市政设施完善、交通便利、至后续处理设施的运输距离和行驶路线合理的地方。垃圾转运量可按下式计算：

$$Q = \frac{\delta n q}{1000} \tag{2-17}$$

式中　Q——转运站规模，t/d；

　　　δ——垃圾产生量变化系数，按当地实际资料采用，无资料时，一般可取 1.13～1.40；

　　　n——服务区域人口数，人；

　　　q——人均垃圾产生量，kg/（人·d），按当地实际资料采用，无资料时，一般可采用 0.8～1.8kg/（人·d）。

转运站内设施包括称重计量系统、除尘除臭系统、监控系统、生产生活辅助设施、通信设施等，各转运站根据规模大小和当地需求进行相应配置。铁路及水路运输转运站，应设置与铁路系统及航道系统相衔接的调度通信、信号系统。

转运站应有防尘、防污染扩散及污水处置等设施，场地应整洁，无散落垃圾和堆积杂物，无积留污水，室内通风应良好，无恶臭，墙壁、窗户应无积尘、蛛网。进入站内的垃圾应当日转运，有贮存设施的，应加盖封闭，定时转运，装运容器应整洁、无积垢、无吊挂垃圾。蚊蝇滋生季节应每天喷药灭蚊蝇，在可视范围内，站内苍蝇应少于3只/次。除急用，有条件的地区应建设密闭转运站，不宜长期采用露天临时转运点转运垃圾。垃圾临时转运点距离居民住地不得小于300m。场地周围应设置不低于2.5m的防护围栏和污水排放渠道。装卸垃圾应有降尘措施，地面应无散落垃圾和污水。垃圾应及时转运，蚊蝇滋生季节应定时喷药灭蚊蝇，在可视范围内苍蝇应少于6只/次，无恶臭。场地应有专人管理，工具、物品置放应有序整洁。通过码头转运垃圾时，应逐步采用密闭方式集装，除特殊情况外，不得在转运码头堆放垃圾。垃圾转运码头应设置防散落、防飞扬和降尘设施，垃圾不得散落于水体。作业场地应有污水收集管道或收集池，有条件的，应把污水处理后排入城市污水管网。转运码头及周围环境应整洁，装卸作业完毕，应及时清扫场地。蚊蝇滋生季节应定时喷洒药物，在可视范围内，转运码头的苍蝇应少于6只/次，无恶臭。

垃圾运输模式包括直运模式和转运模式。垃圾收运的基本原则是尽量减少中间环节，因此具备直运条件的城市或区域应优先选择直运模式。直运条件包括：①垃圾运输车可直接靠近垃圾收集点；②垃圾处理场（厂）距城市的距离较近（在15km以内）；③垃圾运输车与垃圾收集点的垃圾容器配套。当无法采用直运，或者运输距离过大、直运成本过高时，采用转运模式。转运模式适用条件包括：①垃圾运输车无法靠近垃圾收集点，只能靠人力车或小型机（电）动车将垃圾收集点的垃圾运出；②垃圾处理场（厂）距城市过远（平均运距15km以上，可建小转运站，20km以上的可建中大型转运站），直接运输成本过高，通过转运站将小车（压缩或非压缩）换成大型垃圾运输车运输（一般是压缩后运输），可降低垃圾总运输成本。从总运行费用角度，转运比直运节省很多。

2.2.8　集装化转运系统中转站

根据垃圾运输通道类型的不同，垃圾集装化转运系统可分为陆路转运系统和水陆联运系统。陆路转运系统由垃圾收集站、垃圾收集车、垃圾中转站、集装箱与集装化运输车辆、运输道路等组成。水陆联运系统由垃圾收集站、垃圾收集车、垃圾中转站、垃圾集装箱转运码头、集装化运输船只、集装箱运输航道等组成。对于长距离运输，水路转运的费用远小于陆路转运，而铁路运输则介于二者之间。目前，国内绝大部分城市采用陆路转运系统，只有极少数城市采用水陆联运系统，尚无铁路转运系统。

集装箱是实现垃圾集运系统的基础，贯穿于系统的全过程。为便于不同交通工具之间的转换和保证装卸料过程的高效，一般采用国际标准尺寸集装箱。中转站垃圾压缩方式按压缩机的布置形式分为水平压缩方式和竖直压缩方式。水平压缩与竖直压缩均为国内外成熟工艺，但水平压缩工艺的供货商更为广泛，易于与标准集装箱运输系统兼容，且占地面积小，建筑物高度低。

水平压缩包括预压缩式、直接压入式、预压打包式、传送带式、开顶直接装载式等多种工艺，其中最常用的是预压缩式和直接压入式。预压缩式是指垃圾先在外置压缩机的预压仓内压缩形成密实的垃圾包，然后被一次性或分段推入垃圾集装箱中。它具有压缩比高，压缩过程密封独立完成，垃圾、臭气外泄现象少，可精确计量垃圾压缩及装箱量，垃圾贮存能力强等特点，适用于大、中型垃圾中转站。直接压入式即压缩机将垃圾直接推入垃圾集装箱内，边装边压实。其工艺成熟，操作简单，占地面积较小，国外早期的转运站大多采用此种形式。但同时也存在压头行程短，压缩比相对较低，集装箱强度需加强，垃圾、污水及臭气容易外泄，集装箱装载量较难控制等问题，故多用于中、小型垃圾中转站。

采用牵引车牵引拖挂车（拖挂车的面板上放置集装箱）的方式转运集装箱，把重箱拖到目的地后，再将另一个空箱的拖挂车拖回中转站，这种转运形式，拖挂车或牵引车都能灵活地调配，两者的使用率高，能高效地把垃圾转运站内的重箱转运出去。这种转运形式适合短距离转运以及在码头、铁路、仓库等地使用。

上海市生活垃圾集装化水陆联运系统自 2009 年正式投入运行。该系统以市区的蕴藻浜码头、徐浦码头和老港码头为三个主要垃圾转运点，利用蕴藻浜、黄浦江、大治河、老港环卫专用航道等航道资源，建设蕴藻浜、徐浦两个中转站，选用符合 6m（20ft）国际通用集装箱规格的垃圾专用集装箱，360 吨级、500 吨级、600 吨级的大型垃圾集运船，将上海市区内的生活垃圾压缩后进行集装化装箱，转运至老港固体废物综合利用基地后进行最终处置。系统运行的关键工艺设备包括垃圾压缩机、码头吊机、垃圾集运船、垃圾集装箱、垃圾转运车辆等。

2.3　固体废物分选

通过分选可达到如下几方面的目的：①分选可以回收很多有价值的物质，如废塑料制品中通常含有金属等有用物质；②对于要进行堆肥处理的固体废物，可以经过分选去除其中的不可堆肥的物质，提高堆肥效率和堆肥的肥效；③固体废物在焚烧前可以通过分选去除其中的不可燃烧的物质和有用物质，对于提高燃料热值、保证燃烧顺利进行具有重要的意义；④在固体废物进入填埋场之前，分选

二维码 2-2　生活垃圾分选

可以将那些有用的和可能对填埋场造成危害的物质如废旧电池等分离出来，不但可以有效地延长填埋场的使用期限，更可以提高其安全性。

废物分选是根据物料的物理性质或化学性质（包括粒度、密度、磁性、电性、表面润湿性、摩擦性与弹性以及光电性等）的不同而进行的，包括筛分、重力分选、磁选、电选、浮选、摩擦与弹性分选、光电分选以及最简单有效的人工分选等。

采用最广泛的生活垃圾分选方法是在传送带上进行人工手选，几乎所有的堆肥厂及部分焚烧厂均用手选方法。这种方法效率低，不能适应大规模的垃圾资源化再生利用系统。但是仅靠机械设备进行垃圾分选，虽然速度快，却往往无法获得非常理想的效果。所以在进行大规模的生活垃圾处理时，通常采用机械结合人工分选的方式。

2.3.1　固体废物筛分

筛分是利用筛子将物料中粒度小于筛孔的细粒物料透过筛面，而粒度大于筛孔的粗粒

物料留在筛面上，完成粗细物料分离的过程。该分离过程可看成是由物料分层和细粒透筛两个阶段组成的。物料分层是完成分离的条件，细粒透筛是分离的目的。

为了使粗细物料通过筛面分离，必须使物料和筛面之间有适当的相对运动，使筛面上的物料层处于松散状态，即按颗粒大小分层，形成粗粒位于上层、细粒处于下层的规则排列，细粒到达筛面并透过筛孔。同时，物料和筛面的相对运动还可使堵在筛孔上的颗粒脱离筛孔，以利于细粒透过筛孔。

细粒透筛时，尽管粒度都小于筛孔，但透筛的难易程度却不同。粒度小于筛孔尺寸 3/4 的颗粒，很容易通过粗粒形成的间隙到达筛面而透筛，称为易筛粒；粒度大于筛孔尺寸 3/4 的颗粒，很难通过粗粒形成的间隙，而且粒度越接近筛孔尺寸就越难透筛，这种颗粒称为难筛粒。

从理论上讲，固体废物中凡是粒度小于筛孔尺寸的细粒都应该透过筛孔成为筛下产品，而粒度大于筛孔尺寸的粗粒应全部留在筛上排出成为筛上产品。但是，实际上由于筛分过程受各种因素的影响，总会有一些粒度小于筛孔的细粒留在筛上随粗粒一起排出成为筛上产品，筛上产品中未透过筛孔的细粒越多，说明筛分效果越差。为了评定筛分设备的分离效率，引入筛分效率这一指标。

筛分效率（%）是指实际得到的筛下产品质量与入筛固体废物中所含小于筛孔尺寸的细粒物料质量之比，即：

$$E = \frac{Q_1}{Q\dfrac{\alpha}{100}} \times 100\% = \frac{Q_1}{Q\alpha} \times 10^4\% \tag{2-18}$$

式中　E——筛分效率，%；

$\quad\quad Q$——入筛固体废物质量，kg；

$\quad\quad Q_1$——筛下产品质量，kg；

$\quad\quad \alpha$——入筛固体废物中小于筛孔尺寸的细粒质量分数，%。

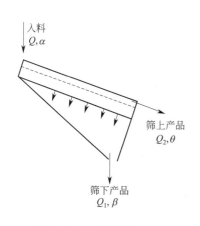

图 2-6　筛分效率的测定
α—入筛固体废物中小于筛孔的细颗粒质量分数；
β—筛下产品中小于筛孔的细颗粒质量分数；
θ—筛上产品中小于筛孔尺寸的细颗粒质量分数

但是，在实际筛分过程中要测定 Q_1 和 Q 是比较困难的，因此，必须变换成便于应用的计算式。按图 2-6，假定筛下产品中没有大于筛孔尺寸的粗粒，可以列出以下两个方程式。

固体废物入筛质量（Q）等于筛下产品质量（Q_1）和筛上产品质量（Q_2）之和，即：

$$Q = Q_1 + Q_2 \tag{2-19}$$

固体废物中小于筛孔尺寸的细粒质量等于筛下产品与筛上产品中所含有小于筛孔尺寸的细粒质量之和，即：

$$Q\alpha = 100Q_1 + Q_2\theta \tag{2-20}$$

式中　θ——筛上产品中所含有小于筛孔尺寸的细粒质量分数，%。

将式（2-19）代入式（2-20）得：

$$Q_1 = \frac{(\alpha - \theta)Q}{100 - \theta} \tag{2-21}$$

将 Q_1 值代入式（2-18）得：

$$E = \frac{\alpha - \theta}{\alpha(100 - \theta)} \times 10^4\% \tag{2-22}$$

固体废物的颗粒尺寸分布对筛分效率影响较大。废物中易筛粒含量越多，筛分效率越高；而粒度接近筛孔尺寸的难筛粒越多，筛分效率则越低。固体废物的含水率和含泥量对筛分效率也有一定的影响。废物外表水分会使细粒结团或附着在粗粒上而不易透筛。当筛孔较大、废物含水率较高时，反而造成颗粒活动性的提高，此时水分有促进细粒透筛作用，但此时已属于湿式筛分法，即湿式筛分法的筛分效率较高。水分影响还与含泥量有关，当废物中含泥量高时，稍有水分也能引起细粒结团。

另外，废物颗粒形状对筛分效率也有影响：一般球形、立方形、多边形颗粒筛分效率较高；而颗粒呈扁平状或长方块，用方形或圆形筛孔的筛子筛分时，筛分效率较低。线状物料如废电线、管状物质等，必须以一端朝下的"穿针引线"方式缓慢透筛，而且物料越长，透筛越难。在圆盘筛中，这种线状物料的筛分效率会高些。平面状物料如塑料膜、纸、纸板类等，会大片覆在筛面上，形成"盲区"而堵塞大片的筛面。

常见的筛面有棒条筛面、钢板冲孔筛面及钢丝编织筛网三种。其中，棒条筛面有效面积小，筛分效率低；编织筛网则有效面积大，筛分效率高；冲孔筛面介于两者之间。筛板的开孔率对正常筛分有很大影响，实践表明，开孔率一般应控制在 65%～80%。筛子运动方式对筛分效率也有较大的影响，同一种固体废物采用不同类型的筛子筛分时，其大致筛分效率见表 2-2。

表2-2 不同类型筛子的筛分效率

筛子类型	固定筛	滚筒筛	摇动筛	振动筛
筛分效率 /%	50～60	60	70～80	90 以上

即使是同一类型的筛子，如振动筛，它的筛分效率也受运动强度的影响而有差别。筛子运动强度不足时，筛面上物料不易松散和分层，细粒不易透筛，筛分效率就不高；但运动强度过大又使废物很快通过筛面排出，筛分效率也不高。

筛面宽度主要影响筛子的处理能力，长度则影响筛分效率。负荷相等时，过窄的筛面使废物层增厚而不利于细粒接近筛面，过宽的筛面则又使废物筛分时间太短，一般宽长比为 1:（2.5～3）。筛面倾角是为了便于筛上产品的排出。倾角过小，起不到此作用；倾角过大时，废物排出速度过快，筛分时间短，筛分效率低。一般筛面倾角以 15°～25° 较适宜。

筛分设备包括固定筛、滚筒筛和振动筛等。选择筛分设备时应考虑如下因素：颗粒大小和形状、颗粒尺寸分布、整体密度、含水率、黏结或缠绕的可能；筛分器的构造材料，筛孔尺寸、形状，筛孔所占筛面比例，滚筒筛的转速、长度与直径，振动筛的振动频率、长与宽；筛分效率与总体效果要求；运行特征如能耗、日常维护、运行难易、可靠性、噪声、非正常振动与堵塞的可能等。

滚筒筛是广泛使用的固体废物分选设备，利用做回转运动的筒形筛体将固体废物按粒度进行分级，其筛面一般为编织网或打孔薄板，工作时筒形筛体倾斜安装。进入滚筒筛内的固体废物随筛体的转动做螺旋状的翻动，且向出料口方向移动。在重力作用下，粒度小于筛孔的固体废物透过筛孔而被筛下，大于筛孔的固体废物则在筛体底端排出。

物料在滚筒筛中的运动呈现以下三种状态。

（1）沉落状态　这时筛子的转速很低，物料颗粒由于筛子的圆周运动而被带起，然后滚落到向上运动的颗粒上面，物料混合很不充分，不易使中间的细料翻滚物移向边缘而触及筛孔，因而筛分效率极低。

（2）抛落状态　当转速足够高但又低于临界速度时，物料颗粒克服重力作用沿筒壁上升，直至到达滚筒最高点之前，此时重力超过了离心力，颗粒沿抛物线轨迹落回筛底，因而物料颗粒的翻滚程度最为剧烈，很少发生堆积现象，筛子的筛分效率最高。

（3）离心状态　当筛子的转速进一步增大，达到某一临界速度时，物料由于离心作用附着在筒壁上而无法下落、翻滚，因而此时筛分效率相当低。

分选生活垃圾的滚筒筛，是在普通滚筒筛的基础之上增设一些分选或清理机构，使之更适于生活垃圾的筛分，主要有卧式滚筒筛、立式滚筒筛和叶片式滚筒筛三种。

卧式滚筒筛实际上是一种半湿式的破碎兼分选装置，由两种孔径不同的旋转滚筒筛和对应的不同旋转方向的两种挠板组成。垃圾进入滚筒后，砂土和玻璃等被滚筒内的旋转挠板破碎，经第一段筛网排出，剩余的垃圾随滚筒向前推进，加湿后又被挠板冲打切断，其中加湿变软的纸类从第二段筛网排出，最后剩下的物质主要为金属和塑料，从滚筒后端排出。

立式滚筒筛的结构特点是在进料口处，圆筒形的机身内装有许多放射状的分选棒，分选棒不断旋转，对从上部投入的垃圾物料进行分选，即采用分选棒将大块物料打到另一物流槽内，以利于物料的筛分。

叶片式滚筒筛的滚筒内装有大量叶片，叶片与滚筒按相同方向旋转，被破碎的垃圾在向下移动的过程中，通过滚筒与滚筒的间隙、叶片与叶片的间隙，从而实现分选，粒度大的塑料制品和破布等截留在滚筒上，而粒度较小的物料从筒下分离出来。这种机械的特点是不产生振动，也不发生堵塞，筛孔的大小变化靠调节滚筒与滚筒之间的间隙来实现。

垃圾在滚筒筛内的运动可以分解为沿筛体轴线方向的直线运动和垂直于筛体轴线平面内的平面运动。沿筛体轴线方向的直线运动是由于筛体的倾斜安装而产生的，其速度即为垃圾通过筛体的速度。垃圾在垂直于筛体轴线平面内的运动与筛体的转速密切相关。当筒体总低于临界速度转动时，垃圾被带至一定高度后呈抛物线下落，这种运动有利于筛分的进行。滚筒筛的倾斜角会影响垃圾物料在筛筒内的滞留时间。在城市生活垃圾处理系统中，滚筒筛安装倾斜角通常为 2°～5°；有时考虑到最佳生产力，也可以超出这个范围。图 2-7 是典型滚筒筛的实物图。

二维码 2-3　颚式破碎机

2.3.2 风力分选

气流分选是以空气为分选介质的一种分选方式，也称为风选，其作用是将轻物料从较重物料中分离出来。气流分选的原理是气流将较轻的物料向上或在水平方向带向较远的位置，而重物料则由于向上气流不能支承而沉降，或是由于重物料的足够大的惯性而不被剧烈改变方向，安全穿过气流沉降。按气流吹入分选设备的方向不同，风选设备可分为两种类型：水平气流分选机（又称为卧式风力分选机）和上升气流分选机（又称为立式风力分选机）。

立式风力分选机的构造和工作原理如图 2-8 所示。根据风机与旋流器安装的位置不同，该分选机可有三种不同的结构形式，但其工作原理大同小异：经破碎后的生活垃圾从中部给入风力分选机，物料在上升气流作用下，垃圾中各组分按密度进行分离，重质组分从底部排出，轻质组分从顶部排出，经旋风分离器进行气固分离。立式风力分选机分选精度较高。

图 2-7 典型滚筒筛的实物图

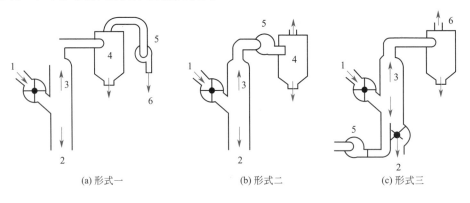

(a) 形式一 　　(b) 形式二 　　(c) 形式三

图 2-8 立式风力分选机

1—给料；2—排出物；3—提取物；4—旋流器；5—风机；6—空气

图 2-9 是水平气流分选机的构造和工作原理。该分选机从侧面送风，固体废物经破碎机破碎和圆筒筛筛分粒度均匀后，定量给入机内，当废物在机内下落时，被鼓风机鼓入的水平气流吹散，固体废物中各种组分沿着不同运动轨迹分别落入重质组分、中重质组分和轻质组分收集槽中。水平气流分选机的经验最佳风速为 20m/s。

要取得较好的分选效果，就要使气流在分选筒内产生湍流和剪切力，从而分散物料团块。经改造的分选筒有锯齿形、振动式和回转式，如图 2-10 所示。

为了取得更好的分选效果，通常可以将其他分选手段与风力分选在一个设备中结合起来，例如振动式气流分选机和回转式气流分选机。前者兼有振动和气流分选的作用，给料沿着一个斜面振动，较轻的物料逐渐集中于表面层，随后由气流带走；后者兼有圆筒筛的筛分作用和风力分选的作用，当圆筒旋转时，较轻颗粒悬浮在气流中而被带往集料斗，较重的小颗粒则透过圆筒壁上的筛孔落下，较重的大颗粒则在圆筒的下端排出。

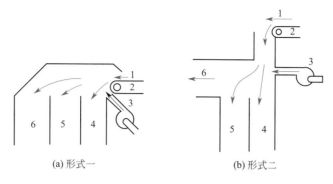

图 2-9　水平气流分选机
1—给料；2—给料机；3—空气；4—重质组分；5—中重质组分；6—轻质组分

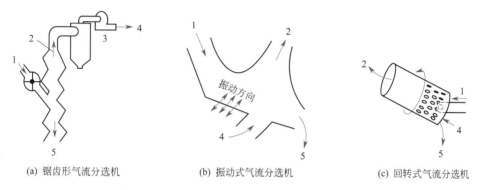

图 2-10　锯齿形、振动式和回转式气流分选机
1—给料；2—提取物；3—风机；4—空气；5—排出物

2.3.3　磁选

　　磁选是利用固体废物中各种物质的磁性差异在不均匀磁场中进行分选的一种处理方法。固体废物按其磁性大小可分为强磁性、弱磁性、非磁性等不同组分。磁选过程（图2-11）是将固体废物输入磁选机，其中的磁性颗粒在不均匀磁场作用下被磁化，受到磁场吸引力的作用。除此之外，所有穿过分选装置的颗粒，都受到诸如重力、流动阻力、摩擦力、静电力和惯性力等的作用。对于粗粒，重力、摩擦力起主要作用；而对于细粒，静电力和流动阻力则较明显。在这些作用下，仍会有少量物料留在废物中而被排出。因此，磁选的原理是基于固体废物各组分的磁性差异，作用于各种颗粒上的磁力和机械力的合力不同，使它们的运动轨迹也不同，从而实现分选作业。

　　磁选机中使用的磁铁有两类：电磁，是用通电方式磁化或极化的铁磁材料；永磁，是利用永磁材料形成的磁区。其中永磁较为常用。固体废物回收应用中磁铁的布置方式多种多样，最常见的几种设

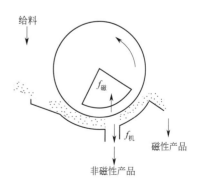

图 2-11　颗粒在磁选机中分离示意图

备介绍如下。

（1）磁力滚筒　磁力滚筒又称为磁滑轮，有永磁和电磁两种。应用较多的是永磁磁力滚筒（图 2-12）。这种设备的主要组成部分是一个回转的多极磁系和套在磁系外面的用不锈钢或铜、铝等非导磁材料制成的圆筒。磁系与圆筒固定在同一个轴上，安装在皮带运输机头部（代替传动滚筒）。

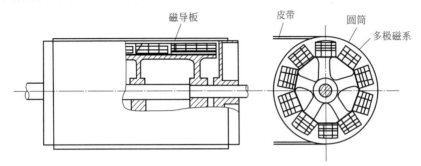

图 2-12　CT 型永磁磁力滚筒

将固体废物均匀地给在带式运输机上，当废物经过磁力滚筒时，非磁性或磁性很弱的物质在离心力和重力作用下脱离皮带面；而磁性较强的物质受磁力作用被吸在皮带上，并由皮带带到磁力滚筒的下部，当皮带离开磁力滚筒伸直时，由于磁场强度减弱而落入磁性物质收集槽中。

这种设备主要用于工业固体废物或生活垃圾的破碎装置或焚烧炉前，用以除去废物中的铁器，防止损坏破碎装置或焚烧炉。

（2）湿式 CTN 型永磁圆筒式磁选机　CTN 型永磁圆筒式磁选机的构造形式为逆流型（图 2-13）。它的给料方向和圆筒旋转方向或磁性物质的移动方向相反。物料由给料箱直接进入圆筒的磁系下方，非磁性物质由磁系左边下方底板上的排料口排出，磁性物质随圆筒逆着给料方向移到磁性物质排料端，排入磁性物质收集槽中。

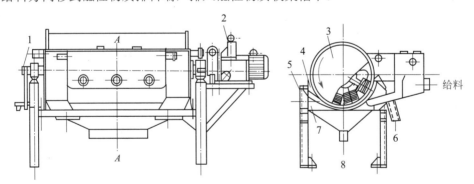

图 2-13　CTN 型永磁圆筒式磁选机
1—磁偏角调整部分；2—传动部分；3—圆筒；4—槽体；5—机架；
6—磁性物质；7—溢流堰；8—非磁性物质

这种设备适用于回收粒度小于等于 0.6mm 的强磁性颗粒，从钢铁冶炼排出的含铁尘泥和氧化铁皮中回收铁，以及回收重介质分选产品中的加重质。

（3）悬吊除铁器　悬吊除铁器主要用来去除生活垃圾中的铁物，保护破碎设备及其他设备免受损坏。悬吊除铁器有一般式除铁器和带式除铁器两种（图 2-14）。当铁物数量少时采用一般式，当铁物数量多时采用带式。一般式除铁器是通过切断电磁铁的电流排除铁物。带式除铁器通过皮带装置排除铁物，通常情况下，其被垂直交叉布置在输送物料的皮带机上方，与输送皮带之间有一段距离，具体距离大小依被分选磁性物的大小和磁性强弱而定。作业时，物料经输送皮带经过悬吊分选机下方，非磁性物料不受影响继续前行，磁性物料则被吸附在磁选机下方，然后被吸附的铁磁性物质被分选机上的输送皮带带到上部，铁磁性物料脱离磁场落下时被收集起来。

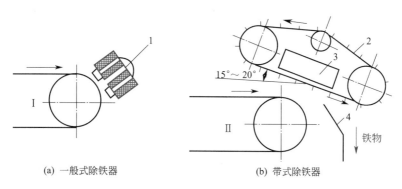

(a) 一般式除铁器　　　　　　　　(b) 带式除铁器

图 2-14　悬吊除铁器

1—电磁铁；2—皮带装置；3—吸铁箱；4—热铁箱

选择磁选装置时应考虑的因素包括：①供料传输带和产品传输带的位置关系；②供料传输带的宽度、尺寸，以及能否在整个传输带的宽度上有足够的磁场强度而有效地进行磁选；③与磁性材料混杂在一起的非磁性材料的数量与形状；④操作要求，如电耗、空间要求、结构支撑要求、磁场强度及设备维护等。

对于城市垃圾，应用磁选的主要目的在于去除罐头盒、电池等含铁类物质，在废物进入分选设备之前，应对其进行人工分拣，去除大块的铁磁性物质；废物在破碎前进行分选，主要是去除大块的磁性较强的物质，亦称一级粗磁选，主要采用悬挂带式永磁磁选机；从破碎的垃圾中进一步去除铁磁性物质，称为二级磁选，主要采用滚筒式磁选机。

2.3.4　电力分选

电力分选简称电选，是利用生活垃圾中各种组分在高压电场中电性的差异而实现分选的一种方法。一般物质大致可分为电的良导体、半导体和非导体，它们在高压电场中有着不同的运动轨迹，加上机械力的共同作用，即可将它们互相分开。电力分选对于塑料、橡胶、纤维、废纸、合成皮革、树脂等与某些物料的分离，以及各种导体、半导体和绝缘体的分离等都十分简便有效。

2.3.4.1　电力分选原理

电选分离过程是在电晕 - 静电复合电场电选设备中进行的，分离过程如图 2-15 所示。废物由给料斗均匀地给到辊筒上，随着辊筒的旋转，废物颗粒进入电晕电场区，由于空间带有电荷，导体和非导体颗粒都获得负电荷（与电晕电极电性相同），导体颗粒一面荷电，一面又把电荷传给辊筒（接地电极），其放电速度快，因此，当废物颗粒随辊筒旋转离开

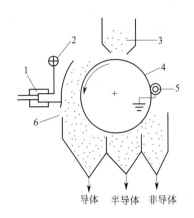

图 2-15 电力分选分离过程示意图
1—高压绝缘子；2—偏向电极；3—给料斗；
4—辊筒电极；5—毛刷；6—电晕电极

电晕电场区而进入静电场区时，导体颗粒的剩余电荷少，非导体颗粒则因放电速度慢而剩余电荷多。

导体颗粒进入静电场后不再继续获得负电荷，但仍继续放电，直至放完全部负电荷，并从辊筒上得到正电荷而被辊筒排斥，在电力、离心力和重力分力的综合作用下，其运动轨迹偏离辊筒而在辊筒前方落下。偏向电极的静电引力作用更增大了导体颗粒的偏离程度。非导体颗粒由于有较多的剩余负电荷，将与辊筒相吸，被吸附在辊筒上，带到辊筒后方，被毛刷强制刷下。半导体颗粒的运动轨迹则介于导体与非导体颗粒之间，成为半导体产品落下，从而完成电选分离过程。

2.3.4.2　电力分选设备

（1）静电分选机　图 2-16 是辊筒式静电分选机的构造和原理。将含有铝和玻璃的废物，通过电振给料器均匀地给到带电辊筒上。铝为良导体，从辊筒电极获得相同符号的大量电荷，因而被辊筒电极排斥落入铝收集槽内。玻璃为非导体，与带电辊筒接触被极化，在靠近辊筒一端产生相反的束缚电荷，被辊筒吸住，随辊筒带至后面，被毛刷强制刷落进入玻璃收集槽，从而实现铝与玻璃的分离。

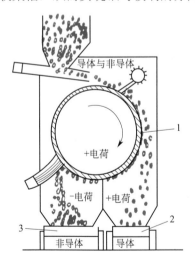

图 2-16 辊筒式静电分选机的构造和原理示意图
1—转鼓；2—导体产品收集槽；3—非导体产品收集槽

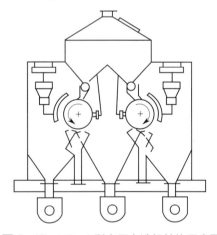

图 2-17 YD-4 型高压电选机结构示意图

（2）YD-4 型高压电选机　YD-4 型高压电选机的构造如图 2-17 所示。该电选机特点是具有较宽的电晕电场区、特殊的下料装置和防积灰漏电措施。整机密封性能好。采用双筒并列式，结构合理、紧凑，处理能力大，效率高，可作为粉煤灰专用分选设备。

粉煤灰均匀给到旋转接地辊筒上，带入电晕电场后，炭粒由于导电性良好，很快失去电荷，进入静电场后从辊筒电极获得相同符号的电荷而被排斥，在离心力、重力及静电斥力综合作用下落入集炭槽成为精煤。而灰粒由于导电性较差，能保持电荷，与带相反符号电荷的辊筒相吸，并牢固地吸附在辊筒上，最后被毛刷强制刷入集灰槽，从而实现炭灰分离。

本章主要内容

二维码 2-4　城市道路保洁技术

二维码 2-5　生活垃圾环境卫生风险防控技术

生活垃圾是人类生活生产过程中的必然产物。本章描述了生活垃圾混合与分类的收集方式、方法，生活垃圾的搬运、贮存，拖曳容器及固定容器清运操作方法，收集车辆及收运路线安排优化等，以及生活垃圾转运站的类型及设置要求。生活垃圾源头分类后绝大部分类别仍然是混合物，如干垃圾，需要通过固体废物的分选实现混合物的进一步分离，达到下游资源化利用的质量要求。为此，描述了固体废物特别是生活垃圾的机械分选原理与设备。同时，本章对城市道路保洁模式、保洁技术，以及生活垃圾分类、收运、处理处置过程中的环境卫生风险防控技术也做了阐述。

习题与思考题

1. 试述分类收集对垃圾产生量和清运技术的影响。
2. 对比拖曳容器操作方法和固定容器操作方法两种不同收集方法对收集车辆、人员配置的影响。
3. 在校园的地形图上设计一条高效率的废物收集路线，要求：①了解你所在城市的生活垃圾收集方式；②掌握垃圾收集操作方法、收集车辆、劳动力及收集次数和时间的确定方法；③掌握路线设计的最佳方案。
4. 描述生活垃圾转运站类型，比较陆运、水运的技术适应性和成本构成。
5. 试述各种筛分设备的原理及影响筛分效率的因素。
6. 试推导筛分效率计算公式。
7. 描述生活垃圾风选的基本原理及其机械设备工作流程。
8. 论述磁选和电选的基本原理和设备构成及功能。
9. 根据城市保洁技术要求，提出所在城市相关道路的保洁等级。
10. 比选各种环境卫生风险防控消毒除臭剂，描述其应用场景。

第3章 生活垃圾卫生填埋技术

3.1 生活垃圾卫生填埋过程

卫生填埋是利用工程手段，采取有效技术措施，防止渗滤液及有害气体对水体和大气的污染，最大限度地压实减容，随时采用膜或土覆盖，使整个过程对公共卫生安全及环境均无危害的一种垃圾土地处理方法。为方便起见，本书把卫生填埋简称为填埋，卫生填埋场简称为填埋场，非卫生填埋场简称为堆场或非正规填埋场。

在铺设了防渗层的卫生填埋场中，把垃圾在限定的区域内铺散成 40~75cm 的薄层，压实以减小体积，同时随时采用高密度聚乙烯膜或土壤或其他覆盖材料及时覆盖，控制恶臭释放。垃圾层和覆盖层共同构成一个单元，即填埋单元。具有同样高度的一系列相互衔接的填埋单元构成一个填埋层。完整的卫生填埋场是由一个或多个填埋层组成的。当土地填埋达到最终的设计高度之后，再在该填埋层之上覆盖一层防渗层和 90~120cm 的土壤并绿化，就得到一个完整的封场卫生填埋场。图 3-1 为卫生填埋场剖面图。

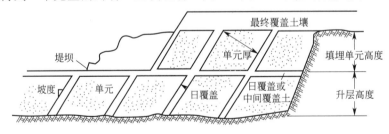

图 3-1 卫生填埋场剖面图

卫生填埋场主要判断依据有以下六条：是否达到了国家标准规定的防渗要求；是否落实了卫生填埋作业工艺，如推平、压实、及时覆盖等；污水是否处理和达标排放；填埋气体是否得到有效治理；蚊蝇是否得到有效控制；是否考虑终场利用。

由于填埋场选址非常困难，其合理使用年限不少于 10 年，特殊情况下不少于 8 年，但越长越好。应选择填埋库容大的场址，单位库区面积填埋容量大，单位库容投资小，投资效益好。对于山谷型填埋场，垃圾的沉降对填埋库容有很大的影响。一般把由于沉降而产生的库容折算成垃圾容重。如刚刚填埋的垃圾，在充分压实的条件下，容重可能达到 $1t/m^3$，若考虑沉降，在计算总库容时，可以把垃圾容重折算为 $1.2~1.3t/m^3$。

填埋场垃圾的初始密度，因填埋操作方式、废物组成、压实程度等因素不同而异，一般介于 300～800kg/m³ 之间。在最终填埋之前，垃圾分类收集、有用物质回用将有效延长填埋场的使用年限，并对垃圾压实密度产生重要影响。

长而窄、两头开口的山沟，虽然库容也可满足要求，但填埋作业困难，填埋设备使用效率低，管理不便，因此应该谨慎使用。

为了尽可能增加填埋场库容，应采用高维填埋技术，在常规的生活垃圾填埋高度上，根据地形和生活垃圾本身的特性，改进传统的填埋工艺，使生活垃圾的填埋高度大于常规设计中允许的高度。如某填埋场四期工程，根据该场软土地基的特性，一般认为生活垃圾的填埋高度在 23m 左右。然而，通过排水人工隔网、垂直防渗等的应用，地基的承受能力可以明显提高，最终确定的填埋高度在 42m 以上。

填埋场库容和面积的设计除考虑废物的数量外，还与废物的填埋方式和填埋高度、废物的压实密度、废物和覆盖材料的比率等因素有关。如果以当地土壤为覆盖材料，则垃圾与覆盖材料的体积之比为（4：1）～（5：1），但目前绝大部分填埋场采用高密度聚乙烯膜覆盖，节省了大量填埋空间，也有利于控制蚊蝇和异味。压实后的垃圾容重为 500～800kg/m³。因此，垃圾卫生填埋场的年填埋体积和面积可用下式计算：

$$V=365WP/D+C \tag{3-1}$$

$$A=V/H \tag{3-2}$$

式中　　V——垃圾的年填埋体积，m³；

　　　　W——垃圾的产率，kg/（人·d）；

　　　　P——城市人口数量，人；

　　　　D——填埋后垃圾的压实密度，kg/m³；

　　　　C——覆土体积，m³（如果采用高密度聚乙烯膜或其他轻质材料覆盖，可设定为 0）；

　　　　A——每年需要的填埋面积，m²；

　　　　H——填埋高度，m。

3.2　填埋场总体设计

3.2.1　填埋场工程

卫生填埋场主要包括垃圾填埋区、垃圾渗滤液处理区（简称污水处理区）和生活管理区三部分。随着填埋场资源化建设总目标的实现，它还将包括综合回收区。卫生填埋场建设项目可分为填埋场主体工程与装备、配套设施和生产生活服务设施三大类。

（1）填埋场主体工程与装备　包括场区道路、场地整治、水土保持、防渗工程、坝体工程、洪雨水及地下水导排、渗滤液收集处理和排放、填埋气体导出及收集利用、计量设施、绿化隔离带、防飞散设施、封场工程、监测井、填埋场压实设备、摊铺设备、挖运土设备等。

（2）配套设施　包括进场道路（码头）、机械维修、供配电、给排水、消防、通信、监测化验、加油、冲洗、洒水、节能减排、信息化平台等设施。

（3）生产生活服务设施　包括办公、宿舍、食堂、浴室、交通、绿化等。

进行填埋场设计时，首先应进行填埋场地的初步布局，勾画出填埋场主体工程及配套设施的大致方位，然后根据基础资料确定填埋区容量、占地面积及填埋区构造，并做出填埋作业的年度计划表。再分项进行渗滤液控制、填埋气体控制、填埋区分区、防渗工程、防洪及地表水导排、地下水导排、土方平衡、进场道路、垃圾坝、环境监测设施、绿化以及生产生活服务设施、配套设施的设计，提出设备的配置表，最终形成总平面布置图，并提出封场的规划设计。垃圾填埋场由于所处的自然条件和垃圾性质的不同，如山谷型、平原型、滩涂型，其堆高、运输、排水、防渗等各有差异，工艺上也会有一些变化。这些外部条件对填埋场的投资和运营费用影响很大，需精心设计。填埋场总体设计思路如图 3-2 所示。

二维码 3-1　填埋场路基箱改进措施

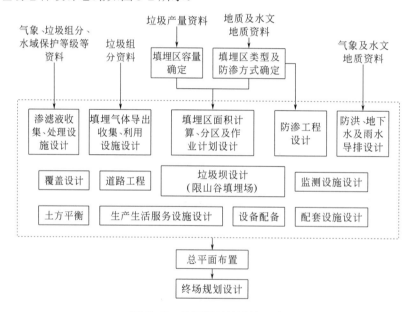

图 3-2　填埋场总体设计思路

3.2.2　规划布局

在填埋场规划布局中，需要确定进出场地的道路、计量间、生产生活服务基地、停车场的位置，以及用于进行废物预处理的场地面积（如分选场地、堆肥场地、固化/稳定化处理场地），确定填埋场地的面积，覆盖层物料的堆放场地、排水设施、填埋气体管理设施的位置，渗滤液处理设施的位置，监测井的位置，绿化带、信息化平台等。

3.2.3　填埋区构造及填埋方式

根据填埋废物类别、场址地形地貌、水文地质和工程地质条件以及法规要求，确定填埋场的构造和填埋方式。考虑的重点包括填埋场构造、渗滤液控制设施、填埋气体控制设施和覆盖层结构。

填埋作业单元的划分对填埋工艺、渗滤液收集与处理、沼气导排及垃圾的压实和覆盖等内容都有影响，并与填埋作业过程所用机械设备的性能有关。理论上每个填埋单元越小，对周围环境影响越小，但是工程费用也相应增加，所以应该合理划分作业单元。

在填埋场设计中，衬层的处理是一个关键问题，其类型取决于当地的工程地质和水文地质条件。通常，为保证填埋场渗滤液不污染地下水，无论是哪种类型的填埋场都必须加设一种合适的防渗层。

3.2.4　地表水排水设施

地表水排水系统设计应包括降雨排水道的位置，地表水道、沟谷和地下排水系统的位置。另外，是否需要暴雨贮存库取决于填埋场位置和结构以及地表水特征。截洪沟应足够排除暴雨导致的径流量，尽可能避免雨水流入填埋堆体而形成渗滤液。

3.2.5　环境监测设施

填埋场监测设施主要是填埋场地上下游的地下水水质和周围环境气体的监测设施。监测设施的多少取决于填埋场的大小、结构以及当地对空气和水的环境质量要求。

3.2.6　基础设施

填埋场基础设施主要包括以下 13 项：①填埋场出入口；②运转控制室；③库房；④车库和设备车间；⑤设备和载运设施清洗间；⑥废物进场记录；⑦地衡设置；⑧场地办公及生活福利用房；⑨其他行政用房；⑩场内道路建设；⑪围墙及绿化设施；⑫公用设施；⑬信息化管理和监管平台。

3.2.7　终场规划

作业单元填埋高度达到设计高度后，可进行临时封场，在其上面覆盖高密度聚乙烯膜、黏土、营养土等，并种植浅根植物。最终封场后至少 3 年内（即不稳定期内）不得作任何方式的使用，并要进行封场监测，注意防火防爆。填埋场使用结束后，要视其今后规划的用途而决定最终封场要求。稳定化后的填埋场，通常可作绿地、休闲用地、高尔夫球场、园林等，亦可作建材预制件、无机物堆放场等，但不允许建设封闭式厂房等。

3.3　填埋工艺

垃圾运输进入填埋场，经地衡称重计量，再按规定的速度、路线运至填埋作业单元，在管理人员指挥下，进行卸料、摊铺、压实并覆盖，最终完成填埋作业。摊铺和压实均可由垃圾压实机完成。每个作业点完成摊铺和压实后，应及时进行覆盖和除臭操作，填埋场单元操作结束后及时进行终场覆盖，以利于填埋场地的生态恢复和终场利用。典型工艺流程如图 3-3 所示。由于填埋区的构造不同，不同填埋场采用的具体填埋方法也不同。例如在地下水位较高的平原地区一般采用平面堆积法填埋垃圾；在山谷型的填埋场可采用倾斜面堆积法；在地下水位较低的平原地区可采用掘埋法；在沟壑、坑洼地带的填埋场可采用

二维码 3-2　填埋场摊铺压实工艺

填坑法填埋垃圾。实际上，无论何种填埋方法均由卸料、摊铺、压实和覆盖四个步骤构成。

（1）卸料　采用填坑作业法卸料时，设置过渡平台和卸料平台，而采用倾斜面作业法时，则可直接卸料。

（2）摊铺　卸下垃圾的摊铺由推土机完成，一般每次垃圾摊铺厚度达到 30～60cm 时，进行压实。

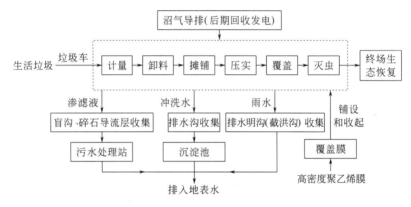

图 3-3　生活垃圾卫生填埋典型工艺流程

（3）压实　压实是填埋场填埋作业中一道重要工序，填埋垃圾的压实能有效地增加填埋场的容量，延长填埋场的使用年限，提高土地资源的开发利用率；能增加填埋场强度，防止坍塌，并能阻止填埋场的不均匀沉降；能减小垃圾空隙率，有利于形成厌氧环境，减少渗入垃圾层中的降水量及蝇、蛆的滋生，也有利于填埋机械在垃圾层上的移动。垃圾压实的机械主要为压实机和推土机。一般情况下，一台压实机的作业能力相当于 2～3 台推土机，其在国外大型填埋场已得到广泛使用。在填埋场建设初期，国内较多填埋场用推土机代替专用压实机，压实密度较小，为得到较大的压实密度，应采用垃圾压实机和推土机相结合的方式来实施压实工艺。一般碾压两次即可。

（4）覆土或膜覆盖　卫生填埋场与露天垃圾堆放场的根本区别之一就是卫生填埋场的垃圾除了每日用一层土或其他覆盖材料覆盖以外，还要进行中间覆盖和终场覆盖。日覆盖、中间覆盖和终场覆盖的功能各异，对覆盖材料的要求也不相同。日覆盖的作用包括：①改善道路交通；②改善景观；③减少恶臭；④减少风沙和碎片（如纸、塑料等）；⑤降低疾病通过媒介（如鸟类、昆虫和鼠类等）传播的风险；⑥降低火灾风险等。当填埋场某区域长期（2 年以上）不进行日常垃圾填埋作业时，需中间覆盖，其作用包括防止填埋气体的无序排放，防止雨水下渗，将覆盖面上的降雨排出填埋场外等。中间覆盖材料可以选用高密度聚乙烯膜（HDPE 膜）或黏土等。

（5）灭虫和除臭　当填埋场温度条件适宜时，幼虫在垃圾层被覆盖之前就能孵出，以致在倾倒区附近出现一群群的苍蝇。苍蝇受到温度、湿度、照度的影响而呈现出不同的

活跃性。照度在 75lx 以下，苍蝇不活动；照度近 100lx，苍蝇开始活动。相对湿度增大至 90%，苍蝇只能伏地飞行。温度高达 32℃以上时，苍蝇活动量也减弱。填埋场的蝇密度以新鲜垃圾处最多，应作为灭蝇的重点。在季节变化中，蝇密度以 6 月份最高，以后急剧下降，10 月份蝇密度有所增加，以后蝇密度随着温度降低而下降，1 月份最低，2—5 月份逐渐上升。灭蝇药物中混剂相对于单剂具有明显的增效作用，但药物的使用会对环境造成一定的污染，因此需掌握药物扩散途径，正确使用药剂，控制药剂污染，并尽可能减少药剂使用。喷雾型机械适用于野外作业，而烟雾型机械一般适用于室内的灭蝇工作。

生活垃圾卫生填埋场日常作业过程中，往往产生硫化氢、氨气、有机酸、硫醇、挥发性有机物等有害气体，在某些气候和气象条件下，可能会远距离扩散，影响周围居民生活和健康，需要深度治理。在垃圾卸料点、暴露面喷洒除臭剂，在非作业点及时覆盖 HDPE 膜，沼气尽可能彻底地收集和利用或焚烧，均可有效地控制恶臭散发。覆盖膜下面的沼气，若未及时抽取处理，在某些时间段可能含有高浓度恶臭组分，扩散后将严重影响周边环境。

3.4　场地处理与场底防渗系统

场底防渗系统是卫生填埋场最重要的组成部分，通过在填埋场底部和周边铺设低渗透性材料建立衬层系统，以阻隔填埋气体和渗滤液进入周围的土壤和水体，并防止地下水和地表水进入填埋场，从而有效控制渗滤液产生量。填埋场场底防渗系统通常包括渗滤液收排系统、防渗系统（层）和保护层、过滤层等。

3.4.1　场地处理

为避免填埋场库区地基在垃圾堆积后产生不均匀沉降，保护复合防渗层中的防渗膜，在铺设防渗膜前必须对场底、山坡等区域进行处理，包括场地平整和石块等坚硬物体的清除等。

为防止水土流失和避免二次清基、平整，填埋场的场地平基（主要是山坡开挖与平整）不宜一次性完成，而是应与膜的分期铺设同步，采用分阶段实施的方式。特别在南方地区，裸露的土层会自然长出杂草，且容易受山洪水的冲刷，造成水土流失。

平整原则为：清除所有植被及表层耕植土，确保所有软土、有机土和其他所有可能降低防渗性能和强度的异物被去除，所有裂缝和坑洞被堵塞，并配合场底渗滤液收集系统的布设，使场底形成一定的整体坡度，以大于等于 2% 的坡度坡向垃圾坝；同时，还要求对场底进行压实，压实度不小于 90%。为了使衬垫层与土质基础之间紧密接触，场底表面要用滚筒式碾压机进行碾压，使压实处理后的地基表面密度分布均匀，最大限度地减少场底的不均匀沉降。平整顺序最好是从垃圾主坝处向库区后端延伸。

大部分填埋场边坡含有碎石、砂的杂填土和残积土，坡面植被丰富，山坡较陡，边坡稳定性较差。平整原则为：为避免地基基础层内有植物生长，必要时可均匀施放化学除草剂；边坡坡度一般取 1：3，局部陡坡应缓于 1：2，否则做削坡处理；极少部位低洼处采用黏性土回填夯实，夯实密实度大于0.85；锚固沟回填土基础必须夯实；应尽量减少开挖量。平整开挖顺序为先上后下。

3.4.2 场底防渗系统

主要通过在填埋场的底部和周边建立衬层系统来达到密封的目的。填埋场的衬层系统通常从上至下可依次包括过滤层、排水层（包括渗滤液收集系统）、保护层和防渗层等。用于填埋场的防渗衬层材料可分为无机天然防渗材料、天然与有机复合防渗材料、人工合成有机材料三大类。目前允许使用的防渗衬层材料主要是高密度聚乙烯（HDPE），其渗透系数达到10^{-12}cm/s，甚至更低。

填埋场的垂直防渗系统的原理是根据填埋场的工程、水文地质特征，利用填埋场基础下方存在的独立水文地质单元、不透水层或弱透水层等，在填埋场一边或周边设置垂直的防渗工程（如防渗墙、防渗板、注浆帷幕等），将垃圾渗滤液封闭于填埋场中进行有控导出，防止渗滤液向周围渗透污染地下水和填埋气体无控释放，同时也有阻止周围地下水流入填埋场的功能。

垂直防渗系统在山谷型填埋场中应用较多（如国内的杭州天子岭、南昌麦园、长沙、贵阳、合肥等老垃圾填埋场），这主要是由于山谷型填埋场大多数具备独立的水文地质单元条件。该系统在平原区填埋场中也有应用。可以用于新建填埋场的防渗工程，也可以用于老填埋场的污染治理工程。尤其对不准备清除已填垃圾的老填埋场，其基底防渗是不可能的，此时周边垂直防渗就特别重要。

根据施工方法的不同，通常采用的垂直防渗工程有土层改性法防渗墙、打入法防渗墙和工程开挖法防渗墙等。目前，垂直防渗技术已经不再用于新建填埋场的防渗，但仍然大量应用于堆场的修复。

3.4.3 人工水平防渗系统

（1）人工防渗系统的分类　人工防渗是指采用人工合成有机材料（柔性膜）与黏土结合作防渗衬层的防渗方法。根据填埋场渗滤液收集系统、防渗系统和保护层、过滤层的不同组合，一般可分为单层衬层防渗系统、单复合衬层防渗系统、双层衬层防渗系统和双复合衬层防渗系统，如图3-4～图3-7所示。

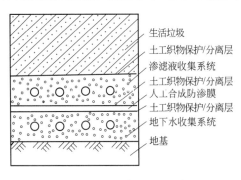

图3-4　单层衬层防渗系统

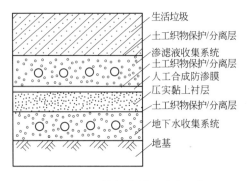

图3-5　单复合衬层防渗系统

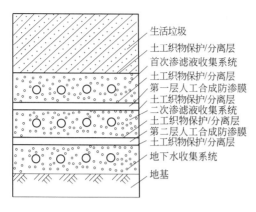

图 3-6　双层衬层防渗系统

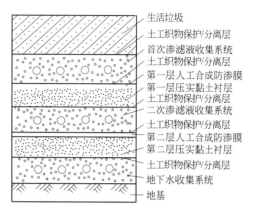

图 3-7　双复合衬层防渗系统

① 单层衬层防渗系统。此种防渗系统只有一层防渗层，其上是渗滤液收集系统和保护层，必要时其下有一个地下水收集系统和一个保护层。这种类型的衬垫系统只能用在对抗损性要求较低的条件下。对于场地低于地下水位的填埋场，只要地下水流入速率不致造成渗滤液量过多或地下水的上升压力不致破坏衬垫系统，则可采用此系统。

② 单复合衬层防渗系统。此种防渗系统采用复合防渗层，即由两种防渗材料相贴而形成的防渗层。两种防渗材料相互紧密地排列，提供综合效力。比较典型的复合结构是上层为柔性膜，其下为渗透性低的黏土矿物层。与单层衬垫系统相似，复合防渗层的上方为渗滤液收集系统，下方为地下水收集系统。

复合衬层系统综合了物理、水力特点不同的两种材料的优点，因此具有很好的防渗效果。用黏土和 HDPE 材料组成的复合衬层的防渗效果优于双层衬层（有上下两层防渗层，两层之间为排水层）的防渗效果。复合衬层系统膜出现局部破损渗漏时，由于膜与黏土表面紧密连接，具有一定的密封作用，渗滤液在黏土层上的分布面积很小。当 HDPE 膜发生局部破损渗漏时，对双层衬层系统而言，渗滤液在下排水层中的流动可使其在较大面积的黏土层上分布，因此向下渗漏的量就大。

复合衬层的关键是使柔性膜与黏土矿物层紧密接触，以保证柔性膜的缺陷不会引起沿两者结合面的移动。

③ 双层衬层防渗系统。此种防渗系统有两层防渗层，两层之间是排水层，以控制和收集防渗层之间的液体或气体。衬层上方为渗滤液收集系统，下方可有地下水收集系统。透过上部防渗层的渗滤液或者气体受到下部防渗层的阻挡而在中间的排水层中得到控制和收集，在这一点上，双层衬层防渗系统优于单层衬垫系统，但在施工和衬层的坚固性等方面不如复合衬层系统。

双层衬层防渗系统主要在下列条件下使用：基础天然土层很差（渗透系数大于 10^{-5} cm/s），地下水位又较高；土方工程费用很高，而采用 HDPE 膜费用低于土方工程费用；建设混合型填埋场，即生活垃圾与危险废物共同处置的填埋场。

④ 双复合衬层防渗系统。其原理与双层衬层防渗系统类似，即在两层防渗层之间设排水层，用于控制和收集从填埋场渗出的液体；不同之处在于上部防渗层采用的是复合防渗层，防渗层之上为渗滤液收集系统，下方为地下水收集系统。双复合衬层防渗系统综合了单复合衬层防渗系统和双层衬层防渗系统的优点，具有抗损坏能力强、坚固性好、防渗

效果好等优点，但其造价比较高。

（2）人工防渗衬层的设计　在填埋场衬层设计中，HDPE 膜通常用于单复合衬层防渗系统、双层衬层防渗系统和双复合衬层防渗系统的防渗层设计，除特殊情况外，HDPE 膜一般不单独使用，因为需要较好的基础铺垫，才能保证 HDPE 膜稳定、安全而可靠地工作。

在一些填埋场中，双层衬层防渗系统与垂直防渗系统联用，确保填埋场的安全可靠，但这种填埋场造价很高，适用于对环境污染控制要求严格的场所。

3.4.4 渗滤液收集系统

渗滤液收集系统的主要功能是将填埋库区内产生的渗滤液收集起来，并通过调节池输送至渗滤液处理系统进行处理。渗滤液收集系统通常由导流层、收集沟、多孔收集管、集水池、提升多孔管、潜水泵和调节池等组成，如果渗滤液收集管直接穿过垃圾主坝接入调节池，则集水池、提升多孔管和潜水泵可省略，所有这些组成部分要按填埋场多年逐月平均降雨量（一般为 20 年）产生的渗滤液产出量设计，并保证该套系统能在初始运行期较大流量和长期水流作用的情况下运转而功能不受到损坏。典型的渗滤液导排系统断面及其与水平衬垫层、地下水导排系统的相对关系如图 3-8 所示。

二维码 3-3　填埋场雨污分流工艺

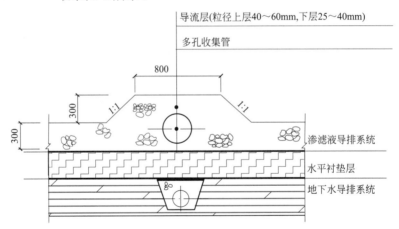

图 3-8　典型渗滤液导排系统断面图（单位：mm）

（1）导流层　为了防止渗滤液在填埋库区场底积蓄，填埋场底部应形成一系列坡度的阶地，填埋场底部的轮廓边界必须能使重力水流始终流向垃圾主坝前的最低点。如果设计不合理，出现低洼反坡、场底下沉或施工质量得不到有效控制和保证等现象，渗滤液将一直滞留在水平衬垫层的低洼处，并逐渐渗出，对周围环境产生影响。设置导流层的目的就是将全场的渗滤液顺利地导入收集沟内的渗滤液收集管内（包括主管和支管）。

导流层铺设在经过清理后的场基上，厚度不小于 300mm，由粒径 25～60mm 的卵石铺设而成，在卵石来源困难的地区，可考虑用碎石代替，但碎石因表面较粗糙，易使渗滤液中的细颗粒物沉积下来，长时间使用有可能堵塞碎石之间的空隙，对渗滤液的下渗有不利影响。

（2）收集沟和多孔收集管　收集沟设置于导流层的最低标高处，并贯穿整个场底，断面通常采用等腰梯形或菱形，铺设于场底中轴线上的为主沟，在主沟上依间距 30～50m 设置支沟，支沟与主沟的夹角宜采用 15° 的倍数（通常采用 60°），以利于将来渗滤液收集管的弯头加工与安装，同时在设计时应当尽量把收集管道设置成直管段，中间不要出现反弯折点。收集沟中填充卵石或碎石，粒径按照上大下小形成反滤，一般上部卵石粒径采用 40～60mm，下部采用 25～40mm。

多孔收集管按照埋设位置分为主管和支管，分别埋设在收集主沟和支沟中，管道需要进行水力和静力作用测定或计算以确定管径和材质，其公称直径应不小于 100mm，最小坡度应不小于 2%。选择材质时，考虑到垃圾渗滤液有可能对混凝土产生侵蚀作用，通常采用高密度聚乙烯，预先制孔，孔径通常为 15～20mm，孔距为 50～100mm，开孔率为 2%～5%，为了使垃圾体内的渗滤液水头尽可能低，管道安装时要使开孔的管道部分朝下，但孔口不能靠近起拱线，否则会降低管身的纵向刚度和强度。典型的渗滤液多孔收集管断面如图 3-9 所示。

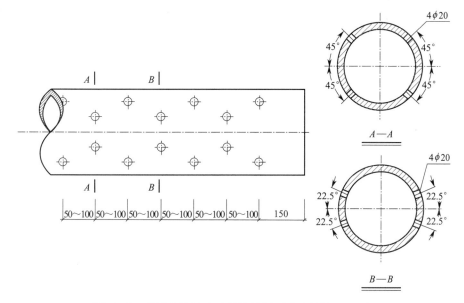

图 3-9　典型渗滤液多孔收集管断面图（单位：mm）

渗滤液收集系统的各个部分都必须具备足够的强度和刚度来支承其上方的垃圾体荷载、后期终场覆盖物荷载以及来自填埋作业设备的荷载，其中最容易受到挤压损坏的是多孔收集管，收集管可能因荷载过大导致翘曲失稳而无法使用，为了防止发生破坏，第一次铺放垃圾时，不允许在集水管位置上面直接停放机械设备。

渗滤液收集系统中的收集管部分不仅指场底水平铺设的部分，同时还包括收集管的垂直收集部分。

垃圾卫生填埋场一般采用分层填埋方式，各层垃圾压实后，覆盖一定厚度黏土层或 HDPE 或其他覆盖材料，起到减少垃圾污染及雨水下渗作用，但同时也造成上部垃圾渗滤液不能流到底部导流层，因此需要布置垂直渗滤液收集系统。

渗滤液收集管很容易堵塞，必须周期性清洗。清洗方法很多，如高压水枪等。

在填埋区按一定间距设立贯穿垃圾体的垂直立管，管底部通入导流层或通过短横管与水平收集管相接，以形成垂直-水平立体收集系统，通常这种立管同时也用于导出填埋气体，称为排渗导气管。采用高密度聚乙烯穿孔花管，在外围利用土工网格形成套管，并在套管上与多孔管之间填入建筑垃圾、卵石或碎石滤料，随着垃圾层的升高，这种设施也逐级加高，直至最终封场高度。底部的垂直多孔管与导流层中的渗滤液收集管网相通，这样垃圾堆体中的渗滤液可通过滤料和垂直多孔管流入底部的排渗管网，提高了整个填埋场的排污能力。排渗导气管的间距要考虑不影响填埋作业和有效导气半径的要求，一般按30~50m间距梅花形交错布置。排渗导气管随着垃圾层的增加而逐段增高，导气管下部要求设立稳定基础。典型的排渗导气管断面如图3-10所示。

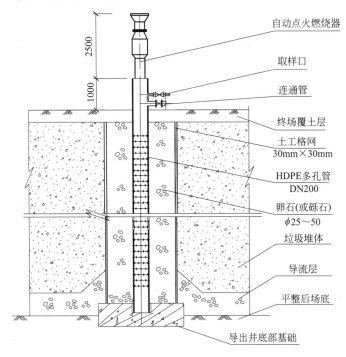

图3-10 典型排渗导气管断面图（单位：mm）

（3）集水池及提升系统 渗滤液集水池位于垃圾主坝前的最低洼处，以砾石堆填以支承上覆废弃物、覆盖封场系统等荷载，全场的垃圾渗滤液汇集到此并通过提升系统越过垃圾主坝进入调节池。如果采取渗滤液收集主管直接穿过垃圾主坝的方式（适用于山谷型填埋场），则可以将集水池和提升系统省略。

山谷型填埋场可利用自然地形的坡降采用渗滤液收集管直接穿过垃圾主坝的方式，穿坝管不开孔，采用与渗滤液收集管相同的管材，管径不小于渗滤液收集主管的管径。采取这种输送方式没有能耗，主坝前不会形成渗滤液的壅水，利于垃圾堆体的稳定化，便于填埋场的管理，但同时存在隐患：穿坝管与主坝上游面水平衬垫层接口处因沉降速度的不同易发生衬垫层的撕裂，对水平防渗产生破坏性影响。

平原型填埋场由于渗滤液无法依靠重力流从垃圾堆体内导出，通常使用集水池和提升系统。通常情况下，水平衬垫系统在垃圾主坝前某一区域下凹形成集水池，由于防渗膜的撕裂常发生于集水池的斜坡及凹槽处，因而需在集水池区域增加一层防渗膜。提升系统包括提升（多孔）管和提升泵，提升管依据安装形式可分为竖管和斜管。采用竖管形式时，由于垃圾堆体的固结沉降将给提升管外侧施加以向下的压力（下拽力或负摩擦力），这种压力可以达到相当大的数值，是对下部水平防渗膜的潜在威胁，所以通常采用斜管提升的方式。斜管提升方案减小了负摩擦力的作用，而且竖管提升带来的许多操作问题也随之避免。斜管通常采用高密度聚乙烯管，半圆开孔，典型尺寸是 DN800，以利于将潜水泵从管道中放入集水池，在泵维修或发生故障时可以将泵拉上来。

集水池的尺寸根据其负责的填埋单元面积而定，一般采用 $L \times B \times H$ 为 5m×5m×1.5m，池坡为 1∶2。集水池内填充砾石的空隙率为 30%～40%。

潜水泵通过提升斜管安放于贴近池底的部位，将渗滤液抽送入调节池，通过设计水泵的启、闭水位标高来控制水泵的启闭次序，提升管穿孔的过流能力必须大于水泵流量，同时水泵的启闭液面高度应能使水泵工作处于一个较长的周期（一般依据水泵性能决定），枯水运行或频繁启闭都会损坏水泵。典型的斜管提升系统断面如图 3-11 所示。

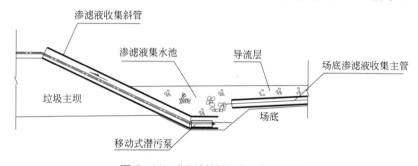

图 3-11　典型斜管提升系统断面图

（4）调节池　渗滤液收集系统的最后一个环节是调节池，主要作用是对渗滤液进行水质和水量的调节，平衡丰水期和枯水期的差异，为渗滤液处理系统提供恒定的水量，同时可对渗滤液水质起到预处理的作用。依据填埋库区所在地的地质情况（当渗滤液依靠重力自流入调节池时，还需考虑渗滤液穿坝管的标高影响），调节池通常采用地下式或半地下式，调节池的池底和内壁通常采用高密度聚乙烯膜进行防渗，膜上采用预制混凝土板保护。调节池容量应超过 3～6 个月的渗滤液调蓄量。

考虑到调节池渗滤液恶臭对环境的影响，在设计和施工时，应该对调节池的表面进行覆盖。覆盖材料包括 HDPE 膜等；覆盖表面应有气体出气口；出气可用矿化垃圾生物滤池或其他方法处理。

（5）清污分流　清污分流是将进入填埋场未经污染或轻微污染的地表水或地下水与垃圾渗滤液分别导出场外，进行不同程度的处理，从而减少污水量，降低处理费用。地表水渗入垃圾体会使渗滤液大量增加。控制地表径流就是在进入填埋场之前把地表水引走，并防止场外地表水进入填埋区。一般情况下，控制地表径流主要是指排出雨水。对于不同地形的填埋场，其排水系统也有差异。滩涂型填埋场往往利用终场覆盖层造坡，将雨水导排进入填埋区四周的雨水明沟。山谷型填埋场往往利用截洪沟和坡面排水沟将雨水排出，但务必经常巡视截洪沟，堵塞后必须及时清理。雨水导排一般采用浆砌块石或混凝土矩形沟，此外，地下水导排主要在水平衬垫层下设置导流层。

3.5 渗滤液产生与处理

3.5.1 渗滤液的来源与特性

垃圾渗滤液是指在垃圾填埋和堆放过程中，垃圾中有机物质分解产生的水和垃圾中的游离水、降水以及入渗的地下水，通过淋溶作用形成的污水。渗滤液是一种成分复杂的高浓度有机废水，水质和水量在现场多方面因素的影响下波动很大。填埋场渗滤液的产生量通常由区域降水及气候状况、场地地形地貌及水文地质条件、填埋垃圾性质与组分、填埋场构造、操作条件等五个相互作用的因素决定，并受其他因素制约。垃圾渗滤液产生量估算是比较困难的，而且往往不准确，从我国大量填埋场实践情况看，渗滤液日产生量为日生活垃圾填埋量的30%~50%。

在填埋场的实际设计与施工中，可采用由降雨量和地表径流量的关系式所推算出来的经验模型简单计算渗滤液产生量：

$$Q = CIA/1000 \tag{3-3}$$

式中　　Q——渗滤液产生量，m^3/d；

C——浸出系数（填埋区取 0.4~0.6，封场区取 0.2~0.4）；

I——降雨量，mm/d；

A——填埋面积，m^2。

【例 3-1】 某填埋场总面积为 $10.0hm^2$，分四个区进行填埋。目前已有三个区填埋完毕，其面积 A_2 为 $7.5hm^2$，浸出系数 C_2 为 0.25。另有一个区正在进行填埋施工，填埋面积 A_1 为 $2.5hm^2$，浸出系数 C_1 为 0.5。当地的平均降雨量为 3.5mm/d，最大月降雨量的日换算值为 6.8mm/d。求渗滤液产生量。

解： 渗滤液产生量为：

$$Q = Q_1 + Q_2 = (C_1A_1 + C_2A_2)I/1000$$

平均渗滤液产生量为：

$$Q_{平均} = (0.5 \times 2.5 \times 10000 + 0.25 \times 7.5 \times 10000) \times 3.5/1000$$
$$= 109.4(m^3/d)$$

最大渗滤液产生量为：

$$Q_{最大} = (0.5 \times 2.5 \times 10000 + 0.25 \times 7.5 \times 10000) \times 6.8/1000$$
$$= 212.5(m^3/d)$$

3.5.2 渗滤液处理方法

渗滤液浓度变化无常，随季节、生活垃圾组成、填埋场日常作业等因素而变化。表 3-1 提供了中国生活垃圾填埋场渗滤液浓度变化范围，可以看出，数据波动幅度非常大，这给处理技术的选择带来了许多困难。

表3-1　中国生活垃圾填埋场渗滤液浓度变化范围

指标	数据（pH除外）/（mg/L）	指标	数据（pH除外）/（mg/L）
pH（无量纲）	5.53～8.29	Cu	0.15～0.66
F^-	6.82～17.42	Zn	1.19～5.02
Cl^-	31.68～44.77	Cr	0.10～0.58
SO_4^{2-}	17.86～2600	Ni	0～1.58
氨氮	116～2740	Fe	5.12～207.8
硝态氮	15.31～35.40	Mn	7.16～18.56
亚硝态氮	14.93～123.61	COD	1000～80000
有机氮	134.35～609.36	BOD_5	1996～2000
As	0.004～0.90	TP	5.89～85
Pb	0.005～0.42	动物油和植物油	0.31～100
Cd	0～0.04	SS	30～10000

　　渗滤液处理方法根据是否可以就近接入城市生活污水处理厂处理，相应分成两类，即合并处理与单独处理。所谓合并处理就是将渗滤液引入附近的城市污水处理厂进行处理，这也可能包括在填埋场内进行必要的预处理，但目前国家相关标准不允许这样做了。这种方案以填埋场附近有城市污水处理厂为必要条件，若城市污水处理厂是未考虑接纳附近填埋场的渗滤液而设计的，其所能接纳而不对其运行构成威胁的渗滤液比例是很有限的。通常认为加入渗滤液

二维码3-4　渗滤液处理工艺

的体积不超过生活污水体积0.5%时都是安全的，而根据不同的渗滤液浓度，有关研究证明这个比例可以提高到4%～10%，最终的控制标准取决于处理系统的污泥负荷，只要加入渗滤液后污泥负荷不超过10%就是可以接受的。

　　虽然合并处理可以略微提高渗滤液的可生化性，但由于渗滤液的加入而产生的问题却不容忽视，主要包括污染物如重金属在生物污泥中的积累影响污泥在农业上的应用，以及大部分有毒有害难降解污染物并没有得到有效去除而仅仅是稀释后重新转移到接纳水体中，进一步对环境构成威胁。

　　渗滤液单独处理方案按照工艺特征又可分为生物法、物化法、土地法以及不同类别方法的综合。

　　物化法包括混凝沉淀法、活性炭吸附法、膜分离法和化学氧化法等。混凝沉淀法主要是用 Fe^{3+} 或 Al^{3+} 作混凝剂；粉末活性炭的处理效果优于粒状活性炭；膜分离法通常是运用反渗透技术；化学氧化法包括采用诸如臭氧、高锰酸钾、氯气和过氧化氢等氧化剂，高温高压条件下的湿式氧化和催化氧化（例如臭氧的氧化率在高 pH 和有紫外线辐射的条件下可以提高）。

　　与生物法相比，物化法不受水质和水量的影响，出水水质比较稳定，对渗滤液中较难生物降解的成分有较好的处理效果；土地法包括慢速渗滤系统（SR）、快速渗滤系统（RI）、表面漫流系统（OF）、湿地系统（WL）、地下渗滤处理系统（UG）及人工快渗处理系统（ARI）等多种土地处理系统，主要通过土壤颗粒的过滤、离子交换吸附、沉淀及

生物降解等作用去除渗滤液中的悬浮固体和溶解成分。

生物法包括矿化垃圾生物反应床处理法、厌氧生物处理法、好氧生物处理法、深井梯度压力处理法、膜生物反应器法等。利用生物法处理渗滤液不能照搬生活污水生物法，其以下特性要引起高度重视：①渗滤液水质和水量变化大；②曝气处理过程中会产生大量的泡沫；③由于渗滤液浓度高，生物处理过程需要较长的停留时间，由此引起的水温低的问题会对处理效果产生较大影响；④渗滤液输送过程中某些物质的沉积有可能造成管道堵塞；⑤渗滤液中磷的含量较低；⑥老填埋场中 BOD_5 较低而氨氮较高，所以通常的做法是先通过吹脱去除高浓度的氨氮，再利用生物法去除有机物；⑦氯代烃的存在可能对处理效果产生影响；⑧含盐量比较高，非常不利于反渗透处理。渗滤液污染物中，COD 和氨氮、总氮是最难去除的。

生物法中，好氧工艺的活性污泥法和生物转盘法的处理效果最好，停留时间较短，但工程投资大，运行管理费用高；相对来说稳定塘工艺比较简单，投资省，管理方便，只是停留时间长，占地面积大，但作为一项成熟的渗滤液处理技术，由于其能够把厌氧塘和好氧塘相结合，分别发挥厌氧微生物和好氧微生物的优势，是应该优先考虑的好氧生物处理工艺。厌氧处理工艺近年来发展很快，特别适用于高浓度的有机废水，它的缺点是停留时间长，污染物的去除率相对较低，对温度的变化比较敏感，但厌氧系统产生的气体可以满足系统的能量需要，若将这部分能量加以合理利用，将能够保证厌氧工艺有稳定的处理效果，还能降低处理费用，特别是上流式厌氧污泥反应器（UASB）工艺，由于负荷率大幅度提高，停留时间缩短，也是一种优选的生物预处理工艺。

膜生物反应器（MBR）是一种将膜分离技术与传统生物处理工艺有机结合的污水处理与回用工艺。MBR 池仍是一个曝气池，污水与活性污泥（activated sludge）混合液充分混合，活性污泥中的微生物以污水中的有机污染物为食料，在氧气的参与下，通过新陈代谢使其转化为自身的物质，或降解为小分子量的物质，甚至彻底分解为二氧化碳和水。与传统生物处理工艺不同的是，活性污泥与水的分离不再通过重力沉淀，而是在压力的驱动下，使水和部分小分子量物质透过膜，而大分子量物质和微生物几乎全部被膜截留在曝气池内，从而使污水得到了较为彻底的净化。在传统分置式膜生物反应器的基础上，又发明出了运行能耗低、更为紧凑的一体式膜生物反应器。

膜生物反应器主要由膜组件和生物反应器两部分组成。根据膜组件与生物反应器的组合方式，可将膜生物反应器分为以下三种类型：分置式膜生物反应器、一体式膜生物反应器和复合式膜生物反应器。分置式膜生物反应器的膜组件与生物反应器分开设置，相对独立，膜组件与生物反应器通过泵与管路相连接。一体式膜生物反应器，又称为淹没式膜生物反应器（SMBR），依靠重力或水泵抽吸产生的负压或真空作为出水动力，但膜组件由于浸没在生物反应器的混合液中，污染较快，而且清洗起来较为麻烦，需要从反应器中取出。复合式膜生物反应器也是将膜组件置于生物反应器之中，通过重力或负压出水，但生物反应器的形式不同，是在生物反应器中安装填料，形成复合式处理系统。在复合式膜生物反应器中安装填料的目的有两个：一是提高处理系统的抗冲击负荷，保证系统的处理效果；二是降低反应器中悬浮性活性污泥浓度，减小膜污染的程度，保证较高的膜通量。

渗滤液属于高浓度难降解污水，要达到日益严格的排放标准，单纯用生物法很难实现。一般是将生物法作为后续工艺的预处理，先去除大部分可生化降解有机物，再与絮凝沉淀或活性炭吸附或膜分离工艺结合，才能达到排放标准。

渗滤液后处理中经常采用反渗透（RO）工艺，因其能够去除中等分子量的溶解性有机物，COD 的去除率可以超过 80%。虽然在运行过程中存在膜污染问题，但反渗透工艺作为后处理工艺设在生物预处理或物化法之后，负责去除低分子量的有机物、胶体和悬浮物，可以提高处理效率，延长膜的使用寿命。一级反渗透工艺可使 COD、BOD_5 和 AOX（可吸附有机卤素）的去除率达到 80%，但是氨氮和氯离子的去除率要达到较高水平则至少需要二级反渗透工艺。表 3-2 为 A～G 不同填埋场的渗滤液经过一级或二级反渗透处理后各种污染指标的浓度。

表3-2 一级或二级反渗透处理后各种污染指标的浓度 单位：mg/L

项目		不同填埋场						
		A	B	C	D	E	F	G
COD	进水	4855	8620	2690	1540	7340	1990	7300
	一级出水	29.5	570	64	42		128	130
	二级出水		<10		<5		33	15
BOD_5	进水	300	2760		147	2700	540	2100
	一级出水	<10	51		4	135	67	28
	二级出水		<20		<2	27	15	<5
AOX	进水	5.2	1.4	1.6	1.2	27	1.02	1.5
	一级出水	0.11	0.15	<0.1	0.22	1.4	0.22	0.2
	二级出水		<0.05		<0.05	0.2	0.05	
氨氮	进水	1708	620	834	680	5200	795	1300
	一级出水	88	135	201	240	1800	245	270
	二级出水		<20		40	180	63	<10
Cl	进水		1050		1960			3010
	一级出水		285		940			620
	二级出水		<20		18			<20

反渗透工艺因其在渗滤液处理方面的高效性、模块化和易于自动控制等优点，应用得越来越多，但其如下缺点也要引起重视：①小分子量的物质的截留效率较低（例如氨、小分子的 AOX 等）；②高浓度的有机物或无机可沉降物容易造成膜污染或在膜表面结垢等问题；③操作压力高（30～50bar❶），能耗大；④反渗透浓缩液的处理是最大的困难，将其回灌到填埋场中已经不可取了，因为浓缩液的污染物和盐

二维码 3-5 垃圾渗滤液膜浓缩液深度处理工艺

浓度很高，是非常危险的废物，目前多采用蒸发和干燥的方法，但费用高昂，操作困难。浓缩液的高效无害化处理，包括降低电导率、去除总氮、分离盐等，仍然面临严峻挑战。

各种渗滤液处理技术（生物法、物化法以及土地法）均有各自的特点，但也存在不足之处：生物法虽然运行成本较低，工程投资也可以接受，但系统管理相对复杂，且对渗滤液中难降解有机物无能为力，所以一般用作高浓度渗滤液的预处理；物化法能有效去除难降解有机物，但有的工艺工程投资极高（如膜分离的反渗透工艺），有的工艺处理成本较高（如化学氧化法），同时还存在化学污泥和膜分离浓缩液的二次污染问题，因此常用作

❶ 1bar=10^5Pa。

生物预处理后的渗滤液后处理；土地法具有投资省、运行管理简单、处理成本低等诸多优点，但因其最终出水难以达标，仍然需要与其他工艺组合后应用。所以新建填埋场渗滤液处理一般采用组合工艺形式，如图 3-12 所示。

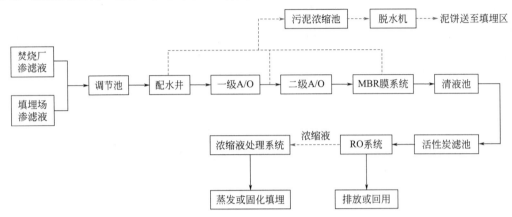

图 3-12 某固体废物基地渗滤液处理工艺流程

3.6 填埋气体的导排及综合利用

二维码 3-6 高能离子超导次声设备除臭

3.6.1 填埋气体的组成与性质

垃圾填埋场可以看成一个生态系统，其主要输入项为垃圾和水，主要输出项为渗滤液和填埋气体，二者的产生是填埋场内生物、化学和物理过程共同作用的结果。填埋气体主要是填埋垃圾中可生物降解有机物在微生物作用下的产物，其中主要含有氮气、二氧化碳、一氧化碳、氢气、硫化氢、甲烷、氮气和氧气等，此外，还含有很少量的微量气体。填埋气体的典型特征如下：温度达 $43 \sim 49 \, ^\circ\!C$，相对密度为 $1.02 \sim 1.06$，高位热值为 $15630 \sim 19537 \mathrm{kJ/m^3}$。垃圾填埋气体的典型组分及其体积分数见表 3-3。

当然，填埋产气量因垃圾成分、填埋区容积、填埋深度、填埋场密封程度、集气设施、垃圾体温度和大气温度等因素不同而异。一般来说，垃圾组分中的有机物含量越多、填埋区容积越大、填埋深度越深、填埋场密封程度越好、集气设施设计越合理，气体产量越高；当垃圾含水量略超过垃圾干基质量时，气体产量较高；垃圾体的温度在 $30 \, ^\circ\!C$ 以上时，产气量较大；大气温度可以影响垃圾体温度，从而影响产气量。

表3-3 垃圾填埋气体的典型组分及其体积分数

组分	体积分数（干基）/%	组分	体积分数（干基）/%
甲烷	45～60	氨气	0.1～1.0
二氧化碳	40～60	氢气	0～0.2
氮气	2～5	一氧化碳	0～0.2
氧气	0.1～1.0	微量气体	0.01～0.6
硫化氢	0～1.0		

3.6.2　产气量确定

填埋产气量的确定方法有三种，即理论计算法、经验公式计算法和实测法。

（1）理论计算法　城市垃圾中有机物厌氧分解的一般反应可写为：

$$有机物（固体）+H_2O \longrightarrow 可生物降解有机物+CH_4+CO_2+其他气体$$

假如在填埋废物中除废塑料外的所有有机组分可用一般化的分子式 $C_aH_bO_cN_d$ 表示，假设可生物降解有机废物完全转化为 CO_2 和 CH_4，则可用下式计算气体产生总量：

$$C_aH_bO_cN_d+[(4a-b-2c+3d)/4]H_2O \longrightarrow [(4a+b-2c-3d)/8]CH_4+[(4a-b+2c+3d)/8]CO_2+dNH_3$$

（2）实测法　填埋垃圾中的有机物不可能全部进行生物分解，从而在填埋场里消失，而且分解后的有机物也不可能全部变成沼气。一般来说，填埋作业分期进行，所收集的沼气是从新旧垃圾层产生的混合气体，气体向水平方向扩散，再流向填埋场外，而且有相当一部分沼气还透过覆盖土，逸散到大气中。因此，在投入使用的填埋场中，测定潜在的沼气发生量和气化率是非常困难的。在美国，有人估计，填埋场产生的实际沼气量约为用化学计算法求得的产气量的 1/2。一般从理论上来说，有机物不可能百分之百地发酵，而且即使它们通过发酵成为可回收的沼气，也有部分逸散到大气中去，因此实际可回收的沼气量约为理论量的 1/4。由于在实际使用中的填埋场里存在着大量不可确定的因素，因此人们往往利用填埋模拟试验求取生活垃圾在厌气性填埋时的沼气产生量，从而推算出今后实际填埋时的可能产生量。

上述填埋气体产生量的估算方法在应用方面要充分考虑到填埋场的实际情况，并且产气量也是随时间而变化的，在估算时要实事求是地进行，根据各填埋场的具体情况具体估算。

根据预测，某填埋场四期的垃圾填埋高度为 42m，5000 亩❶ 土地上可有 9000 万立方米的库容，扣除日覆盖和终场覆盖的库容，有效库容为 8000 多万立方米，是世界上最大的垃圾卫生填埋场之一。在建成以后的前 20 年内，将填埋垃圾 2000 万吨，最大日产气量为 20 万立方米。

3.6.3　填埋气体的主动导排方式及系统组成

填埋气体收集和导排系统的作用是减少填埋气体向大气的排放和在地下的横向迁移，并回收利用甲烷气体。填埋气体的导排方式一般有两种，即主动导排和被动导排。

主动导排是在填埋场内铺设一些垂直的导气井或水平的盲沟，用管道将这些导气井和盲沟连接至抽气设备，利用抽气设备对导气井和盲沟进行抽气，将填埋场内的填埋气体抽出来。填埋气体主动导排系统如图 3-13 所示。

二维码 3-7　填埋场文丘里泵水气联排工艺

---

❶ 1 亩 = $\frac{1}{15}$ hm²=666.67m²。

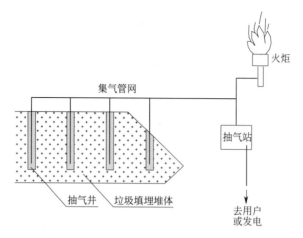

图 3-13　填埋气体主动导排系统示意图

气体主动导排系统主要由抽气井、气体收集管（输送管）、冷凝水收集井和泵站、抽风机、气体处理站（回收或焚烧）以及气体监测设备等组成。

（1）抽气井　填埋气体可用竖井或水平暗沟从填埋场中抽出，竖井应先在填埋场中打

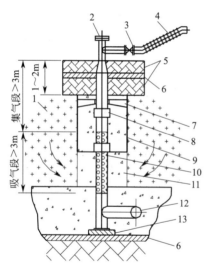

图 3-14　填埋气体垂直抽气井
1—垃圾；2—接点火燃烧器；3—阀门；4—柔性管；5—膨润土；
6—HDPE 薄膜；7—导向块；8—管接头；9—外套管；
10—多孔管；11—砾石；12—渗滤液收集管；13—基座

孔，水平暗沟则必须与填埋场的垃圾层一样成层布置。在井或槽中放置部分有孔的管子，然后用砾石回填，形成气体收集带，在井口表面套管的顶部应装上气流控制阀，也可以装气流测量设备和气体取样口。集气管井相互连接形成填埋场抽气系统。图 3-14 所示的垂直抽气井可设于填埋场内部或周边，典型的抽气井使用直径为 1m 的勺钻钻至填埋场底部以上 3m 以内或钻至碰到渗滤液液面取两者中的较高者。井内通常设有一根直径为 15cm 的预制 PVC（聚氯乙烯）套管，其上部的 1/3 无孔，下部的 2/3 有孔。再用直径 2.5～5cm 的砾石回填钻孔，孔口通常用细粒土和膨润土加以封闭。井及管路系统上均应装有调节气流和作为取样口的阀门。这种阀门具有重要作用。通过测量气体产出量及气压，操作员可以更为准确地掌握填埋气体的产生和分布随季节变化和长期变化的情况，并做适当调整。

由于建造填埋场的年代和抽气井的位置不同，可能产生不均匀沉降而导致抽气井受到损坏，应尝试把抽气系统接头设计成软接头并应用抗变形的材料，以保持系统的整体完整性。

横向水平收集方式就是沿着填埋场纵向逐层横向布置水平收集管，直至两端设立的导

气井将气体引出场面。水平收集管是由 HDPE 或 UPVC（硬聚氯乙烯）制成的多孔管，多孔管布设的水平间距为 50m，其周围铺砾石透气层。该方法适于小面积、窄形、平地建造的填埋场，简单易行，可以适应垃圾填埋作业，在垃圾填埋过程直至封顶时使用都方便。

水平抽气沟一般由带孔管道或不同直径的管道相互连接而成，沟宽 0.6~0.9m，深1.2m，管道直径为 10cm、15cm、20cm，长度为 1.2m 和 1.8m。沟壁一般要铺设无纺布，有时无纺布只放在沟顶。水平抽气沟常用于仍在填埋阶段的垃圾场，有多种建造方法。通常先在填埋场下层铺设一气体收集管道系统，然后在填埋 2~3 个废物单元层后再铺设一水平排气沟。做法是先在所填垃圾上开挖水平管沟，用砾石回填到一半高度后，放入穿孔开放式连接管道，再回填砾石并用垃圾填满。这种方法的优点是即使填埋场出现不均匀沉降，水平抽气沟仍能发挥其功效。开凿水平沟时，如果考虑到后期垃圾层的填埋，在设计沟位置时必须考虑填埋过程中如何保护水平沟和水平沟的实际最大承载力的影响。由于管道必然与道路发生交叉，因此安装时必须考虑动态载荷和静态载荷、埋藏深度、管道密封的需求和方法以及冷凝水的外排等。

水平沟的水平和垂直方向间距随着填埋场设计、地形、覆盖层以及现场其他具体因素而变化。水平间距范围是 30~120m，垂直间距范围是 2.4~18m 或每 1~2 层垃圾的高度。但水平收集方式也存在以下许多问题：工程量大、材料用量多、投资高，因为气体收集管需要布满垃圾填埋场各分层，管间距只有 40~50m；很容易因垃圾不均匀沉降而遭到破坏，经受不住各种重型运输机械碾压和垂直静压；与导气井或输气管接点很难适应场地的沉陷；垃圾填埋加高过程难以避免吸进空气、漏出气体；填埋场内积水会影响气体的流动。

（2）气体收集管（输送管）　抽气需要的真空压力和气流均通过预埋管网输送至抽气井，主要的气体收集管应设计成环状网络，如图 3-15 所示，这样可以调节气流的分配和降低整个系统的压差。预埋管要有一个坡度，其控制坡度应使冷凝水在重力作用下被收集，并尽量避免因不均匀沉降引起堵塞，坡度至少为 3%，对于短管可以为 6%~12%。管径应略大一些，通常为 100~450mm，以减少因摩擦而造成的压力损失。收集管埋在填以砂子的管沟内，管身用 PVC 管或 HDPE 管，管壁不能有孔。管道的连接采用熔融焊接。沿管线不同位置应设置阀门，以便在系统维修和扩大时可以将不同部位隔开。

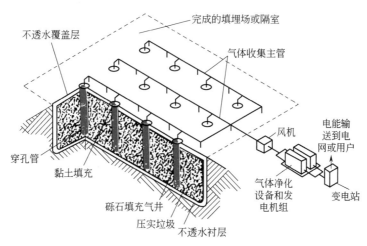

图 3-15　填埋气体收集管网络图

在预埋管系统中，PVC 管的接缝和结点常因不能经受填埋废物的不均匀沉降而频繁发生破裂，因此，通常用软弯管连接。由于软管的管壁硬度大于压碎应力，因此预埋管时，采用软接头连接可以补偿某些可能发生的不均匀沉降。

（3）冷凝水收集井和泵站　从气流中控制和排出冷凝水对于气体收集系统的有效使用非常重要。填埋气体中的冷凝水集中在气体收集系统的低洼处，会切断抽气井中的真空，破坏系统正常运行。冷凝水分离器可以促进液体水滴的形成并从气流中分离出来，重新返回到填埋场或收集到收集池中，每隔一段时间将冷凝液从收集池中抽出一次，处理后排入下水系统。冷凝水收集井每间隔 60～150m 设置一个。冷凝水收集井应是气体收集系统的一部分。这些收集井可以使随气流移动的冷凝水从集气管中分离出来，以防止集气管堵塞。大概每产生 $1\times10^4 m^3$ 气体可产生 70～800L 冷凝水，这取决于系统真空压力的大小和废物中含湿量的多少。当冷凝水已经聚集在水池或气体收集系统的低处时，可以直接排入泵站的蓄水池中，然后将冷凝水抽入水箱或处理冷凝液的暗沟内。

（4）抽风机　抽风机应置于高度稍高于集气管末端的建筑物内，以促使冷凝水下滴。通常安装于填埋气体发电厂或燃气站内。抽风机使抽气系统形成真空并将填埋气体输送至废气发电厂或燃气站。抽风机的吸气量通常为 8.5～57m³/min，在井口产生的负压为2.5～25kPa。抽风机的大小、型号和压力等设计参数均取决于系统总负压的大小和需抽取气体的流量。抽风机容量应考虑到未来的需求，如将来填埋单元可能扩大或增加或与气体回收系统隔断。抽风机只能抽送低于爆炸极限的混合气体，为确保安全，必须安装阻火器，以防火星通过风机进入集气管道系统。

（5）气体监测设备　如果填埋气体收集井群调配不当，填埋气体就会迁离填埋场向周边土层扩散。由于填埋气体易引起爆炸，因此沿填埋场周边的天然土层内均应埋设气体监测设备，以避免甲烷对周围居民产生危害。埋设监测设备的钻孔常用空心钻杆打至地下水位以下或填埋场底部以下 1.5m 处，孔内放一根直径为 2.5m 的 40 号或 80 号 PVC 套管用来取气样。钻孔用细小的碎石和任何一种密封材料（包括膨润土）回填，地面设置直径为 15cm 并带有栓塞的钢套管套在 PVC 管上面，作为套管保护 PVC 管。每个抽气井中的压力和气体成分及场外气体探头都要一天监测两次，监测 2～3 天。调整期之后监测 7 天。在调整期内，要调节抽气井里的阀门，使最远的井中达到设计压力。任何严重的集气管泄漏、堵塞或抽气井内阀门的失灵及引风机的装配都可以通过这一性能监测来检知。

3.6.4　填埋气体的利用

常用的填埋气体利用方式有以下几种：用作锅炉燃料，用作民用或工业燃气，用作汽车燃料，用于发电。填埋气体即沼气用作内燃发动机的燃料，通过燃烧膨胀做功产生原动力使发动机带动发电机进行发电。每发 1kW·h 电消耗 0.6～0.7m³ 沼气，热效率为25%～30%，甲烷浓度高于 38% 时均可发电。沼气发电的成本略高于火电，但比油料发电便宜得多，如果考虑到环境因素，它将是一种很好的能源利用方式。沼气发电的简要流程为：沼气→净化装置→贮气罐→内燃发动机→发电机→供电。

3.6.5　填埋场温室气体减排与控制

首先，填埋场中的生活垃圾成分复杂，产生量因季节和填埋龄而异，温室气体（填埋气体）中微量杂质（如硅氧烷）的存在严重影响其高值化利用；其次，温室气体可在产气高峰期间通过收集系统进行收集利用，但收集利用效率不超过 30%，其余的 70% 因浓度偏低或收集费用偏高无法利用而只能直排大气。

在甲烷的矿化垃圾生物氧化与产甲烷菌生物抑制方面，研究发现矿化垃圾中甲烷氧化菌主要为 I 型甲烷氧化菌中甲基暖菌属（Methylocaldum）和甲基微菌属（Methylomicrobium）两大种属；对其进行纯菌筛选，发现该菌为微球菌，属于好氧菌群不动杆菌属（Acinetobacter）和变形杆菌属（Proteus），且分别与施氏甲单胞菌（Pseudomonas stutzeri）和氨基杆菌（Aminobacter sp.cox）的同源性都大于 98%。矿化垃圾历经渗滤液长期自然驯化，其中一些土著微生物产生环境适应性的变异而具有很强的 COD 和氨氮耐受性，并且具有较高的甲烷生物氧化活性和吸附性能。以矿化垃圾为主要原料，分别辅以矿化污泥、新鲜污泥或硝酸盐营养液等制备生活垃圾填埋场甲烷氧化生物覆盖材料，研究表明甲烷氧化效果在喷洒硝酸盐营养液时最佳，甲烷日氧化率达到 99%。

乙炔和多氯甲烷对产甲烷菌均有专一性强抑制作用；以石蜡为缓释基质、电石为缓释材料制备的产甲烷菌抑制剂，对产甲烷菌的抑制率可高于 90%，甲烷的排放量降低了 70%~80%。为此，在某填埋场建设并运行了万吨级生活垃圾填埋场甲烷减排与过程控制示范工程，分为空白和示范两个独立单元，填埋高度和坡度均为 7m 和 1：1。空白单元为传统的卫生填埋场；甲烷减排示范工程单元则在生活垃圾表面均匀喷洒产甲烷菌抑制剂，在沼气管周围环绕填充矿化垃圾并安装无动力风帽。结果表明，空白单元沼气管内甲烷浓度为 10%~40%，而示范单元则从初期的 15% 以下快速降低至 5% 左右；空白单元渗滤液收集管内甲烷浓度基本维持在 50% 以上，而示范单元始终保持在 5% 以下。当全国城市生活垃圾的 70% 进行填埋时，若该成果得到全面推广应用，可削减 CH_4 $2.7 \times 10^6 \sim 4.0 \times 10^6 t/a$，相当于减排 CO_2 $50 \times 10^6 \sim 80 \times 10^6 t/a$，减排量超过 70%。

因此，采用矿化垃圾生物氧化甲烷与产甲烷菌活性抑制剂等集成技术，可实现生活垃圾填埋场甲烷的大幅度减排。

3.7 终场覆盖、封场与土地利用

垃圾填埋场到了使用寿命以后，需要按有关规定进行封场和后期管理。封场是卫生填埋场建设中的一个重要环节。封场的目的在于：防止雨水大量下渗，造成填埋场收集到的渗滤液体积剧增，加大渗滤液处理的难度和所需投入；避免垃圾降解过程中产生的有害气体和臭气直接释放到空气中造成空气污染；避免有害固体废物直接与人体接触；阻止或减少蚊蝇的滋生；封场覆土上栽种植被，进行复垦或作其他用途。封场质量的高低对于填埋场能否处于良好的封闭状态、封场后的日常管理与维护能否安全进行、后续的终场规划能否顺利实施有至关重要的影响。

填埋场的终场覆盖应由五层组成，从上至下为：表层、保护层、排水层、防渗层（包括底土层）和排气层。其中，排水层和排气层并不一定要有，应根据具体情况确定。排水层只有当通过保护层入渗的水量（来自雨水、融化雪水、地表水、渗滤液回灌等）较多或者对防渗层的渗透压力较大时才是必要的。而排气层只有当填埋废物降解产生较大量的填埋气体时才需要。各结构层的主要功能、常用材料和使用条件列于表3-4中。

表3-4　填埋场终场覆盖系统结构层

结构层	主要功能	常用材料	使用条件
表层	取决于填埋场封场后的土地利用规划，能生长植物并保证植物根系不破坏下面的保护层和排水层，具有抗侵蚀等特点，可能需要地表排水管道等	可生长植物的土壤以及其他天然土壤	需要有地表水控制层
保护层	防止上部植物根系以及挖洞动物对下层的破坏，保护防渗层不受干燥收缩、冻结解冻等的破坏，防止排水层的堵塞，维持稳定	天然土壤等	需要有保护层，保护层和表层有时可以合并使用一种材料
排水层	排泄入渗进来的地表水等，降低入渗层对下部防渗层的渗透压力，还可以有气体导排管道和渗滤液回收管道等	砂、砾石、土工网格、土工合成材料、土工布	此层并非必需，只有当通过保护层入渗的水量较多或者对防渗层的渗透压力较大时才是必要的
防渗层	防止入渗水进入填埋废物中，防止填埋气体逸出	压实黏土、柔性膜、人工改性防渗材料和复合材料等	需要有防渗层，通常有保护层、柔性膜和土工布来保护防渗层，常用复合防渗层
排气层	控制填埋气体，将其导入填埋气体收集设施进行处理或利用	砂、土工网格、土工布	只有当废物产生大量填埋气体时才是必需的

　　表层的设计取决于填埋场封场后的土地利用规划，通常要能生长植物。表层土壤层的厚度要保证植物根系不造成下部密封工程系统的破坏，此外，在冻结区，表层土壤层的厚度必须保证防渗层位于霜冻带以下，表层的最小厚度不应小于50cm。在干旱区，可以使用鹅卵石替代植被层，鹅卵石层的厚度为10～30cm。

　　保护层的功能是防止上部植物根系以及挖洞动物对下层的破坏，保护防渗层不受干燥收缩、冻结解冻等的破坏，防止排水层的堵塞，维持稳定等。

二维码3-8　生活垃圾堆场修复流程

　　排水层的功能是排泄通过保护层入渗进来的地表水等，降低入渗水对下部防渗层的渗透压力。该层并不是必需结构，只有当通过保护层入渗的水量（来自雨水、融化雪水、地表水和渗滤液回灌等）较多或者对防渗层的渗透压力较大时才是必要的。排水层中还可以有排水管道系统等设施。其最小渗透系数为10^{-2}cm/s，坡度一般大于等于3%。

　　防渗层是终场覆盖系统中最为重要的部分。其主要功能是防止入渗水进入填埋废物中，防止填埋气体从填埋场逸出。防渗材料有压实黏土、柔性膜、人工改性防渗材料和复合材料等。防渗层的渗透系数要求小于等于10^{-7}cm/s，铺设坡度大于等于2%。

　　排气层用于控制填埋气体，将其导入填埋气体收集设施进行处理或者利用。排气层并不是终场覆盖系统的必备结构，只有当填埋废物降解产生较大量的填埋气体时才需要。

二维码 3-9 可持续
生活垃圾填埋与存量
垃圾利用技术

二维码 3-10 垃圾
填埋流程及矿化垃圾
开采利用

二维码 3-11 卫生
填埋作业信息化

本章主要内容

　　卫生填埋是生活垃圾末端处置的主流技术之一。本章全面系统地描述了生活垃圾卫生填埋技术，内容包括卫生填埋过程，填埋场总体设计，填埋工艺，场地处理与场底防渗系统，渗滤液产生与处理，填埋气体的导排及综合利用，终场覆盖、封场与土地利用，可持续生活垃圾填埋与存量垃圾利用技术，卫生填埋作业信息化，等等。生活垃圾在填埋场通过物理、化学和生物过程逐步降解，最终达到稳定化。一定时间后，填埋场中的生活垃圾可以挖采、分选，获得无机骨料、轻质物（以塑料和织物为主）、腐殖土等产品，经过加工后可以再利用，使卫生填埋场成为实际意义上的生物反应器。

✎ 习题与思考题

1. 生活垃圾卫生填埋的定义是什么?

2. 简述卫生填埋场选址原则。

3. 计算一个接纳20万城市居民所产生生活垃圾的卫生填埋场的容量和面积。已知每人每天产生垃圾0.75kg，且垃圾以3%的年增长率递增，HDPE膜覆盖，填埋后废物的压实密度为1100kg/m³，填埋高度为42m，填埋场设计运营20年。

4. 简述填埋作业的典型工艺。

5. 论述填埋场场底防渗系统的结构、功能，选择场底防渗系统时应考虑的因素。

6. HDPE膜防渗系统穿管时，穿管与边界连接有哪些方法?在设计中应注意哪些问题?

7. 填埋产气量有哪些计算方法?

8. 填埋气体导排系统有什么作用?主动导排系统的组成部分有哪些?

9. 论述卫生填埋场的终场覆盖的结构及其功能。

10. 可持续生活垃圾填埋技术的含义是什么?

第4章 危险废物处理处置技术

4.1 概述

危险废物是指列入《国家危险废物名录》或根据国家规定的危险废物鉴别标准和鉴别方法认定的具有腐蚀性、毒性、易燃性、反应性和感染性等中一种或一种以上危险特性，以及不排除具有以上危险特性的固体、液体或其他形态的废物。对于危险废物应采取源头减量措施，尽可能在产生的源头作为原料加以利用，或进行有效分离和去毒，实现无害化。对于那些实在无法资源化利用，或无法去毒的危险废物，应进行末端安全处置，包括固化 / 稳定化、安全填埋和焚烧等。

4.2 危险废物的判别方法及鉴别标准

二维码 4-1 危险
废物鉴别

4.2.1 危险废物名录法判断

为了方便危险废物的管理工作，完善危险废物的管理系统，许多国家和机构对各类废物的性质进行了检验和评价，针对其中危险程度高、对环境和健康影响大的危险废物，用列表的形式把这些废物的名称、来源、性质及危害归纳出来，并作为危险废物管理工作的依据。危险废物的名录一经正式颁布，就可以根据名录的内容进行危险废物的判别。这就是危险废物的列表定义鉴别法。

4.2.2 危害特性鉴别法

所谓危害特性鉴别法，就是按照一定的标准通过测试废物的性质来判别该废物是否属于危险废物。由于危害特性种类较多，从实用的角度，通常主要鉴别废物的腐蚀性、易燃性、反应性、毒性这四种性质。

（1）易燃性鉴别标准

① 液态易燃性危险废物。闪点温度低于 60℃（闭杯试验）的液体、液体混合物或含

有固体物质的液体。

② 固态易燃性危险废物。在标准温度和压力（25℃，101.3kPa）下，因摩擦或自发性燃烧而起火，经点燃后能剧烈而持续地燃烧并产生危害的固体废物。

③ 气态易燃性危险废物。在 20℃、101.3kPa 条件下，在与空气的混合物中体积分数 ≤ 13% 时可点燃的气体，或者在该状态下，不论易燃下限如何，与空气混合，易燃范围的易燃上限与易燃下限之差都 ≥ 12 个百分点的气体。

（2）腐蚀性鉴别标准

① 按照《固体废物　腐蚀性测定　玻璃电极法》（GB/T 15555.12—1995）制备的浸出液，pH ≥ 12.5，或者 pH ≤ 2.0。

② 在 55℃ 条件下，对《优质碳素结构钢》（GB/T 699—2015）中规定的 20 号钢材的腐蚀效率 ≥ 6.35mm/a。

（3）反应性鉴别标准

① 具有爆炸性质。常温常压下不稳定，在无引爆条件下，易发生剧烈变化；标准温度和压力（25℃，101.3kPa）下，易发生爆轰或爆炸性分解反应；受强起爆剂作用或在封闭条件下加热，能发生爆轰或爆炸反应。

二维码 4-2　固体废物浸出毒性浸出方法——翻转法

② 与水或酸接触产生易燃气体或有毒气体。与水混合发生剧烈化学反应，并放出大量易燃气体和热量；与水混合能产生足以危害人体健康或环境的有毒气体、蒸气或烟雾；在酸性条件下，每千克含氰化物废物分解产生 ≥ 250mg 氰化氢气体，或者每千克含硫化物废物分解产生 ≥ 500mg 硫化氢气体。

③ 废弃氧化剂或有机过氧化物。极易引起燃烧或爆炸的废弃氧化剂；对热、震动或摩擦极为敏感的含过氧基的废弃有机过氧化物。

（4）浸出毒性鉴别标准　按照有关标准，根据规定的方法制备的固体废物浸出液中，若有任何一种危害成分含量超过规定的浓度限值，则判定该固体废物是具有浸出毒性特征的危险废物。

（5）急性毒性初筛鉴别标准

① 经口摄取：固体半致死剂量（LD_{50}）≤ 200mg/kg，液体 LD_{50} ≤ 500mg/kg。

② 经皮肤接触：LD_{50} ≤ 1000mg/kg。

③ 蒸气、烟雾或粉尘吸入：LD_{50} ≤ 10mg/L。

4.3　危险废物预处理技术

危险废物的预处理技术包括物理法、化学法和生物法等，具体的操作包括压实与压块、破碎、分选等。

（1）压实与压块　压实处理不仅可以减小危险废物容积，便于装卸和运输，而且压实得到的高密度惰性块料也便于贮存和处理处置。粉末状危险废物，如生活垃圾焚烧发电厂飞灰，可采用超高静压制备压块，选用 1 套可提供 2.94×10^7N（3000t）压力的静压设备，工艺流程如图 4-1 所示。

二维码 4-3　工业固体废物高静压预处理技术流程

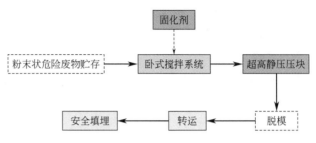

图 4-1　粉末状危险废物超高静压压制工艺流程

压块的核心是通过工程设施和手段，将危险废物经过超高静压压缩和固化剂共同作用，装入模具后利用静压机的压力使废物受到 15MPa 以上的压强，从而压缩体积，增大密度，达到延长填埋库容使用寿命的目的，同时大块状的填埋也降低了危险废物在运输、卸料、填埋过程中对空气的污染。

（2）破碎、分选　危险废物经过破碎过程成为小块或粉状颗粒，可促进其中有毒有害物质的后续分选，破碎方式可分为机械破碎和物理破碎（低温冷冻破碎、超声波破碎）两种。继而根据物料的物理或化学性质，如密度、粒度、磁性、电性等，可采用包括人工分选、筛分、风力分选、浮选、磁选、电选等方法，实现有毒有害物质的分离。

（3）溶剂萃取　该方法利用两种溶剂间的溶解度差异或发生某种化学反应，使危险废物中某种成分分离出来。在该过程中溶剂的选择至关重要，且萃取剂通常需要回收利用。

（4）蒸馏　蒸馏处理过程对废物的物理形态和化学性质有一定要求，如进入蒸馏塔的蒸馏物必须能够自由流动、废液中固体或高黏度液体需经预处理等。该技术不仅可以实现某种物质从固液混合物中的分离，并且在一定条件下，还可从固体中分离出某些物质。蒸馏过程包括液体混合物的加热、混合物蒸发、冷凝，其中冷凝的蒸气（馏分）中常含有较多的强挥发性成分，而为了得到组分丰富的馏分，可通过多步蒸馏实现。

（5）物理沉降　沉降过程主要依靠重力实现，主要去除混合液中比重较大的悬浮颗粒。基本设备包括混合液提升或导入装置、液体沉降池、沉降颗粒去除装置，部分沉降池还配备有撇油器，以去除浮在水面上的油和脂类物质，但不包括乳化油。

（6）化学氧化还原　危险废物的化学氧化还原处理可用于有毒物质的解毒，例如：通过添加氧化剂可将剧毒的氰化物氧化成毒性较低的氰酸盐，或完全氧化成氮气和二氧化碳；添加氧化剂将二价铁氧化成三价铁，促进铁的沉淀和去除；用铬酸还原氰化物，将铬酸还原成毒性较低的三价铬状态等。常见的氧化剂有次氯酸盐、臭氧、过氧化氢、高锰酸盐等。

（7）絮凝沉淀　絮凝是指将液态介质中的微小、不沉降的微粒凝聚成较大、更易沉降的颗粒。典型的絮凝剂有明矾、石灰、三氯化铁和硫酸亚铁等铁盐以及有机絮凝剂等。其中有机絮凝剂可分为阳离子型、阴离子型、两性型或非离子型，可与无机絮凝剂（如明矾）混合使用。沉淀是一种物理化学过程，该处理过程中通常使用氢氧化物、硫化物等实现金属的去除。

（8）中和　中和是对酸性或碱性废液的 pH 进行调节，中和方法的选定必须充分考虑危险废物的特性、后续处理步骤、用途等。一般地，提高 pH 时常用的化学品是石灰，降低 pH 时最常用的是硫酸。但是用石灰处理含硫酸盐的废水时，由于硫酸钙沉淀的生成阻碍反应进一步发生，因此处理效果不甚理想。此外，中和法也可用于油乳化液破乳和化学反应速率控制等。

（9）油水分离　由于含油危险废物（如废油）中的大部分有机质可以通过焚烧处置，并回收热能，故直接倾倒或填埋会造成一定的资源浪费，某些情况下需将其中的油分进行分离回收，并通过焚烧等手段资源化利用。目前常见的分离方式主要有生物法和化学法。

4.4　危险废物固化 / 稳定化技术

固化 / 稳定化技术是处理污染物、易迁移的废物及不稳定的废物的重要手段。危险废物从产生到处置的全过程可以用图 4-2 表示，可以看出固化 / 稳定化技术是危险废物管理中的一项重要技术，在区域性集中管理系统中占有重要的地位。经其他无害化、减量化处理的固体废物，都要全部或部分经过固化 / 稳定化处理后，才能进行最终处置或加以利用。固化 / 稳定化作为废物最终处置的预处理技术，在国内外已得到广泛应用。

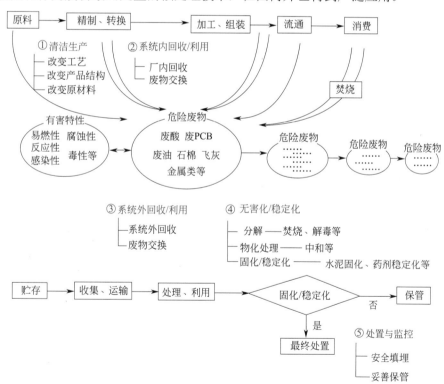

图 4-2　危险废物从产生到处置的全过程

（PCB：印制电路板）

危险废物固化 / 稳定化处理的目的，是使危险废物中的所有污染组分呈现化学惰性或被包容起来，以便贮存、运输、利用和处置。在一般情况下，稳定化过程是选用某种适当的添加剂与废物混合，以降低废物的毒性和减小污染物自废物到生态圈的迁移率。因而稳定化是一种将污染物全部或部分固定于支持介质、黏结剂上的方法。固化过程是一种利用添加剂改变废物的工程特性（例如渗透性、可压缩性和强度等）的过程。固化可以看成是一种特定的稳定化过程，可以理解为稳定化的一个部分，但从概念上它们又有所区别。无论是稳定化还是固化，其目的都是减小废物的毒性和可迁移性，同时改善被处理对象的工程性质。具体包括水泥固化 / 稳定化、石灰固化、熔融固化、塑料固化、自胶结固化和药剂稳定化等。

4.4.1 水泥固化 / 稳定化

水泥是最常用的危险废物稳定剂。由于水泥是一种无机胶结材料，经过水化反应后可以生成坚硬的水泥固化体，因此在处理废物时最常用的是水泥固化技术。水泥固化法应用实例较多：以水泥为基础的固化 / 稳定化技术已经用来处置电镀污泥，这种污泥包含多种金属，如 Cd、Cr、Cu、Pb、Ni、Zn；水泥也用来处理复杂的含危险废物的污泥，如含有多氯联苯、油和油泥，氯乙烯和二氯乙烷，多种树脂，被固化 / 稳定化的塑料，石棉，硫化物及其他物质的污泥。用水泥进行的固化 / 稳定化处置对 As、Cd、Cu、Pb、Ni、Zn 等的稳定化都是有效的。

火山灰（pozzolan）是一种类似水泥的材料，存在水时，可以与石灰反应生成类似混凝土的、通常被称为火山灰水泥的产物。火山灰材料包括烟道灰、平炉渣、水泥窑灰等，其结构大体上可认为是非晶型的硅铝酸盐。烟道灰是最常用的火山灰材料，其典型成分是大约 45% 的 SiO_2、25% 的 Al_2O_3、15% 的 Fe_2O_3、10% 的 CaO，以及各 1% 的 MgO、K_2O、Na_2O 和 SO_3。此外，根据不同的来源，还含有一定量的未燃尽的碳。这种材料还具有高 pH 值，所以同样适用于无机污染物，尤其是被重金属污染废物的稳定化处理。

在桶中加入水泥的方法（图 4-3）是将废物、水泥、添加剂和水在单独的混合器中进行混合，经过充分搅拌后再注入处置容器中。该方法需要设备较少，可以充分利用处置容器的容积；但搅拌混合以后的混合器需要洗涤，不但耗费人力，还会产生一定数量的洗涤废水。

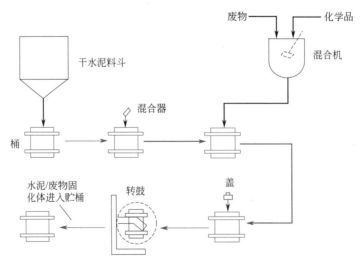

图 4-3 在桶中加入水泥的方法

在外部加入水泥的方法（图 4-4）是直接在最终处置使用的容器内进行混合，然后用可移动的搅拌装置混合。其优点是不产生二次污染物。但由于处置所用的容器容积有限（通常用容积为 200L 的桶），不但充分搅拌困难，而且势必需要留下一定的无效空间。大规模应用时，操作的控制也较为困难。该方法适于处置危害性大但数量不太多的废物，例如放射性废物。

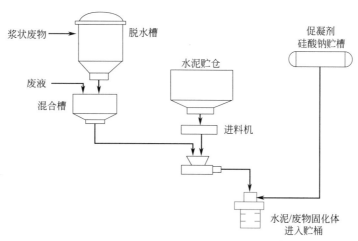

图 4-4　在外部加入水泥的方法

针对水泥固化的前述缺点，在若干方面加以改进。例如，用纤维和聚合物等增强水泥耐久性，用天然胶乳聚合物改性普通水泥以处理重金属废物，提高了水泥浆颗粒和废物之间的键合力，聚合物同时填充了固化块中小的孔隙和毛细管，降低了重金属的浸出。再如，用改性硫水泥处理焚烧炉灰，提高了固化体的抗压强度和抗拉强度，并且增强了固化体抵抗酸和盐（如硫酸盐）侵蚀的能力。

4.4.2　石灰固化

常用的技术是加入氢氧化钙（熟石灰）使污泥得到稳定。石灰中的钙与废物中的硅铝酸根会产生硅酸钙、铝酸钙的水化物或者硅铝酸钙。和其他稳定化过程一样，在加入石灰的同时向废物中加入少量添加剂（如存在可溶性钡时加入硫酸根），可以获得额外的稳定效果。使用石灰作为稳定剂也和使用烟道灰一样具有提高 pH 值的作用。此种方法也主要应用于处理含重金属等无机污染物的污泥。

4.4.3　熔融固化

熔融固化技术，亦称玻璃化技术。该技术与目前应用于高放射性废物处理的玻璃固化工艺之间的主要区别是通常不需要加入稳定剂，但从原理来说，仍可以归入固体废物的包容技术。

该技术是将待处理的危险废物与细小的玻璃质如玻璃屑、玻璃粉混合，经混合造粒成型后，在 1500℃高温下熔融形成玻璃固化体，借助玻璃体的致密结构，确保固化体的永久稳定。

熔融固化需要将大量物料加热到熔点以上，无论采用电力或是其他能源，需要的能量和费用都是相当多的。但是相对于其他处理技术，熔融固化的最大优点是可以得到高质量的建筑材料。因此，在进行废物的熔融固化处理时，除去必须达到环境指标以外，应充分注意熔融体的强度、耐腐蚀性甚至外观等是否满足建筑材料的要求。熔融固化也可能产生一定量的二次飞灰，其处理难度一般较大，通常可以采用结晶法分离各种盐分。

4.4.4　药剂稳定化

用药剂稳定化技术处理危险废物，可以在实现废物无害化的同时，达到废物少增容或不增容的目的，从而提高危险废物处理处置系统的总体效率和经济性。同时，还可以通过改进螯合剂的结构和性能使其与废物中危险成分之间的螯合作用得到强化，进而提高稳定化产物的长期稳定性，减少最终处置过程中稳定化产物对环境的影响。

用药剂稳定化技术处理危险废物，根据废物中所含重金属种类，可以采用的稳定化药剂有石膏、漂白粉、硫代硫酸钠、硫化钠、磷酸盐、硅酸盐和高分子有机稳定剂。

（1）pH 控制技术　加入碱性药剂，将废物的 pH 调节至使重金属离子溶解度最小的范围，从而实现其稳定化。常用的 pH 调节剂有石灰 [CaO 或 Ca(OH)$_2$]、苏打（Na$_2$CO$_3$）、氢氧化钠（NaOH）等。除了这些常用的强碱外，大部分固化基材如普通水泥、石灰窑灰渣、硅酸钠等也都是碱性物质，它们在固化废物的同时，也有调节 pH 的作用。另外，石灰及一些类型的黏土还可用作 pH 缓冲材料。

（2）氧化还原电势控制技术　为了使某些重金属离子更易沉淀，常需将其还原为最有利的价态。如把六价铬 [Cr(Ⅵ)] 还原为三价铬（Cr^{3+}），把五价砷（As^{5+}）还原为三价砷（As^{3+}）。常用的还原剂有硫酸亚铁、硫代硫酸钠、亚硫酸氢钠、二氧化硫等。

（3）沉淀技术　常用的沉淀技术包括氧化物沉淀、硫化物沉淀、硅酸盐沉淀、碳酸盐沉淀、磷酸盐沉淀、共沉淀、无机配合物沉淀和有机配合物沉淀。

① 有机硫化物沉淀。从理论上讲，有机硫稳定剂有很多无机硫化剂所不具备的优点。有机含硫化合物由于普遍具有较高的分子量，因而与重金属形成的不可溶性沉淀具有相当好的工艺性能，易于进行沉降、脱水和过滤等操作。在实际应用中，它们也显示了独特的优越性，例如，可以将废水或固体废物中的重金属浓度降至很低，而且适应的 pH 值范围也较大。

② 无机硫化物沉淀。除了氢氧化物沉淀外，无机硫化物沉淀可能是应用最广泛的一种重金属药剂稳定化方法。与前者相比，其优势在于大多数重金属硫化物在所有 pH 值下的溶解度都大大低于其氢氧化物。需要强调的是，为了防止 H$_2$S 的逸出和沉淀物的再溶解，仍需要将 pH 值保持在 8 以上。另外，由于易与硫离子反应的金属种类很多，硫化剂的添加量应根据要求由试验确定，而且硫化剂的加入要在固化基材的添加之前，这是因为废物中的钙、铁、镁等会与重金属竞争硫离子。

③ 硅酸盐沉淀。溶液中的重金属离子与硅酸根之间的反应并不是按单一的比例形成晶态的硅酸盐，而是生成一种可看成是由水合金属离子与二氧化硅或硅胶按不同比例结合而成的混合物。这种硅酸盐沉淀在较宽的 pH 值范围（2~11）有较低的溶解度。这种方法在实际处理中应用并不广泛。

④ 碳酸盐沉淀。一些重金属如钡、镉、铅的碳酸盐的溶解度低于其氢氧化物，但碳

酸盐沉淀法并没有得到广泛应用。原因在于，pH 值低时，二氧化碳会逸出，即使最终的 pH 值很高，最终产物也只能是氢氧化物而不是碳酸盐沉淀。

⑤ 磷酸盐沉淀。在垃圾焚烧灰渣处理中，正磷酸盐被证明可有效控制炉渣、飞灰和混合灰渣的金属溶解性，生成的磷酸盐无机物化学性质稳定。通过添加正磷酸盐与重金属形成不溶的金属磷酸盐，如 $Pb_3(PO_4)_2$、$Pb_5(PO_4)_3Cl$、$Pb_5(PO_4)_3OH$ 等，控制灰渣中重金属的浸出。也可采用单质磷（注入位置可以是焚烧炉内或烟气净化系统中）或磷灰石来稳定飞灰中的重金属。

⑥ 共沉淀。在非铁二价重金属离子与 Fe^{2+} 共存的溶液中，投加等当量的碱调节 pH，则由以下反应生成暗绿色的混合氢氧化物：

$$x M^{2+} + (3-x)Fe^{2+} + 6OH^- \longrightarrow M_x Fe_{3-x}(OH)_6 \qquad (4-1)$$

再用空气氧化使之再溶解，经配合生成黑色的尖晶石型化合物（铁氧体）$M_x Fe_{3-x} O_4$。在铁氧体中，三价铁离子和二价金属离子（也包括二价铁离子）之比是 2∶1，故可以铁氧体的形式投加 Mn^{2+}、Zn^{2+}、Ni^{2+}、Mg^{2+}、Cu^{2+}。

例如，对于含 Cd^{2+} 的废水，可投加硫酸亚铁和氢氧化钠，并以空气氧化，这时 Cd^{2+} 就和 Fe^{2+}、Fe^{3+} 发生共沉淀而被包含于铁氧体中，从而可被永久磁铁吸住，而不用担心氢氧化物胶体粒子的过滤问题。把 Cd^{2+} 集聚于铁氧体中，使之有可能被永久磁铁吸住，这就是共沉淀法捕集废水中 Cd^{2+} 的原理。

4.5　危险废物柔性安全填埋技术

安全填埋场可分为柔性填埋场和刚性填埋场。柔性填埋场是一种将危险废物放置或储存在土壤中的处置设施，其目的是埋藏或改变危险废物的特性，适用于填埋处置不能回收利用其有用组分、能量的危险废物。安全填埋场的综合目标是尽可能将危险废物与环境隔离，通常技术要求必须设置防渗层，且其渗滤系数不得大于 10^{-8}cm/s；一般要求最底层应高于地下水位；并应设置渗滤液收集、处理和检测系统；一般由若干个填埋单元构成，单元之间采用工程措施相互隔离，通常隔离层由天然黏土构成，能有效地限制有害组分向纵向和水平方向的迁移。典型的柔性安全填埋场剖面图如图 4-5 所示。

4.5.1　建设框架

安全填埋场的建设是一项复杂的系统工程，其规划、选址、设计、筹建和运营管理与其他类型填埋场（如卫生填埋场、一般工业废物填埋场等）有相似之处，但也有诸多独特性，应严格按照国家有关法律、法规和标准的要求执行。任何一个危险废物安全填埋场的建设内容均包括废物进场道路、车辆维修冲洗设施、防渗导气系统、渗滤液收集系统及污水处理站等。因此，方便的外部交通、可靠的供电电源、充足的供水条件不仅可以减少安全填埋场辅助工程的投资，加快填埋场的建设进程，让城市建设有限的资金发挥最大的社会效益，而且对于填埋场资源化建设的开发利用、提高填埋场的环境效益和经济效益将十分有利。

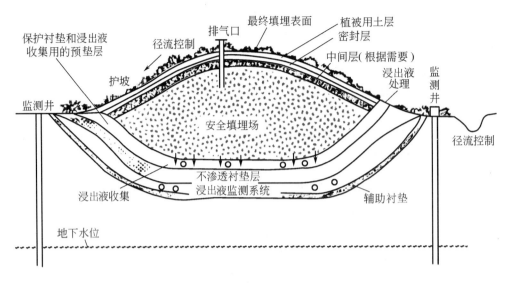

图 4-5 柔性安全填埋场剖面图

4.5.2　选址

场址选择必须通过各专业技术人员密切配合，与当地有关政府部门一起，有针对性地对可能的建设场址进行现场踏勘，并搜集必要的设计基础资料，经过场址方案的技术与经济比较后，推荐出一个最佳场址方案供政府机关审查批准（图 4-6 和表 4-1）。

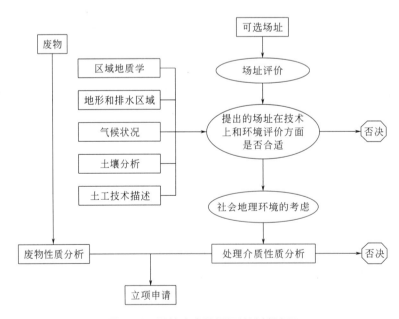

图 4-6 柔性安全填埋场的选址过程

表4-1　安全填埋场的选址原则

序号	项目		要求
1	工程	面积	满足危险废物填埋处置的处置年限、年处理量的需求
		交通位置	① 产生源的危险废物运输便捷，运输费用相对较低； ② 远离居民区和水源保护区； ③ 道路等公用设施有足够的宽度和输送能力，能满足危险废物运输要求
		地形地貌	① 充分利用自然条件，土方施工量较少； ② 避免容易发生水体污染的洼地等地形； ③ 避开洪泛区，同时不与航运水体连接
		地质	① 避开地震区、滑坡带、断层、矿藏区、溶洞地区； ② 地下水位低，填埋场底部在地下水位之上； ③ 避开专用水源含水层和地下水补给区域； ④ 有较高承载能力的天然承压层
		土壤	有天然黏土层或适合作为防渗层和封场使用的黏土
2	环境	大气	① 减少填埋场污染气体和恶臭释放的影响； ② 在居民区常年主导风向的下风向
		生态	① 避开自然保护区； ② 避开珍稀动物繁殖区域
		噪声	尽量减少运输车辆、机械设备运行时的噪声影响
		土地利用	避开人口密集地区、公园和风景区等
		文化	避开文物古迹区等区域
		法律/ 法规	满足国家、地方有关的法律和法规要求
		公众/ 政府	① 征得有关政府部门同意； ② 获得公众的允许
3	经济	征地费用	① 征地直接费用； ② 城市规划税等其他间接费用
		建设费用	填埋场地建设和总体建设的费用
		运营费用	水电、燃料、耗材、人工、折旧等费用
		利润	微利

为保护城市大气的环境质量，避免引起爆炸和给城市建设及人民生命财产造成损失，安全填埋场选址应注意以下几点。

① 填埋场最好位于城市常年主导风向的下风向和城市取水水源的下游，以减轻废物填埋过程中因覆土不到位而对下风向产生污染的程度及危害性，防止污水处理站（废物渗滤液处理区）因事故污水排放对城市给水系统造成严重的侵扰和破坏。

② 为避免填埋场逸出的填埋气体迁移到周围建筑物内聚集而引发爆炸，防止填埋场中废物滋生蚊、蝇、老鼠及病原体对人体造成危害，填埋场一定范围（如周围800m）以内应无居民生活点。

③ 为确保填埋场运行安全可靠，安全填埋场场址竖向标高应不低于百年一遇城市防排洪标准，场址应不受洪涝灾害的影响。

④ 由于填埋场单位用地上填埋的废物数量较大，场址还应满足一定的地基承载力的要求，通常不低于 0.15MPa，场址范围内应无不良地质现象（如断层、滑坡、崩塌等），并且为避免填埋库区废物渗滤液防渗处理的高投资，场址最好是独立的水文地质单元。如果填埋高静压压块粉末状危险废物，因其密度相比于一般危险废物大幅度提高，应对地基进行加固处理，以增加填埋容量，同时确保地基安全。

4.5.3　总体设计

安全填埋场通常主要包括废物填埋区、入场废物预处理区、废物渗滤液处理区（简称污水处理区）和生活行政管理区四部分，随着填埋场资源化建设总目标的实现，还将包括综合回收利用区。安全填埋场的建设项目可分为填埋场主体工程与装备、配套设施和生产生活服务设施等几大部分。

（1）填埋场主体工程与装备　主要包括场区道路、场地整治，水土保持、防渗工程，坝体工程、洪雨水及地下水导排、渗滤液收集处理和排放、填埋气体导出及收集利用设施，计量设施，绿化隔离带、防飞散设施，封场工程，监测井，填埋场压实设备、摊铺设备、挖运土设备，等等。

（2）配套设施　主要包括进场道路（码头）、机械维修、供配电、给排水、消防、通信、监测化验、加油、冲洗、洒水等设施。

（3）预处理设施　主要包括入场危险废物称重设备、固化与稳定化设备、临时贮存库和化验设备等。

（4）综合回收区　主要包括危险废物分类与临时保存、物理与化学处理设施，产品贮存与出售、转运设施，等等。危险废物一旦填入填埋场，将永远存在，因此，在任何时刻都应该尽可能降低填埋量，增加循环利用量。即使从经济上考量，危险废物的去毒化成本高于填埋成本，也要优先考虑去毒化处理。

（5）生产生活服务设施　主要包括办公、宿舍、食堂、浴室、交通、绿化、科普教育、健康娱乐设施和信息化平台等。进行填埋场设计时，首先应进行填埋场地的初步布局，勾画出填埋场主体及配套设施的大致方位，然后根据基础资料确定填埋区容量、占地面积及填埋区构造，并做出填埋作业的年度计划表。再分项进行渗滤液控制、填埋气体控制、填埋区分区、防渗工程、防洪及地表水导排、地下水导排、土方平衡、进场道路、废物坝、环境监测设施、绿化以及生产生活服务设施、配套设施的设计，提出设备的配置表，最终形成总平面布置图，并提出封场的规划设计。安全填埋场由于所处的自然条件和废物性质的不同，其堆高、运输、排水、防渗等各有差异，工艺上也会有一些变化。这些外部条件使填埋场的投资和运营费用相差很大，需精心设计。初步设计与总体设计思路如图 4-7 和图 4-8 所示。

在安全填埋场布局规划中，需要确定进出场地的道路、计量间、生产生活服务基地、停车场的位置，以及用于进行废物预处理的场地面积（如固化/稳定化处理场地、分选场地等），确定填埋场地的面积，覆盖层物料的堆放场地、排水设施、填埋气体管理设施的位置，渗滤液处理设施的位置，监测井的位置，绿化带，等等。

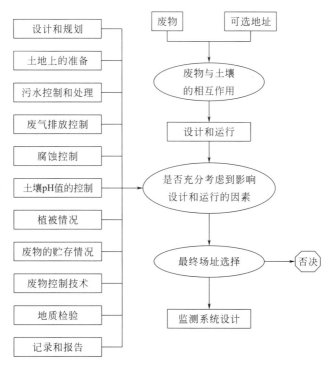

图 4-7　柔性安全填埋场初步设计思路

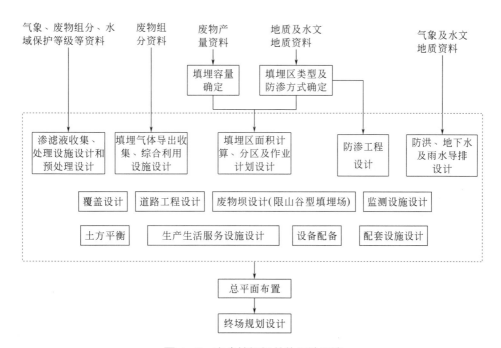

图 4-8　安全填埋场总体设计思路

4.5.4　填埋区构造及填埋方式

根据填埋废物类别、场址地形地貌、水文地质和工程地质条件以及法规要求，确定填埋场的构造和填埋方式。考虑的重点包括填埋场构造、渗滤液控制设施（防渗设施）、填埋气体控制设施和覆盖层结构等。

（1）填埋场构造   按照地质和水文地质调查的结果，在拟定的填埋场地钻孔岩心取样所获得的完整地质剖面，确定地下水（包括潜水和承压水）位的标高，分析场地的地下水流向，以及是否有松散含水层或者基岩含水层是否与填埋场地有水力联系，确定应该采用的填埋场结构类型及采用的防渗系统类型。

（2）填埋区单元划分   填埋作业单元的划分对填埋工艺、渗滤液收集与处理、沼气导排及废物的压实、覆盖等内容都有影响，并与填埋作业过程所用机械设备的性能有关。理论上每个填埋单元越小，对周围环境影响越小，但是工程费用也相应增加，所以应该合理划分作业单元。单元划分遵循以下原则：便于填埋物分区管理；便于运输车辆在场内行驶通畅，卸车方便；便于作业机械充分发挥作用；便于保护环境、控制污染；节约填埋场容积。

（3）防渗设施   在填埋场设计中，衬层的处理是一个关键问题。其类型取决于当地的工程地质和水文地质条件。

（4）选择气体控制设施   处置含有可降解有机固体废物或挥发性污染物的废物的填埋场，必须设置填埋气体的收集和处理设施，以控制填埋气体迁移和释放。为确定气体收集系统的大小和处理设施，必须知道填埋气体的产生量，而填埋气体的产生量又与填埋场的作业方式有关（例如是否使用渗滤液回灌系统），故必须分析几种可能的工况：使用水平气体收集井还是使用垂直气体收集井，取决于填埋场设计方案和填埋场的容量；收集到的填埋气体是烧掉还是加以利用，取决于填埋场的容量和能量的可利用性。

（5）选择填埋场覆盖层结构   填埋场的覆盖层通常由几层构成，每一层都有其功能。选择什么样的覆盖层结构，取决于填埋场的地理位置和当地的气候条件。为了便于快速排泄地表降雨并不致造成表面积水，最终覆盖层的表面应有2%～4%的坡度。

（6）地表水排水设施   地表排水系统设计应包括降雨排水道的位置，地表水道、沟谷和地下排水系统的位置。是否需要暴雨贮存库，取决于填埋场位置和结构以及地表水特征。

（7）环境监测设施   填埋场监测设施主要是填埋场地上下游的地下水水质和周围环境气体的监测设施。监测设施的数量取决于填埋场的大小、结构以及当地对空气和水的环境质量要求。

（8）基础设施   填埋场基础设施主要包括以下11项：填埋场出入口、控制室、仓房、车库和设备车间、设备和载运设施清洗间、废物进场记录与地秤设置、场地办公及生活福利用房、其他行政用房、场内道路建设、围墙及绿化设施、公用设施。

4.5.5 终场规划

填埋场的终场规划是填埋最初设计的一部分，而不是填埋完成后再予以考虑的事项。在规划填埋场时，必须决定填埋场的最终使用或后期使用，该最终使用或后期使用将影响填埋操作及填埋场程序管理，而且对后期使用的总费用和预期的效益应予以评估。填埋场使用结束后，要视其今后规划的使用要求而决定最终封场要求，通常作绿地之用。

4.5.6　填埋工艺

填埋工艺主要有三种：区域法、壕沟法和综合法。

区域法是整个填埋场总体开挖并从一侧到另一侧进行填埋，如图 4-9 所示，该种填埋方式适合每天都有废物进行填埋的作业。

壕沟法是首先对整个填埋场分区，逐个壕沟进行开挖、填埋和覆盖，如图 4-10 所示，该种填埋方式比较适合相对较少量废物的处置，同时适合分批废物填埋的时间间隔较长的作业。

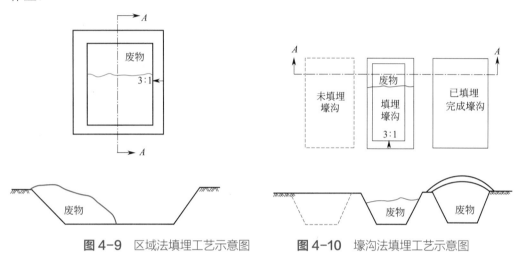

图 4-9　区域法填埋工艺示意图　　　　**图 4-10**　壕沟法填埋工艺示意图

区域法可容纳更多的废物，而壕沟法产生渗滤液的量和危害性皆低于区域法。为了节约填埋占地和限制渗滤液产生速度，结合区域法和壕沟法优点的综合法应运而生，即在填埋区进行分边开挖，当一侧已填埋完毕并进入封场阶段时进行另一侧的开挖，如图 4-11 所示。

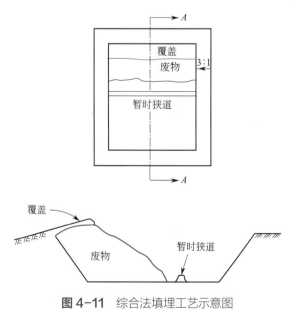

图 4-11　综合法填埋工艺示意图

4.5.7　水平防渗系统

水平防渗的衬层系统通常从上至下可依次包括过滤层、排水层（包括渗滤液收集系统）、保护层和防渗层等。各层的功能与生活垃圾卫生填埋场类似。

双层衬层系统包含两层防渗层，两层之间是排水层，以导排两层防渗层之间的液体和气体。此外，上层防渗膜的上面是保护层和排水层，下层防渗膜的下面可以设置地下水收集系统。对于软土地基，或地下水位很高的地区，应先铺设1~2m的钢筋混凝土衬底，再铺设高密度聚乙烯膜。必须指出的是，衬底下面应该安装地下水排放管道，使地下水能够及时从衬底下面排出。地下水排放管道的铺设，应根据地下水水量的分布来确定。

绝大部分填埋场防渗系统以柔性结构为主，柔性结构的防渗系统必须采用双人工衬层。常规结构由下到上依次为：基础层、地下水排水层、压实的黏土衬层、高密度聚乙烯膜、膜上保护层、渗滤液次级集排水层、高密度聚乙烯膜、膜上保护层、渗滤液初级集排水层、土工布、危险废物。典型危险废物填埋场库底防渗设计（双层复合衬垫系统，从上往下设计）见表4-2。

表4-2　典型危险废物填埋场库底防渗设计

结构层	常用材料
过滤层	$150g/m^2$ 轻质有纺土工布
渗滤液导流层	300mm 厚碎石渗滤液导排层
膜上保护层	$600g/m^2$ 短纤针刺土工布
主防渗层	2mm 光面 HDPE 土工膜
渗滤液检漏层（渗滤液次级集排水层）	5.0mm 土工复合排水网
次防渗层	1.5mm 光面 HDPE 土工膜 +GCL（膨润土防水毯）土工聚合黏土衬垫
膜下保护层	500mm 厚压实黏土层 +$150g/m^2$ 轻质有纺土工布
地下水排水层	300mm 厚碎石地下水收集层
反滤层	$150g/m^2$ 轻质有纺土工布
基础层	基土

考虑到若次防渗层采取 1mm 厚度 HDPE 土工膜，可能由于材料厚度误差无法保证防渗效果，故采取 1.5mm 厚度 HDPE 土工膜，膜下加设 GCL（膨润土防水毯）辅助防渗，在极端情况下膨润土可通过吸水防渗。

填埋场边坡也必须达到防渗要求，同时，边坡与衬底也应该很好地衔接起来，避免在弯处出现渗透现象。因破损而渗漏时，对双层衬层系统而言，渗漏的渗滤液将流动而分布在整个面上，过水面积大，继续渗漏量大；而对于复合衬层系统，由于膜与黏土表面紧密连接，具有一定的密封作用，渗滤液在黏土层上的分布面积很小，因而继续渗漏量很小，优于双层衬层系统。复合衬层两部分之间接触的紧密程度是控制复合衬层渗漏量的关键因素，所以一般不在两层之间设置土工织物。典型危险废物填埋场边坡防渗设计（复合衬层，从上往下设计）见表4-3。

表4-3　典型危险废物填埋场边坡防渗设计

结构层	常用材料
排水层（主渗滤液收集层）	5.0mm 土工复合排水网
主防渗层	2mm 双毛面 HDPE 土工膜 +GCL 土工聚合黏土衬垫
次防渗层	1.5mm 双毛面 HDPE 土工膜
膜下保护层	600g/m² 长丝无纺土工布
基础层	基土

4.5.8　垂直防渗系统

填埋区域范围内场地现状地下水量较多，或当雨季到来时，场内地下水位因外部径流补给不断升高，这对土工膜上的垫层结构稳定不利。如采用水泵抽排地下水，因库区外地下水的不断补给，地下水抽排量会明显增大，造成地下水管理成本大幅度增加，也给填埋作业初期管理增加难度。且周边地下水将影响库区清库和土工膜的铺设，使库区边坡和底部土体产生渗透变形发生流土现象，并将对库底铺设的土工膜产生一定的浮托力，削弱库底防渗结构的稳定性、安全性。基于上述原因，设计考虑在库区以及调节池的围堤中央位置布置垂直防渗帷幕。同时，垂直防渗系统还可以作为防止库区渗滤液渗漏的第二道防线。

垂直防渗结构形式有三轴搅拌桩和开槽修建混凝土连续墙两大类。其中，前者是通过三轴搅拌机械在土层中喷射水泥，并充分搅拌水泥和土，最终形成连续的防渗帷幕；后者是通过在土层中开挖一定宽度的槽口，通过置换方法，在槽口内浇筑满足防渗配比要求的混凝土，形成连续的防渗墙。从防渗效果看，连续防渗墙方案形成的墙体连续，防渗性能较优越，但是由于土层开槽及混凝土浇筑费用均较高，而且施工工艺较塑性防渗墙复杂，工期也相对较长，综合造价远比混凝土塑性防渗墙要高。垂直防渗设计参数见表4-4。

表4-4　危险废物填埋场垂直防渗设计参数

布置	帷幕渗透系数	帷幕深度	帷幕厚度
沿着近期库区四周中心线布置，形成一个封闭系统	$\leqslant n \times 10^{-7}$cm/s（$1 \leqslant n \leqslant 9$）	根据地下水位确定	850mm

4.5.9　填埋气体导排

部分填埋危险废物是有机物含量或含水率相对较高的废物，在危险废物填埋的最初几周，填埋危险废物中的氧气被好氧微生物消耗掉，形成了厌氧环境。有机物在厌氧微生物分解作用下产生了以 CH_4 和 CO_2 为主，含有少量 N_2、H_2S、NH_3、CFCs（氯氟烃）、乙醛、甲苯、苯甲吲哚类、硫醇、硫醚、硫化甲酯和其他 VOCs 的气体，统称为填埋气体（LFG）。

安全填埋场产生的填埋气体虽没有生活垃圾填埋场的量大，但在大气中排放仍是有害的，其中的挥发性有机物不仅对空气造成毒性，而且影响周围居民的生活，增加大气温室效应。此外，填埋气体容易聚集迁移，可能引起安全填埋场以及附近地区发生沼气爆炸事故。填埋气体还会影响地下水水质，溶于水中的二氧化碳使地下水的硬度增高、矿物质成分增多。

填埋深度较浅或是填埋容积较小的填埋场，因为填埋气体中甲烷浓度较低，往往利用导气石笼将填埋气体直接排放。填埋气体导排管理的关键问题是产气量估算、气体收集系统设计和气体净化系统设计。当然，通过固化/稳定化预处理后填埋的危险废物安全填埋场，废物相对较稳定，产生气体较少，所要求的导排系统相对简单，而且不经净化直接排放就能满足要求。

4.5.10　渗滤液产生与处理

二维码 4-4　填埋异味控制工艺

渗滤液的成分复杂、浓度高、变化大等特性，决定了其处理技术的难度与复杂程度，一般应因地制宜，采用多种处理技术。对新近形成的渗滤液，最好的处理方法是好氧和厌氧生物学的处理方法；对于已稳定填埋场产生的渗滤液或重金属含量高的渗滤液来说，最好的处理方法为物理-化学处理法；此外，还可选择超滤方式，使渗滤液达标排放，或直接作为反冲洗水用于填埋场回灌；渗滤液也可用超声波振荡，通过电解法达标排放。

典型的危险废物处理厂污水处理工艺为物化+生化+深度处理联合工艺，处理后出水水质达到中水回用标准。常见工艺有气浮+氧化还原+曝气生物滤池+砂滤/活性炭过滤器+纳滤/反渗透（NF/RO）、气浮+氧化还原+膜生物反应器+NF/RO。

典型危险废物处理厂污水来源可包括焚烧工艺废水、物化工艺废水、安全填埋场渗滤液以及收集容器冲洗水等。有些废水含盐量及有机物浓度较高，有些则较低，如果将所有

二维码 4-5　危险废物处理厂污水处理工艺流程

污水统一收集、统一处理，势必将增加 NF/RO 系统进水量，增加项目总投资。危险废物处理厂污水处理工艺，一般针对污水来源及水质分开收集、分开处理。

根据污水来源及水质，一般将整个污水处理系统分为 3 套工艺线。第 1 套工艺系统处理安全填埋场渗滤液、物化工艺废水、焚烧工艺废水、收集容器冲洗水、化验废水，第 2 套工艺系统处理洗车废水、地面冲洗水和初期雨水，第 3 套工艺系统处理生活污水。3 套工艺系统的污水处理工艺流程如图 4-12 所示。

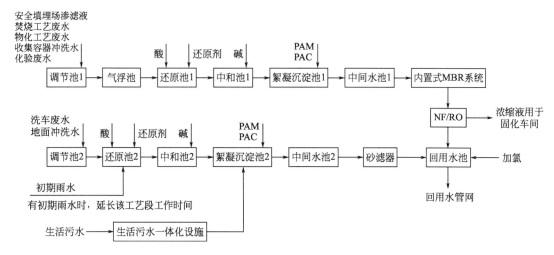

图 4-12　危险废物处理厂污水处理工艺流程
（PAM: 聚丙烯酰胺；PAC: 聚合氯化铝）

安全填埋场渗滤液、焚烧工艺废水、物化工艺废水、收集容器冲洗水、化验废水首先进入调节池，进行水质和水量的均化后进入气浮池去除悬浮物和油类，之后依次进入还原池、中和池和絮凝沉淀池，去除废水中的六价铬和其他金属离子以及悬浮物（SS）和色度。沉淀后出水进入内置式膜生物反应器（MBR）系统，MBR 系统由缺氧池、好氧池及超滤膜三格组成，在此系统中，废水中的可降解有机物得以去除，同时，膜分离技术代替了传统生化工艺末端二沉池，实现了固液分离。MBR 系统出水经过 NF/RO 系统进一步去除有机物及总溶解固体（TDS），处理出水进入回用水池，经消毒后回用。

洗车废水和地面冲洗水首先进入调节池，进行水质和水量的均化后依次进入还原池、中和池和絮凝沉淀池，去除废水中的六价铬和其他金属离子以及 SS 和色度。沉淀后出水进入砂滤器，进一步去除 SS 和色度后进入回用水池，经消毒后回用。

4.5.11　终场覆盖与封场

目前，在国内外使用较多的防渗材料包括压实黏土、土工薄膜和土工合成黏土层三种，实际使用时通常为三者混合使用。现代化填埋场的终场覆盖应由五层组成，从上至下为：表层、保护层、排水层、防渗层（包括底土层）和排气层。其中，排水层和排气层并不一定要有，应根据具体情况来确定。排水层只有当通过保护层入渗的水量（来自雨水、融化雪水、地表水、渗滤液回灌等）较多或者对防渗层的渗透压力较大时才是必要的，而排气层只有当填埋废物降解产生较大量的填埋气体时才需要。

4.5.12　环境监测

监测系统的设立主要是为了保证以下几点：填埋废物的成分与安全填埋场的设计填埋物一致，废物成分没有从填埋场中渗漏出去，填埋场区地下水并未受到填埋废物污染，安全填埋场的植被收割不会对食物链造成危害。监测内容包括入场废物例行监测、地表水监测、气体监测、土壤和植被监测、最终覆盖层的稳定性监测等。

4.5.13　现场运行管理

危险废物运抵安全填埋场后应先进行称重和浸出毒性限值检测，符合要求后才可运至适当的工作面或指定的作业区，废物检测的目的在于鉴别不允许接收废物和难处置废物等。另外，因为安全填埋场操作对象和操作环境的特殊性，在安全填埋场内的现场操作人员和工作人员必须配备适当的安全防护器具，为防止可能出现的事故，填埋场中还需设置一些安全设施。

填埋场启动运行时，应做好填埋库底和边坡防护，库底和边坡应填埋较为柔软的废物。填埋场作业铺设的通道，宜选用耐腐蚀的钢材，并应保证道路平整，确保机械车辆行驶安全。开始作业前，依据每日入场计划量、预处理量、废物类别，根据废物容重计算需要打开日覆盖膜的面积。当日填埋作业结束后，将作业区域重新进行日覆盖。

接纳废物的分析项目有废物来源、数量、物理性质、化学成分、生物毒性等。废物之间的化学反应造成的危害主要有：大量放热，一定条件下可能会引起火灾甚至爆炸；产生有毒气体、易燃气体；含有重金属的毒性化合物的再溶解等。为防止废物之间的化学反应，可采取的具体措施如下：对填埋废物进行现场分析；不相容的废物必须分开处置；严格监测废物的排放等。柔性膜对各种无机废物都相容，但有机化学物品会对柔性膜产生不同程度的损坏。当填埋不相容废物时，不能使用厚度小于 1m 的黏土层，膨润土可以与多种化学物质相容。

适当的负荷量对于保证安全填埋场降解过程的顺利进行很重要，因此必须对负荷量进行监测和控制。但对每一组分进行精确计量很不现实，因而通常对特定的某些化学物品进行估计、限制和监测。控制的废物有酸性废物、重金属废物（含砷、硒、锑、汞）、含酚废物等。

对于危险废物安全填埋场而言，有时还需处置下述难处置的废物：尘状废物、废石棉、恶臭性废物、桶装废物等。对于此类废物一般要进行外观、气味、pH 值、可燃性、爆炸性和相对密度等的测试，经过测试后必须精心选择处置方式进行处置。

尘状废物通常细而轻，因此很容易在安全填埋场内或边界之外产生严重的尘埃问题。填埋操作时必须非常小心，处置时应加以包装或使其充分湿润后填在沟渠内，同时要注意立即回填。沟渠周围地域应保持潮湿，以防尘状物质干燥。现场作业人员应配备适宜的呼吸用保护器具。含有毒性物质而存在严重危害的尘状废物不能直接进行填埋，应预先进行处理消除危害性后再填埋。

所有纤维状与尘状废物只有在用坚固塑料袋或类似包装进行袋装后才能填埋。包装袋必须坚固，以免在装包、运输和卸料过程中破损。目前的处置办法主要是堆置在工作面底部或放置到已开挖好的沟渠内。废石棉包装袋不可乱丢，应仔细处置。袋装松散石棉处置后必须立即铺撒 0.5m 适当的其他废物。硬性黏结废石棉上面必须立即铺盖 0.2～0.25m 适当的其他废物。另外，被处置石棉距顶面、工作面表面、侧表面等的距离均不可小于0.5m。石棉废物不应在填埋场顶层 2m 之内处置。

在危险废物处置过程中，应尽量减少工作人员暴露于飞扬的石棉纤维中的情况。当发生泄漏等危险时，应及时采取应急措施。一般可以采取的应急措施有：对泄漏的废石棉立即进行填埋；填埋后马上用合适的其他废物覆盖，避免扬尘产生；对可能暴露于石棉气氛中的作业人员配备标准的呼吸保护器具；如工作人员不慎被沾污，应立即更换外衣，并对该外衣进行包装浸湿和处置；如运输工具或其他设备被沾污，应立即对其进行全面清洗，清洗液用适当方式进行处置。

防止恶臭性废物产生的恶臭散发的最基本办法是：配备适宜的废物接收和处置作业设备，运送此类废物时预先通知，选择在适宜的气候条件下接收和处置此类废物，用抑制恶臭的材料直接进行覆盖等。

入场危险废物有时需要进行短时间的贮存，通常在发生下述情况时进行贮存：一是为了验证废物的成分；二是发生机械故障时；三是有时气候条件不适宜填埋，如土壤温度过低、持续降雨等。危险废物贮存所需贮存设施的贮存能力设计要求包括如下几个方面：气候条件不适宜填埋的时间内可能接收的危险废物量；因对安全填埋场进行改造等无法进行填埋时可能接收的危险废物量；发生机械故障时间内可能接收的危险废物量；接收的危险废物量超过安全填埋场处理能力时，超过部分贮存所需的体积。

如果对危险废物的分析表明可以经过一定的预处理达到处置要求，还必须进行合适的预处理，预处理的方法通常有：强酸性或强碱性的废物可以通过中和的方法解决；脱水可以解决入场废物含水率过高的问题；黏性过强的废物如煤焦油可以通过掺入土壤的方法解决。另外也会用到堆肥、固化/稳定化等预处理方法。

此外，必须认真进行登记，需要对土壤的 pH 值、土壤受到侵蚀情况、植被情况、危险废物的贮存、危险废物填埋方式、填埋废物的量和具体成分等进行登记。

因危险废物安全填埋场经常会出现诸如因接触有毒有害物质造成的伤害、火灾、人员伤亡等问题，因此管理非常重要，危险废物安全填埋场的安全生产管理网络完全可以借鉴生活垃圾填埋场的相关部分，不过对于危险废物安全填埋场而言，实施和监控措施都必须更为严格。

现场工作人员的防护设施一般包括呼吸防护器具、防护服、防护鞋等。在不同的情况下，需要不同的保护级别。一般要根据对废物和作业环境危险程度的分析来确定保护级别，不同情况下具体的防护标准可查阅有关标准。

填埋场日覆盖膜铺设应一次展开到位，不宜展开后再拖动。日覆盖需注意膜与膜之间的搭接宽度不宜小于 20cm，盖膜方向应顺坡搭接。覆盖后使用绳子串联压块，防止日覆盖膜发生位移。应根据废物特性及相容性原则分区填埋，应及时记录填埋废物的位置。填埋方式有入坑法或堆坡法。填埋作业宜采用吊装作业或码放，避免吨袋废物破袋产生扬尘；作业时应考虑堆体的稳定性，破面用挖机挖斗拍实。采用入坑法填埋废物时，应根据作业面与库底高度建立作业面分级平台，便于填埋作业和安全覆盖。危险废物填埋至地面标高位置后，宜采用力学性能较好的废物在填埋场内构筑围堤。

当区域内填埋面上升临近排水沟时，填埋作业应该注意区域坡度。填埋场临边（靠近排水沟）坡度 > 0.15% 时，将中间覆盖后把雨水引入临边排水沟，临边聚乙烯（PE）膜需压入雨水沟内用盖板压好，并将雨水全部引入雨水沟。已平整区域沉降导致膜上有积水时，应及时填入废物垫平后重新焊接。对于填埋场临边无排水沟的，进行中间覆盖时膜的外缘应拉出，宜开挖矩形锚固沟并在护道处进行锚固。通过膜的最大允许拉力，计算确定沟深、沟宽、水平覆盖间距和覆土厚度。

中间覆盖 PE 膜厚度不宜小于 0.75mm。应做到全焊接，焊接机使用的温度根据现场环境温度和 PE 膜厚度确定；膜与膜之间焊接叠层 10cm，允许偏差为 2cm。焊接时两边尽量拉直，避免接缝处产生折皱、形成"鱼嘴"。焊接完成，应检查焊接是否有漏点，使用绳子串联压块，防止中间覆盖膜发生位移。

人员不宜在中间覆盖膜上行走，避免膜损坏；应保持膜表面干净无杂物。应每日对填埋场进行巡检，巡检内容包括：填埋场的日覆盖，中间覆盖膜是否焊接或破损，作业通道的安全性，周边排水沟是否通畅，填埋场周边道路、围墙、排水沟是否存在开裂沉降，填埋场配置的消防设施是否完整、有效。当小时降水量达到 25mm 时，填埋场应暂停填埋作业，对待填埋废物进行临时贮存。应及时将填埋作业区域内废水和收集后的初期雨水导排至废水处理设施，废水和收集后的初期雨水经处理达标后方可排放；应及时将膜上雨水导排至厂区雨水管网。

柔性填埋场在投入运行前，应先制定雨污分流方案并实施。可使用编织袋打包黄沙或使用注水围挡，建立分隔坝对填埋场进行分区隔挡，再使用 PE 膜进行铺设并焊接，使雨水能够得到有效收集、防止作业区域废物接触到雨水区域，分隔坝需牢固可靠，避免大风、暴雨引发坍塌。PE 膜的厚度不宜小于 0.75mm，分隔坝高度不宜低于 1m，分隔区域根据作业规划、填埋场的面积制定。运行中的填埋场，根据已填埋区域和未填埋区域建立分隔坝。

4.6 危险废物刚性填埋库区设计技术

《危险废物填埋污染控制标准》（GB 18598—2019）（以下简称《标准》）从国家标准层面规定了危险废物填埋（含刚性和柔性两种类型）的入场条件，填埋场的选址、设计、施工、运行、封场及监测的生态环境保护要求等有关内容，为危险废物填埋场的工程应用提供了基本依据。

《标准》指出，刚性填埋场的设计应符合下列规定：①刚性填埋场钢筋混凝土的设计应符合 GB 50010 的相关规定，防水等级应符合 GB 50108 一级防水标准；②钢筋混凝土上应覆有防渗、防腐材料；③钢筋混凝土抗压强度不低于 25N/mm²，厚度不小于 35cm；④应设计成若干独立对称的填埋单元，每个填埋单元面积不得超过 50m² 且容积不得超过 250m³；⑤填埋结构应设置雨棚，杜绝雨水进入；⑥在人工目视条件下能观察到填埋单元的破损和渗漏情况，并能及时进行修补。上述内容即构成了刚性填埋场的设计基础，有关从业人员以此为依据，结合自身项目经验和实际需要，从而完成具体的设计工作。

其中，受限于独立填埋单元面积和容积的严格规定，常用的填埋单元规格尺寸（长 × 宽 × 高）包括 4m×4m×15m、5m×5m×10m、6m×6m×7m、7m×7m×5m，或在此基础上进行微调。填埋单元的分割设计不仅有利于实现不同种类废料的分区填，同时配合填埋单元系统编号，便于形成可追溯的管理模式，也有利于以后可能的废物回取操作，而且在不同工况下，每个区域底板受力也更加明确，降低局部应力集中对填埋结构造成破坏的风险，运营安全性显著提高。为杜绝雨水进入填埋单元，雨棚的设计也是必不可少的。常规雨棚包括固定式棚架和移动式棚架两种形式。固定式雨棚一般为钢结构雨棚，主要由上部棚架和立柱支撑组成。而移动式棚架立柱与单元池侧壁上的滑轨相连，可以随着作业单元进行移动，重复使用。

另外，为满足《标准》中第 6 条设计规定，需要将刚性填埋库架高增设检修夹层。在刚性填埋库底板下增加检修夹层，使填埋库底板与基础脱开，避免渗滤液和地下水经底板破裂位置相互交汇，设置在钢筋混凝土底板下部的检修夹层可满足人工目视条件下的日常监测与维护要求。

刚性填埋场根据填埋单元的埋地深度，可以分为地下式、半地上式及全地上式三种具体使用形式。图 4-13 和图 4-14 展示了刚性填埋场的构造示意图（地下式）和典型危险废物填埋场现场实物图。

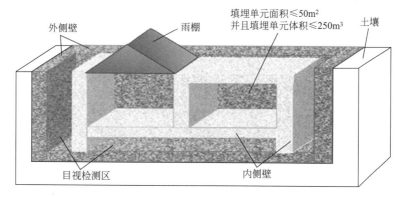

图 4-13　危险废物刚性填埋场（地下式）构造示意图

(a) 填埋单元

(b) 检修夹层

图 4-14　典型危险废物填埋场现场实物图

在填埋废物的入场要求方面，《标准》对于填埋场的接收废物类型也进行了规定（但不适用于放射性废物的处置及突发事故产生危险废物的临时处置情况）。首先，任何形式的填埋场，不得接收医疗废物、与衬层具有不相容性反应的废物和液态废物。除此之外，不具有反应性、易燃性或经预处理不再具有反应性、易燃性的废物，可进入刚性填埋场；同时，砷含量大于 5% 的废物，应进入刚性填埋场处置。可以说，对比于传统的柔性填埋场，刚性填埋场可以接收的危险废物类型更加多样，不再受废物浸出液有害成分浓度限值、pH 值、水溶性盐总量、固废含水率以及废物有机质含量的影响，适用范围更广。

上述内容，结合场址具体的水文地质和工程地质条件，就构成了刚性填埋场工艺选择和整体设计的基本依据。下面将以案例的形式，简单介绍刚性填埋场在实际项目中的具体应用。

在某案例中，所设计的刚性填埋场库区竖向布置如图 4-15 所示，根据使用功能自上而下分为雨棚、作业层、库区和检修夹层。检修夹层位于库区池底底板下方，净高 2.00m；库区池体侧壁高 7.7m，底板厚 0.55m，顶部女儿墙高 0.4m；填埋作业层为库区顶板以上空间。

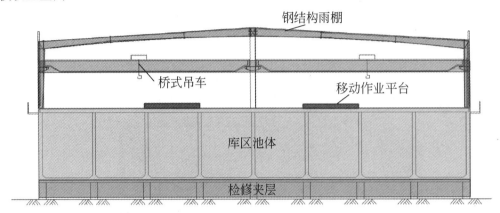

图 4-15　某案例危险废物刚性填埋场库区竖向布置图

该项目库区设计为单层钢筋混凝土架空填埋单元结构，采用现浇钢筋混凝土墙体结构进行分隔，所形成的单个填埋单元净尺寸为 5.7m×5.7m×7.7m，容积为 250m³，库区底板板厚 550mm，内隔墙厚 350mm。库区主体结构混凝土等级 C40，钢筋级别 HRB400。库区侧壁挡墙按照单向受力板设计，控制经济配筋率 0.4%～0.6%，控制裂缝宽度不大于 0.15mm。同时，为了解决温度应力问题，单个库区水平向与竖向各设置一道后浇带。库区作业及防雨采用轻钢雨棚。

检修夹层设置在库区主体底板下部，所设计的检修夹层高 2.00m，夹层底标高 0.0m（相对标高）。检修夹层为库区主体渗滤液渗漏检测、渗滤液导排及检修保障设施的布置提供空间。检修人员通过定期巡视，发现库区主体底板存在的渗漏问题，并及时进行修补作业。检修夹层内设计渗滤液导排管道，管道层高度需求约 0.5m，供正常渗滤液导排使用。同时，为防止事故时渗漏的渗滤液进入地下土层及水体，检修夹层内设集水井，渗漏的渗滤液通过压力流输送至调节池内。

所采用的检修层高度，是在综合考虑施工便利（例如模板和脚手架的拆除）以及运营期间方便人工巡视、检修和维护（按正常身高 1.70～1.80m 考虑）等因素后，所做出的具体设计。若采用其他方式进行巡检，例如巡检机器人巡检，夹层高度应满足机器人巡视角度等基本要求，具体夹层高度根据项目实际需求进行调整。

刚性填埋场竣工验收后，投入运行前，应进行必要的沉降、地下水、土壤、结构、防水检测或试验。刚性填埋场宜采用智能化行车进料系统，自动分类、分区填埋。行车可实现自动定位及移动、远程控制、视频监控系统、信息化联网、激光雷达料位检测，并结合使用自动脱钩系统，减少填埋场的人工操作。对于粉末状危险废物，可采用预处理后压块的方法增加填埋堆体的稳定性，提高刚性库容的利用率。

进料填埋作业时应利用中控实时观察风向、风速监测装置数值，风速超一定数值后（数值从资料中查得）停止作业。应实时观察监控，观察废物自动脱钩的完成情况、作业是否存在撒料情况。每个填埋单元格宜填埋处置同一产废单位同一生产工艺产生的同一种物料。当不满足条件时，应在填埋作业前对物料进行必要的相容性分析，并进行物料相容性试验，确保无不相容性反应后可进行混合填埋。同一单元格进行混合填埋作业时，填埋物料不宜超过三种。

填埋单元格物料填满后，应进行封场作业。封场方案宜保证填埋单元格完全独立、密闭，杜绝外部雨水渗入。填埋场运行期间，应每日对刚性填埋场进行巡查，巡查内容包括检漏、用电安全、设备安全等。

刚性填埋场造价高、使用时间短，应尽可能提高填埋容量。为此，可以采用高静压压块技术，大幅度提高单位体积的填埋量。在同样容积、同样承压条件下，可以在刚性填埋场下半部填埋高密度压块危险废物，上半部填埋低密度的危险废物（如石棉等）。

4.7　危险废物焚烧处置技术

焚烧技术适用于处置有机成分多、热值高的危险废物，处置危险废物的形态可为固态、液态和气态，但含汞废物不适宜采用焚烧技术进行处置，爆炸性废物必须经过合适的预处理技术消除其反应性后再进行焚烧处置，或者采用专门设计的焚烧炉进行处置。危险废物的焚烧工艺与城市垃圾和一般工业废物相近，但法律法规和标准要求更为严格。经过焚烧处置后，危险废物可实现减量化和无害化，并可回收利用其余热。

4.7.1　危险废物焚烧厂选址

焚烧厂选址时应综合考虑厂址适宜性以及公众接受性。确定适宜的候选厂址后，对其进行环境、技术、经济等方面的科学评估，在该过程中考虑的因素主要有：①厂址的水文状况；②厂址的地质状况；③周围区域敏感生物的存在；④周围区域的都市情况；⑤社会经济因素；⑥土地可利用性、开发费用等；⑦环境大气质量条件、扩散特性及风向；⑧焚烧余热出路；⑨法律法规相关规定。

4.7.2　危险废物焚烧系统

危险废物焚烧系统首先要考虑毒性分解指标、重金属去除指标、环境污染指标、安全管理指标，其次才可以考虑减容减量指标、热能回收指标、资源回收指标、热能利用指标、经济效益及其他经济技术指标。针对不同危险废物及其处理要求，设计的焚烧炉及其运行管理应该有特殊的处理功能或专门的适应性。传统的焚烧处理系统一般可以划分为以下七个子系统。

（1）前处理系统　与普通垃圾焚烧系统的前处理工艺不同，危险废物的前处理系统不能采用敞开式、自然堆放式、人手接触式以及设备混用式工艺，在操作过程中应以包装袋、包装箱或集装箱为基本单元，不打开不混合，并对包装体进行严格检查和防护，杜绝任何污染扩散的现象。同时，应根据危险废物特性，对不同危险废物进行配伍，达到合适的热值和流动性。必须避免易爆废物进入焚烧系统。

（2）焚烧系统　危险废物的焚烧在封闭的焚烧炉内进行，一个焚烧炉至少有两个焚烧室，通过多次焚烧实现有毒有害物质的分解和去除。焚烧炉的炉型有固定床式、机械移动炉排式、回转窑式、流化床式、热解焚烧式、熔渣式等，表4-5中列出了其中几种常见焚烧炉及其处理危险废物种类。

表4-5　常见焚烧炉及其处理危险废物种类

焚烧设备	处理危险废物种类
回转窑炉	有机蒸气、高浓度有机废液、液态有机废物、粒状均匀废物、非均匀的松散废物、低熔点废物、含易燃组分的有机废物、未经处理的粗大而散装的废物、含卤化芳烃废物、有机污泥等
液体喷射炉	有机蒸气、高浓度有机废液、液态有机废物、低熔点废物、含卤化芳烃废物等
流化床炉	粉状危险废物、块状废物及废液等
固定床炉	有机蒸气、粒状均匀废物、非均匀的松散废物、低熔点废物、含易燃组分的有机废物等
热解炉	有机物含量高的危险废物

（3）烟气净化系统　该系统的功能是尽可能多地去除焚烧烟气中的飞灰颗粒（除尘），分解、吸附或洗涤有毒有机气体，脱除烟气中的 H_2S、HCl、SO_2、SO_3 和 NO_x 等无机气体，使烟气中的污染物达到排放标准。而对于二噁英类剧毒物质，可在焚烧前剔除导致二噁英生成的物质，或对烟气增加辅助燃烧或高温强辐射，充分分解残余的这类物质，或在净化系统中采用吸附脱除手段，以降低该类物质的排放。此外，在危险废物焚烧处理烟气中，常混杂一些低沸点的重金属物质，如汞、铅、砷等，通过一般的除尘和脱除有毒有害气体过程难以去除，需要经过吸附或洗涤进行专门脱除。

（4）热能回收利用系统　焚烧过程中可产生大量热量，所以焚烧烟气温度很高，在850℃左右，而烟气净化系统允许温度在250℃左右。故在条件允许时，有必要进行热能的回收利用，如通过热水热能利用、蒸汽热能回收、预热空气热能利用、废热蒸汽发电等，如图4-16～图4-19所示。

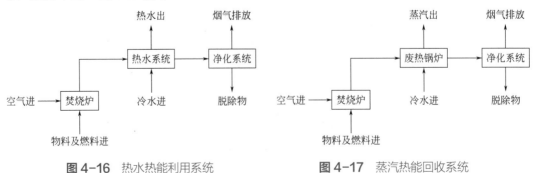

图 4-16　热水热能利用系统　　　　　图 4-17　蒸汽热能回收系统

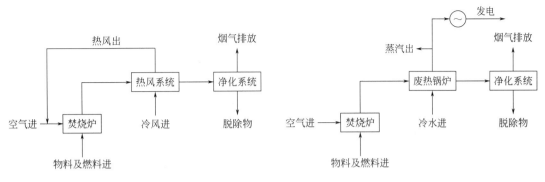

图 4-18　预热空气热能利用系统　　　　　　图 4-19　废热蒸汽发电系统

（5）废水处理系统　危险废物焚烧处理过程中，大多数净化工艺需要用大量的水溶液进行洗涤、脱除或降温，因此又产生大量含重金属、含有毒有害有机物、含病原体的严重危害性废水，以及含灰尘颗粒和常规污染物的一般危害性废水，而在实际焚烧系统中，通常体现为多种废水的混合废水。废水处理一般流程如图 4-20 所示。

图 4-20　废水处理一般流程

（6）灰渣处理系统　灰渣是从焚烧炉和烟气除尘器、余热锅炉（废热锅炉）等收集下来的排出物，主要是不可燃的无机物以及部分未燃尽的可燃有机物，其主要成分是金属或非金属氧化物。灰渣中常含有重金属成分以及吸附的有毒有机物，也属于危险废物，不能直接排放或填埋，需先对其进行稳定化处理。

固化/稳定化技术是处理重金属废物和其他非金属危险废物的重要手段，可以减小废物的毒性和可迁移性，同时改善被处理对象的工程性质。图 4-21 为灰渣冷/热固化处理流程，其中排放是指最终填埋或无害化再利用。

图 4-21　灰渣冷/热固化处理流程

（7）控制系统　危险废物焚烧系统及其配套设备的安全可靠运行必须依靠控制系统实现。危险废物焚烧处置的控制系统的功能主要包括：进料、进风、排烟检测和调节，焚烧温度、排烟温度检测和调节，进水、蒸汽温度控制，压力、流量检测和调节，烟气排放污染检测和调节，安全保护控制。

二维码 4-6　其他处置技术

二维码 4-7　危险废物处理智能管控技术

本章主要内容

危险废物的收运、利用、末端处置都受到严格监管。本章介绍了危险废物的判别方法及鉴别标准，危险废物预处理（水泥固化／稳定化、石灰固化、熔融固化、药剂稳定化等技术）；介绍了预处理后危险废物的柔性安全填埋和刚性填埋，包括柔性安全填埋场选址、总体设计、填埋区构造及填埋方式、终场规划、填埋工艺、水平防渗系统、填埋气体导排、渗滤液产生与处理、终场覆盖与封场、环境监测和现场运行管理等，以及刚性填埋场建设设计技术和应用实例；详细描述了危险废物焚烧处置技术，包括焚烧厂选址、焚烧系统（前处理系统、焚烧系统、烟气净化系统、热能回收利用系统、废水处理系统、灰渣处理系统、控制系统）等内容；介绍了其他处置技术，以及危险废物处理过程的智能管控技术等。

习题与思考题

1. 危险废物的定义及特性是什么？
2. 危险废物的鉴别方法有哪几种？
3. 危险废物固化/稳定化处理的目的是什么？
4. 常用的危险废物固化/稳定化方法有哪些？
5. 论述各种固化方法的原理、特点及应用范围。
6. 简述安全填埋场的结构。
7. 安全填埋场选址有哪些原则？
8. 安全填埋有哪几种主要的填埋工艺？
9. 简述安全填埋场监测的目的及内容。
10. 安全填埋场现场运行管理应注意哪些问题？
11. 描述柔性和刚性填埋场的区别和各自作用。
12. 简述危险废物焚烧技术的适用性和焚烧过程的主要影响因素、二次污染控制措施。
13. 描述危险废物全过程智能管控的技术要点和发展趋势。

第5章　固体废物焚烧技术

5.1　概论

本章所指固体废物主要为生活垃圾和危险废物两大类。为方便叙述，书中所指"垃圾"为生活垃圾，"固体废物"（或"废物"）则泛指生活垃圾和危险废物。

焚烧法是一种高温热处理技术，即以一定量的过剩空气与被处理的有机废物在焚烧炉内进行氧化燃烧反应，废物中的有毒有害物质在 $850\sim1200℃$ 的高温下氧化、热解而被破坏，是一种可同时实现废物无害化、减量化和资源化的处理技术。

焚烧法不但可以处理固体废物，还可以处理液体废物和气体废物；不但可以处理生活垃圾和一般工业废物，而且可以用于处理危险废物。在焚烧处理生活垃圾时，也常常将垃圾焚烧处理前暂时贮存过程中产生的渗滤液和臭气引入焚烧炉焚烧处理。

焚烧法适宜处理有机成分多、热值高的固体废物。当处理可燃有机组分很少的废物时，需补加大量的燃料，这样增加了运行费用。如果有条件辅以适当的废热回收装置，则可弥补上述缺点，降低废物焚烧成本，从而使焚烧法获得较好的经济效益。

垃圾焚烧技术经历了一百多年的发展过程，已日臻完善并得到了广泛的应用，目前通用的垃圾焚烧炉主要有机械炉排式、流化床式和回转窑式，在焚烧炉设备的技术细节方面，大量固体废物焚烧经验表明：对于生活垃圾而言，机械炉排焚烧炉与流化床焚烧炉均具有较好的适应性；而对于危险废物，回转窑焚烧炉适应性更强。

（1）优点　焚烧法具有以下许多独特的优点。

① 无害化。垃圾经焚烧处理后，垃圾中的病原体被彻底消灭，燃烧过程中产生的有害气体和烟尘经处理后达到排放要求。

② 减量化。经过焚烧，垃圾中的可燃成分被高温分解后，一般可减重80%、减容90%以上，可节约大量填埋场占地。

③ 资源化。垃圾焚烧所产生的高温烟气，其热能被废热锅炉吸收转变为蒸汽的热能，用来供热或发电，垃圾被作为能源来利用，还可回收铁磁性金属等资源。

④ 经济性。垃圾焚烧厂占地面积小，尾气经净化处理后污染较小，可以靠近市区建厂，既节约用地，又缩短了垃圾的运输距离，随着对垃圾填埋的环境措施要求的提高，焚烧法的操作费用可望低于填埋。

⑤ 实用性。焚烧处理可全天候操作，不易受天气影响。

（2）缺点　垃圾焚烧技术的缺点主要表现在以下几个方面。

① 目前焚烧炉渣的热灼减率一般为 3%～5%，尚有潜力可挖掘。

② 气相中亦残留有少量以 CO 为代表的可燃组分。

③ 气相不完全燃烧为高毒性有机物（以二噁英为代表）的再合成提供了潜在的条件。

④ 未燃尽的有机质和重金属的存在，使灰渣中有害物质的再溶出不能完全避免。

⑤ 垃圾焚烧的经济性及资源化仍有改善的空间。

二维码 5-1　焚烧
工艺流程

5.2　焚烧过程及焚烧产物

5.2.1　焚烧的产物

（1）完全燃烧的产物　废物焚烧时既发生了物料分子转化的化学过程，也发生了以各种传递为主的物理过程。大部分废物及辅助燃料的成分非常复杂，一般仅要求提供主要元素的分析结果，固体废物中的可燃组分可用 $C_xH_yO_zN_uS_vCl_w$ 表示，其完全燃烧的氧化反应可表示为：

$$C_xH_yO_zN_uS_vCl_w + \left(x+v+\frac{y-w}{4}-\frac{z}{2}\right)O_2 \longrightarrow xCO_2 + wHCl + \frac{u}{2}N_2 + vSO_2 + \left(\frac{y-w}{2}\right)H_2O \qquad (5\text{-}1)$$

① 有机碳的焚烧产物是二氧化碳气体。

② 有机物中氢的焚烧产物是水。若有氟或氯存在，也可能有它们的氢化物生成。

③ 有机氮化物的焚烧产物主要是气态的氮，也有少量的氮氧化物生成。由于高温时空气中氧和氮也可结合生成一氧化氮，相对于空气中的氮来说，生活垃圾中氮元素含量很少，一般可以忽略不计。

④ 生活垃圾中的有机硫和有机磷在焚烧过程中生成二氧化硫或三氧化硫、五氧化二磷。

⑤ 有机氟化物的焚烧产物是氟化氢。若体系中氢的量不足以与所有的氟结合生成氟化氢，可能出现四氟化碳或二氟氧碳（COF_2）；若有金属元素存在，可与氟结合生成金属氟化物。添加辅助燃料（CH_4、油品）增加氢元素，可以防止四氟化碳或二氟氧碳的生成。

⑥ 有机氯化物的焚烧产物是氯化氢。由于氧和氯的电负性相近，存在着下列可逆反应：

$$4HCl + O_2 \Longrightarrow 2Cl_2 + 2H_2O$$

当体系中氢量不足时，有游离的氯气产生。添加辅助燃料（天然气或石油）或较高温度的水蒸气（1100℃）可以使上述反应向左进行，减少废气中游离氯气的含量。

⑦ 有机溴化物和碘化物焚烧后生成溴化氢及少量溴以及单质碘。

⑧ 根据焚烧元素的种类和焚烧温度，金属在焚烧后可生成卤化物、硫酸盐、磷酸盐、碳酸盐、氧化物和氢氧化物等。

（2）燃烧过程污染物的产生及特性　完全燃烧反应只是一种理论上的假说，由于固体废物的组成非常复杂，有机物在实际燃烧过程中反应途径多种多样，燃烧过程会产生大量的污染物，如粉尘、无机有害气体、重金属、有机污染物等，如将其直接排入环境，必然会导致二次污染，因此必须严格控制污染物的产生和排放。

① 粉尘的产生和特性。焚烧烟气中的粉尘可以分为无机烟尘和有机烟尘两部分，主要是废物焚烧过程中由于物理原因和热化学反应产生的微小颗粒物质。物理原因产生的粉尘是指燃烧空气卷起的微小不燃物、可燃物的灰分等，热化学反应产生的粉尘是指高温燃烧室内氧化的盐类在烟气冷却后凝结成的盐颗粒。

粉尘的产生量与垃圾性质和燃烧方法有关。机械炉排焚烧炉炉膛出口粉尘含量一般为 $1 \sim 6 \text{g/m}^3$，除尘器入口为 $1 \sim 4 \text{g/m}^3$，换算成垃圾燃烧量（以单位质量湿垃圾计）一般为 $5.5 \sim 22 \text{kg/t}$。

粉尘粒径的分布很广。微小粒径的粉尘比较多，30μm 以下的粉尘占 50%～60%。粉尘的真密度为 $2.2 \sim 2.3 \text{g/cm}^3$，表观密度为 $0.3 \sim 0.5 \text{g/cm}^3$。垃圾焚烧设施的粉尘比较轻。而且，由于碱性成分多有一定的黏性，微小粒径的粉尘含有重金属。

② 无机有害气体的产生和特性。焚烧过程产生的无机有害气体包括 CO 和酸性气体（HCl、HF、SO_x、NO_x）等。CO 由少部分废物燃烧不完全形成，其产生量取决于燃烧效率。氯化氢（HCl）是由有机氯化物燃烧产生的。氟化氢（HF）主要来自氟碳化物的燃烧。硫氧化物（SO_x）可由硫化铁及其他硫化物在燃烧过程中被氧化生成。一部分 SO_2 可能来自垃圾中无机硫化物的解离还原。SO_2 可进一步在炉体或从烟囱排出后氧化成 SO_3，当废气的温度下降，部分 SO_3 还将和水蒸气反应而形成硫酸（H_2SO_4）雾滴。氮氧化物（NO_x）在空气氧化过程（含垃圾焚烧）中均可能产生，其主要成分为 NO，少部分的 NO 亦会进一步氧化为 NO_2。

③ 重金属的产生和特性。焚烧过程产生的灰渣（包括炉渣和飞灰）一般为无机物，它们主要是金属的氧化物、氢氧化物和碳酸盐、硫酸盐、磷酸盐以及硅酸盐。大量的灰渣特别是其中含有重金属化合物的灰渣，会对环境造成很大危害。灰渣中重金属的产生和特性见表 5-1。

表5-1　灰渣中重金属的产生和特性

项目	产生机理与性状	产生量（干重）	重金属浓度	溶出特性
炉渣	Cd、Hg 等低沸点金属都成为粉尘，其他金属、碱性成分也有一部分气化，冷却凝结成为炉渣。炉渣由不可燃物、可燃物灰分和未燃分组成	混合收集时湿垃圾质量的 10%～15%；不可燃物分类收集时湿垃圾质量的 5%～10%	除尘器飞灰浓度的 1%～50%	分类收集或燃烧不充分时，Pb、Cr（Ⅵ）可能会溶出
除尘器飞灰	除尘器飞灰以 Na 盐、K 盐、磷酸盐、重金属为多	湿垃圾质量的 0.5%～1%	Pb、Zn 0.3%～3%；Cd 20～40mg/kg；Cr 200～500mg/kg；Hg 110mg/kg	Pb、Zn、Cd 挥发性重金属含量高。pH 高时，Pb 溶出；中性时，Cd 溶出
锅炉飞灰	锅炉飞灰的粒径比较大（主要是沙土），锅炉室内用重力或惯性力可以去除	与除尘器飞灰量相当	浓度介于炉渣与除尘器飞灰之间	

④ 有机污染物的产生和特性。在生活垃圾焚烧炉排放废气中，已证实有很多种因燃烧不完全而产生的有机物。这些产物包括二噁英、呋喃及多环芳烃化合物（PAHs），它们可能以气态、冷凝状态或附着在粒状污染物上的方式存在。

二噁英（polychlorinated dibenzop-dioxin）是目前发现的无意识合成的副产品中毒性最强的化合物，它的毒性 LD_{50}（半致死剂量）是氰化钾毒性的 1000 倍以上。人们通常所说的二噁英指的是多氯代二苯并 - 对 - 二噁英（PCDDs）、多氯代二苯并呋喃（PCDFs）的统称，共有 210 种同族体。

焚烧过程污染物来源、产生原因及存在形态见表 5-2。

表5-2 焚烧过程污染物来源、产生原因及存在形态

污染物			来源	产生原因	存在形态
无机有害气体	酸性气体	HCl	PVC、其他氯代碳氢化合物	—	气态
		HF	氟代碳氢化合物	—	气态
		SO_2	橡胶及其他含硫组分	—	气态
		HBr	火焰延缓剂	—	气态
		NO_x	丙烯腈、胺	热力型氮氧化物	气态
	CO		—	不完全燃烧	气态
有机污染物	各种碳氢化合物		溶剂	不完全燃烧	气态、固态
	二噁英、呋喃		多种来源	化合物的解离及重新合成	气态、固态
	颗粒物		粉末、沙	挥发性物质的凝结	固态
重金属	Hg		温度计、电子元件、电池	—	气态
	Cd		涂料、电池、稳定剂、软化剂	—	气态、固态
	Pb		多种来源	—	气态、固态
	Zn		镀锌原料	—	固态
	Cr		不锈钢	—	固态
	Ni		不锈钢、Ni-Cd 电池	—	固态
	其他		—	—	气态、固态

5.2.2 焚烧技术指标和标准

由于固体废物焚烧产生许多有害污染物，包括重金属和二噁英等，如果不加以严格监督和控制，必然会造成对周围环境的二次污染，危害人类身体健康。为此，世界各国都制定了污染控制指标和标准，用以对废物焚烧设施及焚烧全过程实行有效的控制，以减少乃至消除对周围环境的影响。

（1）焚烧处理技术指标　在实际的燃烧过程中，操作条件不能达到理想效果，致使垃圾燃烧不完全。不完全燃烧的程度反映焚烧效果的好坏，评价焚烧效果的方法有多种，比较直接的是用肉眼观察垃圾焚烧产生的烟气的"黑度"来判断焚烧效果，烟气越黑，焚烧效果越差。另外，也可用如下几项技术指标来衡量焚烧处理效果。

① 减量比。用于衡量焚烧处理废物减量化效果的指标是减量比，可用下式计算：

$$MRC = \frac{m_b - m_a}{m_b - m_c} \times 100\% \qquad (5-2)$$

式中　MRC——减量比，%；

m_a——焚烧残渣的质量，kg；

m_b——投加的废物质量，kg；

m_c——残渣中不可燃物质量，kg。

② 热灼减量。热灼减量是指焚烧残渣在（600±25）℃经 3h 热灼后减少的质量占原焚烧残渣质量的百分数，其计算方法如下：

$$Q_R = \frac{m_a - m_d}{m_a} \times 100\% \qquad (5-3)$$

式中　Q_R——热灼减量，%；

m_a——焚烧残渣在室温时的质量，kg；

m_d——焚烧残渣在（600±25）℃经 3h 热灼后冷却至室温的质量，kg。

③ 燃烧效率。在焚烧处理生活垃圾及一般工业废物时，多以燃烧效率（CE）作为评估是否达到预期处理要求的指标：

$$CE = \frac{[CO_2]}{[CO_2] + [CO]} \times 100\% \qquad (5-4)$$

式中　$[CO_2]$，$[CO]$——烟道气中该种气体的体积分数，%。

④ 破坏去除效率。对于危险废物，验证焚烧是否达到预期处理要求的指标还有特殊化学物质 [有机性有害主成分（POHCS）] 的破坏去除效率（DRE），定义为：

$$DRE = \frac{W_{in} - W_{out}}{W_{in}} \times 100\% \qquad (5-5)$$

式中　W_{in}——进入焚烧炉的POHCS的质量流率，kg/h；

W_{out}——从焚烧炉流出的该种物质的质量流率，kg/h。

⑤ 烟气排放浓度限制指标。废物在焚烧过程中会产生一系列新污染物，有可能造成二次污染。焚烧设施排放的大气污染物的控制项目大致包括四个方面：烟尘，常将颗粒物、黑度、总碳量作为控制指标；有害气体，包括 SO_2、HCl、HF、CO 和 NO_x；重金属元素单质或其化合物，如 Hg、Cd、Pb、Ni、Cr、As 等；有机污染物，如二噁英，包括多氯代二苯并 - 对 - 二噁英（PCDDs）和多氯代二苯并呋喃（PCDFs）。

（2）焚烧处理技术标准　国外对垃圾焚烧的大气污染物规定了排放限值。例如，欧盟以日平均值作为监测指标，其 1989 年排放限值分别为：颗粒物 30mg/m³，CO 100mg/L，HCl 50mg/L，HF 2～4mg/L，SO_2 300mg/L，Ⅰ类金属（Cd、Hg）共 0.2mg/L，Ⅱ类金属（Ni、As）0.1mg/L，Ⅲ类金属（Pb、Cr、Cu、Mn）5.0mg/L。瑞士（1990 年）日均排放限值为：颗粒物 20mg/m³，HCl 20mg/L，HF 2mg/L，SO_2 50mg/L，NO_x 80mg/L，Ⅰ类金属（Cd、Hg）各 0.1mg/L。其他如荷兰、瑞典、法国、丹麦、韩国、新加坡等也规定了城市垃圾焚烧大气污染物排放限值。我国随着环保要求的持续提高，污染物标准限值也逐步降低，如《危险废物焚烧污染控制标准》（GB 18484—2020）中要求烟气排放颗粒物、CO、NO$_x$、SO$_2$ 的 1 小时均值为 30mg/m^3、100mg/m^3、300mg/m^3、100mg/m^3；《生活垃圾焚烧污染控制标准》（GB 18485—2014）中要求颗粒物、NO$_x$、SO$_2$、HCl 的 1 小时均值为 30mg/m^3、300mg/m^3、100mg/m^3、60mg/m^3。

5.2.3　影响焚烧的主要因素

焚烧温度（temperature）、搅拌混合程度（turbulence）、气体停留时间（time）（一般称为 3T）和过剩空气率合称为焚烧四大控制参数。

（1）焚烧温度　固体废物的焚烧温度是指废物中有害物质在高温下氧化、分解直至破坏所需达到的温度，它比废物的着火温度高得多。但过高的焚烧温度不仅需要添加辅助燃料，而且会增加烟气中金属的挥发及氧化氮数量，引起二次污染。

合适的焚烧温度一般通过试验确定，也可以参阅经验数据。大多数可燃物的焚烧温度为 800～1100℃。

① 对于废气的脱臭处理，一般采用 800～950℃。

② 当废物粒子粒径为 0.01～0.51μm，且供氧浓度与停留时间适当时，焚烧温度在900～1100℃即可避免产生黑烟。

③ 含氯化物的废物焚烧，温度在 800～850℃以上时，氯气转化为氯化氢，可回收利用或以水洗涤除去；低于 800℃会形成氯气，难以除去。

④ 含碱土金属的废物焚烧，一般在 750～800℃以下。因为碱土金属及其盐类一般为低熔点化合物，当废物中灰分较少不能形成高熔点炉渣时，这些熔融物容易与焚烧炉的耐火材料和金属零件发生烧结而损坏炉衬和设备。

⑤ 含氰化物的废物焚烧，温度达 850～900℃时，氰化物几乎全部分解。

⑥ 可能产生 NO$_x$ 时，温度应控制在 1500℃以下，过高的温度会使 NO$_x$ 急骤产生。

⑦ 高温焚烧是防止 PCDDs、PCDFs 产生的最好方法，估计在 925℃以上这些毒性有机物开始被破坏，空气与废气在高温区足够的停留时间可以再降低其破坏温度。

（2）搅拌混合程度　搅拌混合程度是表征生活垃圾和空气混合程度的指标。

焚烧炉所采用的扰动方式有空气流扰动、机械炉排扰动、流态化扰动及旋转扰动等，其中以流态化扰动方式效果最好。中小型焚烧炉多数属于固定炉床式，扰动多由空气流动产生，包括以下两种类型。

① 炉床下送风。助燃空气自炉床下方送风，由废物层空隙中窜出，这种扰动方式易将不可燃的底灰或未燃炭颗粒随气流带出，形成颗粒物污染。废物与空气接触机会大，废物燃烧较完全，焚烧残渣热灼减量较小。

② 炉床上送风。助燃空气由炉床上方送风，废物进入炉内时从表面开始燃烧。优点是形成的粒状物较少，缺点是焚烧残渣热灼减量较高。

二次燃烧室内氧气与可燃性有机蒸气的混合程度取决于二次助燃空气与燃烧气体的相互流动方式和气体的湍流程度。湍流程度可由气体的雷诺数确定。雷诺数低于 10000 时，湍流与层流同时存在，混合仅靠气体的扩散达成，效果不佳。雷诺数越高，湍流程度越高，混合越理想。一般来说，二次燃烧室气体速度在 3～7m/s 即可满足要求。如果气体流速过大，混合程度虽大，但气体在二次燃烧室的停留时间会缩短，反而不易反应完全。

（3）气体停留时间　固体废物的有害组分在焚烧炉内处于焚烧条件下发生氧化、燃烧，使有害物质变成无害物质所需的时间称为焚烧停留时间。停留时间的长短直接影响焚烧完善的程度，也是决定炉体容积、尺寸的重要依据。

废物在炉内焚烧所需停留时间是由许多因素决定的，如废物进入炉内的形态（固体废物颗粒大小、液体雾化后液滴的大小以及黏度等）对焚烧所需停留时间影响甚大。当废物的颗粒粒径较小时，与空气接触表面积大，则氧化、燃烧条件就好，停留时间就可短些。因此，尽可能做生产性模拟试验来获得数据。对缺少试验手段或难以确定废物焚烧所需时间的情况，可参阅以下经验数据。

① 对于垃圾焚烧，如温度维持在 850～1000℃，有良好的搅拌与混合，使垃圾的水汽易于蒸发，燃烧气体在燃烧室的停留时间为 1～2s，技术要求规定是 2s 以上。

② 对于一般有机废液，在较好的雾化条件及正常的焚烧温度条件下，焚烧所需的停留时间为 0.3～2s，而较多的实际操作表明停留时间为 0.6～1s；含氰化物的废液较难焚烧，一般需较长时间，约 3s。

③ 对于废气，除去恶臭所需的焚烧温度并不高，其所需的停留时间不需太长，一般在 1s 以下。例如在油脂精制过程中产生的恶臭气体，在 650℃焚烧温度下只需 0.3s 的停留时间即可达到除臭效果。分解恶臭所需温度和停留时间见表 5-3。

表5-3　恶臭分解条件

分解温度 /℃	停留时间 /s	分解率 /%
540～650	0.3～0.5	50～90
580～700	0.3～0.5	90～99
650～820	0.3～0.5	>90

（4）过剩空气率　在实际的燃烧系统中，氧气与可燃物质无法完全达到理想的混合及反应程度。为使燃烧完全，仅供给理论空气量很难使其完全燃烧，需要加上比理论空气量更多的助燃空气，以使废物与空气能完全混合燃烧。其相关参数可定义如下。

① 过剩空气系数（m）。用于表示实际供应空气量与理论空气量的比值，定义为：

$$m = \frac{A}{A_0} \tag{5-6}$$

式中　A_0——理论空气量；

A——实际供应空气量。

② 过剩空气率（EA）。由下式求出：

$$EA = (m-1) \times 100\% \tag{5-7}$$

废气中含氧量是间接反映过剩空气多少的指标。由于过剩氧气可由烟囱排气测出，工程上可以根据过剩氧气量估计燃烧系统中的过剩空气系数。废气中含氧量通常以氧气在干燥排气中的体积分数（%）表示，假设空气中含氧量为 21%，则过剩空气系数（m）可粗略表示为：

$$m = \frac{21}{21 - 过剩氧体积分数 \times 100} \tag{5-8}$$

焚烧排气的污染物排放标准是以 50% 过剩空气为基准，由于过剩空气无法直接测量，因此以 7% 过剩氧气为基准，再根据实际过剩氧气量加以调整。

废物焚烧所需空气量是由废物燃烧所需的理论空气量和为了供氧充分而加入的过剩空气量两部分所组成的。空气量供应是否足够，将直接影响焚烧的完善程度。理论空气量可根据废物组分的氧化反应方程式计算求得。过剩空气量则可根据经验或试验选取。过剩空气率过低会使燃烧不完全，甚至冒黑烟，有害物质焚烧不彻底；但过高时则会使燃烧温度降低，影响燃烧效率，造成燃烧系统的排气量和热损失增加。

工业锅炉与焚烧炉所要求的过剩空气系数有较大不同。前者首要考虑燃料使用效率，过剩空气系数尽量维持在 1.5 以下；废物焚烧的首要目的则是完全摧毁其中的可燃物质，过剩空气系数一般大于 1.5。

根据经验选取过剩空气系数时，应视所焚烧废物种类选取不同数据。焚烧废液、废气时一般取 1.2～1.3；焚烧固体废物时则要取较高的数值，通常为 1.5～1.9，有时甚至要在 2 以上，才能达到较完全的焚烧。

5.2.4 四个控制参数的关系

在焚烧系统中，焚烧温度、搅拌混合程度、气体停留时间和过剩空气率是相互依赖、相互制约的，构成一个有机系统，必须从系统的角度来控制和选择以上运行参数。

气体停留时间由燃烧室几何形状、助燃空气供应速率及废气产率决定，过剩空气率由进料速率及助燃空气供应速率决定，而助燃空气供应量亦直接影响到燃烧室中的温度和流场混合（紊流）程度，焚烧温度则影响垃圾焚烧的效率。焚烧系统四个控制参数的互动关系见表 5-4。

表5-4 焚烧系统四个控制参数的互动关系

参数变化	搅拌混合程度	气体停留时间	燃烧室温度	燃烧室负荷
燃烧温度上升	可减小	可减少	—	会增加
过剩空气率增大	会增大	会减少	会降低	会增加
气体停留时间增加	可减小	—	会降低	会降低

焚烧温度和废物在炉内的停留时间有密切关系。若停留时间短，则要求较高的焚烧温度；停留时间长，则可采用略低的焚烧温度。设计时不宜采用提高焚烧温度的办法来缩短停留时间，而应从技术经济角度确定焚烧温度，并通过试验确定所需的停留时间。同样，也不宜片面地通过延长停留时间达到降低焚烧温度的目的，这不仅使炉体结构庞大，增加焚烧炉占地面积和建造费用，甚至会使炉温不够，使废物焚烧不完全。

5.3 焚烧过程平衡分析

5.3.1 物质平衡分析

生活垃圾焚烧过程中，输入系统的物料包括生活垃圾、空气、烟气净化所需的化学物质及大量的水。生活垃圾在焚烧时，其中的有机物与空气中的氧气发生化学反应生成二氧化碳进入烟气中，并生成部分水蒸气；生活垃圾中所含的水分吸收热量后汽化变为烟气中的一部分；其中的不可燃物（无机物）以炉渣形式从系统内排出。进入系统内的空气经过燃烧反应后，其未参与反应的剩余部分和反应过程中生成的二氧化碳、水蒸气、气态污染物以及细小的固体颗粒物（飞灰）组成烟气排至后续的烟气净化系统。进入系统内的化学物质与烟气中的污染物发生化学反应后，大部分变为飞灰排出系统，而净化后的烟气则从烟囱排入大气。焚烧系统物料的输入与输出如图 5-1 所示。

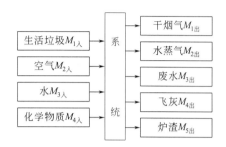

图 5-1　焚烧系统物料的输入与输出

根据质量守恒定律，输入的物料质量应等于输出的物料质量，即：

$$M_{1入}+M_{2入}+M_{3入}+M_{4入}=M_{1出}+M_{2出}+M_{3出}+M_{4出}+M_{5出} \tag{5-9}$$

式中　$M_{1入}$——进入焚烧系统的生活垃圾量，kg/d；

　　　$M_{2入}$——焚烧系统的实际空气供给量，kg/d；

　　　$M_{3入}$——焚烧系统的用水量，kg/d；

　　　$M_{4入}$——烟气净化系统所需的化学物质量，kg/d；

　　　$M_{1出}$——排出焚烧系统的干烟气量，kg/d；

　　　$M_{2出}$——排出焚烧系统的水蒸气量，kg/d；

　　　$M_{3出}$——排出焚烧系统的废水量，kg/d；

　　　$M_{4出}$——排出焚烧系统的飞灰量，kg/d；

　　　$M_{5出}$——排出焚烧系统的炉渣量，kg/d。

一般情况下，焚烧系统的物料输入量以生活垃圾、空气和水为主，输出量则以干烟气、水蒸气及炉渣为主。有时为了简化计算，常以这六种物料作为物料平衡计算参数，而不考虑其他因素，计算结果可以基本反映实际情况。

图 5-2 为瑞士某垃圾焚烧厂烟气、底灰、飞灰等垃圾焚烧产物所占垃圾质量分数分布图。

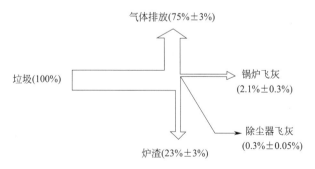

图 5-2　瑞士某垃圾焚烧厂垃圾焚烧产物占垃圾质量分数分布图

垃圾焚烧后，垃圾中各元素在焚烧产物中的质量分布大不相同，表 5-5 列出了瑞士某垃圾焚烧厂 P、Cu、Cd、Sb、Zn、Pb 六种元素在焚烧产物中的质量分布情况。结果表明，垃圾经焚烧后，绝大部分的 P 和 Cu 残留在底灰中，80% 以上的 Cd 和 Sb 存在于除尘器飞灰中，而 Zn 和 Pb 则平均分布在底灰和除尘器飞灰中。

表5-5　瑞士某垃圾焚烧厂焚烧产物中六种元素的质量分布情况

元素	质量分数（产物中元素质量 / 垃圾中元素质量）/%			
	底灰	余热锅炉飞灰	除尘器飞灰	最终排放的气体
P	89±2	3±1	8±2	<0.1
Cu	96±1	0.7±0.2	3.6±1.1	<0.1
Cd	10±2	7±1	82±3	<1
Sb	13±4	6±1	80±4	<1
Zn	38±6	7±1	55±5	<0.2
Pb	44±7	11±4	44±6	<1

5.3.2　热平衡分析

从能量转换的观点来看，焚烧系统是一个能量转换设备，它将垃圾燃料的化学能通过燃烧过程转化成烟气的热能，烟气再通过辐射、对流、导热等基本传热方式将热能分配交换给工质或排放到大气环境。焚烧系统热量的输入与输出可用图 5-3 简单地表示。

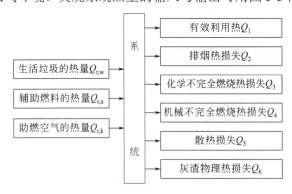

图5-3　焚烧系统热量的输入与输出

在稳定工况条件下，焚烧系统输入与输出的热量是平衡的，即：

$$Q_{r,w}+Q_{r,a}+Q_{r,k}=Q_1+Q_2+Q_3+Q_4+Q_5+Q_6 \tag{5-10}$$

式中　$Q_{r,w}$——生活垃圾的热量，kJ/h；

　　　$Q_{r,a}$——辅助燃料的热量，kJ/h；

　　　$Q_{r,k}$——助燃空气的热量，kJ/h；

　　　Q_1——有效利用热，kJ/h；

　　　Q_2——排烟热损失，kJ/h；

　　　Q_3——化学不完全燃烧热损失，kJ/h；

　　　Q_4——机械不完全燃烧热损失，kJ/h；

Q_5——散热损失，kJ/h；

Q_6——灰渣物理热损失，kJ/h。

（1）输入热量

① 生活垃圾的热量 $Q_{r,w}$。在不计垃圾的物理显热情况下，$Q_{r,w}$ 等于送入炉内的垃圾量 W_r（kg/h）与其热值 Q_{dw}^y（kJ/kg）的乘积。

$$Q_{r,w}=W_r Q_{dw}^y \tag{5-11}$$

② 辅助燃料的热量 $Q_{r,a}$。若辅助燃料只是在启动点火或焚烧炉工况不正常时才投入，则辅助燃料的输入热量不必计入。只有在运行过程中需维持高温，一直需要添加辅助燃料帮助焚烧炉燃烧时才计入。

$$Q_{r,a}=W_{r,a} Q_a^y \tag{5-12}$$

式中　$W_{r,a}$——辅助燃料量，kg/h；

Q_a^y——辅助燃料热值，kJ/kg。

③ 助燃空气的热量 $Q_{r,k}$。按入炉垃圾量乘以送入空气量的热焓计。

$$Q_{r,k}=W_r\beta(I_{rk}^0 - I_{vk}^0) \tag{5-13}$$

式中　β——送入炉内空气的过剩空气系数；

I_{rk}^0，I_{vk}^0——随1kg垃圾入炉的理论空气量在热风和自然状态下的焓值，kJ/kg。

以上助燃空气热量只有用外部热源加热空气时才能计入。若助燃空气的加热热量是焚烧炉本身的烟气热量，则该热量实际上是焚烧炉内部的热量循环，不能作为输入炉内的热量。对采用自然状态的空气助燃，此项为零。

（2）输出热量

① 有效利用热 Q_1。有效利用热是其他工质被焚烧炉产生的热烟气加热时所获得的热量。一般被加热的工质是水，可产生蒸汽或热水。

$$Q_1=D(h_2-h_1) \tag{5-14}$$

式中　D——工质输出流量，kg/h；

h_1，h_2——进出焚烧炉的工质热焓，kJ/kg。

② 排烟热损失 Q_2。由焚烧炉排出烟气所带走的热量，其值为排烟容积 $W_{r,w}V_{py}$（m³/h，标准状态下）与烟气单位容积的热容之积。

$$Q_2=W_{r,w}V_{py}[(\partial C)_{py}-(\partial C)_0] \frac{100-Q_4}{100} \tag{5-15}$$

式中　$(\partial C)_{py}$，$(\partial C)_0$——排烟温度和环境温度下烟气单位容积的热容，kJ/m³；

$\dfrac{100-Q_4}{100}$——因机械不完全燃烧引起实际烟气量减少的修正值。

③ 化学不完全燃烧热损失 Q_3。炉温低、送风量不足或混合不良等导致烟气成分中一些可燃气体（如 CO、H_2、CH_4 等）未燃烧所引起的热损失即为化学不完全燃烧热损失。

$$Q_3 = W_r \left(V_{CO} Q_{CO} + V_{H_2} Q_{H_2} + V_{CH_4} Q_{CH_4} + \cdots \right) \frac{100 - Q_4}{100} \tag{5-16}$$

式中　　　　W_r——送入炉内的垃圾量，kg/h；

V_{CO}，V_{H_2}，V_{CH_4}——1kg垃圾产生的烟气所含未燃烧可燃气体体积，m³/kg；

Q_{CO}，Q_{H_2}，Q_{CH_4}——各组分对应的热值，kJ/m³。

④ 机械不完全燃烧热损失 Q_4。这是由垃圾中未燃或未完全燃烧的固定碳所引起的热损失。

$$Q_4 = 32700 W_r \frac{A^y}{100} \times \frac{C_{lx}}{100 - C_{lx}} \tag{5-17}$$

式中　　$\dfrac{A^y}{100}$——1kg垃圾中所包含灰分；

　　　　32700——碳的热值，kJ/kg；

　　　　C_{lx}——炉渣中含碳质量分数，%。

⑤ 散热损失 Q_5。散热损失为焚烧炉表面向四周空间辐射和对流所引起的热量损失。其值与焚烧炉的保温性能和焚烧炉焚烧量及比表面积有关。焚烧量小，比表面积越大，散热损失越大；焚烧量大，比表面积越小，其值越小。

⑥ 灰渣物理热损失 Q_6。垃圾焚烧所产生炉渣的物理显热即为灰渣物理热损失。若垃圾为高灰分、排渣方式为液态排渣、焚烧炉为纯氧热解炉，则灰渣物理热损失不可忽略。

$$Q_6 = W_r \alpha_{lz} \frac{A^y}{100} c_{lx} t_{lx} \tag{5-18}$$

式中　　α_{lz}——灰渣占总灰分的比例，%；

　　　　c_{lx}——炉渣的比热容，kJ/（kg·℃）；

　　　　t_{lx}——炉渣离开焚烧炉与入炉垃圾的温度差，℃。

【例 5-1】 某固体废物含可燃物 60%、水分 20%、惰性物 20%。固体废物的元素和物质组成为碳 28%、氢 4%、氧 23%、氮 4%、硫 1%、水分 20%、灰分 20%。假设：①固体废物的热值为 11630kJ/kg；②炉栅残渣含碳量为 5%；③空气进入炉膛的温度为 65℃，离开炉栅残渣的温度为 650℃；④残渣的比热容为 0.323kJ/（kg·℃）；⑤水的汽化潜热为 2420kJ/kg；⑥辐射损失为总炉膛输入热量的 0.5%；⑦碳的热值为 32564kJ/kg。

试计算这种废物燃烧后可利用的热量。

解：以 1kg 固体废物为计算基准。

（1）计算残渣中未燃烧的碳含热量

① 未燃烧碳的量

$$惰性物的质量 = 1 \times 20\% = 0.2(kg)$$

$$总残渣量 = \frac{0.2}{1 - 0.05} = 0.2105(kg)$$

$$未燃烧碳的量 = 0.2105 - 0.2000 = 0.0105(kg)$$

② 未燃烧碳的热损失

未燃烧碳的热损失=32564×0.0105=341.9(kJ)

（2）计算水的汽化潜热

① 生成水的总质量

总水量=固体废物原含水量+组分中氢与氧结合生成水的量

固体废物原含水量=1×20%=0.2(kg)

组分中氢与氧结合生成水的量=1×4%×18/2=0.36(kg)

总水量=0.2+0.36=0.56(kg)

② 水的汽化潜热

水的汽化潜热=2420×0.56=1355.2(kJ)

（3）计算辐射热损失

辐射热损失=11630×1×0.5%=58.2(kJ)

（4）计算残渣带出的显热

残渣带出的显热=0.2105×0.323×(650-65)=39.8(kJ)

（5）计算可利用的热量

可利用的热量=固体废物总热量-各种热损失之和

=11630-(341.9+1355.2+58.2+39.8)=9834.9(kJ)

5.3.3　主要焚烧参数计算

焚烧炉质能平衡计算，是根据废物的处理量、物化特性，确定所需的助燃空气量、燃烧烟气产生量及其组成以及炉温等主要参数，是后续炉体大小、尺寸、送风机、燃烧器、耐火材料等附属设备设计参考的依据。

（1）燃烧所需空气量

① 理论燃烧空气量。是指废物（或燃料）完全燃烧时，所需要的最低空气量，一般以 A_0 来表示。假设 1kg 液体或固体废物中的碳、氢、氧、硫、氮、灰分及水分的质量分别以 C、H、O、S、N、A_{sh} 及 W 来表示，则理论燃烧空气量为：

$$体积基准（m^3/kg）\quad A_0=\frac{1}{0.231}\left(2.67C+8H-O+S\right) \tag{5-19}$$

$$质量基准（kg/kg）\quad A_0=\frac{1}{0.21}\left[1.867C+5.6\left(H-\frac{O}{8}\right)+0.7S\right] \tag{5-20}$$

式中，$H-\dfrac{O}{8}$ 称为有效氢。因为燃料中的氧以结合水的状态存在，在燃烧中无法利用这些与氧结合成水的氢，故需要将其从全氢中减去。

② 实际需要燃烧空气量。实际需要燃烧空气量（实际供应空气量）为：

$$A=mA_0 \tag{5-21}$$

式中　　A——实际供应空气量；

m——过剩空气系数；

A_0——理论空气量。

（2）焚烧烟气产生量及组成

① 烟气产生量。假定废物以理论空气量完全燃烧时的燃烧烟气量称为理论烟气产生量。如果废物组成已知，以 C、H、O、S、N、Cl 和 W 表示单位废物中碳、氢、氧、硫、氮、氯和水分的质量比，则理论燃烧湿基烟气量为：

体积基准（m^3/kg）$G_0 = 0.79A_0 + 1.867C + 0.7S + 0.631Cl + 0.8N + 11.2H' + 1.244W$

质量基准（kg/kg）$G_0 = 0.77A_0 + 3.67C + 2S + 1.03Cl + N + 9H' + W$

$$H' = H - Cl/35.5$$

而理论燃烧干基烟气量为：

体积基准（m^3/kg）$G'_0 = 0.79A_0 + 1.867C + 0.7S + 0.631Cl + 0.8N$

质量基准（kg/kg）$G'_0 = 0.79A_0 + 3.67C + 2S + 1.03Cl + N$

将实际焚烧烟气量的潮湿气体和干燥气体分别以 G 和 G' 来表示，其相互关系可用下式表示：

$$G = G_0 + (m-1)A_0 \tag{5-22}$$

$$G' = G'_0 + (m-1)A_0 \tag{5-23}$$

② 烟气组成。固体或液体废物燃烧烟气组成，可依表 5-6 所示方法计算。

表5-6　焚烧湿、干烟气百分组成计算

组成	体积百分组成		质量百分组成	
	湿烟气	干烟气	湿烟气	干烟气
CO_2	$1.867C/G$	$1.867C/G'$	$3.67C/G$	$3.67C/G'$
SO_2	$0.7S/G$	$0.7S/G'$	$2S/G$	$2S/G'$
HCl	$0.631Cl/G$	$0.631Cl/G'$	$1.03Cl/G$	$1.03Cl/G'$
O_2	$0.21(m-1)A_0/G$	$0.21(m-1)A_0/G'$	$0.23(m-1)A_0/G$	$0.23(m-1)A_0/G'$
N_2	$(0.8N+0.79mA_0)/G$	$(0.8N+0.79mA_0)/G'$	$(N+0.77mA_0)/G$	$(N+0.77mA_0)/G'$
H_2O	$(11.2H'+1.244W)/G$		$(9H'+W)/G$	

（3）热值计算　生活垃圾的热值是指单位质量的生活垃圾燃烧释放出来的热量，以 kJ/kg 计。

热值的大小可用来判断固体废物的可燃性和能量回收潜力。通常要维持燃烧，就要求垃圾燃烧释放出来的热量足以提供加热垃圾到达燃烧温度所需的热量和发生燃烧反应所必需的活化能。否则，便要添加辅助燃料才能维持燃烧。有害废物焚烧一般需要的热值为 $18600kJ/kg$。

热值有两种表示法，即高位热值和低位热值。高位热值是指化合物在一定温度下反应到达最终产物的焓的变化。低位热值与高位热值的意义相同，只是产物的状态不同，前者水是液态，后者水是气态。所以，二者之差就是水的汽化潜热。用氧弹量热计测量的是高位热值。将高位热值转变成低位热值可以通过下式计算：

$$LHV = HHV - 0.206H - 0.023M_{ar} \tag{5-24}$$

式中　　LHV——低位热值，kJ/kg；

　　　　HHV——高位热值，kJ/kg；

　　　　H——废物中氢的质量分数，%；

　　　　M_{ar}——收到基水分，%。

若废物的元素组成已知，则可利用 Dulong 方程近似计算出低位热值：

$$LHV=340C+1430(H-O/8)+105S-25(9H+W) \tag{5-25}$$

式中　　　　LHV——低位热值，kJ/kg；

　　C，H，O，S——碳、氢、氧和硫的元素组成，kg/kg；

　　　　　　　W——废物水分含量（或者水的质量分数），kg/kg。

干基热值是废物不包括含水分部分的实际热值。

干基热值与高位热值的关系如下：

$$H_d=\frac{HHV}{1-W} \tag{5-26}$$

式中　　W——废物水分含量（或者质量分数），kg/kg；

　　　　H_d——干基热值，kJ/kg。

【例 5-2】　某市生活垃圾组成中，按质量分数，可燃组分分别为厨房废渣、果皮 29.53%，木屑、杂草 2.00%，纸张 1.35%，皮革、塑料、橡胶 1.39%；不可燃组分 63.08%；陶瓷、砖石 2.65%。试计算该生活垃圾的热值。

解：以 1kg 为基准，分别计算各组分的质量及产生的热量，列出计算过程见表 5-7。

表5-7　生活垃圾各组分的质量及产生的热量

可燃组分	质量 /kg	典型热值 /(kJ/kg)	产生的热量 /kJ
（1）	（2）	（3）	（4）=（2）×（3）
厨房废渣、果皮	0.2953	4650	1373.15
木屑、杂草	0.0200	6510	130.20
纸张	0.0135	16750	226.13
皮革、塑料、橡胶	0.0139	32560	452.58
总计	0.3427		2182.06

从以上计算得出该市生活垃圾的热值仅为 2182.06kJ/kg，不能维持燃烧。

5.4　固体废物焚烧系统

固体废物焚烧系统主要由垃圾接收系统、焚烧系统、助燃空气系统、余热利用系统、蒸汽及冷凝水系统、烟气净化系统、灰渣处理系统、飞灰处理系统、自动燃烧控制系统等组成。其典型的工艺流程和发电流程如图 5-4 和图 5-5 所示。

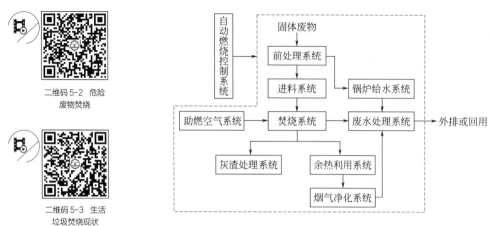

二维码 5-2　危险
废物焚烧

二维码 5-3　生活
垃圾焚烧现状

图 5-4　大型现代化生活垃圾焚烧技术工艺流程

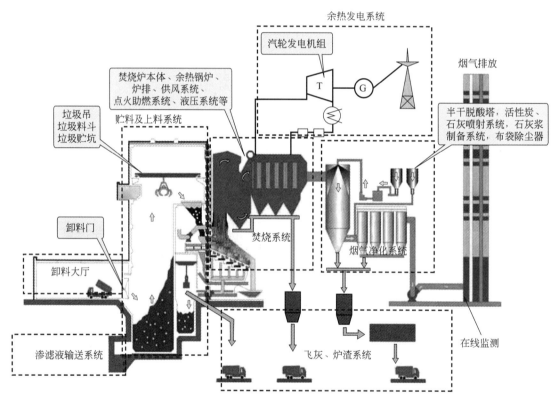

图 5-5　生活垃圾焚烧发电流程

5.4.1　垃圾接收系统

（1）垃圾称重　垃圾由收集车从垃圾收集点或垃圾转运站装车后送到垃圾焚烧厂，所有进出厂的垃圾车都必须经过地磅称重计量并记录各车的质量及空车质量。一般可设置两台地磅，一进一出，两地磅应靠近设置，以方便操作人员管理。地磅输出的信号将连接中央控制电脑数据库，方便记录时间、车辆编号、总重和净重等数据。

（2）垃圾卸料　垃圾车经称量后，驶向垃圾卸料区。卸料区一般为室内布置，进出口设置气幕机，以防止卸料区臭气外逸以及苍蝇和飞虫进入。进入卸料区的垃圾车依据信号指示灯，倒车至指定的卸料台，此时垃圾贮坑的液压卸料门自动开启，垃圾倒入坑内。垃圾车开出一定距离后卸料门自动关闭，以保持垃圾贮坑中的臭味不外逸。为了保障安全，在垃圾卸料口设置阻位拦嵌，以防垃圾车翻入垃圾贮坑。

（3）垃圾贮存及进料　进厂生活垃圾并不是直接送入垃圾焚烧炉，而是必须经过垃圾贮存这样一道工序。垃圾贮坑的设置目的：一是贮存进厂垃圾，起到调节垃圾数量的作用；二是对垃圾进行搅拌、混合、脱水等处理，起到调节垃圾性质的作用。

由于生活垃圾的组成非常复杂，各成分含量变化很大，因此为了避免进炉垃圾性质波动过大，尽可能将进炉垃圾性质稳定地保持在设计许可的范围内，必须对坑内的垃圾进行必要的搅拌与混合。这种搅拌与混合就是在足够大的贮坑中由垃圾抓斗起重机完成的。

另外，进厂垃圾在贮坑内停留一定的时间，通过自然压缩及部分发酵等作用，可以降低垃圾的含水率，以提高进炉垃圾的热值，改善垃圾的焚烧效果。我国大部分城市和地区的生活垃圾含水率较高，这一作用显得尤为重要。

一般垃圾贮坑需容纳 7d 左右的垃圾处理量，垃圾贮坑为钢筋混凝土结构，垃圾贮坑内的上方空间设有抽气系统，以控制臭气和甲烷的积聚，并使垃圾贮坑区保持负压。通风口位于焚烧炉进料斗的上方，所抽出的空气作为焚烧炉的燃烧空气。由于垃圾含有较多水分，在垃圾贮坑内将有部分水分从垃圾中渗出，因此贮坑底部为倾斜设计，收集渗出的污水并排入渗滤水坑，然后由泵送至厂内污水处理系统。

垃圾贮坑卸料门应保持密封良好，卸料完毕应及时关闭。部分焚烧炉停运后垃圾池排风除臭系统应及时投入使用，并应根据停运焚烧炉台数调节排风机风量，保证垃圾池臭味不外逸。全部焚烧炉停运前宜清空垃圾池，无法清空时，焚烧炉停运后应关闭所有卸料门，并及时启动垃圾池排风除臭系统。垃圾池排风除臭系统应保持良好工作状态，并定期检查除臭药剂或材料是否失效，若失效应及时更换，应保持垃圾池底部渗滤液导排畅通。

垃圾通过抓斗输送到焚烧炉中。输送垃圾过程中，下料喉管内的垃圾不发生闷烧现象，推料器运动要均匀，要根据垃圾特点、余热锅炉负荷、炉渣热灼减率等情况调节料层高度，保证炉排料层高度均匀合理，应按焚烧炉设计小时处理能力向炉内给料，不宜长期过度超负荷和过度低负荷运行。

5.4.2　焚烧系统

焚烧系统即焚烧炉本体内的设备，主要包括炉床及燃烧室。每个炉体仅一个燃烧室。炉床多为机械可移动式炉排构造，可让垃圾在炉床上翻转及燃烧。燃烧室一般在炉床正上方，可给燃烧废气提供数秒的停留时间。

燃烧可分为一次燃烧和二次燃烧。一次燃烧是燃烧的开始，二次燃烧是完成整个燃烧过程的重要阶段。固体燃料包括生活垃圾的燃烧以分解燃烧为主，仅靠送入一次助燃空气难以完成整个燃烧反应。一次助燃空气的作用是使挥发性成分中易燃部分燃烧，同时使高分子成分分解。在一次燃烧中，燃烧产物 CO_2 有时也会被还原，燃烧反应受温度的影响很大。

一次燃烧过程产生的可燃性气体和颗粒态碳素等产物进入二次燃烧室。二次燃烧为气态的燃烧，一般为均相燃烧。二次燃烧是否完全可以根据 CO 浓度来判断，二次燃烧对于抑制二噁英的产生非常重要。

5.4.3　助燃空气系统

垃圾焚烧炉助燃空气的主要作用如下：①提供适量风量和风温来烘干垃圾，为垃圾着火准备条件；②提供垃圾充分燃烧和燃尽的空气量；③促使炉膛内烟气的充分扰动，使炉膛出口 CO 含量降低；④提供炉墙冷却风，以防炉渣在炉墙上结焦；⑤冷却炉排，避免炉排过热变形。

（1）助燃空气系统的构成　助燃空气主要包括一次助燃空气（炉排下送入）、二次助燃空气（二次燃烧室喷入）、辅助燃油所需的空气以及炉墙密封冷却空气等。由于辅助燃油只用于焚烧炉的启动、停炉和进炉垃圾热值过低等情况，一般在垃圾焚烧炉的正常运行中并不增加空气消耗量，因此一般在设计送风机风量时可不予考虑。

（2）助燃空气送风方式　助燃空气系统中最主要的设备是送风机，其目的是将助燃空气送入垃圾焚烧炉内。根据垃圾焚烧炉构造不同及空气利用的目的不同，可以将送风机分为冷却用送风机和主燃烧用送风机。冷却用送风机的作用主要是提供炉壁冷却所需的冷空气以防止灰渣熔融结垢。主燃烧用送风机提供燃料燃烧所需的空气，这部分空气是燃料正常燃烧的保证。

5.4.4　余热利用系统

生活垃圾焚烧过程中释放出大量热量——焚烧余热，目前一般通过能量再转换等形式加以回收利用，这样不仅能满足垃圾焚烧厂自身设备运转的需要、降低运行成本，还能向外界提供热能和动力，以获得较为可观的经济效益。垃圾焚烧处理的热利用形式有直接热能利用（回收热量，如热气体、蒸汽、热水）、余热发电及热电联用三大类型。其中小型焚烧设施的热利用形式以通过热交换产生热水为主，而大型焚烧装置则以直接发电或直接利用蒸汽为主。

（1）直接热能利用　典型的直接热能利用系统如图 5-6 所示。其利用形式是将垃圾焚烧产生的烟气余热转换为蒸汽、热水和热空气。通过余热锅炉将焚烧炉产生的烟气热量转换为一定压力和温度的蒸汽、热水，还可以通过预热器（换热器）预热助燃空气。

通常，预热器的换热过程包括导热、对流、辐射三种传热方式。对多数预热器来说，主要是对流换热。气体和换热壁面之间的对流换热与气体的物理性质、速度、温度和流动空间大小有关，又与壁面温度、形状、大小和放置情况有关，对流换热量采用牛顿公式 [式（5-27）] 进行计算：

$$Q=F\alpha\Delta t=\frac{\Delta t}{\dfrac{1}{\alpha F}} \tag{5-27}$$

式中　　Q——对流换热量，W；

F——壁面换热表面积，m^2；

Δt——壁面温度与流体主流温度之差，℃；

α——放热系数，$W/(m^2 \cdot ℃)$；

$1/(αF)$——对流换热热阻，℃ /W。

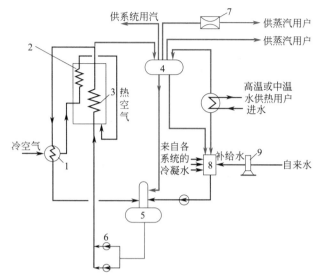

图 5-6　典型的直接热能利用系统

1—空气加热器；2—余热利用 / 烟气空气预热器；3—余热锅炉；4—集汽箱；
5—除氧器；6—给水器；7—减温减压器；8—冷凝水箱；9—化学水处理站

这种形式热利用率高、设备投资省，尤其适合小规模（日处理量小于 100t/d）垃圾焚烧设备和垃圾热值较低的小型垃圾焚烧厂。一方面，足够高温度的助燃热空气能够有效地改善垃圾在焚烧炉中的着火条件；另一方面，热空气带入焚烧炉内的热量还提高了垃圾焚烧炉的有效利用热量，从而也相应提高了燃烧绝热温度。热水和蒸汽除满足垃圾焚烧厂本身生活和生产需要外，还可以向外界小型企业或农业用户提供蒸汽和热水，供暖和制冷，供蔬菜、瓜果和鲜花暖棚用热。

但是这种余热利用形式受垃圾焚烧厂自身需要热量和垃圾焚烧厂与居民之间距离的影响，在建厂规划期就需做好综合利用的规划，否则很难实现良好的供需关系。

（2）余热发电　随垃圾量和垃圾热值的提高，直接热能利用受到设备本身和热用户需求量的限制。为了充分利用余热，将其转化为电能是最有效的途径之一。将热能转换为高品位的电能，不仅能远距离传输，而且提供量基本不受用户需求量的限制，垃圾焚烧厂建设也可以相对集中，向大规模、大型化方向发展，从而有利于提高整个设备利用率和降低相对吨位垃圾的投资额。典型的垃圾焚烧发电余热利用系统如图 5-7 所示。

垃圾焚烧炉和余热锅炉多数为一个组合体。余热锅炉的第一烟道是垃圾焚烧炉炉腔，它们的组合体可总称为余热锅炉。其主要燃料是生活垃圾，能量转换的中间介质为水。垃圾焚烧产生的热量被介质吸收，未饱和水吸收烟气热量成为具有一定压力和温度的过热蒸汽，过热蒸汽驱动汽轮发电机组，热能被转换为电能。在垃圾焚烧发电厂中，水、汽主要流程如图 5-8 所示。燃料（垃圾）、空气、烟气流程如图 5-9 所示。

目前世界上采用焚烧发电形式利用余热的生活垃圾焚烧厂无论在数量还是规模上都发展较快，而且随着垃圾热值的提高，将得到越来越多的重视。

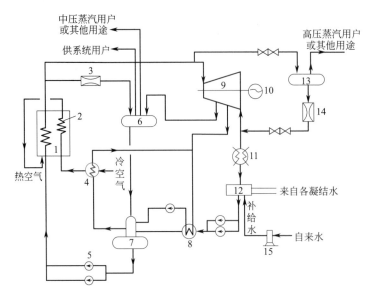

图 5-7 典型的垃圾焚烧发电余热利用系统
1—余热锅炉；2—烟气空气预热器；3—减温减压器；4—空气加热器；5—给水泵；6—中压集汽箱；
7—除氧器；8—低压给水加热器；9—汽轮机；10—发电机；11—凝汽器；
12—冷凝水箱；13—高压集汽箱；14—减温减压器；15—化学水处理站

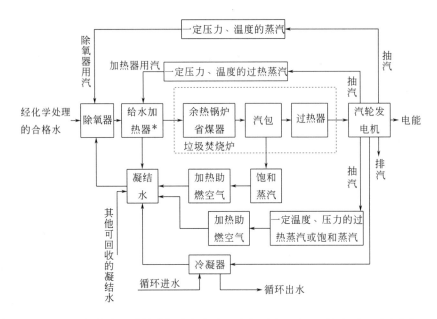

图 5-8 垃圾焚烧厂（纯冷凝式）中水、汽主要流程（＊系统中采用时才有）

（3）热电联用 在热能转变为电能的过程中，热能损失较大，取决于垃圾热值、余热锅炉热效率以及汽轮发电机组的热效率。显然，垃圾焚烧厂热效率仅有 13%～22.5%，甚至更低。如果采用热电联供，将发电 - 区域性供热和发电 - 工业供热等结合，则热利用率将大大提高，一般在 50% 左右，甚至可达 70% 以上。这主要是由于蒸汽发电过程中，汽轮机、发电机的效率占较大的份额（62%～67%），而直接供热，就相当于把热量全部供给热用户（当供蒸汽不回收时）或只回收返回热电厂低温水的热量（当采用热交换供热时）。可见，在垃圾焚烧厂中，供热比率越大，热利用率越高。

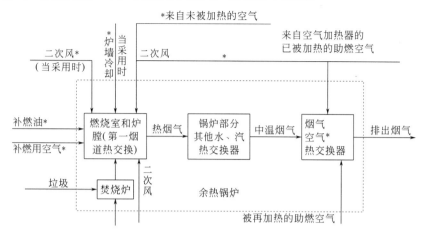

图 5-9　垃圾焚烧厂中燃料（垃圾）、空气、烟气流程（*系统中采用时才有）

5.4.5　蒸汽及冷凝水系统

主要用于处理外界送入的自来水或地下水，将其处理到纯水或超纯水的品质，再送入锅炉水循环系统。处理方法为高级用水处理程序，一般包括活性炭吸附、离子交换及反渗透等单元。

5.4.6　烟气净化系统

固体废物燃烧过程产生烟气，主要成分为 N_2、O_2、CO_2 及 H_2O。生活垃圾焚烧烟气中的污染物可分为颗粒物（粉尘）、酸性气体（HCl、HF、SO_x、NO_x 等）、重金属（Hg、Pb、Cr 等）和有机剧毒性污染物（二噁英、呋喃等）四大类。烟气的产生及组成与垃圾的成分、焚烧炉的炉型、燃烧条件等因素都有密切关系。

"低温控制"和"高效颗粒物捕集"是烟气净化系统成功运行的关键因素。首先控制温度尽可能低（露点以下），同时应采用高效除尘器。烟气净化工艺可分为湿法、半干法和干法三种。

早期常使用静电集尘器去除悬浮颗粒，再用湿式烟气洗涤塔去除酸性气体（如 HCl、SO_x、HF 等）。近年来则多采用石灰干式或半干式烟气洗涤塔去除酸性气体，用活性炭吸附二噁英，配合滤袋集尘器去除悬浮颗粒及其他重金属等物质。

5.4.7　灰渣处理系统

焚烧处理后的垃圾虽然能够达到稳定化、减量化的目的，但是从质量比来看，仍有 10%～20% 的灰渣（包括炉渣和飞灰）以固体形式存在。一方面，由于灰渣（特别是飞灰）中含有重金属、未燃物、盐分，如果处置不当，将对环境产生严重的不良影响；另一方面，由于灰渣中含有一定量的铁、铝等金属物质，有回收利用价值，故又可作为一种资源开发利用。因此，焚烧灰渣既有污染性，又有其资源特性。

　　垃圾焚烧产生的灰渣一般可分为下列四种。

　　（1）底灰　底灰，又称炉渣（bottom ash 或 slag）是焚烧后由炉床尾端排出的残余物，主要含有焚烧后的灰分及不完全燃烧的残余物（如铁丝、玻璃、水泥块等），一般经水冷却后再送出。

　　（2）细渣　细渣由炉床上炉条间的细缝落下，经集灰斗收集，一般可并入底灰，其成分有玻璃碎片、熔融的铝锭和其他金属。

　　（3）飞灰　飞灰（fly ash）是指由空气污染控制设备所收集的细微颗粒，一般是经旋风除尘器、静电除尘器或袋式除尘器所收集的中和反应物（如 $CaCl_2$、$CaSO_4$ 等）及未完全反应的碱剂 [如 $Ca(OH)_2$]。

　　（4）锅炉灰　锅炉灰是废气中悬浮颗粒被锅炉管阻挡而掉落于集灰斗中形成的，亦有沾于锅炉管上再被吹灰器吹落的，可单独收集，或并入飞灰一起收集。

　　一般而言，焚烧灰渣由底灰及飞灰共同组成。底灰和飞灰具有不同的特性，对它们的处理方法也不尽相同。各种灰渣中都含有重金属，特别是焚烧飞灰，其重金属含量特别高，在对其进行最终处置之前必须先经过稳定化处理。另外，灰渣中还存在未燃有机成分，这在灰渣的处理过程中也应加以考虑。焚烧炉渣与除尘设备收集的焚烧飞灰应分别收集、贮存和运输；焚烧炉渣按一般固体废物处理，焚烧飞灰应按危险废物处理。

　　垃圾焚烧设施灰渣的产生量与垃圾种类、焚烧炉形式、焚烧条件有关。一般焚烧 1t 垃圾会产生 100~150kg 炉渣，除尘器飞灰在 10kg 左右，余热锅炉室飞灰的量与除尘器飞灰相差不大。垃圾焚烧炉炉排下排出的炉渣通常采用水冷，因此炉渣的含水率很高，可达 30% 左右，5mm 粒径以下的炉渣颗粒约占一半；除尘设备所捕集的飞灰粒径小，盐分高，易吸湿附着；锅炉室的飞灰粒径比较大，可以用重力或惯性力沉降，且基本没有吸湿性和附着力。

　　根据焚烧温度的不同，又可将焚烧炉排出的底灰分为两种：一种是 1000℃ 以下焚烧炉排出的，称为普通的焚烧残渣；另一种是 1500℃ 高温焚烧炉排出的熔融状态的残渣，称为烧结残渣。烧结残渣是密度很高的块粒状物质，玻璃化作用使其具有强度高、重金属浸出量少等特点，可以用作建筑材料、混凝土骨料、筑路基材等。普通的焚烧残渣一般可以回收铁、玻璃等物质之后用作建筑材料。另外，从焚烧过程的燃烧尾气中收集到的飞灰，可以作为水泥添加剂、土壤改良剂、烧砖辅助材料等。

5.4.8　飞灰处理系统

　　生活垃圾经焚烧后，会产生占垃圾总量 23% 左右的底灰及 1%~5% 的飞灰。其中，飞灰是由焚烧炉产生的烟气经反应塔进行中和、净化后，掺以一定量的吸附剂，再由高效除尘分离器分离而产生的。飞灰主要包括 SiO_2、CaO、Al_2O_3、Fe_2O_3 和硫酸盐、钠盐、钾盐等化合物，还有 Hg、Mn、Sn、Cd、Pb、Cr 等重金属元素以及痕量级二噁英类的有机物，另有其他种类污染物，属于危险废物。飞灰呈碱性，其形状和大小类似粉煤灰，粒径介于 0.01~0.15mm 范围内。飞灰有 2/3 以上的化学物质是硅酸盐与钙。另外，生活垃圾焚烧烟气中含有一定量的未燃尽有机物，故飞灰的热灼减率在 10% 左右。

　　飞灰预处理技术的选择要遵循以下三大原则：①安全性，经过预处理的废物浸出毒性必须要达到《生活垃圾填埋场污染控制标准》（GB 16889），存量处理飞灰达到危险废物填埋场入场控制标准《危险废物鉴别标准　浸出毒性鉴别》（GB 5085.3）；②经济性，在满足安全性条件下，预处理以及后续填埋处置的费用应该尽量低；③节约库容，预处理技术造成一定的增容效应，过大的增容将占用宝贵的填埋场库容。根据以上三个原则，进行预处理技术的选择。各种飞灰稳定化处理工艺比较见表 5-8。

表5-8　各种飞灰稳定化处理工艺比较

稳定化处理工艺	技术成熟性	经济性	二次污染风险	填埋质量增加	项目适应性综合评价
水泥固化	好	好	小	大	宜配合选用
凝硬性废物固化	较好	好	小	很大	可选用
热塑性材料固化	较好	差	小	大	不宜选用
磷酸盐类稳定	好	好	小	小	宜配合选用
铁氧化物稳定	一般	较好	小	小	不宜选用
硫化物类稳定	较好	较差	一般	小	不宜选用
高分子螯合剂稳定	好	较好	小	小	宜选用

水泥固化和无机药剂稳定化工艺较为适合飞灰的填埋预处理。无机药剂虽然运行成本低，但是化学稳定性差，水泥投加量大，造成物料增容大，逐渐被有机高分子螯合剂取代。采用高分子有机药剂处理效果好，投加量少，成本略高，增容效应小，目前在土地资源稀缺的发达国家开始大规模采用，取得了良好的经济效益和环境效益。由于飞灰浸出毒性的不确定性，除了采用高分子有机药剂稳定化外，其他任何一种单一的稳定化或者固化方法都无法很好地满足上述三个原则的要求。因此应该根据飞灰的浸出毒性结果，合理选用其中的一种或者两种技术组合加以处理，在保证安全的前提下，尽可能节省成本和库容。

综上可采用有机高分子螯合剂稳定化处理和水泥固化工艺对飞灰进行稳定化和固化处理。飞灰稳定化处理工艺流程如图 5-10 所示。螯合剂种类包括有机多聚磷酸及其盐类化合物，如羟基亚乙基二膦酸、氨基三亚甲基膦酸、乙二胺四亚甲基膦酸钠、二乙烯三胺五亚甲基膦酸或多元醇磷酸酯。稳定化处理方法的步骤一般是，取一定量的上述稳定剂溶于适量水中，配成溶液，然后将该稳定剂水溶液加入一定量的焚烧飞灰中，均匀搅拌，配成稳定的基质固体。稳定剂与垃圾焚烧飞灰的配合比一般为（1∶100）～（5∶100）。药剂的成本一般较高。

通过飞灰贮仓下的圆盘给料机定量向混合螺旋输送机供应飞灰，与此同时，水泥贮仓下的圆盘给料机向混合螺旋输送机提供定量水泥。水泥贮仓的圆盘给料机具有延时启动调节功能，以便调整飞灰和水泥定量同时混合。飞灰与水泥的混合物料由混合螺旋输送机初步混合后输送至混炼机进料口，混炼机进料口配置物料探测器，当物料到达混炼机时，混炼机启动对物料进行搅拌混合。混合物输送至混炼机后，螯合剂混合溶液以 1.5MPa 的压力喷入混炼机。混炼机内设置水分自动调整装置，通过实时监测物料特性来调整螯合剂和水的添加量。飞灰、螯合剂、水泥在混炼机内混合，飞灰中的重金属类物质与螯合剂发生螯合作用，生成不溶于水的物质，从而被稳定化。

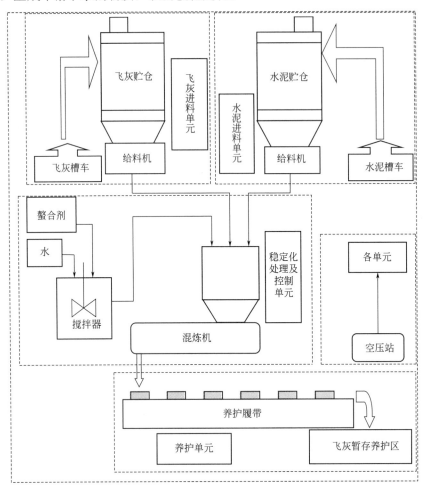

图 5-10 飞灰稳定化处理工艺流程

经过混炼机混炼后的物料掉落在养护输送机上，稳定化的物料在养护输送机上养护 30min 后，水泥完成初凝过程，之后落入养护输送机下的运输车辆。运输车辆将飞灰运至厂内出料贮存间内相应的堆放区堆放养护，并取 10 组测试样品用于化验分析。经过 3d 的堆放化验分析，并得出 10 组样品全部合格的结果后，由运输车辆将飞灰运输至填埋场填埋。如果 10 组样品中任意一组样品浸出毒性检测不合格，则全天处理的物料运回混炼机重新处理。

（1）飞灰进料单元 垃圾焚烧厂通过槽罐车送入的飞灰经压缩空气吹入飞灰贮仓贮存，飞灰贮仓顶部设置袋式除尘器，飞灰送入飞灰贮仓后通过仓顶除尘器使料气分离，气体经过袋式除尘器后排入大气。进入飞灰贮仓的飞灰设计温度为 20℃，由电伴热对其加热以维持仓内飞灰温度在 100℃ 以上，防止飞灰结块。飞灰贮仓顶部平台为钢板铺设而非格栅铺设，在飞灰贮仓顶部检修时，意外散落的飞灰可以通过清扫后再送入飞灰贮仓，防止飞灰扩散至空气中。飞灰出料时通过圆盘给料机进行计量给料，圆盘给料机可以有效防止螺旋给料机的卡壳现象，给料机采用变频调速的方式调整给料速度。飞灰贮仓设置 1 个超声波料位探测仪实时探测料位，料位信号通过全厂自动控制系统传输至控制室的模拟屏上。

（2）水泥进料单元　水泥给料系统主要由水泥贮仓、仓顶除尘器、出料装置、混合输送机、检修用电动葫芦和其他配件组成。同飞灰贮仓一样，整个仓体采用圆形设计，采用整张钢板焊接而成，仓体采用 CO_2 保护焊进行焊接。灰仓的支架采用型钢焊接。为了设备维护和维修方便，在水泥贮仓与飞灰贮仓各层使用平台连接，方便检修人员过往，平台扶梯不低于 1100mm 高。飞灰贮仓与水泥贮仓上面由自身钢平台支撑一个共用的检修用电动葫芦，方便贮仓检修。水泥贮仓防架桥处理措施与飞灰贮仓设置相同的压缩空气与人工振打装置。外购散装水泥由槽罐车运入厂内后通过压缩空气吹入水泥贮仓贮存，水泥贮仓顶部设置袋式除尘器，压缩空气将散装水泥送入水泥贮仓后通过仓顶除尘器使料气分离，气体经过袋式除尘器后排入大气。与飞灰贮仓相同，水泥贮仓顶部平台为钢板铺设而非格栅铺设。出料同样使用圆盘给料机进行计量给料，圆盘给料机采用变频调速的方式调整给料速度。与飞灰贮仓相同，每台水泥贮仓设置 1 套超声波料位探测仪实时探测料位，并将料位信号传输至控制室的模拟屏上。目前，绝大部分焚烧厂为了节省处理费用，通过增大螯合剂使用量或更换螯合剂，使螯合后的飞灰达到浸出毒性标准值，从而取消水泥固化剂，不再使用图 5-10 中的水泥固化设施。然而，为了使螯合剂发挥最大效果，即使取消水泥固化，后续的养护单元仍然需要保留和实施。

（3）工艺水及螯合剂混合溶液配制系统　主要由螯合剂贮存槽、工艺水贮存槽、混合搅拌槽、螯合剂计量泵、工艺水计量泵、混合计量泵、管道、阀门和仪表等组成。螯合剂与工艺水通过螯合剂计量泵和工艺水计量泵按比例送入混合搅拌槽中，混合液体在混合搅拌槽中通过搅拌器搅拌均匀，后经混合计量泵以 1.5MPa 的压力送入飞灰混炼机中，与飞灰和水泥的混合物反应。将螯合剂放入螯合剂贮存槽中加水稀释至 50% 的浓度。通过螯合剂计量泵将螯合剂送入混合溶液槽中，同时工艺水通过计量泵按 1∶15 的体积比送入混合溶液槽，两种液体在混合溶液槽中通过溶液搅拌器搅拌均匀后，由混合溶液输送计量泵（混合计量泵）以 1.5MPa 的压力喷入飞灰混炼机。飞灰混炼机把飞灰与水泥的混合物从进料口送入，进料口设置有物料探测器，物料进入混炼机搅拌部位，搅拌部位内部的双主轴上布置推进螺旋，通过推进螺旋将飞灰和水泥的混合物推入同轴的混炼棒部分，进行物料混合。在物料推进过程中利用物料之间的空间，并通过混炼棒对推进过程中的物料进行充分混合。混炼棒沿主轴方向呈螺旋布置，沿主轴间隔一定角度布置 8 根混炼棒，这样双轴在断面上形成由 16 根混炼棒组成的搅拌组合。通过齿轮箱的机械传动，双主轴做不等速转动，更好地对物料进行搅拌，并有效防止混炼机卡涩。

（4）稳定化处理及控制单元　在混炼机的搅拌部位设置独有的水分自动调整装置的探测器，实时探测物料的含水率，从而控制螯合剂与水的添加量，促使物料与螯合剂的均匀混合，并且能有效防止污水的产生。同时，混炼机设置过载保护装置。推进叶片与主轴用螺栓连接，混炼棒和推进螺旋与主轴用螺栓连接。这种连接方式既保证了推进与搅拌时的牢固性，又方便了设备维修和易损件的更换。每台混炼机对推进螺旋和混炼棒的更换可以在 8h 内完成。混炼机的推进螺旋与混炼棒采用 1Cr15Ni 的硬质合金耐磨材料制成，硬质合金布氏硬度（HB）应达 400 以上。壳体采用整板模压成型，材料应为碳钢 Q235-A，厚度在 6mm 以上，采用耐热密封垫、密封胶进行密封。混炼机壳体内衬 1Cr15Ni 硬质合金材料，厚度不小于 6mm，内衬和外壳体以螺栓固定，可以拆卸和更换。双主轴的计算弯曲变形小于等于 $L/1000$（L 为螺旋输送机壳体的长度），并应考虑工作温度影响。螺旋与壳体之间的最小间隙不小于 5mm。

（5）养护单元　经混炼机混合搅拌后稳定化的飞灰，从出料口落在养护输送机上。飞灰稳定化物在养护输送机上养护 30min 以上，水泥完成初凝过程，再由养护输送机送至皮带下的运输车辆，然后由车辆运至飞灰暂存间进行养护。胶带输送机按严重冲击和骤变荷载设计，设计考虑到可能遇到的不同尺寸的固化物掉落而不致造成运行困难或中止运行，同时考虑了清除大块飞灰固化物的措施。输送机最大输送能力按照设计输送能力的 5 倍考虑，保证输送机在系统最大处理量时设备各部件不致损坏。胶带输送机运行时最大跑偏量不超过带宽的 5%，并设置胶带跑偏调整装置。胶带输送机卸料滚筒处装设端部清扫器，在尾部滚筒前和拉紧装置第一个改向滚筒前均应装设非承载面清扫器，清扫胶板应耐磨、不脆裂，保证使用中安全可靠。

胶带使用寿命不少于 30000h，其他易磨损部件的使用寿命不少于 30000h，轴承的寿命不少于 80000h，托辊在正常工作条件下的使用寿命不少于 50000h。托辊内部配以多元迷宫式密封，以防止粉尘、脏物和水侵入。胶带输送机各种支架、驱动架、头架、尾架均选择合理材料制造，保证有足够的刚度和强度，焊缝应牢固、美观、均匀，设备表面光滑、无毛刺。所有胶带输送机的上部装有密封罩，保证系统在密封状态下运行，为防物料堵塞，密封罩顶面距胶带表面不小于 500mm，密封罩一边采用铰链固定，可以方便地打开，密封罩两边立面设置有机玻璃观察窗，观察窗设置间距不超过 1.5m。

也可采用高压压制飞灰，使飞灰块石化。在静压条件下，使飞灰达到很高的密度，变成大密度的飞灰模块，从而降低填埋成本，进而降低固化成本，这在工程应用上具有很广阔的前景。飞灰本身就是粉末，在超高的压力下，可被压成所需形状。为改善粉末的成型性和可塑性，通常可加增塑剂，为了稳定化，还可以添加稳定剂，但用量显著低于传统的水泥固化和稳定化工艺。压制后，飞灰密度均可由 $0.7\sim0.9\text{g/cm}^3$ 增大到 $2.0\sim3.0\text{g/cm}^3$，填埋后，填埋体积显著下降，填埋场寿命延长 60%～80%。压制后，浸出毒性大幅度下降。如果是已经固化好的飞灰，压制后浸出毒性数据基本上是零。压强越高，固化剂的使用量越少，一般情况下，固化剂使用量可以减少 30%～80%。

当前，飞灰熔融越来越受到重视。飞灰组分中 CaO、SiO_2 对熔融温度的影响最为显著，Al_2O_3、Fe_2O_3 次之，MgO 最弱。添加 30%～35%（质量分数）石英、45%～55% 玻璃粉、10%～15% Al_2O_3 或灰渣比（0～3）∶20 均能显著降低熔融流动温度，添加组分时分别下降 160℃、190℃、190℃。飞灰减量主要由氯化物挥发导致，而温度决定挥发的速率。SiO_2、Al_2O_3 显著影响熔融玻璃体的形成，而氯含量及压制预处理对玻璃体形成影响较弱。

1400℃ 实际熔融温度下，添加石英 30%～35%、玻璃粉 55%～65%、氧化铝

10%～15% 或调节灰渣比为（0～10）：20，即入炉原料碱度约在 0.9～1.1 之间，能改善炉排型焚烧炉高钙飞灰熔融过程，稳定获得玻璃体完好的熔渣产物。熔融效果主要受入炉原料组成及熔融温度影响，压制制粒预处理不影响熔融处置效果，且压制预处理灰样的熔融吸热量与不压制预处理相近，因此压制可作为飞灰熔融的预处理手段。

熔融玻璃化熔渣产物结构致密，其密度在 2.769～3.064g/cm³ 之间，较原灰减容约 64%～86%。熔渣主体为 $CaO-SiO_2-Al_2O_3$ 体系。网状结构主要为 Si—O—Si，当 Al 含量增加时，则有 Si—O—Al 结构形成。熔融二次飞灰约占入炉物料量的 30%，其主要成分为 NaCl、KCl 等氯盐，并富集有 Pb、Zn 等重金属，形态主要为易溶性氯盐，有资源化利用的潜质。

飞灰熔融过程中，低沸点重金属氯化物直接挥发，部分重金属氧化物氯化后挥发。低沸点的 As、Cd、Pb 等重金属在 1100℃前即已大量挥发，基本不受飞灰熔融效果影响。高沸点重金属 Cu、Cr、Ni 的挥发受组分中氯及熔融效果的影响，玻璃相增多，Cu 的挥发率降低，而 Cr、Ni 基本不挥发。SiO_2、Al_2O_3 与 Zn 生成 Zn_2SiO_4、$ZnAl_2O_4$，从而抑制 Zn 的挥发。压制预处理对飞灰中 Cd、Pb、Zn 等影响不突出，Cr、Ni 被完全固溶于熔渣中，而 Cu 的挥发率则小幅下降。

熔渣重金属浸出与温度、熔渣玻璃化程度密切相关。对于 Cd、Pb 等低沸点重金属，高温熔渣浸出浓度低于低温熔渣；而对于 Cr、Ni，熔渣玻璃化程度高则浸出毒性小。玻璃体完好的熔渣，其重金属浸出毒性基本低于 GB 5085.3 所规定限值的 10%，表明飞灰熔融具有优异的重金属脱毒稳定效果，得到的玻璃化熔渣产物应属于一般固体废物。

二次飞灰限制了飞灰熔融的广泛应用。二次飞灰含盐极高，无法通过固化/稳定化降低浸出毒性，只能贮存或多次重结晶回收各种无机盐（主要是氯化钠和氯化钾，以及相应的硫酸盐）。另外，飞灰熔融耗能极大。如果使用电能，根据使用的设备如等离子体或电炉，每吨飞灰耗电在 1500～2000kW·h 或更高，总成本远高于螯合稳定化和安全填埋。采用飞灰熔融 - 二次飞灰提盐工艺，将飞灰熔融成本分摊到生活垃圾焚烧成本中，焚烧成本大约提高 20%～40%。

5.4.9　自动燃烧控制系统

垃圾焚烧厂内自动燃烧控制系统的正常运行是整个焚烧厂安全、稳定、高效运行的重要保证，同时自动控制系统可减轻操作人员的劳动强度，最大限度地发挥工厂性能。自动控制系统通过监视整个厂区各设备的运行，将各操作过程的信息迅速集中，并做出在线反馈，为工厂的运行提供最佳的运行管理信息。采用温度场成像与自动燃烧控制相结合的智能燃烧控制系统，可实现垃圾在炉膛内的充分稳定燃烧，使炉渣热灼减率小于 3%，并大幅度降低烟气污染物的源头产生量。

自动燃烧控制系统（图 5-11）根据垃圾热值和特性的变化，自动调节推料速度、炉排移动速度、一次风量，从而使燃烧工况、炉膛温度、锅炉蒸发量和蒸汽参数稳定；根据锅炉出口烟气氧含量、CO 含量，调节一、二次风供风量；当炉膛温度低于 850℃时，自动启动助燃燃烧器。

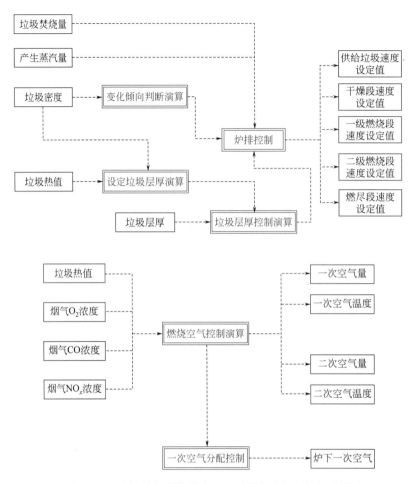

图 5-11　生活垃圾焚烧发电厂自动燃烧控制系统示意图

5.5　固体废物焚烧炉

5.5.1　炉排型焚烧炉

炉排型焚烧炉形式多样，其应用占全世界垃圾焚烧市场总量的 80% 以上。机械炉排型焚烧炉如图 5-12 所示。该类炉型的最大优势在于技术成熟，运行稳定、可靠，适应性广，绝大部分固体废物不需要任何预处理可直接进炉燃烧，尤其适用于大规模垃圾集中处理，可利用垃圾焚烧发电（或供热）。但炉排需用高级耐热合金钢作材料，投资及维修费用较高，而且机械炉排型焚烧炉不适合含水率特别高的污泥，大件生活垃圾也不适宜直接用炉排型焚烧炉。

炉排型焚烧炉按炉排功能可分为干燥炉排、点燃炉排、组合炉排和燃烧炉排；按结构形式可分为移动式炉排、往复式炉排、摇摆式炉排、翻转式炉排、回推式炉排和辊式炉排等。炉排型焚烧炉的特点是能直接焚烧生活垃圾，不必预先进行分选或破碎。其焚烧过程如下：垃圾落入炉排后，被吹入炉排的热风烘干；与此同时，吸收燃烧气体的辐射热，使水分蒸发；干燥后的垃圾逐步点燃，运行中将可燃物质燃尽；灰分与其他不可燃物质一起排出炉外。到目前为止，炉排已广泛应用于生活垃圾处理中，主要包括如下类型。

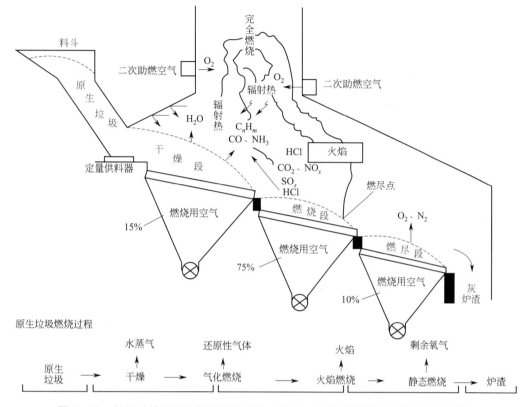

图 5-12　机械炉排型焚烧炉的概念图（一级和二级燃烧段通风比例与热值有关）

（1）移动式（又称为链条式）炉排　通常使用持续移动的传送带式装置。垃圾点燃后通过调节炉排的速度可控制其干燥和点燃时间。点燃的垃圾在移动翻转过程中完成燃烧，炉排燃烧的速度可根据垃圾组分性质及焚烧特性进行调整。

（2）往复式炉排　由交错排列在一起的固定炉排和活动炉排组成，以推移形式使燃烧床始终处于运动状态。炉排有顺推和逆推两种方式，马丁式焚烧炉的炉排即为一种典型的逆推往复式炉排，这种炉排适合处理不同组分的低热值生活垃圾。

（3）摇摆式炉排　由一系列块形炉排有规律地横排在炉体中组成。操作时，炉排有次序地上下摇动，使物料运动。相邻两炉排之间在摇摆时相对起落，从而起到搅拌和推动垃圾的作用，完成燃烧过程。

（4）翻转式炉排　由各种弓形炉条构成。炉条之间间隔的摇动使垃圾物料向前推移，并在推移过程中得以翻转和拨动。这种炉排适合轻质燃料的焚烧。

（5）回推式炉排　是一种倾斜的来回运动的炉排系统。垃圾在炉排上来回运动，始终交错处于运动和松散状态，由于回推形式可使下部物料燃烧，适合低热值垃圾的燃烧。

（6）辊式炉排　由高低排列的水平辊组合而成。垃圾通过被动的辊子输入，在向前推动的过程中完成烘干、点火、燃烧等过程。

生活垃圾的高含水率导致焚烧过程中着火时间延迟、位置偏后，使得最终燃尽率偏小。炉膛生活垃圾厚度、炉排运行时间及炉排形状等都将直接影响通风效果，特别是运行一定时间后的焚烧厂，其炉排第一级送风管道及炉排片分别被生活垃圾渗滤液与漏落的混合干化物和焚烧灰渣所堵塞，严重降低了第一级炉排片段的通风功效，使之不能提供足够的热空气充分干燥生活垃圾，导致后续生活垃圾的点火延迟、燃尽困难。

为改善焚烧厂倾斜往复式顺推炉排对"三高一低"（高混杂、高含水率、高无机物含量、低热值）生活垃圾的焚烧效果，在焚烧厂现场进行了固定炉排生活垃圾厚度对通风阻力性能影响的试验，并对空炉排和不同厚度的生活垃圾层通风阻力特性等进行了冷态试验。焚烧炉炉膛内一般通过焚烧炉内动、静炉排片之间的相对运动，使上下炉排片之间缝隙不被堵塞，从而保证炉排的正常通风，但实际运行过程中，随着运行时间的推移，炉排片之间缝隙易发生堵塞。空炉排的阻力随着使用时间的延长而增大，经过多次装卸生活垃圾后的炉排，其阻力明显大于刚铺装好的初始炉排。实际运行发现，经过四次生活垃圾的装卸，传统空炉排的最大阻力为145Pa，如果装有500mm厚的生活垃圾，其最大阻力达468Pa（对应最大空气流量1031m³/h），炉排通风阻力所占比例约为1/3。

为降低炉排通风阻力，对焚烧厂干燥段第一级固定炉排采用开孔方式，固定炉排片采用端部钻有三个直径8mm通孔的炉排片。炉排片端部开孔可明显加大通风面积，减小炉排片的通风阻力。一次生活垃圾装卸之后，未开孔炉排阻力为24～75Pa，开孔炉排为12～48Pa；而两次生活垃圾装卸之后，未开孔炉排阻力为92～106Pa，开孔炉排为29～80Pa。因此，炉排片端部开孔可有效增大第一级炉排的通风量，促进炉内的生活垃圾干燥与着火。实际运行表明，当左右两侧第一级通风量低于12000m³/h时，焚烧状态较差，而随着第一级通风量的增加，焚烧状态得到很好提高。

当第一级炉排通风量达到总送风量的25%左右时（一般设计值为总送风量的15%左右），生活垃圾焚烧状态明显好转，达到很好的焚烧状态。因此，针对高含水率的生活垃圾，焚烧炉第一级炉排通风量必须达到一次送风量的25%以上，从而有助于生活垃圾的燃尽，缓解燃烧滞后现象，并提高焚烧炉对生活垃圾热值和含水率变动的适应能力。

针对大型生活垃圾焚烧厂焚烧不稳定现象，可从以下四个方面对通风系统进行改善：一次风温度由常规的室温提高至280℃，从而使生活垃圾在炉内的干燥段充分干燥，起到加强燃烧效果的作用；通过炉排开孔，明显降低焚烧炉通风阻力；同时加大焚烧炉炉排长度，增加生活垃圾在炉内的停留时间，从而使得生活垃圾燃烧更为彻底；最后可改变焚烧系统中的风量分配比例，使第一级通风量由传统的占总送风量15%提高到25%，相应降低第二级和第三级的通风量。

5.5.2　流化床焚烧炉

二维码5-4　流化床
焚烧炉

流化床焚烧炉可以对任何垃圾进行焚烧处理。它的最大优点是可以使垃圾完全燃烧，并对有害物质进行最彻底的破坏，一般排出炉外的未燃物均在1%左右，燃烧残渣最少，有利于环境保护，同时也适用于焚烧高含水率的污泥类等。流化床主要用来焚烧轻质木屑等，但近年开始逐步应用于焚烧污泥、煤和生活垃圾。流化床焚烧炉根据风速和垃圾颗粒的运动状况可分为固定层、沸腾流动层和循环流动层。

（1）固定层　气速较低，垃圾颗粒保持静态，气体从垃圾颗粒间通过。

（2）沸腾流动层 气速超过流动临界点的状态，从而在颗粒中产生气泡，颗粒被剧烈搅拌处于沸腾状态。

（3）循环流动层 气速超过极限速度，气体和颗粒之间激烈碰撞混合，颗粒在气体作用下处于飞散状态。

流化床垃圾焚烧炉主要是沸腾流动层状态。图 5-13 所示为流化床焚烧炉的结构。一般垃圾粉碎到 20cm 以下后再投入炉内，垃圾和炉内的高温流动砂（650～800℃）接触混合，瞬间气化并燃烧。未燃尽成分和轻质垃圾一起飞到上部燃烧室继续燃烧。一般认为上部燃烧室的燃烧占 40% 左右，但容积却是流动层的 4～5 倍，同时上部的温度也比下部流动层高 100～200℃，上部燃烧室通常也称为二次燃烧室（二燃室）。

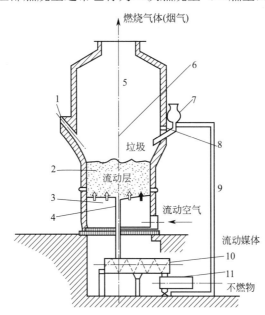

图 5-13 流化床焚烧炉的结构

1—助燃器；2—流动介质；3—散气板；4—不燃物排出管；5—二次燃烧室；6—流化床炉内；7—供料器；
8—二次助燃空气喷射口；9—流动介质（砂）循环装置；10—不燃物排出装置；11—振动分选装置

不燃物和流动砂沉到炉底，一起被排出，混合物分离成流动砂和不燃物，流动砂可保持大量的热量，因此流回炉内循环使用。70% 左右垃圾的灰分以飞灰形式流向烟气处理设备。

流化床炉体较小，焚烧炉渣的热灼减率低（约 1%），炉内可动部分设备少，同时由于流化床将流动砂保持在一定的温度，因此便于每天启动和停炉。但由于流化床焚烧炉主要靠空气托住垃圾进行燃烧，因此对进炉的垃圾有粒度要求，通常希望进入炉中垃圾的颗粒不大于 50mm，否则大颗粒的垃圾或重质的物料会直接落到炉底被排出，达不到完全燃烧的目的。所以流化床焚烧炉都配备了大功率的破碎装置，否则无法保证垃圾在炉内完全呈沸腾状态，焚烧炉无法正常运转。另外，垃圾在炉内沸腾全部靠大风量、高风压的空气，不仅电耗大，而且将一些细小的灰尘全部吹出炉体，造成锅炉处大量积灰，并给下游烟气净化设备增加了除尘负荷。流化床焚烧炉的运行和操作技术要求高。若垃圾在炉内的沸腾高度过高，则大量的细小物质会被吹出炉体；相反，鼓风量和压力不够，沸腾不完全，则会降低流化床的处理效率。因此采用流化床焚烧炉需要非常灵敏的调节手段和相当有经验的技术人员。

5.5.3　回转窑焚烧炉

回转窑焚烧炉是一种成熟的技术，如果待处理的垃圾中含有多种难燃烧的物质，或垃圾的含水率变化范围较大，回转窑是唯一理想的选择。回转窑因为转速的改变，可以影响垃圾在窑中的停留时间，并且对垃圾在高温空气及过量氧气中施加较强的机械碰撞，能得到可燃物质及腐败物含量很低的炉渣。

回转窑可处理的垃圾范围广，特别是在工业垃圾的焚烧领域应用广泛。回转窑在生活垃圾焚烧中的应用主要是为了提高炉渣的燃尽率，将垃圾完全燃尽以达到炉渣再利用时的质量要求。这种情况下，回转窑焚烧炉一般安装在机械炉排型焚烧炉后。

图 5-14 所示为作为干燥和燃烧炉使用时的回转窑。在此流程中，机械炉排作为燃尽段安装在其后，作用是将炉渣中未燃尽物完全燃烧。但该技术也存在明显的缺点：垃圾处理量不大，飞灰处理难，燃烧不易控制。这使其很难适应发电的需要，在当前的垃圾焚烧中应用较少。

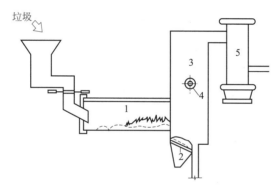

图 5-14　作为干燥和燃烧炉使用时的回转窑
1—回转窑；2—燃尽炉排；3—二次燃烧室；4—助燃器；5—锅炉

回转窑是一个带耐火材料的水平圆筒，绕着其水平轴旋转。从一端投入垃圾，当垃圾到达另一端时已被燃尽成炉渣。圆筒转速可调，一般为 0.75～2.50r/min。处理垃圾的回转窑的长度和直径比一般为（2～5）：1。

回转窑由两个以上的支撑轴轮支撑，通过齿轮驱转的支撑轴轮或链条驱动绕着回转窑体的链轮齿带动回转窑炉旋转。回转窑的倾斜角度可以通过上下调整支撑轴轮来调节，一般为 2%～4%，但也有完全水平或倾斜角度极小的回转窑，且在两端设有小坝，以便在炉内维持成一个池形，一般用作熔融炉。

根据不同的分类依据，回转窑焚烧炉可分成如下几类。

（1）顺流炉和逆流炉　根据燃烧气体和垃圾前进方向是否一致分为顺流炉和逆流炉。处理高水分垃圾选用逆流炉，助燃器设置在回转窑前方（出渣口方），而处理高挥发性垃圾常用顺流炉。

（2）熔融炉和非熔融炉　炉内温度在 1100℃以下的正常燃烧温度时，为非熔融炉。当炉内温度达约 1200℃以上，垃圾将熔融。

（3）带耐火材料炉和不带耐火材料炉　最常用的回转窑焚烧炉一般是顺流式、带耐火材料的非熔融炉。

5.5.4　各种焚烧炉的综合性能对比

各种焚烧炉的综合性能对比见表 5-9。

表5-9　典型炉型（焚烧炉）综合性能比较

项目	机械炉排焚烧炉	流化床焚烧炉	回转窑焚烧炉
炉排样式	机械炉排	无炉排	无炉排
燃烧空气压力	低	高	低
垃圾与空气接触	较好	好	较好
点火升温	较快	快	慢
二次燃烧室	需要	不需要	需要
烟气中含尘量	低	高	较高
占地面积	大	小	中
垃圾破碎情况	不需要	需要	不需要
燃烧介质	不用载体	需用石英砂作热载体	不用载体
燃烧炉体积	较大	小	大
加料斗高度	高	较高	低
焚烧炉状态	静止	静止	旋转
残渣中未燃分	少（<3%）	最少（<1%）	较少（<5%）
操作运行	方便	方便	方便
适应垃圾热值	低	低	高
是否适于煤混烧	否	是	否
操作方式	连续	可间断	连续
耐火材料磨损性	小	小	大
垃圾处理量	大	中	中
垃圾焚烧历史	长	短	较长
垃圾焚烧市场比例	高	较高	低
主要传动机构	炉排	砂循环	炉体
运行费用	低	较高	低
检修工作量	较少	少	少

5.6　固体废物焚烧炉设计

固体废物焚烧炉设计的基本原则，是使废物在炉膛内按规定的焚烧温度和足够的停留时间，达到完全燃烧。这就要求选择适宜的炉床，合理设计炉膛的形状和尺寸，增加废物与氧气接触的机会，使废物在焚烧过程中水汽易于蒸发、加速燃烧，以及控制空气及燃烧气体的流速及流向，使气体得以均匀混合。

5.6.1　炉型

选择炉型时，首先应分析所选择炉型的燃烧形态（控气式或过氧燃烧式）是否适合所处理的所有废物的性质。

过氧燃烧式是指第一燃烧室供给充足的空气量（即超过理论空气量）。

控气式（缺氧燃烧）即第一燃烧室供给的空气量是理论空气量的 70%～80%，处于缺氧状态，使废物在此燃烧室内裂解成较小分子的烃气体、CO 与少量微细的炭颗粒，到第二燃烧室再供给充足空气使其氧化成稳定的气体。经过阶段性的空气供给，可使燃烧反应较为稳定，产生的污染物相对较少，且在第一燃烧室供给的空气量少，所带出的粒状物质也相对较少，为目前焚烧炉设计与操作较常使用的模式。

一般来说，过氧燃烧式焚烧炉较适合焚烧不易燃性废物或燃烧性较稳定的废物，如木屑、垃圾、纸类等；而控气式焚烧炉较适合焚烧易燃性废物，如塑料、橡胶与高分子石化废料等；机械炉排焚烧炉适用于生活垃圾；回转窑焚烧炉适宜处理危险废物。

此外，还必须考虑燃烧室结构及气流模式、送风方式、搅拌性能好坏、是否会产生短流或底灰易被扰动等因素。焚烧炉中气流的走向取决于焚烧炉的类型和废物的特性。其基本的燃烧烟气取向如图 5-15 所示。多膛式焚烧炉通常是垂直向上燃烧的；回转窑焚烧炉通常是下斜向燃烧；而液体喷射式焚烧炉、废气焚烧炉及其他圆柱形的焚烧炉可取任意方向，具体形式取决于待焚烧废物的形态及性质。当燃烧产物中含有盐类时，宜采用垂直向下或下斜向燃烧的设计类型，以便于从系统中清除盐分。

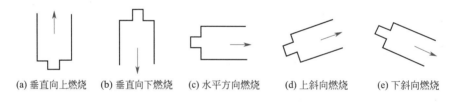

(a) 垂直向上燃烧　(b) 垂直向下燃烧　(c) 水平方向燃烧　(d) 上斜向燃烧　(e) 下斜向燃烧

图 5-15　焚烧炉的燃烧烟气取向

焚烧炉的炉体可为圆柱形、正方体或长方体的容器。旋风式和螺旋燃烧式焚烧炉采用圆柱形的设计方案；液体喷射式焚烧炉、废气焚烧炉及多燃烧室焚烧炉虽然既可以采用正方体也可以采用长方体的设计，但是圆柱形燃烧室仍是较好的结构形式。将耐火的顶部设计成正方体或长方体往往是非常困难的。大型焚烧炉二次燃烧室多为直立式圆筒或长方体，顶端装有紧急排放烟囱，中、小型焚烧炉二次燃烧室则多为水平圆筒形。

5.6.2　送风方式

就单燃烧室焚烧炉而言，助燃空气的送风方式可分为炉床上送风和炉床下送风两种，一般加入超量空气 100%～300%，即过剩空气系数为 2.0～4.0。

对于两段控气式焚烧炉，在第一燃烧室内加入 70%～80% 的理论空气量，在第二燃烧室内补足空气量至理论空气量的 140%～200%。二次空气多由两侧喷入，以加速室内空气混合及提高搅拌混合程度。

从理论上讲，强制通风系统与吸风系统差别很小。吸风系统的优点是可以避免焚烧烟气外漏，但是由于系统中常含有焚烧产生的酸性气体，必须考虑设备的腐蚀问题。

5.6.3　炉膛尺寸的确定

废物焚烧炉炉膛尺寸主要是由燃烧室允许的容积热强度和废物焚烧时在高温炉膛内所需的停留时间两个因素决定的。通常的做法是按炉膛允许热强度来决定炉膛尺寸，然后按废物焚烧所必需的停留时间加以校核。

考虑到废物焚烧时既要保证燃烧完全，还要保证废物中有害组分在炉内一定的停留时间，因此在选取容积热强度值时要比一般燃料燃烧室低一些。

5.6.4　设计参数

焚烧炉的设计参数主要与被烧垃圾的性质、处理规模、处理能力、炉排的机械负荷和热负荷、燃烧室热负荷、燃烧室出口温度和烟气停留时间、热灼减率等因素有关。

（1）垃圾性质　垃圾焚烧与垃圾的性质有密切关系，包括垃圾的三成分（水分、灰分、可燃分）、化学成分、低位热值、相对密度等。同时由于垃圾的主要性质随人们的生活水平和生活习惯、环保政策、产业结构等因素的变化而变化，因此必须尽量准确地预测在焚烧厂服务时间内的垃圾性质的变化情况，从而正确地选择设备，提高投资效率。

为使设备容量得到充分利用，一般采用工厂使用期的中间年的垃圾性质和垃圾量作为设计基准，并且可以采用分期建设的情景进行设计。

（2）处理规模　焚烧炉处理规模一般以每天或每小时处理垃圾的质量和烟气量来确定，必须同时考虑这两个因素，即使是同样质量的垃圾，性质不同，也会产生不同的烟气量，而烟气量将直接决定焚烧炉后续处理设备的规模。一般而言，垃圾的低位热值越高，单位质量的垃圾产生的烟气量越多。

（3）处理能力　垃圾焚烧厂的处理能力随垃圾性质、焚烧灰渣、助燃条件等的变化而在一定范围内变化。一般采用垃圾燃烧图表示焚烧炉的焚烧能力。图 5-16 为日处理能力1000t 焚烧厂的燃烧图。从图中可以看出，其处理能力随着垃圾热值、有无助燃等条件的改变而变化。

（4）炉排机械负荷和热负荷　炉排机械负荷是表示单位炉排面积的垃圾燃烧速度的指标，即单位炉排面积单位时间内燃烧的垃圾量 [kg/（m²·h）]。炉排机械负荷是垃圾焚烧炉设计的重要指标，负荷高则表示炉排处理垃圾的能力强。炉排面积热负荷是在正常运转条件下，单位炉排面积在单位时间内所能承受的热量 [kJ/（m²·h）]，视炉排材料及设计方式等因素而异。

（5）燃烧室热负荷　燃烧室热负荷是衡量单位时间内单位容积所承受热量的指标，包括一次燃烧室和二次燃烧室负荷。燃烧室热负荷的大小即表示燃烧火焰在燃烧室内的充满程度。

（6）燃烧室出口温度和烟气停留时间　废气停留时间与炉温应根据废物特性而定。处理危险废物或稳定性较高的含有机氯化物的一般废物时，废气停留时间需延长，炉温应提高；若为易燃性废物或生活垃圾，则停留时间与炉温在设计方面可酌情降低。一般而言，若要使 CO 达到充分破坏的理论值，停留时间应在 0.5s 以上，炉温在 700℃以上，但任何一座焚烧炉不可能充分扰动扩散，或多或少皆有短流现象，而且未燃的炭颗粒部分仍会反应生成 CO，故在操作时，炉温应维持在 1000℃，而停留时间以 2s 以上为宜。若炉温升高，停留时间可以缩短；炉温降低时，停留时间需要延长。

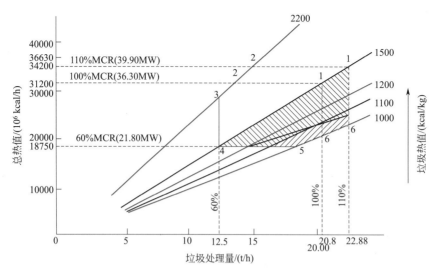

图 5-16　日处理能力 1000t 焚烧厂的燃烧图
（1cal=4.1840J，MCR 为最大连续蒸发量）

（7）**热灼减率**　炉渣的热灼减率是衡量焚烧炉渣无害化程度的重要指标，也是炉排机械负荷设计的主要指标。焚烧炉渣的热灼减率是指焚烧炉渣中的未燃尽分的质量分数，目前焚烧炉设计时的炉渣热灼减率一般在 5% 以下，大型连续运行的焚烧炉也有要求在 3% 以下的情况。

5.6.5　机械炉排焚烧炉的设计

（1）**炉膛几何形状及气流模式**　燃烧室几何形状要与炉排构造协调，在导流废气的过程中为废物提供一个干燥、完全燃烧的环境，确保废气能在高温环境中有充分的停留时间，以保证毒性物质分解，还需兼顾锅炉布局及热能回收效率。

① 对于低位热值在 2000～4000kJ/kg、高含水率的垃圾，适宜采用逆流式的炉床与燃烧室搭配形态，即经预热的一次风进入炉床后，与垃圾物料的运动方向相反，燃烧气体与炉体的辐射热利于垃圾充分干燥。德国 Martin 公司的炉体大部分即设计成此种形式。

② 对于低位热值在 5000kJ/kg 以上及低含水率的垃圾，适宜采用顺流式的炉床与燃烧室搭配形态，此时垃圾移送方向与助燃空气流向相同，燃烧气体对垃圾干燥效果较差。

③ 对于低位热值在 3500～6300kJ/kg 的垃圾，可采用交流式的炉床与燃烧室搭配形态，使垃圾移动方向与燃烧气体流向相交。这种燃烧模式的选择有很大灵活性：若焚烧热值较高的垃圾，则垃圾与气体流向的交点偏向燃烧侧（即呈顺流式）；反之，则偏向干燥炉床侧（即呈逆流式）。瑞士 Von Roll 公司的炉体即属此形式。

④ 对于热值变化较大的垃圾，则可以采用复流式的搭配形态。燃烧室中间由辐射天井隔开，使燃烧室成为两个烟道，燃烧气体由主烟道进入气体混合室，未燃气体及混合不均匀的气体由副烟道进入气体混合室，燃烧气体与未燃气体在气体混合室内可再燃烧，使燃烧作用更趋于完全。丹麦 Volund 公司及其代理厂家日本钢管株式会社（NKK）的炉体即属于此种形式。

欧洲共同体燃烧优化准则（GCP）中规定，焚化废气在燃烧室炉床上方至少须在 850℃ 环境中停留 2s，以彻底破坏可能产生二噁英的有机物。此外，在工程设计时，为避免废气流量过大对耐火内衬产生腐蚀，一般均将燃烧室烟气流速限制在 5m/s 之下，废气通过对流区的流速不得高于 7m/s。燃烧室内废气温度亦不可高于 1050℃，以免飞灰因温度过高而黏着于炉壁造成软化及腐蚀，并且避免产生过量的氮氧化物。

（2）燃烧室的构造 垃圾燃烧室依吸热方式的不同可分为耐火材料型燃烧室与水冷式燃烧室两种。前者仅以耐火材料加以被覆隔热，所有热量均由设于对流区的锅炉传热而吸收，仅用于较早期的焚烧炉中。而后者与炉床成为一体，空冷砖墙及水墙构造不易烧损及受熔融飞灰等损害，所容许的燃烧室负荷较一般砖墙构造高，多为近代大型垃圾焚烧炉燃烧室炉壁设计所采用。水管墙可有效地吸收热量，并降低废气温度，其主要设计准则如下。

① 水管墙应采用薄膜墙设计，以达到良好气密性的要求。

② 水管墙的底部，即靠近炉床的上方部分，因暴露于极高温度的火焰中而易遭受腐蚀，须覆以耐火材料加以保护。

③ 水管墙位置一般在炉床左右侧耐火砖墙的顶部，靠近炉床的侧壁因直接承受高温环境及熔融飞灰的冲击，不适宜采用裸管水墙或鳍片管水墙，有时在接近炉床的位置采用空冷砖墙或耐火砖墙，直至越过火焰顶端后的燃烧室侧壁再采用各种类型的水墙。

（3）燃烧室热负荷 连续燃烧式焚烧炉燃烧室热负荷设计值为 $(34\sim63)\times10^4$ kJ/$(m^3\cdot h)$。若设计不当，对垃圾燃烧有不良影响。其值过大时，将导致燃烧气体在炉内停留时间太短，造成不完全燃烧，且炉体的热负荷太高，炉壁易形成熔渣，造成炉壁剥落龟裂，影响燃烧室使用寿命，同时亦影响锅炉操作的效率及稳定性；其值过小时，将使低热值垃圾无法维持适当的燃烧温度，燃烧状况不稳定。应根据垃圾处理量与低位热值确定适宜的燃烧室热负荷，避免设计值与实际操作值误差过大。

（4）助燃空气 通常助燃空气分两次供给，一次空气由炉床下方送入燃烧室，二次空气由炉床上方燃烧室侧壁送入。一般而言，一次空气占助燃空气总量的 60%～70%，预热至 150℃ 左右由鼓风机送入；其余助燃空气当成二次空气。一次空气在炉床干燥段、燃烧段及后燃烧段的分配比例一般为 15%、75% 及 10%。二次空气进入炉内时，以较高的风压从炉床上方吹入燃烧火焰中，扰乱燃烧室内的气流，可使燃烧气体与空气充分接触，增强其混合效果。操作时为配合燃烧室热负荷，防止炉内温度剧烈变化，可调整预热助燃空气的温度。二次空气是否需要预热须根据热平衡的条件来决定。

（5）燃烧室所需容积 燃烧室容积（V）大小应兼顾燃烧室容积热负荷及燃烧效率两种准则。具体方法是，同时考虑单位时间内垃圾及辅助燃料的低位热值与燃烧室容积热负荷的比值（即 Q/Q_V）及废气体积流率与烟气停留时间的乘积（即 Gt_r），取两者中较大值，即：

$$V=\max\left[\frac{Q}{Q_V},\ Gt_r\right] \qquad (5\text{-}28)$$

$$G=\frac{m_g F}{3600\gamma}$$

式中　V——燃烧室容积，m^3；

　　　Q——单位时间内垃圾及辅助燃料产生的低位热值，kJ/h；

　　　Q_V——燃烧室容积热负荷，kJ/$(m^3\cdot h)$；

　　　G——废气体积流率，m^3/s；

　　　t_r——烟气停留时间，s；

m_g——燃烧室废气产生率，kg/kg；

γ——燃烧气体的平均密度，kg/m³；

F——单位时间内垃圾处理量，kg/h。

（6）所需炉排面积　确定所需炉排面积时，应同时考虑垃圾处理量及热值，以使所选定的炉排面积能满足垃圾完全燃烧要求。具体方法是，综合考虑单位时间内垃圾及辅助燃料产生的低位热值与炉排面积热负荷之比（Q/Q_R）及单位时间内垃圾的处理量与炉排机械燃烧强度之比（F/Q_f），炉排面积按两者中较大值确定，即：

$$F_b=\max\left[\frac{Q}{Q_R},\frac{F}{Q_f}\right] \tag{5-29}$$

式中　　F_b——炉排所需面积，m²；

Q——单位时间内垃圾及辅助燃料所产生的低位热值，kJ/h；

Q_R——炉排面积热负荷，kJ/(m²·h)，取（1.25～3.75）×10⁶kJ/(m²·h)；

F——单位时间内垃圾处理量，kg/h；

Q_f——炉排机械燃烧强度，kg/(m²·h)。

一般而言，炉排机械负荷（或燃烧强度）的选择有下述原则。

① 高含水率、低热值垃圾采用的炉排机械负荷较低。

② 焚烧炉渣的热灼减率低时，要求机械负荷要低。

③ 燃烧空气预热温度越高，机械负荷越高。

④ 每台炉的规模越大，机械负荷也越高。

⑤ 水平炉排比倾斜炉排的机械负荷稍低。

5.6.6　机械炉排焚烧炉升温与降温

为了保护炉内耐火材料和其他部件，焚烧炉启动时需要慢慢升温，一般是按照规定的升温曲线提升炉膛温度（图 5-17），在炉膛温度升至 850℃前不能进垃圾，只能靠点火燃烧器和助燃燃烧器提升炉膛温度。为了保护炉内耐火材料和其他部件，焚烧炉停炉时需要慢慢降温，在炉排上垃圾烧完之前，炉膛温度应保持在 850℃，烟气净化系统应保持运行。

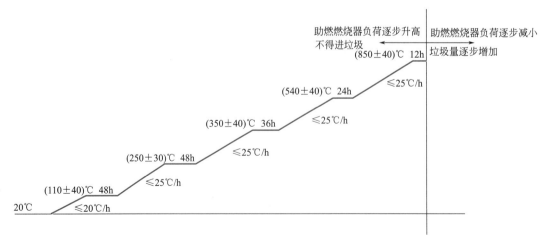

图 5-17　焚烧炉升温曲线

5.7　焚烧烟气控制技术

　　烟气净化工艺按垃圾焚烧过程产生的废气中污染物组分、浓度及需要执行的排放标准来确定，在通常情况下，烟气净化工艺主要针对酸性气体（HCl、HF、SO_x、NO_x）、二噁英、颗粒物及重金属等进行控制，其工艺设备主要由两部分组成：酸性气体脱除和颗粒物捕集。另外，烟气中有机物、重金属等污染物在这些工艺过程中同时被捕集。现行的工艺主要包括湿法净化工艺、半干法净化工艺及干法净化工艺。

5.7.1　湿法净化工艺

　　湿法净化工艺流程对焚烧炉烟气中污染物去除效率较高，是一种成熟的、应用广泛的工艺，但存在后续废水的处理问题，同时净化后的烟气温度显著降低，不利于扩散且易形成白雾，故常需再加热后排放。图 5-18 所示流程的工艺组合形式为“喷射干燥器 + 袋式除尘器 + 一级文丘里洗涤器 + 二级文丘里洗涤器”。

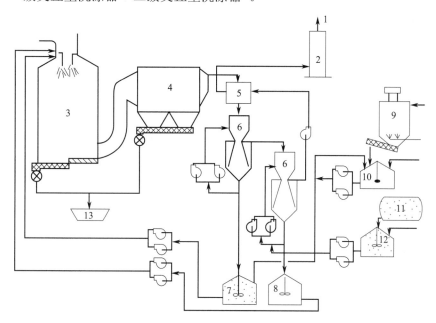

图 5-18　传统石灰法烟气湿法净化工艺流程

1—烟气；2—烟囱；3—喷射干燥器；4—袋式除尘器；5—热交换器；6—文丘里洗涤器；
7—中和箱；8—污泥箱；9—石灰贮存仓；10—石灰熟化仓；
11—NaOH 贮存仓；12—搅拌池；13—固态灰渣

　　净化过程如下。

　　① 该工艺中洗涤所产生的废水经浓缩后，其底流进入喷射干燥器，溢流循环使用。设置喷射干燥器主要是为了采用蒸发的形式处理烟气净化过程产生的污泥（底流），使反应产物最终以颗粒物形式被捕获，以干态形式被排出净化系统，从而避免污泥处理问题。喷射干燥器同时还具有调节温度（降温）、去除 HCl 和 HF 的作用，为有机污染物和重金属的净化创造条件。

② 颗粒物的净化主要通过袋式除尘器来完成。一级、二级文丘里洗涤器主要净化气态酸性污染物，同时具有去除部分极细小颗粒物的作用。NO_x 的净化可利用还原法或氧化吸收法在文丘里洗涤器内完成。

③ 该工艺采用的高效颗粒物捕获和低温操作使有机污染物和金属污染物的净化得到了保证。净化后的烟气经加热后从烟囱排入大气。

5.7.2　半干法净化工艺

半干法净化工艺的组合形式一般为"喷雾干燥吸收塔+除尘器"，如图 5-19 所示。磨碎后石灰形成粉末状（具体粒度在工程中有严格的要求）吸收剂，加入一定量的水形成石灰浆液，以喷雾的形式在半干法净化反应器内完成对气态污染物的净化过程。在高温条件下，浆液中的水分得到蒸发，残余物则以干态的形式从反应器底部排出。从反应器排出的带有大量颗粒物的烟气进入袋式除尘器，净化后的烟气从烟囱排入大气。除尘器捕获的颗粒物作为最终的固态废物排出。在该工艺中，反应器底部排出的残余物（其中含有大量未反应的吸收剂）可返回系统内部循环使用，从而节省吸收剂用量。

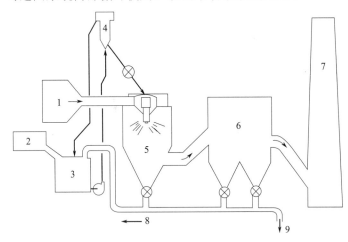

图 5-19　传统石灰法烟气半干法净化工艺流程（一）

1—烟气；2—石灰准备箱；3—石灰浆液准备箱；4—给料箱；5—喷雾干燥吸收塔；
6—袋式除尘器；7—烟囱；8—吸收剂循环使用；9—固态灰渣

许多焚烧厂把石灰和活性炭通过两个管道喷入反应塔中，酸性气体化学吸收与二噁英活性炭吸附同时进行（图 5-20）。反应塔烟气温度应低于 210℃，最好是 150～160℃。高温条件下，反应效果很差。

半干法的工作原理是：将生石灰（CaO）加水制成熟石灰 [浆体 $Ca(OH)_2$]，在吸收塔与烟气中的 HCl 等反应除去酸性气体；同时烟气通过袋式除尘器去除飞灰和残留悬浮固体，达到排放标准要求后经过引风机到烟囱排入大气。从吸收塔排出的反应生成物和袋式除尘器灰斗的落灰都为干性物质。其化学方程式为：

$$Ca(OH)_2 + 2HCl \longrightarrow CaCl_2 + 2H_2O$$
$$Ca(OH)_2 + 2HF \longrightarrow CaF_2 + 2H_2O$$
$$Ca(OH)_2 + SO_2 \longrightarrow CaSO_3 + H_2O$$

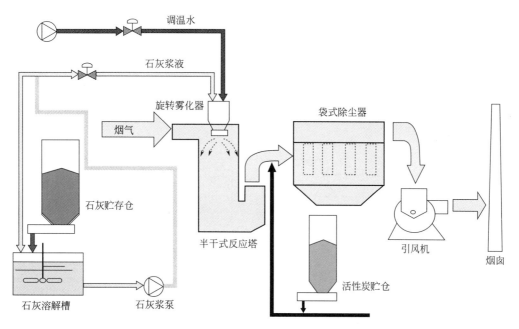

图 5-20　传统石灰法烟气半干法净化工艺流程（二）

半干法主要有三种方法：喷雾干燥法、循环流化床处理法和 MHGT 处理法（增湿灰循环半干法）。

5.7.3　干法净化工艺

干法净化工艺组合形式一般有"干法管道喷射＋除尘器"（图 5-21）和"干法吸收反应器＋除尘器"（图 5-22）两种。

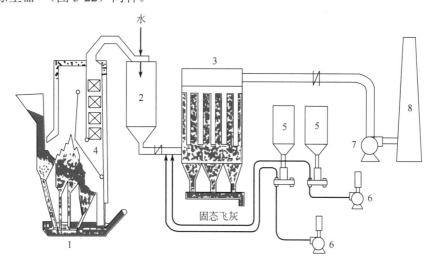

图 5-21　传统石灰法烟气干法净化工艺流程（一）
1—垃圾焚烧炉；2—蒸发型降温塔；3—袋式除尘器；4—空气预热器；
5—石灰贮存仓；6—鼓风机；7—引风机；8—烟囱

在图 5-21 所示工艺中，垃圾焚烧烟气（220℃左右）经降温后，与烟气管道内的吸收剂 Ca（OH）$_2$ 或 CaO 等粉末充分混合，发生化学反应。随后反应产物与未反应的吸收剂进入后续的除尘器，被捕获后以干态的形式排出。净化后的烟气经烟囱排入大气。

在图 5-22 所示工艺中，从锅炉排出的烟气直接进入干法吸收反应器，与该单元内的 Ca（OH）$_2$ 粉末发生化学反应，同时，干法吸收反应器还有降温的作用。从反应器排出的气 - 固二相混合物经预除尘后，进入后续的高效除尘器，使未去除的颗粒物得以高效净化。净化后的烟气从烟囱排入大气。

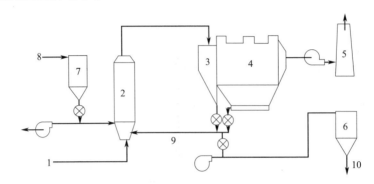

图 5-22　传统石灰法烟气干法净化工艺流程（二）

1—烟气；2—干法吸收反应器；3—旋风除尘器；4—袋式除尘器；5—烟囱；6—飞灰贮存仓；
7—石灰贮存仓；8—石灰；9—吸收剂循环使用；10—固态废物排出

在干法净化工艺中，由除尘器捕获的颗粒物中含有大量未反应的吸收剂，为节约运行费用，可使其中一部分作为吸收剂循环使用，同时加入新鲜的吸收剂粉末，进入下一轮吸收剂循环使用净化过程。

可以把石灰和活性炭通过单一管道喷入反应塔中，酸性气体化学吸收与二噁英活性炭吸附同时进行（图 5-23）。反应塔烟气温度应低于 210℃，最好是 150～160℃。与半干法一样，高温条件下，反应效果很差。

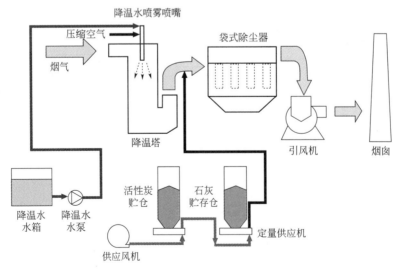

图 5-23　传统石灰法烟气干法净化工艺流程（三）

采用干法净化工艺时如果想提高系统的污染物净化效率，必须使烟气和吸收剂在净化设备内的停留时间足够长。因此，仅以"干法管道喷射"去除污染物是不够的，而应设置专门的"干法吸收反应器"（图 5-22）。同时应特别注意的是，干法净化工艺中应选用袋式除尘器，使干法吸收反应器中未去除的颗粒物进一步得到净化，这一点与半干法净化工艺是一致的。

某些焚烧发电厂烟气净化采用"半干法＋干法＋活性炭喷射＋袋式除尘器"的净化工艺，系统设计按照半干法为主要调节手段、干法为辅助调节手段进行。当石灰浆喷射系统发生故障或石灰浆满负荷喷射酸性气体排放仍然不达标时，向半干法反应塔和袋式除尘器之间的烟道里喷入粉末状的消石灰（熟石灰），以保证烟气排放达标。

焚烧生产线运行第一年，要通过对石灰浆（粉）、尿素（或氨水）和活性炭喷射量进行计量和对烟气污染物的排放浓度进行检测，确定满足烟气排放标准限值的单位垃圾处理量的石灰浆（粉）、尿素（或氨水）和活性炭最小施用量，以此作为考核基准量，用于石灰浆（粉）、尿素（或氨水）和活性炭施用量的控制。

石灰浆的喷射量应不低于基准量（7～10kg/t），石灰粉纯度要大于 95%，粒度要小于200 目。石灰浆供应系统应得到良好维护，防止发生堵塞现象，及时清洗雾化喷嘴，喷嘴清洗时应及时投入备用喷嘴，以保证脱酸塔中和反应的连续性。监控石灰浆雾化效果，雾化效果应能保证石灰浆雾滴的完全气化，同时监控反应塔内壁的结垢（挂壁）情况，发现结垢及时清理。石灰粉供应系统要得到良好维护，防止输送管道发生堵塞现象，石灰粉喷射应具有连续性，喷射前的烟气温度要控制在 140～160℃。

活性炭粉的喷射量应不小于基准量（70～100g/t），维护好活性炭粉供应系统，防止发生输送管道堵塞现象，活性炭粉喷射系统应保持连续工作，备用系统应保持备用工作状态。保证活性炭喷射的均匀性，定期检查喷嘴腐蚀程度。

对于袋式除尘器，应使用合格产品，布袋材料应耐高温、耐腐蚀，定期清灰，清灰时要避免损坏布袋材料，要有布袋损坏的监控手段，做到及时发现、及时更换。

上述三种工艺主要对颗粒物、易去除酸性气体具有很高的净化效率，同时对重金属、PCDDs、PCDFs 等也有较高的去除效率，但对于 NO_x 的净化效果却较差。因此，对于垃圾焚烧烟气中的 NO_x 排放有限制时，垃圾焚烧烟气净化系统中常需设有单独的 NO_x 净化系统。另外，随着经济的发展，垃圾焚烧烟气排放标准，尤其是重金属和 PCDDs、PCDFs 等的排放限值日趋严格，因此，常采用活性炭喷射吸附的方法进一步净化上述三种污染物。

5.7.4　NO_x 净化工艺

氮氧化物的净化方法有很多种，如选择性催化还原法（selective catalytic reduction，SCR）、选择性非催化还原法（selective noncatalytic reduction，SNCR）及吸收法等。目前大多数 NO_x 的去除是在烟气中加入还原剂把氧从 NO_x 中去除，几乎所有气态还原剂都可以使用，如 CO、CH_4，其他如碳氢化合物（HC）、NH_3 等。

SCR 法应用于垃圾焚烧厂 NO_x 净化的时间不长，目前发达国家的垃圾焚烧厂常用SNCR 法控制 NO_x 的排放。SNCR 法的还原反应是在垃圾焚烧炉炉膛内完成的，而 SCR法的还原反应则是在垃圾焚烧炉的后续设备中完成。与 SCR 法相比，SNCR 法设备投资低，占地面积小，因此应用较广泛。

（1）选择性催化还原法　烟气中 NO_x 以 NO 为主，且比较稳定，一般条件下氧化还原速率较慢，因此要加入催化剂使反应加快。

SCR 法是在催化剂存在的条件下，NO_x 被还原剂还原为对环境无害的 N_2 的净化方法。由于催化剂的作用，该反应在不高于 400℃ 的条件下即可完成。以 CH_4 作为还原剂的相应反应如下。

在催化剂床中的反应是在绝热条件下进行的，还原介质与空气中的 O_2 反应，燃烧放热，使系统温度升高。

$$CH_4+2O_2 \longrightarrow CO_2+2H_2O+802.8kJ$$

当甲烷燃烧不完全时，有 CO 和 H_2 生成。

$$CH_4+0.5O_2 \longrightarrow CO+2H_2+35.13kJ$$

在 NO_x 还原过程中，首先是 NO_2 被 H_2、CO 还原为 NO，然后是 NO 继续还原为 N_2。其中还包括 CO、H_2 氧化成 CO_2 和 H_2O 的反应。

$$NO_2+H_2 \longrightarrow NO+H_2O$$
$$NO_2+CO \longrightarrow NO+CO_2$$
$$NO+H_2 \longrightarrow 0.5N_2+H_2O$$
$$NO+CO \longrightarrow 0.5N_2+CO_2$$
$$CO+0.5O_2 \longrightarrow CO_2$$
$$H_2+0.5O_2 \longrightarrow H_2O$$

综上，NO_x 还原为 N_2 的总反应为：

$$CH_4+2NO_2 \longrightarrow N_2+2H_2O+CO_2+870.3kJ$$
$$CH_4+4NO \longrightarrow 2N_2+2H_2O+CO_2+1163kJ$$

该方法采用的催化剂有 Pt 等贵金属以及 Cu、Cr 等金属。某些杂质如 SO_2 等会影响催化剂的活性，所以根据情况要加以脱除。该方法选取的入口温度以 H_2 作还原剂时为 200～250℃，以 CH_4 作还原剂为 450～550℃。

NH_3 选择性催化还原法在反应温度 277～427℃，以 Cu、Cr 等金属作催化剂时，反应如下：

$$NO+NH_3+0.25O_2 \xrightarrow{Cu或Cr} N_2+1.5H_2O$$

在反应温度 150～250℃，以 Pt 作催化剂时，同时亦可去除烟气中的 NO_2，其中的反应如下：

$$6NO+4NH_3 \xrightarrow{Pt} 5N_2+6H_2O$$

$$6NO_2+8NH_3 \xrightarrow{Pt} 7N_2+12H_2O$$

（2）选择性非催化还原法　SNCR 法是在高温（700～1200℃）条件下，利用还原剂氨或碳酰胺（尿素）将 NO_x 还原为 N_2 的方法。与 SCR 法不同的是，SNCR 法不需要催化剂，其还原反应所需的温度高得多。

$$2NO+2NH_3+O_2+H_2 \longrightarrow 2N_2+4H_2O$$

如不加入 H_2，上述反应的温度下限为 870℃。

当温度高于 1200℃ 时，主要发生以下反应：

$$4NH_3+5O_2 \longrightarrow 4NO+6H_2O$$

由于以上反应会生成 NO，故操作中必须小心控制温度以防止 NO 形成。

（3）吸收法　该方法主要是利用了 NO_x 是酸性气体这个特性，用碱液与之反应以使 NO_x 转化为硝酸盐类。该类方法一般都能同时去除烟气中的 SO_2。

因为 NO 不能单独被碱液吸收，而 NO 和 NO_2 形成的 N_2O_3 却比 NO_2 更易被碱吸收，所以当 NO 与 NO_2 比积比为 1 时，吸收速率比只有 1% 的 NO 时大约快 10 倍。

应使用合格的尿素或氨水，所采购的尿素或氨水的品质应分别符合《尿素》（GB/T 2440）和《液体无水氨》（GB/T 536）的要求，同时根据 NO_x 排放浓度和炉膛温度的变化控制尿素溶液或氨水喷射量。

采用中温活性石灰喷入和尾部增湿活化，确保排烟达标和无污水排放；利用蒸汽加热燃烧用空气至 200℃ 以上，提高燃烧温度、降低燃油量并最大限度地减少二噁英及其前体；通过控制输送 O_2 含量小于 9%，在主燃区实现低氧、低温燃烧，并采用非催化还原工艺，降低 NO_x 去除过程投加 NH_3 和 $(NH_2)_2CO$ 的用量（喷入浓度为 15%），使得 NO_x 出口量（以干基计）降低到 $300mg/m^3$；同时，开发了焚烧厂干式烟气净化系统，采用完全蒸发型烟气冷却塔，由压缩空气将雾化冷却水通过二流体喷雾喷嘴喷入塔内蒸发，调节后续反应所需的烟气温度，既可部分去除酸性气体，又可减少滤袋中反应生成物（氯化钙）的潮解问题；通过粉体喷射装置将消石灰、活性炭喷入烟气管道，去除酸性气体和二噁英；利用分配管喷气所产生的脉冲定期清扫（在线清扫）附着在滤袋上的飞灰，实现了烟气净化系统的废水零排放，解决了常规烟气处理系统中冷却塔侧壁上结块、附着等问题；开发了长距离水道式脱硫体系，通过利用烟气中具有活性的粉尘颗粒，建立液固反应进行脱硫，当 L/S（L 为液相与气相接触面横断面长度，S 为气相上方的面积）从 $0.036mm^{-1}$ 增大到 $0.069mm^{-1}$ 时，SO_2 的脱除率从 73.0% 提高到 93.74%。

二维码 5-5　垃圾焚烧厂选址原则

二维码 5-6　生活垃圾焚烧发电厂信息化

二维码 5-7　生活垃圾焚烧厂在线监测技术

二维码 5-8　城市污泥脱水干化焚烧

二维码 5-9　高含水有机固废调理深度驱水减容与焚烧减量

本章主要内容

固体废物焚烧，是最重要的末端无害化处置方法之一。本章介绍了固体废物（主要是生活垃圾）焚烧技术，包括焚烧的基本原理及焚烧产物，焚烧过程质能平衡计算，热值测定与计算，焚烧系统组成，焚烧炉及其工艺设计，焚烧烟气控制技术，焚烧厂选址原则，焚烧全过程信息化，在线监测技术，等等。同时描述了城市污泥调理、高静压压榨脱水干化焚烧技术与设备。各种固体废物焚烧采用的工艺有所差异：生活垃圾焚烧一般采用炉排型焚烧炉，危险废物焚烧基本上采用回转窑焚烧炉，城市污泥焚烧则采用流化床或回转窑焚烧炉。

✏ 习题与思考题

1. 论述焚烧过程污染物的产生及其机理。

2. 简述影响焚烧的主要因素。

3. 论述焚烧灰渣的综合利用。

4. 比较炉排型焚烧炉、流化床焚烧炉和回转窑焚烧炉的优缺点。

5. 讨论焚烧炉中气流的走向与废物性质的关系。

6. 焚烧烟气如何净化？

7. 讨论提高焚烧温度的重要性及焚烧温度与NO_x产物的关系。

8. 描述飞灰固化和稳定化工艺与设备基本参数。

9. 描述焚烧过程信息化系统主要建设内容及其作用。

10. 描述城市污泥调理、压榨、干化焚烧工艺基本原理和流程。

第6章 有机固体废物堆肥与厌氧发酵技术

6.1 堆肥原理及影响因素

6.1.1 定义与分类

堆肥化（composting）是在控制条件下，利用自然界广泛分布的细菌、放线菌、真菌等微生物，促进来源于生物的有机废物发生生物稳定作用，使可被生物降解的有机物转化为稳定的腐殖质的生物化学过程。

这个定义强调：堆肥过程是在人工控制条件下进行的，不同于卫生填埋、废物的自然腐烂与腐化；作为堆肥化原料的是固体废物中可降解的有机成分；堆肥化的实质是生物化学过程，堆肥产品对环境无害，即废物达到相对稳定。

堆肥化的产物称为堆肥（compost）。它是一种深褐色、质地疏松、有泥土气味的物质，类似腐殖质土壤，故也称为腐殖土，是一种具有一定肥效的土壤改良剂和调节剂。

堆肥化系统按温度分为中温堆肥和高温堆肥，按技术分为露天堆肥和机械密封堆肥。

6.1.2 好氧堆肥原理

好氧堆肥是在有氧条件下，依靠好氧微生物的作用把有机固体废物腐殖化的过程。在堆肥化过程中，首先是有机固体废物中的可溶性物质，透过微生物的细胞壁和细胞膜被微生物直接吸收；其次是不溶的胶体有机物质，先吸附在微生物体外，依靠微生物分泌的胞外酶分解为可溶性物质，再渗入细胞。微生物通过自身的生命代谢活动进行分解代谢（氧化还原过程）和合成代谢（生物合成过程），把一部分被吸收的有机物

二维码6-1 堆肥技术

氧化成简单的无机物，并放出生物生长、活动所需的能量，把另一部分有机物转化合成新的细胞物质，微生物实现生长繁殖，产生更多的生物体。图6-1简要地说明了这一过程。

式（6-1）反映了好氧堆肥过程中有机物氧化分解关系：

$$C_sH_tN_uO_v \cdot aH_2O + bO_2 \longrightarrow$$

$$nC_wH_xN_yO_z \cdot cH_2O + dH_2O（气）+ eH_2O（液）+ fCO_2 + gNH_3 + 能量 \qquad (6-1)$$

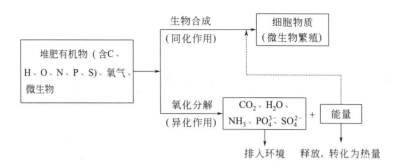

图 6-1 堆肥有机物好氧分解示意图

由于堆温较高，部分水以蒸汽形式排出。堆肥成品 $C_wH_xN_yO_z\cdot cH_2O$ 与堆肥原料 $C_sH_tN_uO_v\cdot aH_2O$ 之比为 0.3～0.5（这是氧化分解减量化的结果）。式（6-1）中 w、x、y、z 通常可在如下范围取值：$w=5～10$，$x=7～17$，$y=1$，$z=2～8$。

如果考虑有机垃圾中的其他元素，则式（6-1）可简单表示为：

$$[C、H、O、N、P、S]+O_2 \longrightarrow CO_2+NH_3+PO_4^{3-}+SO_4^{2-}+简单有机物+$$

$$更多的微生物+热量 \tag{6-2}$$

根据堆肥过程中堆体内温度的变化状况，好氧堆肥过程大致可分成以下三个阶段。

（1）中温阶段 也称为产热阶段，主要指堆肥过程初期，堆体基本处于 15～45℃范围内的中温，嗜温性微生物较为活跃，主要以糖类和淀粉类等可溶性有机物为基质，进行自身的新陈代谢过程。这些嗜温性微生物主要包括真菌、细菌和放线菌。真菌菌丝体能够延伸到堆肥原料的所有部分，并会出现中温真菌的子实体，同时螨、千足虫等也参与摄取有机废物。腐烂植物的纤维素则维持线虫和线蚁的生长，而更高一级的消费者中弹尾目昆虫以真菌为食，缨甲科昆虫以真菌孢子为食，线虫摄食细菌，原生动物以细菌为食。

（2）高温阶段 当堆温升至 45℃以上即进入高温阶段，在这一阶段，嗜温性微生物受到抑制甚至死亡，嗜热性微生物成为主体。堆肥中残留的和新形成的可溶性有机物继续被氧化分解，堆肥中较为复杂的有机物如半纤维素、纤维素和蛋白质也开始被快速分解。在高温阶段，各种嗜热性微生物的最适宜温度也并不相同，在温度上升过程中，嗜热性微生物的类群和种群互相交替成为优势菌群。通常 50℃左右最活跃的是嗜热性真菌和放线菌；当温度上升到 60℃时，真菌则几乎完全停止活动，仅有嗜热性放线菌和细菌的活动；温度升到 70℃以上时，大多数嗜热性微生物已不再适应，从而大批死亡和进入休眠状态。现代化堆肥生产的最佳温度一般为 55℃，这是因为大多数微生物在 45～60℃范围内最活跃，也更容易分解有机物，而在高温阶段，堆肥中的大部分病原菌和寄生虫可被杀死（表 6-1）。也有报道称加拿大已开发出能够在 85℃以上生存的微生物，这种微生物可在含固率仅 8% 的有机废液中分解有机物，使之转化为高效液体有机肥，这对于有机垃圾的降解意义重大。

微生物在高温阶段的整个生长过程与细菌的生长繁殖规律一样，可细分为三个时期，即对数生长期、减速生长期和内源呼吸期。在高温阶段，微生物活性经历了三个时期变化后，堆积层内开始发生与有机物分解相对应的另一过程，即腐殖质的形成过程，堆肥物质逐步进入稳定化状态。

表6-1　几种常见病菌与寄生虫的死亡温度

名称	死亡情况	名称	死亡情况
沙门伤寒菌	46℃ 以上不生长；55～60℃，30min 内死亡	美洲钩虫	45℃，50min 内死亡
沙门菌属	56℃，1h 内死亡；60℃，15～20min 死亡	流产布鲁士菌	61℃，3min 内死亡
志贺杆菌	55℃，1h 内死亡	化脓性球菌	50℃，10min 内死亡
大肠杆菌	绝大部分：55℃，1h 内死亡；60℃，15～20min 内死亡	酿脓链球菌	54℃，10min 内死亡
阿米巴属	68℃死亡	结核分枝杆菌	66℃，15～20min 内死亡，有时在67℃死亡
无钩绦虫	71℃，5min 内死亡	牛结核杆菌	55℃，45min 内死亡

（3）降温阶段　在内源呼吸后期，剩余物质主要为难降解有机物和新形成的腐殖质。此时，微生物的活性下降，产热量减少，温度下降。嗜温性微生物重新占据优势，进一步分解残余的较难分解的有机物，腐殖质不断增多且逐步稳定化，堆肥进入腐熟阶段。此时，需氧量大大减少，含水率降低，堆肥物料空隙增大，氧扩散能力增强。

堆肥化过程的实质是微生物在自身生长繁殖的同时对有机垃圾进行生化降解的过程。堆肥微生物主要来自两个途径：一个是堆肥物料固有的微生物种群，一般城市垃圾中的细菌数量为 10^{14}～10^{16} 个 /kg；另一个是人工加入的特殊菌种。

堆肥中发挥作用的微生物主要为细菌和放线菌，其次还有真菌和原生动物等。细菌是堆肥中形体最小、数量最多的微生物，它们参与分解有机固体废物中大部分的有机物，并放出热量。在堆肥初期温度低于 40℃时，嗜温性细菌占优势。当堆肥温度升至 40℃以上时，嗜热性细菌逐步占优势，微生物的主体为杆菌。当环境改变不利于微生物生长时，杆菌通过形成孢子壁而存活下来。厚壁孢子对热、冷、干燥及食物不足等不利条件都有很强的耐受力，一旦周围环境改善，它们可重新恢复活性。堆肥后期，当水分逐步减少时，真菌发挥主要作用。与细菌相比，它们更能够忍受低温环境。

成品堆肥散发的泥土气味是由放线菌引起的，放线菌的酶能够帮助分解诸如树皮、报纸等坚硬有机物，对于诸如纤维素、木质素、角质素和蛋白质等复杂有机物具有较好的分解特性。

6.1.3　影响堆肥的因素

（1）化学因素

① C/N。碳和氮是微生物分解所需的最重要元素。C 主要提供微生物活动所需能源和组成微生物细胞所需的物质，N 则是构成蛋白质、核酸、氨基酸、酶等细胞生长所需物质的重要元素。堆肥过程理想的 C/N 在 30∶1 左右。当 C/N 小于 30∶1 时，N 将过剩，并以氨气的形式释放，发出难闻的气味；而 C/N 高，将导致 N 的不足，影响微生物的增长，使堆肥温度下降，有机物分解代谢的速度减慢，当 C/N 超过 40∶1 时，应通过补加氮素材料（含氮较多的物质）的方法来调整 C/N，畜禽粪便、肉类食品加工废弃物、污泥均在可利用之列。

② O₂。通风供氧是堆肥成功的关键因素之一。堆肥需氧量主要与堆肥材料中有机物含量、挥发度、可降解系数等有关，堆肥原料中有机碳越多，其需氧量越大。堆肥过程中存在一个合适的氧浓度，氧浓度过低是好氧堆肥中微生物生命活动的限制因素，容易使堆肥发生厌氧反应而产生恶臭。

从理论上讲，堆肥过程中的需氧量取决于碳被氧化的量。然而堆肥过程中，只有易分解物质中的碳能被微生物利用合成新的细胞并提供能量，而一部分纤维素和木质素并不能全部被微生物分解，将仍然保留在堆肥成品中。

好氧堆肥过程理论需氧量的计算如例 6-1。

【例 6-1】 将 100kg 有机废物进行好氧堆肥处理，假设有机物初始组成为 $[C_6H_7O_2(OH)_3]_5$，分解后有机产物剩余 40kg，且组成为 $[C_6H_7O_2(OH)_3]_2$，计算好氧堆肥过程的理论需氧量。

解：

（1）选取计算公式并将条件代入

选用式（6-1）：

$$C_sH_tN_uO_v \cdot aH_2O + bO_2 \longrightarrow nC_wH_xN_yO_z \cdot cH_2O + dH_2O(气) + eH_2O(液) + fCO_2 + gNH_3 + 能量$$

将反应物与产物的分子式代入，式（6-1）简化为下式：

$$C_{30}H_{50}O_{25} + bO_2 \longrightarrow nC_{12}H_{20}O_{10} + fCO_2 + hH_2O$$

（2）确定系数 n

原料的物质的量计算如下：

$$\frac{100 \times 1000}{30 \times 12 + 50 \times 1 + 25 \times 16} = 123.46（mol）$$

产物的物质的量计算如下：

$$\frac{40 \times 1000}{12 \times 12 + 20 \times 1 + 10 \times 16} = 123.46（mol）$$

得到：

$$n=1$$

（3）确定反应式中其他各参数的值

根据质量平衡，f、h 和 b 的计算公式分别为：

$$f=s-w, \quad h=\frac{(t+2a)-x}{2}, \quad b=\frac{z+2f+h-v}{2}$$

所以：

$$f=30-12=18, \quad h=\frac{50-20}{2}=15, \quad b=\frac{10+2\times18+15-25}{2}=18$$

（4）计算理论需氧量

理论需氧量为：

$$\frac{18 \times 32 \times 123.46}{1000}=71.11（kg）$$

一般在堆肥过程中，常通过测定堆层温度来控制通风量，以保证堆肥过程处于微生物生长的理想状态。同时由于氧的吸收率可用于衡量生物氧化作用及有机物分解程度，因此，在机械化连续堆肥生产系统中，可通过测定排气中氧的含量来确定发酵仓氧的浓度及氧吸收率，排气中氧的适宜体积分数为 14%～17%。

③ 营养平衡。微生物的新陈代谢必须保证足够的磷、钾和微量元素，磷是磷酸和细胞核的重要组成元素，也是生物能 ATP（三磷酸腺苷）的重要组成成分，一般堆肥的 C/P 以（75～150）∶1 为宜。

④ pH 值。微生物的降解活动需要一个微酸性或中性的环境条件。一般认为堆肥的 pH 值在 7.5～8.5 时，可获得最大堆肥速率。

（2）物理因素

① 温度。温度在堆肥过程中扮演着一个重要角色，它是堆肥时间的函数，对微生物的种群有着重要的影响，而且影响堆肥过程的其他因素也会随着温度的变化而改变。不同的堆肥工艺有不同的堆温。在封闭堆肥系统中，堆肥过程达到的温度最高；静态垛系统能够达到的温度最低，且温度分布不均匀，堆层中心温度高而表层的温度较低。一般认为堆肥的最佳温度在 50～60℃，嗜热菌对有机物的降解效率高于嗜温菌。

② 粒度。因为微生物通常在堆肥物料的表面活动，所以降低堆肥物料粒度，增大比表面积，会促进微生物的活动并加快堆肥速率；但是粒度太小，又会阻碍堆层中空气的流动，将减少堆层中可利用的氧气量，从而抑制微生物活性。通常最佳粒度随垃圾物理特性变化而变化。

③ 含水率。堆肥物料的最佳含水率通常是在 50%～60%，含水率太低（<30%）将影响微生物的生命活动，太高也会降低堆肥速率，导致厌氧分解并产生臭气以及营养物质的沥出。不同有机废物的含水率相差很大，通常要把不同种类的堆肥物质混合在一起。堆肥物料的含水率还与设备的通风能力和堆肥物料的结构强度密切相关。

（3）生物因素 堆肥中微生物种群的类别和数量也将影响有机物的降解速率。通过有效的菌系选择，可加速堆肥的腐熟。

6.1.4 堆肥的腐熟度及其判定

"腐熟度"是国际上公认的衡量堆肥反应进行程度的一个概念性参数。腐熟度的基本含义是：通过微生物的作用，堆肥产品要达到稳定化、无害化；在使用期间，不能影响作物的生长和土壤的耕作能力。目前尚没有权威、统一的腐熟度评判标准。一般认为可从物理方法、化学方法、生物活性法、植物毒性分析法四个方面对堆肥腐熟度进行判定，见表6-2。

表6-2 判定堆肥腐熟度的方法

方法名称	参数、指标或项目	判定标准
物理方法	温度	温度下降，达到 45～50℃ 且一周内持续不变
	气味	堆体内检测不到低分子脂肪酸，具有潮湿泥土的霉味（放线菌的特征），无不良气味
	色度	堆肥过程中物料由淡灰逐渐发黑，腐熟后的堆肥产品呈黑褐色或黑色
	残余浊度和水电导率	检测堆肥对土壤残余浊度和水电导率的影响。该方法可靠性尚存争议，需与植物毒性物质和化学指标结合进行综合考量
	光学性质	通过检测堆肥 E_{665}（E_{665} 表示堆肥萃取物在波长 665nm 下的吸光度）的变化可反映堆肥腐熟度，腐熟堆肥 E_{665} 应小于 0.008
化学方法	碳氮比（固相 C/N 和水溶态 C/N）	一般，固相 C/N 从初始的（25～30）∶1 或更高降低到（15～20）∶1 以下时，认为堆肥达到腐熟

方法名称	参数、指标或项目	判定标准
化学方法	氮化合物（NH_4^+-N、NO_3^--N、NO_2^--N）	对于活性污泥、稻草的堆肥，当氨化作用已经完成，亚硝化作用开始时，可认为堆肥已腐熟。多数情况下，该参数不作为堆肥腐熟的绝对指标
	阳离子交换量（CEC）	城市垃圾堆肥建议 CEC 大于 60mmol 时，可作为堆肥腐熟的指标。对 C/N 较低的废物，CEC 波动大，不能作为腐熟度评价参数
	有机化合物（还原糖、脂类等化合物、纤维素、半纤维素、淀粉等）	腐熟堆肥的 COD 为 60～110mg/g，动物排泄物堆肥（以干堆肥质量计）的 COD 小于 700mg/g 时达到腐熟。堆肥产品中，BOD_5 应小于 5mg/g。VS（挥发性固体）含量应低于 65%；淀粉检不出。水溶性有机质含量小于 2.2g/L，可浸提有机物产生或消失，可作为堆肥腐熟的指标
	腐殖质（腐殖质指数、腐殖质总量）	腐殖质指数（HI）=胡敏酸的量（HA）/富里酸的量（FA）；腐殖化率（HR）=HA/[FA+未腐殖化的组分的量（NHF）]；胡敏酸的百分含量（HP）=[HA/腐殖质的量（HS）]×100%。HA 代表了堆肥的腐殖化和腐熟程度。当 HI 达到 3、HR 达到 1.35 时，认为堆肥已腐熟
生物活性法	呼吸作用（耗氧速率、CO_2 释放速率）	一般，耗氧速率以 0.02～0.1mg/（g·min）的稳定范围为最佳。当堆肥（以堆肥碳计）释放 CO_2 在 2mg/（g·min）以下时，可认为达到腐熟
	微生物种群和数量	堆肥中的寄生虫、病原体被杀死，腐殖质开始形成，堆肥达到初步腐熟。在堆肥腐熟期以放线菌为主
	酶学分析	水解酶活性较低反映堆肥达到腐熟；纤维素酶和脂肪酶活性在堆肥后期（80～120d）迅速增强，可用来间接了解堆肥的稳定性
植物毒性分析法	发芽试验	植物毒性消除，可认为堆肥已腐熟
	植物生长试验	植物生长评价只能作为堆肥腐熟度评价的一个辅助性指标，不能作为唯一指标

　　一般来说，仅用某一个单一参数很难确定堆肥的化学及生物学的稳定性，应由几个或多个参数共同确定。通常，化学方法中水溶性有机物的分析及 C/N 最为常用。生物活性测试中呼吸作用是较为成熟的评估堆肥稳定性的方法。植物毒性分析是检验正在堆肥的有机质腐熟度的较精确、有效的方法，其中发芽指数的测定较为快速、简便，而植物生长分析则可最直接地反映堆肥对植物的影响，但存在时间较长、工作量大的缺点。随着分析技术和微生物技术的发展，先进、快捷的堆肥腐熟度评估方法不断出现，实际堆肥过程中可根据实际情况，选择合适的评估方法。腐熟的堆肥因为含有丰富的有机质、氮、磷等养分，可用于改善土壤，或作为有机肥用于作物生产。

6.2　有机废物堆肥工艺

6.2.1　好氧堆肥的基本工艺

　　尽管堆肥系统组成多种多样，但其基本工艺通常都由前处理、主发酵（一次发酵）、后发酵（二次发酵）、后处理、脱臭及贮存等工序组成。堆肥过程的一般流程如图 6-2 所示。底料为堆肥系统处理对象，一般是污泥、城

二维码 6-2　有机垃圾快速稳定化工艺流程

市有机固体废物、农林废物和庭院废物等。调理剂可分为两种类型：一种为结构调理剂，是无机物或有机物，主要目的是降低底料容重，增加底料空隙，从而有利于通风；另一种为能源调理剂，是有机物，用于增大可生化降解有机物的含量，从而增加混合物的能量。

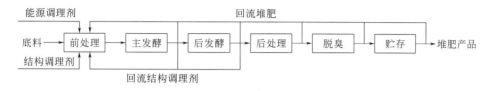

图 6-2　堆肥过程的流程

（1）前处理　前处理往往包括破碎、分选、筛分等工序。通过破碎、分选和筛分可去除粗大垃圾和不能堆肥的物质。通过破碎可使堆肥原料的粒度和含水率达到一定程度的均匀化。同时，破碎、筛分使原料的表面积增大，便于微生物繁殖，从而提高发酵速率。从理论上讲，粒径越小，越容易分解。但是，在增大物料表面积的同时，还必须保持一定程度的空隙率，以便于通风从而使物料获得充足的氧。最佳粒径随固体废物物理特性变化而变化。当以粪便或污泥等含水率较高的物质为堆肥原料时，在前处理过程中需调节水分和C/N，有时尚需添加一些菌种和酶制剂。

（2）主发酵（一次发酵）　通常将堆体温度升高到开始降低为止的阶段称为主发酵期，根据发酵条件的差异，城市有机固体废物的好氧堆肥主发酵期为 4～28d。主发酵可在露天或发酵装置内进行，通过翻堆或强制通风向堆肥物料供给氧气。发酵初期物质的分解作用是靠嗜温菌（30～40℃为最适宜生长温度）进行的，随着堆温上升，嗜热菌取代了嗜温菌。堆肥从中温阶段进入高温阶段。此时应采取温度控制手段，以免温度过高，同时应确保供氧充足。经过一段时间后，大部分有机物被降解，各种病原菌均被杀灭，堆层温度开始下降。

（3）后发酵（二次发酵）　在此工序中，微生物将主发酵工序尚未分解的易分解和较难分解的有机物进一步分解，使之变成腐殖酸、氨基酸等比较稳定的有机物，得到成熟的堆肥制品。通常，后发酵阶段的物料堆积成 1～2m 高的堆层，通过自然通风和间歇性翻堆，进行敞开式后发酵，但需防止雨水流入。这一阶段的反应速率较低，耗氧量下降，所需时间较长。后发酵时间取决于堆肥的使用目的，通常在 20～40d。

（4）后处理　经过二次发酵后的物料基本已成为粗堆肥。但城市固体废物堆肥中，仍然存在塑料、玻璃、陶瓷、金属、小石块等杂物。因此，还要经过一道分选工序以去除这类杂物，并根据需要，如生产精制堆肥等，进行再破碎。除分选、破碎设备外，后处理工序还可包括打包装袋、压实选粒等设备，可根据实际情况进行必要的选择。

（5）脱臭　在堆肥过程中，由于堆肥物料局部或某段时间内的厌氧发酵会导致臭气产生，因此，须进行堆肥脱臭处理。主要方法有化学除臭剂除臭，碱水和水溶液过滤，熟堆肥或活性炭、沸石等吸附剂吸附。堆肥场中较为实用的除臭装置是堆肥过滤器（堆高0.8～1.2m），当臭气通过该装置时，恶臭成分被熟化后的堆肥吸附，进而被其中的好氧微生物分解而脱臭。若条件许可，也可采用热力法，将堆肥排气（含氧量约为 18%）作为焚烧炉或工业锅炉的助燃空气，利用炉内高温热力降解臭味分子，消除臭味。

（6）贮存　堆肥一般在春秋两季使用，夏冬两季生产的堆肥只能贮存，所以要建立可贮存 6 个月产量的库房。贮存方式有直接堆存在二次发酵仓中或袋装存放。贮存要求具备干燥、透气的室内环境，如果是在受潮和密闭的情况下，则会影响成品的质量。

6.2.2　典型好氧堆肥工艺

（1）好氧静态堆肥工艺　好氧静态堆肥常采用露天的静态强制通风垛形式，或在密闭的发酵池、发酵箱、静态发酵仓内进行。一批原料堆积成条垛或置于发酵装置内后，不再添加新料和翻倒，直到堆肥腐熟后运出。但堆肥物料一直处于静止状态，导致物料及微生物生长不均匀，尤其对于有机质含量高于 50% 的物料，静态强制通风较困难，易造成厌氧状态，使发酵周期延长。

（2）间歇式好氧动态堆肥工艺　间歇式堆肥采用静态一次发酵的技术路线，其发酵周期缩短，堆肥体积小。该工艺将原料分批发酵，一批原料堆积之后不再添加新料，待发酵成为腐殖土后运出。发酵形式通常采用间歇翻堆的强制通风垛或间歇进出料的发酵仓。间歇式发酵装置有长方形池式发酵仓、倾斜床式发酵仓、立式圆筒形发酵仓等。

（3）连续式好氧动态堆肥工艺　连续式堆肥采取连续进料和连续出料的方式，原料在一个专设的发酵装置内完成中温和高温发酵过程。采用该工艺时，物料处于一种连续翻动的状态，物料组分混合均匀，为传质和传热创造了良好条件，加快了有机物的降解速率，同时易形成空隙，便于水分蒸发，因而使发酵周期缩短，可有效地杀灭病原微生物，并可防止异味的产生。该工艺是一种发酵时间更短的动态二次发酵工艺。

连续式堆肥可有效地处理高有机质含量的原料，因此在一些发达国家得到广泛采用。图 6-3 所示的包含达诺（DANO）卧式回转窑式发酵仓（达诺系统）的垃圾堆肥系统流程即为其中典型的一例。其主体设备为一个倾斜的卧式回转窑（转筒）。物料由转筒的上端进入，随着转筒的连续旋转而不断翻滚、搅拌和混合，并逐渐向转筒下端移动，直到最后排出。与此同时，空气则由沿转筒轴向装设的两排喷管通入筒内，发酵过程中产生的废气则通过转筒上端的出口向外排放。

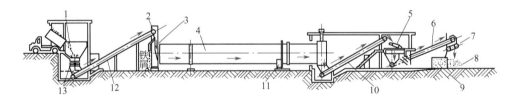

图 6-3　达诺（DANO）卧式回转窑垃圾堆肥系统流程

1—加料斗；2—磁选机；3—给料机；4—DANO 回转窑式发酵仓；5—振动筛；6—三号皮带运输机；7—玻璃选出机；
8—堆肥；9—玻璃片；10—二号皮带运输机；11—驱动装置；12——号皮带运输机；13—板式给料机

6.3　好氧堆肥设备

现代化堆肥场所用设备都以工艺要求为出发点，使之具有改善和促进微生物新陈代谢的功能，同时在堆肥的过程中解决物料自动进料、出料等难题，最终达到缩短堆肥周期、提高堆肥速率、提高堆肥生产效率、实现机械化大生产的目的。

堆肥化系统设备依据功能的不同通常可区分为计量设备、进料供料设备、预处理设备、发酵设备、后处理设备及其他辅助处理设备，其基本工艺流程如图 6-4 所示。堆肥物料在经计量设备称重后，通过进料供料设备进入预处理设备，完成破碎、分选与混合等工艺；接着送入一次发酵设备，将发酵过程控制在适当的温度和通气量等条件下，使物料达到基本无害化和资源化的要求；经一次熟化后将物料送至二次发酵设备中进行完全发酵，并通过后处理设备对其进行更细致的筛分，以去除杂质；最后烘干、造粒并压实，形成最终堆肥产品后包装运出。堆肥的整个过程中易产生多种二次污染，如臭气、噪声和污水等，需采用相应的辅助设备予以去除，以达到环境保护的要求。本节主要针对进料供料设备、堆肥过程的主要工序——发酵所涉及的相关设备进行介绍。

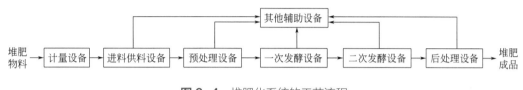

图 6-4　堆肥化系统的工艺流程

6.3.1　进料供料设备

堆肥的进料供料设备包括贮料装置和给料装置。

（1）贮料装置　在堆肥场中，为临时贮存将送入处理设施中的有机垃圾，以保证均匀地将物料送入处理设施，同时防止进料速度大于生产速度或机械发生故障、短期停产造成的物料堆积，必须为待处理的物料同时配备贮料装置。根据堆肥场生产规模的大小，贮料装置分为存料区和贮料池两种类型。

对于日处理量在 20t 以上规模的堆肥场，必须设置存料区。存料区的容积一般要求达到最大日处理量的 2 倍，以适应各种临时变动情况。存料区必须建立在一个封闭的仓内，它由固体废物车卸料地台、封闭门、滑槽、固体废物贮存坑等组成。固体废物贮存坑一般设置在地下或半地下，采用钢筋混凝土制造，要求耐压防水并能够承受起重机抓斗的冲击。固体废物贮存坑底部须有一定的坡度，并具备集水沟，使固体废物堆积过程中产生的渗滤液能顺利排出。此外，为了防止火灾和扬尘，存料区还必须配置洒水、喷雾、通风等装置，以便在必要情况下工作人员可进入仓内清理或排除故障。图 6-5 为某堆肥场存料区示意图。

对于日处理量 20t 以下的堆肥场，则一般采用贮料池的形式。贮料池是一个底部设有传送设备的贮料设施，其功能和存料区相同，但结构相对简单，造价也相对便宜。贮料池由地坑、固体废物输送设备、雨棚等组成。地坑一般设置在地下，容积一般为 10~20m³。由于贮料池设置在地下，因此要求其能够承受水压、土压、堆集废物重力和内压以及废物吊车、铲车的冲击，

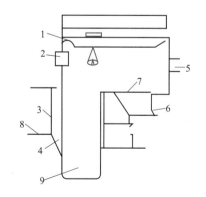

图 6-5　某堆肥场存料区示意图

1—起重机；2—操作室；3—封闭门；
4—滑槽；5—通风吸出口；6—固体废物斗；
7—给料平面；8—停车台；
9—固体废物贮存坑

同时还要求其不受废物的流出物影响。因此，贮料池最好建成钢筋混凝土结构，外层为防水结构，内层为混凝土。此外，为了易于排放堆集废物挤榨出的废水，防止其积渍在地坑内，必须使地坑有适当的坡度并在底部设置集水沟。

（2）给料装置　待处理的物料由存料区或贮料池送入处理设施，必须通过给料装置来完成。常用的给料装置有抓斗起重机、板式给料机、前端斗式装载机三类。

抓斗起重机抓斗的基本形式可分为钢索式抓斗（图6-6）和油压式抓斗（图6-7）两种。基于现场的实用需求和造价成本的考虑，钢索式抓斗已经逐渐被油压式抓斗所取代。

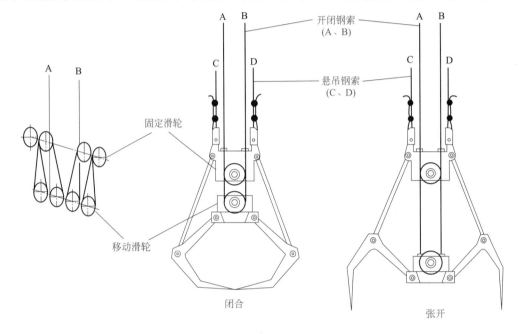

图6-6　钢索式抓斗示意图

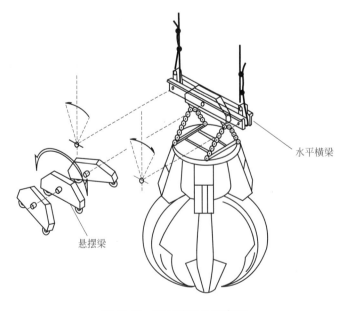

图6-7　油压式抓斗示意图

板式给料机供料均匀，供料量可调节，一般在 35～50m³/h，供料最大粒度为1110mm，承受压力大，送料倾斜度可达 12°。但是，板式给料机供料仓容积有限，贮料池不可能很大，因此，在贮料池或存料区采用板式给料机给料时，必须另设置进料装置，如抓斗起重机或前端斗式装载机。

前端斗式装载机除可完成给料工作外，还可用于造堆、运输装车等，其生产效率较高，但造价高、易出故障、运行费用高。

6.3.2　发酵设备

堆肥发酵设备是指堆肥物料进行生化反应的装置，是整个堆肥系统的核心和主要组成部分。堆肥发酵设备须具有改善和促进微生物新陈代谢的功能。通过运用翻堆、供氧、搅拌、混合和协助通风等设备来控制温度和含水率，并解决自动移动出料的问题，最终达到提高发酵速率、缩短发酵周期的目的。发酵设备的种类繁多，根据设备结构形式的不同，大致可分为立式多层堆肥发酵塔、卧式堆肥发酵滚筒、筒仓式堆肥发酵仓和箱式堆肥发酵池等类型。美国目前常用的堆肥设备是搅拌床反应器、水平推流反应器和垂直推流反应器；而在欧洲，间歇隧道堆肥系统则应用较多，它在城市固体废物、污泥等的处理中得到了广泛的应用。

一个典型的间歇隧道堆肥系统包括一个水泥箱或钢箱（长 30～40m，宽 2～5m，高 3～5m）；隧道的墙壁、顶部和门斗是绝缘隔热的，底部采用穿孔水泥板和穿孔钢板，底板下面是风室和与孔相连的穿孔管；堆料停留 1～4 周，通常为 2 周；采用计算机控制通风系统，堆体前、后两端和上、下层的温差分别为 2～3℃和 3～5℃；其投资和运行费用相对较高。

（1）立式多层堆肥发酵塔　立式多层堆肥发酵塔通常由 5～8 层组成，内外层均由水泥或钢板制成。经分选后的可堆肥物料由塔顶进入塔内，在塔内堆肥物料通过不同形式的搅拌翻动，逐层由塔顶向塔底移动，最后由最底层出料。一般经过 5～8d 的好氧发酵，堆肥物料即由塔顶移动至塔底而完成一次发酵。塔内温度分布从上层至下层逐渐升高，最高温度在最下层。通常以风机强制通风形式对塔内进行供氧，通过安装在塔身一侧不同高度的通风口将空气定量地通入塔内，以满足微生物对氧的需求。立式多层堆肥发酵塔通常为密闭结构，堆肥时产生的臭气能较好地收集处理，因此其环境条件比较好。此外，该堆肥设备具有处理量大、占地面积小等优点，但其一次性投资较高。

立式多层堆肥发酵塔的种类通常包括立式多层圆筒式（图 6-8）、立式多层板闭合门式（图 6-9）、立式多层桨叶刮板式（图 6-10）、立式多层移动床式（图 6-11）等。

（2）卧式堆肥发酵滚筒　卧式堆肥发酵滚筒又称为达诺式发酵滚筒（图 6-12），该设备结构简单，可采用较大粒度的物料，应用范围较广。在卧式堆肥发酵滚筒装置中，废物在筒体内表面的摩擦力作用下，沿旋转方向提升，同时借助自重落下，通过如此反复升高、跌落，可充分地调整物料的温度、水分，同时废物被均匀地翻倒而与供入的空气接触达到与曝气同样的效果。物料在翻转的同时在微生物的作用下进行发酵，而随着螺旋板的拨动，加上筒体倾斜的原因，滚筒中的旋转物料又不断由入口端向出口端移动，物料随滚筒旋转而不断地塌落，以至新鲜空气不断进入，臭气不断被抽走，充分保证了微生物好氧分解的条件。最后经双层金属网筛的分选，得到一次发酵的粗堆肥。因此，卧式堆肥发酵滚筒具有自动稳定供料、传送并排出堆肥物料的功能。

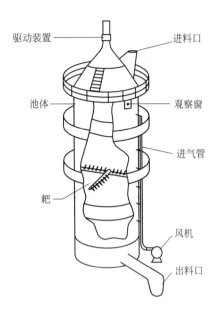

图 6-8 立式多层圆筒式堆肥发酵塔

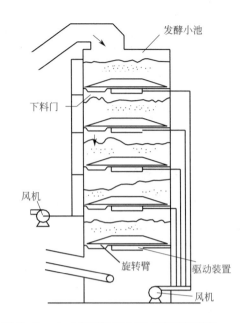

图 6-9 立式多层板闭合门式堆肥发酵塔

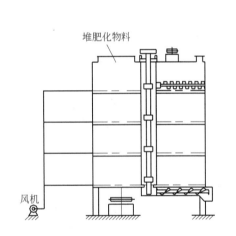

图 6-10 立式多层桨叶刮板式堆肥发酵塔

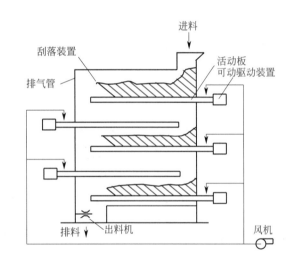

图 6-11 立式多层移动床式堆肥发酵塔

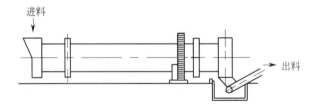

图 6-12 卧式堆肥发酵滚筒

　　该装置的工作条件大致如下：直径 2.5～3.5m，长度 20～40m，内搅拌的旋转速度应以 0.2～3.0r/min 为宜；通风空气温度保持常温，对 24h 连续操作的装置，通风量为 0.1m³/（m³·min）。空气从筒的原料排出口进入，并从进料口排出。如果发酵全过程都在此装置中完成，停留时间应为 2～5d 以上。筒内废物量一般不能超过筒容量的 80%。当以该装置进行全程发酵时，发酵过程中堆肥物料的平均温度为 50～60℃，最高温度可达 70～80℃；当以该装置进行一次发酵时，则平均温度为 35～45℃，最高温度可达 60℃ 左右。

卧式堆肥发酵滚筒的生产效率相当高，发达国家常采用该设备与立式多层堆肥发酵塔组合应用，高速完成发酵任务，实现自动化生产。其缺点在于堆肥过程中，原料滞留时间短，发酵不充分，装置的密闭性也存在问题。此外，由于在发酵过程中，筒体不断地旋转，对物料进行重复切断，因此物料易产生压实现象，不能对原料进行充分通气，导致产品不易均质化，能耗也较高。

（3）筒仓式堆肥发酵仓　筒仓式堆肥发酵仓的结构相对来说比较简单，为单层圆筒状（或矩形状），发酵仓深度为 4～5m，大多采用钢筋混凝土构筑。其上部有进料口和散刮装置，下部有螺杆出料机。为维持仓内良好的发酵条件，发酵仓内的供氧均采用高压离心风机强制鼓风，空气一般通过布置在仓底的蜂窝状散气管进入发酵仓。堆肥原料由仓顶进入，其好氧发酵的时间一般是 6～12d 以上，初步腐熟的堆肥由仓底通过出料机出料。根据堆肥在筒仓内运动形式的不同，筒仓式堆肥发酵仓可分为静态与动态两种，分别如图 6-13 和图 6-14 所示。

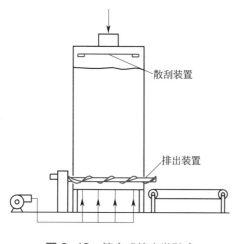

图 6-13　筒仓式静态发酵仓

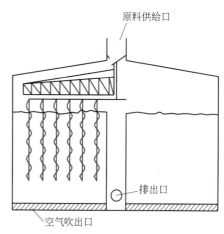

图 6-14　筒仓式动态发酵仓

筒仓式动态发酵仓呈单层圆筒形。堆肥物料经过预处理工序分选破碎后，被输送机传送至池顶中央，然后由布料机均匀地向池内布料。物料在其停留时间内受到位于旋转层的螺旋钻的搅拌，这样的操作可以防止沟槽的形成，并且螺旋钻的形状和排列能经常保持空气的均匀分布。物料受到重复切断后送到槽中心部位的排出口排出。筒仓式动态发酵工艺的特点为：发酵仓每天顶部进料一层，底部出料一层，顶部输入的为经过预处理的新物料，而底部排出的是已经发酵完全的熟化物料。根据间歇式动态发酵工艺要求，进料层和出料层均为一定高度的均匀等厚层，实现这一工艺的关键技术是发酵仓底部的等厚分层出料螺杆的设计。

利用筒仓式动态发酵仓进行一次发酵的周期为 5～7d。相对于筒仓式静态发酵仓，筒仓式动态发酵仓具有发酵周期短、排出口的高度和原料的滞留时间均可调节等优点，因而可提高处理率、降低处理费用。但使用该装置堆肥时，螺旋叶片重复切断原料，原料被压在螺旋面上，容易产生压实块，所以通气性能不太好。此外，该装置还有原料滞留时间不均匀、产品呈不均质状、不易密闭等缺点。

（4）箱式堆肥发酵池　该类发酵池的种类很多，应用也很普遍，这里主要介绍以下几种。

① 矩形固定式犁翻倒发酵池。该堆肥设备采用犁形翻倒搅拌装置，起到机械犁掘废物的作用。堆肥时，可定期搅动并移动物料数次，这样既保持池内通气，使物料均匀分散，又具有运输功能，可将物料从进料端移至出料端。物料在池内停留5～10d。空气通过池底布气板进行强制通风。发酵池采用的搅拌装置是输送式的，使用这种装置的好处是能提高物料的堆积高度。

② 戽斗式翻倒发酵池。如图6-15所示，发酵池内装备的翻倒机能对物料进行搅拌，同时使物料湿度均匀并与空气接触，从而促进易堆肥物料迅速分解，阻止产生臭气。物料的停留时间为7～10d，翻倒废物频率以一天一次为标准，也可根据物料实际性状不同而调整翻倒次数。该发酵装置有以下特点：发酵池装有一台搅拌机及一架安置于车式输送机上的翻倒车，翻倒废物时，翻倒车在发酵池上运行，完成翻倒操作后，翻倒车返回到活动车上；根据处理量，有时可以不安装具有行吊结构的车式输送机；池内物料被翻倒完毕后，搅拌机由绳索牵引或由机械活塞式倾斜装置提升，再次翻倒时，可放下搅拌机开始搅拌；为使翻倒车从一个发酵池移至另一个发酵池，可采用轨道传送式活动车和吊车刮出输送机、皮带输送机或摆动输送机，堆肥经搅拌机搅拌，被位于发酵池末端的车式输送机传送，最后由安置在活动车上的刮出输送机刮出池外；发酵过程的几个特定阶段由一台压缩机控制，所需空气从发酵池底部吹入。

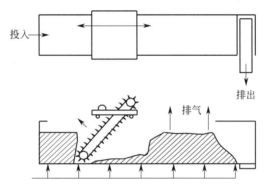

图6-15　戽斗式翻倒发酵池

③ 卧式桨叶发酵池。如图6-16所示，桨状搅拌装置依附于移动装置。运行时，搅拌装置纵向反复移动搅拌物料并同时横向传送物料，搅拌作用可遍及整个发酵池。故可通过增大发酵池设计宽度提高其处理能力。

④ 卧式刮板发酵池。如图6-17所示，此类发酵池主要部件是一个呈片状的刮板，由齿轮齿条驱动，刮板从左向右摆动搅拌物料，从右向左空载返回，然后再从左向右摆动推入一定量的物料。由刮板推入的物料量可调节。例如，当一天搅拌一次时，可调节推入量为一天所需量。如果处理能力较大，可将发酵池设计成多级结构。池体为密封负压式结构，因此臭气不外逸。发酵池有许多通风孔以保持好氧状态。另外，还装配有洒水及排水设施以调节湿度。

（5）条垛式发酵设备　条垛式发酵就是将物料铺开排成行，在露天或棚架下堆放，每排物料堆宽4～6m，高2～4m，堆下可配有供气通气管道，也可不设通风装置，根据实际

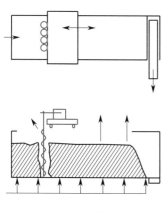

图 6-16　卧式桨叶发酵池

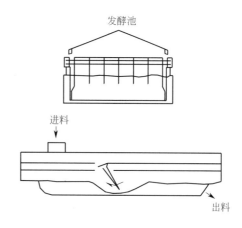

图 6-17　卧式刮板发酵池

情况，采用不同的翻堆发酵设备。条垛式堆肥系统的翻堆设备分为三类：斗式装载机或推土机、跨式翻堆机、侧式翻堆机。翻堆设备可由拖拉机等牵引或自行推进。中、小规模的条垛宜采用斗式装载机或推土机，大规模的条垛宜采用跨式翻堆机或侧式翻堆机。跨式翻堆机不需要牵引机械，侧式翻堆机需要拖拉机牵引。美国常用的是跨式翻堆机，而侧式翻堆机在欧洲应用比较普遍。图 6-18 是典型强制通风条垛式堆肥系统示意图，条垛堆肥可安放在太阳能大棚里，通过太阳光加热堆肥系统，提高堆体温度。

　　厌氧发酵沼渣也可以采用这项技术进行二次堆肥腐熟化。

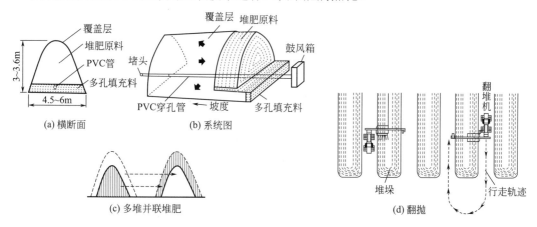

图 6-18　强制通风条垛式堆肥系统示意图

6.4　有机固体废物厌氧发酵

6.4.1　有机固体废物厌氧发酵定义

　　发酵在微生物生理学中的定义是：在无外加氧化剂条件下，被分解的有机物作为还原剂被氧化，而另一部分有机物作为氧化剂被还原的生物学过程。从环境污染治理的角度来说，发酵是指以废水或固体废物中的有机污染物为营养源，创造有利于微生物生长繁殖的良好环境，利用微生物的异化分解和同化合成的生理功能，使得有机污染物转化为无机物质和自身细胞物质，从而达到消除污染、净化环境的目的。

本书中定义的有机固体废物厌氧发酵是指固体废物中的有机成分在厌氧条件下，利用厌氧微生物新陈代谢的功能，转化为无机物质和自身的细胞物质，从而达到消除污染、净化环境的目的。

6.4.2　厌氧发酵原理

厌氧发酵的原料来源复杂，参与的微生物种类繁多，因此反应过程复杂。发酵微生物参与的生化反应主要受两方面因素的制约：一方面是基质的组成及浓度，另一方面是代谢产物的种类及后续生化反应的进行情况。

有机物的厌氧发酵过程主要分为液化（水解）、酸化（包括酸化前阶段、酸化后阶段）及气化三个阶段。具体过程如图 6-19 所示。

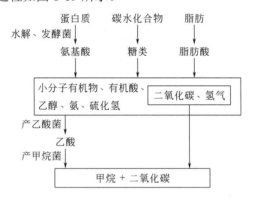

图 6-19　有机物厌氧发酵总反应图

首先，不溶性大分子有机物（如蛋白质、纤维素、淀粉、脂肪等）经水解酶的作用，在溶液中分解为水溶性的小分子有机物（如氨基酸、脂肪酸、葡萄糖、甘油等）。随后，发酵细菌将这些水解产物摄入细胞内，经过一系列生化反应，将代谢产物排出体外。由于发酵细菌种群不一，代谢途径各异，故代谢产物也各不相同。众多的代谢产物中，仅 CO_2、H_2 及甲酸、甲醇、甲胺、乙酸等可直接被产甲烷菌吸收利用，转化为甲烷和二氧化碳。其他众多的代谢产物（主要是丙酸、丁酸、戊酸、乳酸等有机酸，以及乙醇、丙酮等有机物质）不能为产甲烷菌直接利用。它们必须经过产氢产乙酸细菌进一步转化为氢气和乙酸后，方能被产甲烷菌吸收利用，并转化为甲烷和二氧化碳。

在第一阶段中，不溶性大分子有机物经过水解而溶入水中，使颗粒状的各种可见物变成均质的溶液。在第二阶段接连发生两次产酸过程，使溶液酸度增大，pH 值下降。在第三阶段，有机物中的碳最终以 CH_4 和 CO_2 等气态产物的形式释放到空气中。根据有机物在厌氧发酵过程中所要求达到的分解程度的不同，可将厌氧发酵工艺分为两大类，即酸发酵和甲烷发酵，前者以有机酸为主要发酵产物，后者以甲烷为主要发酵产物。

6.4.3　厌氧发酵过程中的微生物群落

（1）微生物群落　由于原料的组成和控制发酵的条件千差万别，以及接种物的来源各不相同，参与厌氧发酵的微生物种群相差较大。

① 在厌氧发酵系统中，数量最多、作用最大的微生物是细菌，已知的细菌有 18 属 51 种；真菌（丝状真菌和酵母菌）虽也能存活，但数量很少，作用尚不十分清楚；藻类和原生动物偶有发现，但数量也较少，难以发挥重要作用，特别是在生活垃圾中几乎不存在。

② 细菌以厌氧菌和兼性厌氧菌为主。

③ 参与有机物逐级厌氧发酵降解的细菌主要有三大类群，依次为水解发酵菌、产氢产乙酸菌、产甲烷菌。此外，还存在一种能将产甲烷菌的一组基质（CO_2/H_2）横向转化为另一种基质（CH_3COOH）的细菌，称为同型产乙酸细菌。

研究人员针对有机物厌氧发酵三阶段理论，阐明了各阶段的微生物类群，发现各自的优势种群并不相同。

第一阶段起作用的细菌称为水解发酵菌，包括纤维素分解菌、蛋白质水解菌。现已发现的有：专性厌氧的梭菌属（Clostridium）、拟杆菌属（Bacteroides）、丁酸弧菌属（Butyrivibrio）、真杆菌属（Eubacterium）、双歧杆菌属（Bifidobacterium）和革兰氏阴性杆菌；兼性厌氧的链球菌和肠道菌。

第二阶段起作用的细菌称为产乙酸菌，只有少数被分离出来。已知的有：为产甲烷菌提供乙酸和氢气的 S 菌株；将第一阶段的发酵产物如三碳以上的有机物、长链脂肪酸、芳香酸及醇等分解为乙酸和氢气的细菌，如脱硫弧菌等。

这两个阶段起作用的细菌统称为不产生甲烷菌。在液化水解阶段，发酵细菌对有机物进行体外酶解，使固体物质变成可溶于水的物质，然后细菌再吸收可溶于水的物质，并将其酶解成不同产物。

第三阶段的微生物群落是两组生理不同的专性厌氧的产甲烷菌群。一组将氢气和二氧化碳转化为甲烷，另一组则将乙酸脱羧生成甲烷和二氧化碳。

（2）影响发酵细菌功能的环境条件　发酵细菌主要为专性厌氧菌和兼性厌氧菌，属于异养菌。其优势种属随环境条件和发酵基质的不同而异。在环境中，甲烷发酵阶段是厌氧发酵过程的控制因素，因此影响厌氧发酵过程的各项因素也以对产甲烷菌的影响因素为准，影响发酵过程的因素主要有温度、发酵细菌的营养及营养物比例、混合均匀程度、添加剂和有毒物质、酸碱度等。

① 温度因素。根据温度的不同，可把发酵过程分为常温发酵、中温发酵（28～38℃）和高温发酵（48～60℃）。

常温发酵也称为自然发酵、变温发酵，其主要特点为发酵温度随着自然气温的四季变化规律而变化，但是沼气产量不稳定，因而转化效率低。一般认为 15℃是厌氧消化在实际工程应用中的最低温度。在中温发酵条件下，温度控制在 28～38℃，因此沼气产量稳定，转化效率高。高温发酵的温度控制在 48～60℃，因而分解速率快，处理时间短，产气量高，能有效杀死寄生虫卵，但是需要加温和保温设备，对设备工艺、材料要求高。

产甲烷菌对温度的急剧变化比较敏感，中温或高温厌氧发酵允许的温度变化范围为 ±（1.5～2.0）℃。当有 ±3℃的变化时，就会抑制发酵速率；有 ±5℃的急剧变化时，就会突然停止产气，使有机酸大量积累而破坏厌氧发酵。因此，厌氧发酵过程要求温度相对稳定，一天内的变化范围在 ±2℃内。图 6-20 表明了温度对产甲烷菌生长的影响。

② 发酵细菌的营养及营养物比例。充足的发酵原料是产生沼气的物质基础。厌氧发酵过程中细菌生长所需营养由原料中的有机垃圾提供。原料中的碳源有双重作用，其一

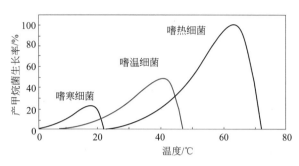

图6-20 温度对厌氧发酵过程中产甲烷菌生长的影响

是为反应过程提供能源，其二是合成新细胞。一般厌氧发酵适宜的 C/N 为（20~30）：1。如 C/N 太高，细胞的氮含量不足，系统的缓冲能力低，pH 值容易降低；C/N 太低，氮含量过多，pH 值可能上升，铵盐容易积累，会抑制发酵进程，可通过将贫氮原料与富氮原料进行适当的配合来形成具有适宜 C/N 的混合原料。厌氧发酵对磷（以磷酸盐的形式）的需求量大约为氮的 1/5。如果原料中没有足够的磷来满足微生物的生长要求，可加入磷酸盐保证代谢速度。

③ 混合均匀程度。一般情况下，厌氧发酵装置需要设置搅拌设备。搅拌的目的是使发酵原料分布均匀，增加微生物与发酵基质的接触机会，也使发酵的产物及时分离，从而提高产气量，加速反应。混合搅拌的方法随着发酵状态的不同而异：对于液态发酵，用泵喷水搅拌法；对于固态或半固态发酵，用发酵气循环搅拌法和机械混合搅拌法等。适当的搅拌是工艺控制的重要组成部分。

④ 添加剂和有毒物质。在发酵液中添加少量的化学物质，有助于促进厌氧发酵，提高产气量和原料利用率。添加过磷酸钙，能促进纤维素的分解，提高产气量。添加少量钾、钠、钙、镁、锌、锰、磷等元素，都能促进厌氧反应的进行，主要是因为镁、锌、锰等金属元素的二价离子是酶活性中心的组成成分，其中锰离子、锌离子还是水解酶的活化剂，能提高酶的活性，加快酶的反应速率，有利于纤维素等大分子化合物的分解。

但也有不少化学物质能抑制发酵微生物的生命活力，统称为有毒物质。有毒物质的种类很多，表 6-3 列举了某些物质的毒性效应阈值浓度。产甲烷菌对有毒物质有一定的忍耐程度，一旦超过允许浓度，厌氧发酵常常受阻。

表6-3 某些物质的毒性效应阈值浓度

物质	毒性效应阈值浓度界限 /（mol/L）
碱金属和碱土金属离子 Na^+、K^+、Ca^{2+}、Mg^{2+}	$10^{-1} \sim 10^6$
重金属离子 Cu^{2+}、Ni^{2+}、Zn^{2+}、Hg^{2+}、Fe^{2+}	$10^{-5} \sim 10^{-3}$
H^+ 和 OH^-	$10^{-6} \sim 10^{-4}$
胺类	$10^{-5} \sim 10^0$
有机物质	$10^{-6} \sim 10^0$

⑤ 酸碱度、pH 值和发酵液的缓冲作用。消化液的酸度通常由其中的脂肪酸含量决定。脂肪酸中，含量较多的有乙酸、丙酸、丁酸，其次为甲酸、己酸、戊酸、乳酸等。丙酸的积累是酸抑制的主要原因。脂肪酸含量大于 2000~3000mg/L 会使发酵过程受阻。

消化液的碱度通常由其中的氨氮含量决定，它能中和酸而使发酵液保持适宜的 pH 值。氨有一定的毒性，一般应不超过 1000mg/L。

水解菌与发酵菌及产氢产乙酸菌对 pH 值的适应范围为 5.0～6.5，而产甲烷菌对 pH 值的适应范围为 6.6～7.5。在发酵系统中，如果水解发酵阶段与产酸阶段的反应速率超过产甲烷阶段，则 pH 值会降低，影响产甲烷菌的生活环境。但是，在发酵系统中，氨与二氧化碳反应生成的碳酸氢铵使得发酵液具有一定的缓冲能力，在一定的范围内可以避免发生这种情况。根据酸碱平衡，发酵系统应保持碱度在 2000mg/L 以上，从而有足够的缓冲能力，可有效防止系统 pH 值的下降。

⑥ 生物固体停留时间（污泥龄）与负荷。发酵罐的容积负荷和发酵时间之间一般成反比，厌氧发酵的好坏与污泥龄有直接关系，污泥龄的表达式与定义是：

$$\theta_c = \frac{M_r}{\phi_e} \qquad\qquad (6-3)$$

$$\phi_e = \frac{M_e}{t}$$

式中　θ_c——污泥龄，d；

　　　M_r——发酵罐内的总生物量，kg；

　　　ϕ_e——发酵罐每日排出的生物量，kg/d；

　　　M_e——排出发酵罐的总生物量（包括上清液带出的），kg；

　　　t——排泥时间，d。

对于没有回流的完全混合厌氧发酵系统，固体停留时间（SRT）等于水力停留时间（HRT）。有机物降解程度是污泥龄的函数，而不是进水有机物的函数。因此发酵罐容积不应按有机负荷设计，而应以污泥龄或水力停留时间设计。由于产甲烷菌的增殖较慢，对环境条件的变化十分敏感，因此要获得稳定的处理效果就需要保持较长的污泥龄。

发酵罐的水力停留时间可用污泥等物质的投配率表达：

$$V = \frac{V'}{n} \qquad\qquad (6-4)$$

式中　V'——新鲜污泥量，m³；

　　　n——污泥投配率，%；

　　　V——发酵罐的有效容积，m³。

发酵罐的投配率是每日投加新鲜污泥体积占发酵设备有效容积的比例。

投配率是发酵罐设计的重要参数。投配率过高，发酵罐内脂肪酸可能积累，造成 pH 值下降，发酵不完全，产气率低；投配率过低，发酵比较完全，产气率较高，所需发酵罐容积大，基建费用增高。

6.4.4　甲烷形成理论及计算

甲烷形成阶段是厌氧发酵中最关键的生理生化反应过程。在这一阶段中，产甲烷菌将乙酸、氢气、二氧化碳等转化成甲烷，同时由于有机垃圾中存在含氮和含硫化合物，因而在厌氧降解过程中也伴有氨和硫化氢的产生。很多科技工作者对此机理进行了研究，也发展了大量理论，其中二氧化碳还原理论、甲基形成甲烷理论得到了较为普遍的认同。

（1）二氧化碳还原理论   二氧化碳还原理论认为甲烷形成机理分为三步。

第一步：醇的氧化使二氧化碳还原形成甲烷及有机酸。即：

$$2CH_3CH_2OH + {}^{14}CO_2 \longrightarrow 2CH_3COOH + {}^{14}CH_4 \qquad (6\text{-}5)$$

$$4CH_3OH \longrightarrow 3{}^{14}CH_4 + CO_2 + 2H_2O \qquad (6\text{-}6)$$

施塔特曼（Stadtman）、巴克尔（Barker）等用 ${}^{14}CO_2$ 使乙醇和丁醇氧化，产生带同位素 ${}^{14}C$ 的甲烷，证明甲烷可由 CO_2 还原形成。

第二步：脂肪酸有时用水作还原剂或供氢体，产生甲烷。即：

$$CO_2 + 2C_3H_7COOH + 2H_2O \longrightarrow CH_4 + 4CH_3COOH \qquad (6\text{-}7)$$

第三步：利用氢使二氧化碳还原成甲烷。即：

$$CO_2 + 4H_2 \longrightarrow CH_4 + 2H_2O \qquad (6\text{-}8)$$

这是由泽恩根（Soehngen）及菲舍尔（Fisher）观察到的。

范·尼尔（Van Niel）认为，甲烷化过程中，CH_4 都是由 CO_2 还原而产生的，并采用一个通式来表示：

$$4H_2A \longrightarrow 4A + 8H \qquad (6\text{-}9)$$

$$CO_2 + 8H \longrightarrow CH_4 + 2H_2O \qquad (6\text{-}10)$$

总式 $$4H_2A + CO_2 \longrightarrow 4A + CH_4 + 2H_2O \qquad (6\text{-}11)$$

式中，H_2A 代表任何可能提供 H 的有机或无机化合物。

范·尼尔的理论是基于他对"奥氏甲烷杆菌"的甲烷形成研究提出的。当时的研究认为：一级醇转化为相应的酸，二级醇转化成相应的酮，在此过程中由 CO_2 还原成 CH_4 的过程伴随发生。而布赖恩特（Bryant）等的工作证实了"奥氏甲烷杆菌"实际上是产甲烷菌 M.O.H 与 S 菌的共生培养物，并且证明了 S 菌不能产生甲烷，而只能将乙醇氧化为乙酸，同时生成氢气，只有产甲烷菌 M.O.H 才能利用 S 菌产生的 H_2 还原 CO_2 形成 CH_4，为范·尼尔的理论提供了证据。现在已知的产甲烷菌都是利用 H_2 还原 CO_2 生成甲烷。因此，现有公认的产甲烷菌的基质只有 CO_2 和 H_2。即：

$$4H_2 + CO_2 \longrightarrow CH_4 + 2H_2O \qquad (6\text{-}12)$$

（2）甲基形成甲烷理论   这一理论是由巴斯维尔（Buswell）和索洛（Sollo）等应用同位素示踪技术研究了甲烷的形成过程后提出的，他们认为甲烷的形成不一定经由 CO_2 途径，而可以从有机物的甲基直接形成甲烷。施塔特曼（Stadtman）和巴克尔（Barker）及派因（Pine）和维施尼（Vishhnise）分别于 1951 年和 1957 年用 ${}^{14}C$ 示踪原子标记乙酸的甲基碳原子，结果甲烷的碳原子都标记上了同位素 ${}^{14}C$，二氧化碳则没有标上，证明甲烷是由甲基直接生成。即：

$$ {}^{14}CH_3COOH \longrightarrow {}^{14}CH_4 + CO_2 \qquad (6\text{-}13)$$

后来巴克尔（Barker）及派因（Pine）用氘（D）作标记进行了如下试验：

$$CD_3COOH + H_2O \longrightarrow CD_3H + CO_2 + H_2O \qquad (6-14)$$

$$CH_3COOH + D_2O \longrightarrow CH_3D + CO_2 + HDO \qquad (6-15)$$

这些同位素示踪试验表明，乙酸中的甲基并不是先形成 CO_2 之后再还原成甲烷，而是首先从乙酸上脱下，而后与水分子的氢结合，生成甲烷。

此外还发现，在有氢和水存在时，巴氏甲烷八叠球菌（*Methanosarcina barkerii*）与甲酸甲烷杆菌（*Methanobacterium formicicum*）能将一氧化碳还原形成甲烷。即：

$$CO + 3H_2 \longrightarrow CH_4 + H_2O \qquad (6-16)$$

$$4CO + 2H_2O \longrightarrow CH_4 + 3CO_2 \qquad (6-17)$$

（3）甲烷形成因子　　已知与甲烷形成密切相关的因子主要有 ATP、辅酶 M 和辅酶 F_{420} 等。

① ATP。ATP（三磷酸腺苷）是生物体能量代谢的重要因子。在甲烷杆菌和甲烷八叠球菌中，已检测过的全部反应系统都需要 ATP，才能由各种甲烷供体形成甲烷。罗伯顿（Roberton）和沃尔夫（Wolfe）的研究指出，在完整细胞的 ATP 库中，ATP 与甲烷生成之间呈直线关系。甲烷化过程中所需的 ATP 的量，是催化量而不是底物量。也就是说，要求的 ATP 量是很少的。此外，在产甲烷菌 M.O.H 细胞的研究中发现：甲烷生成量增加时，AMP（单磷酸腺苷）库减少，ATP 库增加；甲烷生成量减少时，AMP 库增加，ATP 库减少。这表明 ATP 库的水平降低与甲烷生成量的减少有密切关系。

② 辅酶 M。麦克·布里德（Mc Bride）和沃尔夫在产甲烷菌的研究中发现了一种新的产甲烷菌类独有的甲基转移辅酶 M（CoM-SH），其结构为 $HSCH_2CH_2SO_3H$，并由泰伊尔和沃尔夫通过化学方法合成。它是一种热稳定、能透析的辅助因子，无荧光，在 260nm 处有最大吸收值，能酶促甲基化或去甲基。

③ 辅酶 F_{420}。辅酶 F_{420} 是产甲烷菌所特有的另一种辅酶。切尔曼首先认为，产甲烷菌之所以对氧敏感，与 F_{420} 的氧化有关。辅酶 F_{420} 是一种大分子量荧光素，被氧化时在 420nm 处出现一个明显的吸收峰，被还原时失去吸收峰和荧光。辅酶 F_{420} 的功能是作为甲烷化过程的最初电子载体。

④ 其他载体。维生素 B_{12} 及其衍生物参与了甲烷形成中的甲烷转移。四氢叶酸及其衍生物参与了丝氨酸的 C-3（羟甲基）形成甲烷的过程和甲基转移。

（4）甲烷产量计算　　有机物厌氧分解的总反应可用下式表示：

$$C_aH_bO_cN_d + nH_2O \longrightarrow mC_5H_7O_2N + xCH_4 + yCO_2 + wNH_3 \qquad (6-18)$$

式中，$C_aH_bO_cN_d$ 和 $C_5H_7O_2N$ 分别表示固体废物中有机降解物的经验化学式和微生物的化学组成。假如反应系统中停留时间无限长，转化为生物量的有机物大约为 4%，因而转化为生物量的部分可忽略不计，式（6-18）可变为：

$$C_aH_bO_cN_d + 0.25(4a-b-2c+3d)\,H_2O \longrightarrow 0.125(4a+b-2c-3d)CH_4 + 0.125(4a-b+2c$$
$$+ 3d)CO_2 + dNH_3 \qquad (6-19)$$

如果已知有机废物的元素组成，通过式（6-19）就可计算产生气体的质量和物质的量。典型生活垃圾中可降解部分的元素组成见表 6-4。

表6-4   典型生活垃圾中可降解部分的元素组成

组分	湿重 /kg	干重 /kg	元素组成 /kg					
			C	H	O	N	S	灰分
食物	11.3	3.4	1.61	0.22	1.28	0.08	—	0.17
纸	42.8	40.3	17.52	2.41	17.72	0.14	0.08	2.41
纸板	7.5	7.2	3.16	0.42	3.22	0.03	—	0.36
塑料	8.8	8.7	5.21	0.64	1.97	—	—	0.86
织物	2.5	2.2	1.25	0.14	0.69	0.11	—	0.06
橡胶	0.6	0.6	0.47	0.06	—	—	—	0.06
皮革	0.6	0.5	0.3	0.03	0.06	0.06	—	0.06
木材	2.5	2	1	0.14	0.86	—	—	0.03
其他	23.3	8.2	3.94	0.5	3.13	0.28	0.03	0.36
总计	100	73.1	34.46	4.55	28.92	0.69	0.11	4.35

由表 6-4 可计算得出典型生活垃圾中可降解部分的元素占干基质量的比例，见表 6-5。由式（6-19）可以得出，1mol 有机碳可转化成 1mol 气体。因此，在标准状况下：

$$1mol\ C（有机物） \longrightarrow 22.4L\ 气体（CH_4+CO_2） \tag{6-20}$$

表6-5   典型生活垃圾中可降解部分的元素占干基质量的比例

组分	元素组成 /%					
	C	H	O	N	S	灰分
食物	47.9	6.6	38.0	2.5	—	5.0
纸	43.5	6.0	44.0	0.3	0.2	6.0
纸板	44.0	5.8	44.8	0.4	—	5.0
塑料	60.1	7.3	22.7	—	—	9.9
织物	55.6	6.2	30.9	4.9	—	2.5
橡胶	81.0	9.5	—	—	—	9.5
皮革	61.1	5.6	11.1	11.1	—	11.1
木材	49.3	6.8	42.5	—	—	1.4
其他	47.8	6.1	38.0	3.4	0.3	4.4

以质量表示为：

$$1g\ C（有机物） \longrightarrow 1.867L\ 气体（CH_4+CO_2） \tag{6-21}$$

由有机废物的通式 $C_aH_bO_cN_d$ 出发，根据式（6-19）可以估计气体的最大理论产量，即可以根据某一具体化合物的分子式或者代表生活垃圾可降解部分的经验公式加以估计。

根据有机物完全氧化所消耗的氧，生活垃圾降解产生的甲烷气体产量也可以通过 COD 表示：

$$CH_4 + 2O_2 \longrightarrow CO_2 + 2H_2O \tag{6-22}$$

$$1\text{mol CH}_4 \longrightarrow 2\text{mol COD} \tag{6-23}$$

假设对 COD 有贡献的所有碳都转化为甲烷：

$$\text{COD}_{有机物} \longrightarrow \text{COD}_{甲烷} \tag{6-24}$$

甲烷产量为：

$$2\text{mol COD}_{有机物} \longrightarrow 1\text{mol CH}_4 \tag{6-25}$$

以质量表示为：

$$1\text{g COD}_{有机物} \longrightarrow 0.25\text{g CH}_4 \tag{6-26}$$

以气体体积（标准状况）表示为：

$$1\text{g COD}_{有机物} \longrightarrow 0.35\text{L CH}_4 \tag{6-27}$$

这一方法并不能估计出二氧化碳的产量，因而最后必须根据式（6-19）或者甲烷和二氧化碳的比例估计二氧化碳的产量。长期厌氧发酵的研究表明，稳定的厌氧发酵产生的沼气中，甲烷含量在 55%～65%。表 6-6 列出了一些常见固体废物的甲烷产量。

表6-6　常见固体废物厌氧消化运行性能数据

原料	温度 /℃	有机负荷（挥发性固体含量）/ [g/（L·d）]	甲烷产量（以单位质量挥发性固体产量计）/（L/g）	甲烷含量 /%
城市污泥 [活性物质（90%）+ 原始物质（10%）]	35	2.08	0.21	65
城市原始污泥	35	1.6	0.52	69
城市固体垃圾	35	—	0.17	59
奶牛场废物	35	4.9	0.75	80
猪场废物	24	0.92	0.48	75
蔬菜牛粪	55	16.2	0.29	56
百慕大草	35	1.3	0.14	61
禽粪	35	1.6	0.19	54

6.4.5　厌氧发酵反应热力学与动力学

任何有机物转化为甲烷的过程都是多种微生物群落协同作用的结果，通过微生物生态系统将复杂的有机化合物降解为最终产品，如二氧化碳、甲烷、氨、硫化氢等。有机物之间的相互作用为甲烷的生成创造了热力学条件。表 6-7 列出了厌氧发酵中某些反应及其反应热。

表6-7　厌氧发酵中某些反应及其反应热

微生物种类	反应式	反应热 /（kJ/mol）	
		标准状态	实际状态
水解发酵微生物	$C_6H_{12}O_6$（葡萄糖）$\longrightarrow CH_3COOH + HCO_3^- + H^+ + H_2$	−206.3	−363.4
	$C_6H_{12}O_6$（葡萄糖）$\longrightarrow CH_3CH_2CH_2COOH + HCO_3^- + H^+ + H_2$	−254.8	−310.9

微生物种类	反应式	反应热 /（kJ/mol）	
		标准状态	实际状态
产乙酸微生物	$CH_3CH_2CH_2COOH \longrightarrow CH_3COOH + H^+ + H_2$	-48.1	-29.2
	$CH_3CH_2COOH \longrightarrow CH_3COOH + HCO_3^- + H^+ + H_2$	76.1	8.4
	$CH_3CH_2OH \longrightarrow CH_3COOH + H^+ + H_2$	9.6	49.8
产甲烷微生物	$CH_3COOH \longrightarrow CH_4 + CO_2$	135.6	16.8
	$H_2 + CO_2 \longrightarrow CH_4 + H_2O$	31	22.7

在微生物的作用下，改变其所处的温度和压力等外界条件，可使一些标准状态下自由能为正值的反应正常进行。如丁酸转化为乙酸反应的标准自由能为48.1kJ/mol，但是在运行良好的厌氧反应器的环境中却可以正常进行。

$$CH_3CH_2CH_2COOH \longrightarrow CH_3COOH + H^+ + H_2 \tag{6-28}$$

这主要是因为在厌氧的环境中，产甲烷菌能够利用氢气，从而大大降低了氢气的浓度，低浓度的氢气使得丁酸或其他化合物转化为乙酸成为可能，乙酸被产甲烷菌进一步利用转化为甲烷和二氧化碳。

生物处理动力学的基本内容包括两个方面：一方面，确定基质降解与基质浓度和微生物浓度之间的关系，建立基质降解动力学；另一方面，确定微生物增长与基质浓度和微生物浓度之间的关系，建立微生物增长动力学。

从污染控制的角度来看，基质降解动力学有助于推测有机物的去除率和所需时间，微生物增长动力学有助于推测活性污泥的增长量和相应的时间。

在厌氧发酵过程中，甲烷发酵阶段是反应速率的控制步骤，因此，厌氧发酵动力学是以该阶段作为基础建立的。

在连续稳态生物处理系统中，同时进行着三个过程，即有机基质的降解过程、微生物新细胞物质的合成过程和微生物老细胞物质的衰亡过程。综合考虑这三个过程，可得到如下基本方程：

$$\frac{dX}{dt} = Y\left(-\frac{dS}{dt}\right) - bX \tag{6-29}$$

式中　$\dfrac{dX}{dt}$——以浓度表示的微生物净增长速率，mg/（L·d）；

　　　$\dfrac{dS}{dt}$——以浓度表示的基质降解速率，mg/（L·d）；

　　　Y——微生物增长常数，即产率（以单位质量基质中微生物质量计），mg/mg；

　　　b——微生物自身氧化分解率，即衰减系数，d^{-1}；

　　　X——微生物浓度，mg/L。

上式两边同除以X，并经过一系列变换可得：

$$\mu = \frac{dX/dt}{X} = Y\left(-\frac{dS/dt}{X}\right) - b \tag{6-30}$$

$$V\frac{\mathrm{d}X}{\mathrm{d}t} \times \frac{1}{VX} = -Y\frac{V\mathrm{d}S/\mathrm{d}t}{VX} - b \quad\quad\quad （6-31）$$

$$1/(X_0/\Delta X_0) = Y(\Delta S_0/X_0) - b \quad\quad\quad （6-32）$$

$$1/\theta_c = YU_S - b \quad\quad\quad （6-33）$$

式中　$\dfrac{\mathrm{d}X/\mathrm{d}t}{X}$——微生物的净比增长速率；

$\quad\quad\quad\dfrac{\mathrm{d}S/\mathrm{d}t}{X}$——单位微生物量在单位时间内降解有机物的量，即基质的比降解速率；

$\quad\quad\quad V$——生物反应器容积，L；

$\quad\quad\quad X_0$——生物反应器内微生物总量，mg，$X_0 = VX$；

$\quad\quad\quad \Delta X_0$——生物反应器内微生物净增长总量，mg/d，$\Delta X_0 = V(\mathrm{d}X/\mathrm{d}t)$；

$\quad\quad\quad \Delta S_0$——生物反应器内降解的基质总量，mg/d，$\Delta S_0 = -V(\mathrm{d}S/\mathrm{d}t)$；

$\quad\quad\quad U_S$——生物反应器单位质量微生物降解的基质量，mg/(mg·d)，$U_S = \Delta S_0/X_0$；

$\quad\quad\quad \theta_c$——细胞平均停留时间，在废水生物处理系统中，习惯称为污泥停留时间或污泥龄，d。

在特定条件下运行的生物处理系统中，微生物的增长率是有一定限度的，而且与污泥负荷有关。如每天增长 20%，则倍增时间为 5d。如果污泥停留时间为 5d，则每天的污泥排出量为 20%，此排出量与微生物增长量相等，从而保证了处理系统的微生物总量保持不变。如果污泥停留时间短于微生物的倍增时间，则每天的污泥排出量大于增长量，其结果将使污泥总量逐渐减少，无法完成处理任务。如果污泥停留时间长于微生物的倍增时间，则每天排出的污泥量小于微生物增长量，从而处理系统有多余的污泥量以备排出。

厌氧发酵系统的微生物生长很慢，倍增时间很长，因此，在一些新一代的高效处理装置中，为了保证有足够的厌氧活性污泥，都采用了一些延长污泥停留时间的措施。如在完全混合式厌氧发酵系统后设立沉淀池，以截留和回流污泥；在上流式厌氧发酵系统中培养不易漂浮的颗粒污泥，并在出口端设立三相分离器；在系统内设置挂膜介质，以生物膜的形式将微生物固定起来，减少流失。

6.5　厌氧发酵设备与工艺

随着工业化、系统化、高效化要求的提高，厌氧发酵设备的发展经历了两大阶段。第一阶段的设备称为传统发酵系统，一般无搅拌装置，死区多（大型设备达 61%～77%），速率慢，水力停留时间长（60～100d），负荷低。第二阶段的设备称为现代大型工业化沼气发酵设备，有效克服了上述问题，为大量处理有机垃圾等固体废物提供了可能。

6.5.1　传统发酵系统

传统发酵系统主要用于间歇性、低容量、小型的农业或半工业化人工制取沼气过程中。一般称为沼气发酵池、沼气发生器或厌氧消化器。其中发酵罐是整套发酵装置的核心部分。除发酵罐外，发酵系统的其他附属设备有气压表、导气管、出料机、预处理装置（粉碎装置、升温装置、预处理池等）、搅拌器、加热管等。

　　传统发酵系统中发酵池的建造材料通常有炉渣、碎石、卵石、石灰、砖、水泥、混凝土、三合土、钢板、镀锌管件等。发酵池的种类很多，按发酵间的结构形式有圆形池、长方形池和扁球池等多种，按贮气方式有气袋式、水压式和浮罩式，按埋设方式有地下式、半埋式和地上式。以下是几种目前常用的传统的沼气发酵池。

　　（1）立式圆形水压式沼气池　图 6-21 为水压式沼气池结构与工作原理。

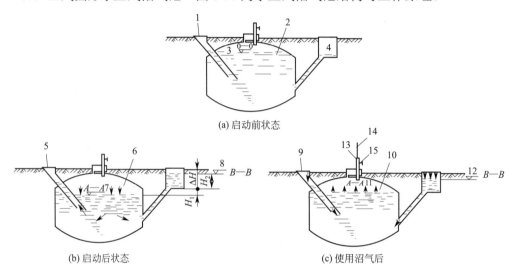

图 6-21　水压式沼气池结构与工作原理示意图

1，5，9—加料管；2，6，10—发酵间（贮气部分）；3—池内液面 0—0；4—出料间液面；7，11—池内料液液面 A—A；
8，12—出料间液面 B—B；13—导气管；14—沼气输气管；15—控制阀

　　我国农村多采用立式圆形水压式沼气池，在埋设方式与贮气方式方面多采用地下埋设和水压式贮气。水压式沼气池的工作原理是：产气时，沼气压料液使水压箱内液面升高；用气时，料液压沼气供气。产气、用气循环工作，依靠水压箱内料液的自动升降，使气室的气压自动调节，从而保证燃烧炉具的火力稳定。该沼气池主要结构包括加料管、发酵间、出料间、导气管几个部分。

　　水压式沼气池的优点是：结构比较简单，造价低，施工方便。缺点是：气压不稳定，对产气不利；池温低，不能保持升温，将严重影响产气量，原料利用率低（仅 10%～20%）；大换料和密封都不方便；产气率低 [平均 0.1～0.15m³/(m³·d)]。而且这种沼气池对防渗措施要求较高，给燃烧器的设计带来一定困难。

　　通常需靠近厕所、牲畜圈建造这种沼气池，以便粪便自动流入池内，方便管理，同时有利于保持池温，提高产气率，改善环境卫生。

　　图 6-21（a）是沼气池启动前状态，池内初加新料，处于尚未产生沼气阶段。其发酵间与水压间的液面处在同一水平面，称为初始工作状态，发酵间的液面为 0—0 水平，发酵间内尚存的空间（V_0）为死气箱容积。图 6-21（b）是启动后状态。此时，发酵池内开始发酵产气，发酵间气压随产气量增加而增大，造成水压间液面高于发酵间液面。当发酵间内贮气量达到最大量（$V_贮$）时，发酵间液面下降到最低位置 A—A 水平，水压间液面上

升到可上升的最高位置 $B—B$ 水平，此时称为极限工作状态。极限工作状态时的两液面高差最大，称为极限沼气压强，其值可用下式表示：

$$\Delta H = H_1 + H_2 \tag{6-34}$$

式中　H_1——发酵间液面最大下降值，m；

　　　　H_2——水压间液面最大上升值，m；

　　　　ΔH——沼气池最大液面差，m。

图 6-21（c）表示使用沼气后，发酵间压力降低，水压间液体回流入发酵间，从而使得在产气和用气过程中，发酵间和水压间液面总在初始状态和极限状态之间上升或下降。

（2）立式圆形浮罩式沼气池　图 6-22 是浮罩式沼气池，这种沼气池也多采用地下埋设方式，它把发酵间和贮气间分开，因而具有压力低、发酵好、产气多等优点。产生的沼气由浮沉式的气罩贮存起来。气罩可直接安装在沼气发酵池顶，如图 6-22（a）所示；也可安装在沼气发酵池侧，如图 6-22（b）所示。浮沉式气罩由水封池和气罩两部分组成。当沼气压力大于气罩重力时，气罩便沿水池内壁的导向轨上升，直至平衡为止。用气时，罩内气压下降，气罩也随之下沉。

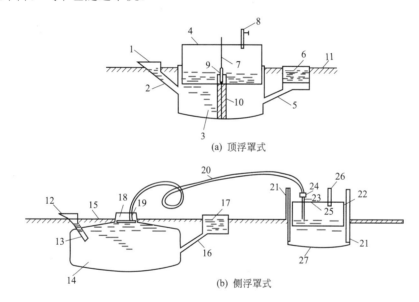

(a) 顶浮罩式

(b) 侧浮罩式

图 6-22　浮罩式沼气池示意图

1，12—进料口；2，13—进料管；3，14—发酵间；4，25—浮罩；5，16—出料连通管；6，17—出料间；
7—导向轨；8，19—导气管；9—导向槽；10—隔墙；11，15—地面；18—活动盖；20—输气管；21—导向柱；
22—卡具；23—进气管；24—开关；26—排气管；27—水池

顶浮罩式沼气贮气池造价比较低，但气压同样不够稳定。侧浮罩式沼气贮气池气压稳定，比较适合沼气发酵工艺的要求，但对材料要求比较高，造价昂贵。

（3）立式圆形半埋式沼气发酵池组　我国城市粪便沼气发酵多采用发酵池组。图 6-23 为用于处理粪便的一组圆形半埋式组合沼气池的平面图。该池采用浮罩式贮气，单池深度 4m，直径 5m，为少筋混凝土构筑物，埋入土内 1.3m，发酵池上安装薄钢浮罩，内面用玻璃纤维和环氧树脂做防腐处理，外涂防锈漆。发酵池内密封性好，总贮粪容积为 340m³，

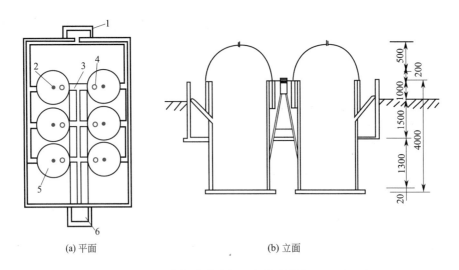

(a) 平面   (b) 立面

图6-23 粪便发酵池组示意图（单位：mm）

1—出料池；2—出气孔；3—进料口；4—加料孔；5—发酵池；6—进料池

进粪量控制在290m³，贮气空间为156m³。运转过程中，池内气压为2.35～3.14kPa，温度维持在32～38℃。1m³池容积每天产气0.35m³。发酵池工艺操作简便，造价低廉，当气源不足时，可从加料孔添进一些发酵辅助物，如树叶、稻草、生活垃圾、工业废水等，以帮助提高产气量。

（4）长方形（或方形）发酵池   该发酵池由发酵室、气体贮藏室、贮水池、进料口和出料口、搅拌器、导气喇叭口等部分组成，详细组成如图6-24所示。

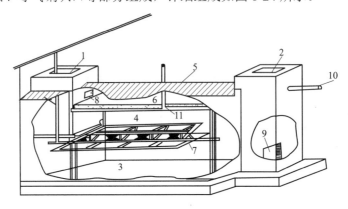

图6-24 长方形发酵池示意图

1—进料口；2—出料口；3—发酵室；4—气体贮藏室；5—木板盖；6—贮水池；
7—搅拌器；8—通水穴；9—出料门洞；10—粪水溢水管；11—导气喇叭口

发酵室主要用于贮藏供发酵的物料。气体贮藏室与发酵室相通，位于发酵室的上部空间，用于贮藏产生的气体。物料分别从进料口和出料口加入和排出。贮水池的主要作用是调节气体贮藏室的压力。若室内气压很高，就可将发酵室内的液体通过进料间的通水穴压入贮水池内。相反，若气体贮藏室内压力不足，贮水池中的水由于自重便流入发酵室。就这样通过水量调节气体贮藏的空间，使气压相对稳定，保证供气。通过搅拌器防止物料沉到发酵池底部，以加速物料发酵。产生的气体通过导气喇叭口输送到外面导气管。

（5）联合沼气池　若产气量较大，可将数个发酵池串联在一起，形成联合沼气池，如图 6-25 所示。

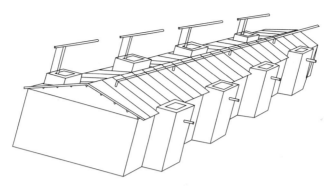

图 6-25　联合沼气池示意图

6.5.2　现代大型工业化沼气发酵设备

（1）发酵罐的类型　虽然传统的小型沼气发酵系统由于具有结构简单、造价低、施工方便、管理技术要求不高等优点得到普及，但是由于其发酵罐体积小，不能消纳大量有机废物、产生沼气的量少、质量低、效率不高、途径单一，发酵周期较长，现代大型工业化沼气发酵设备的开发与利用成了当务之急。

在现代大型沼气发酵设备中，发酵罐是最重要的核心部分。发酵罐的大小、结构类型直接影响到整个发酵系统的应用范围、工业化程度、沼气的产量和质量、回收能源的利用途径和产品的市场前景等。而要获得一个比较完善的厌氧反应过程，必须具备以下条件：要有一个完全密闭的反应空间，使之处于完全厌氧状态；反应器反应空间的大小要保证反应物质有足够的反应停留时间；要有可控的污泥（或有机废物）、营养物添加系统；要具备一定的反应温度；反应器中反应所需的物理条件要均衡稳定（要求在反应器中增加循环设备，使反应物处于不断循环状态）。

在设计发酵罐时，要充分考虑上述几个关键因素，选择合适的发酵罐类型和安装技术。这样有助于发酵罐内反应污泥的完全混合，防止底部污泥的沉积，减少表面浮渣层的形成，有利于沼气的产生。同时，发酵罐类型也决定了内部的能量分布状况，好的发酵罐有助于降低能耗、节约能源以及能量在整个发酵罐内的合理分配。

早期，由于混凝土施工技术的局限性，发酵罐的结构比较简单，效率非常低。到了20 世纪 20 年代，密闭加热式发酵罐开始流行，并且一些相关的技术也开始萌芽并发展起来。图 6-26 所示为目前最常用的几种类型的发酵罐。

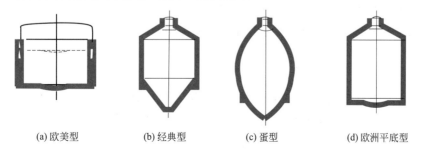

(a) 欧美型　　　　(b) 经典型　　　　(c) 蛋型　　　　(d) 欧洲平底型

图 6-26　各种形状的污泥和有机废物发酵罐

① 欧美型（anglo-american shape）。这种结构的发酵罐，其直径与高度之比一般大于 1，顶部有浮罩，顶部和底部都有一小坡度，并由四周向中心凹陷，形成一个小锥体。在运行过程中，发酵罐底部的沉积污泥以及表面的浮渣层等可通过向罐中加气形成循环对流来消除。

② 经典型（classical shape）。经典型发酵罐在结构上主要分为三部分，中间为直径与高度之比为 1 的圆桶，上下两头分别有一个圆锥体。底部锥体的倾斜度为 1.0～1.7，顶部为 0.6～1.0。经典型结构有助于发酵污泥处于均匀的、完全循环的状态。

③ 蛋型（egg shape）。蛋型发酵罐是在经典型发酵罐的基础上加以改进而形成的。随着混凝土施工技术的进步，这种类型发酵罐的建造得以实现并迅速发展。蛋型发酵罐有两个特点：一是发酵罐两端的锥体与中部罐体结合时，不像经典型发酵罐那样形成一个角度，而是光滑的、逐步过渡的，这样有利于发酵污泥的彻底循环，不会形成循环死角；二是底部锥体比较陡峭，反应污泥与罐壁的接触面积比较小。这两个特点为发酵罐内污泥形成循环及均一的反应工况提供了最佳条件。蛋型发酵罐施工相对比较困难，造价较高。

④ 欧洲平底型（european plain shape）。欧洲平底型发酵罐的各类指标介于欧美型与经典型之间。同经典型相比，它的施工费用较低；同欧美型相比，其直径与高度之比更合理。但这种结构的发酵罐在内部安装的污泥循环设备种类方面，选择的余地比较小。

（2）发酵罐的结构　沼气发酵罐的污泥循环系统主要有以下三个基本结构单元。

① 动力泵。反应污泥利用外部的动力泵实现循环。这一过程比较简单，主要用于最大容积在 4000m³ 左右的发酵罐，对于较大的发酵罐则需用 2 台泵来完成。此类机械式动力循环方式非常适用于经典型与欧洲平底型发酵罐。另外，为了防止在发酵罐底部形成沉积，需安装刮泥器。

② 混合搅拌装置。螺旋桨机械搅拌混合器主要包括升液管、加速器、混合器、循环折流板和驱动泵几部分。升液管垂直安装在发酵罐中间，其四周用钢缆或钢筋固定在发酵罐的罐壁上，防止其四处摇摆。循环用的混合器是一种专门制作的一级或二级螺旋转轮，既可以起到混合作用，又可以形成污泥循环。循环折流板主要起到以下作用：当污泥通过升液管由下向上流动时，可以将污泥更好地均匀分布在表面浮渣层上；当污泥由上向下流动时，可以将已破碎浮动的污泥导入升液管中。

③ 加气设备。加气的工作原理为：气体在空气压缩泵的作用下进入发酵罐的底部并形成气泡，气泡在上升过程中带动污泥向上运动形成循环，从而达到预期的混合目的。在厌氧污泥发酵系统中所通入的气体主要是发酵气——沼气，既可防止浮渣层的形成，又不会影响气泡的产生。

加气循环系统适用于欧美型和欧洲平底型发酵罐，特别是对于欧美型，只能用加气循环系统。在发酵罐运行中完成污泥循环和混合所需的能量在 3～5W/m³ 之间。

6.5.3　发酵工艺

沼气发酵工艺包括从发酵原料到生产沼气的整个过程所采用的技术和方法。它主要包括原料的收集和预处理、接种物的选择和富集、沼气发酵装置形状选择、启动和日常运行管理、副产品沼渣和沼液的处置等技术措施。

沼气发酵工艺的研究已有上百年历史，已开发出多种发酵工艺。

（1）按温度分类 根据发酵温度可分为高温发酵、中温发酵、常温发酵。

① 高温发酵。指发酵温度在50~60℃的沼气发酵。其特点是微生物特别活跃，有机物分解消化快，产气率高 [一般在2.0m³/(m³·d)以上]，滞留期短。主要适用于处理温度较高的有机废物。对于有特殊要求的有机废物，例如杀灭人粪中的寄生虫卵和病菌，也可采用该工艺。

② 中温发酵。指发酵温度维持在30~35℃的沼气发酵。此发酵工艺有机物消化速率较快，产气率较高 [一般在1.0m³/(m³·d)以上]。在实际中应用较多。

③ 常温发酵。指在自然温度下进行的沼气发酵。该工艺的发酵温度不受人为控制，基本上随气温变化而不断变化，通常夏季产气率较高，冬季产气率较低。这种工艺的优点是沼气池结构相对简单，造价较低。一般固体废物处理很少采用常温厌氧发酵。

（2）按发酵级数分类 根据发酵工艺系统中相互连通的沼气池的数量多少，分为单级发酵、两级和多级发酵。

① 单级发酵。混合发酵只有一个沼气池（或发酵装置），其沼气发酵过程只在一个发酵池内进行。设备简单，但条件控制较困难。

② 两级和多级发酵。为了提高有机物的消化率和去除率，开发了两级和多级沼气发酵工艺。这种发酵类型的特点是发酵在两个或两个以上的相互连通的发酵池内进行。原料先在第一个发酵池滞留一定时间进行分解、产气，然后料液从第一个发酵池进入第二个或其余的发酵池继续发酵产气。该发酵工艺滞留期长，有机物分解彻底，但投资较高。

（3）按投料运转方式分类 分为连续发酵、半连续发酵、批量发酵、两步发酵。

① 连续发酵。投料启动并稳定运行后，按一定的负荷量连续进料。此发酵工艺能保持稳定的有机物消化速率和产气率，适于处理来源稳定的城市污水、工业废水和大中型畜牧场的粪便等。

② 半连续发酵。启动时一次性投入较多的发酵原料，当产气量趋于下降时，开始定期添加新料和排出旧料，以维持比较稳定的产气率。我国广大农村由于原料特点和农村用肥集中等，主要采用这种发酵工艺。

半连续常规沼气发酵处理固体有机原料的工艺流程如图6-27所示。

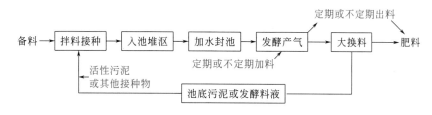

图6-27 半连续常规沼气发酵处理固体有机原料的工艺流程

③ 批量发酵。批量发酵是一次投料发酵，运转期中不添加新料，发酵周期结束后，取出旧料再重新投入新料发酵。这种发酵工艺的产气量在初期上升很快，维持一段时间的产气高峰后，即逐渐下降。因此，该工艺的发酵产气是不均衡的。目前，该工艺主要应用于研究有机物沼气发酵的规律和发酵产气的关系等方面。

④ 两步发酵。两步发酵工艺是根据沼气发酵分段学说，将沼气发酵全过程分成两个阶段，在两个发酵池内进行。第一个是水解产酸池，装入高浓度的发酵原料，在此沤制产

生高浓度的挥发酸溶液。第二个是产甲烷池，以水解产酸池产生的酸液为原料产气。该工艺可大幅度提高产气率，气体中甲烷含量也有提高。同时实现了渣液分离，使得在固体有机物的处理中引入高效厌氧处理器成为可能，具体工艺流程如图 6-28 所示。

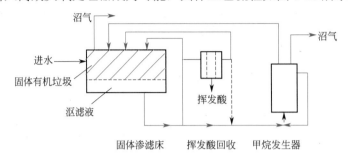

图 6-28 两步发酵工艺处理固体有机垃圾工艺流程

6.6　湿式发酵与干式发酵处理工艺

　　湿式发酵是指含固率在 15% 以下（一般湿式发酵进罐物料含固率控制在 8%～10%），粒径在 15mm 以下，发酵物料呈流动态的液状物质的厌氧发酵。湿式发酵工艺需要对垃圾进行压榨或稀释调质，以便满足湿式发酵含固率条件，湿式消化罐受垃圾杂质影响较大，对分选除杂要求较高。湿式发酵含固率低，处理设施要求空间加大，沼液产生量大，后续处理困难。湿式发酵适用于处理含水量较高的餐饮垃圾和污泥等，也可用于处理分选后的厨余有机垃圾，但是需要进行压榨或稀释预处理，水耗和能耗均较高。目前，许多湿垃圾厌氧发酵工艺倾向于干式发酵，以节省土地。

　　干式发酵原料总固体含量在 20%～35%，物料中不存在可流动的液体而呈半固态。干式发酵工艺含固率较高，占地空间较小，流程简单，能耗低，沼液产生量少。对于湿垃圾，要求分选工艺合理、可靠，对大粒径杂质如塑料袋、橡胶和石块等要求较高，对小粒径砂土等要求较低。干式发酵适用于处理含水量较少、经过严格分选后的有机垃圾。用于分类收集的厨余垃圾处理，效果更好。目前，国外的干式厌氧发酵技术已经发展和应用得非常成熟，不过规模偏小。

　　干式厌氧发酵工艺需解决高含固率与传质的矛盾，需保持罐内物料的均质性，避免相分离，所以对罐体结构以及搅拌方式的要求非常高，这也是干式厌氧发酵工艺的技术难点。搅拌方式有三种形式，即气体搅拌、回流搅拌和机械搅拌，前两种搅拌形式，罐内都没有机械搅拌装置。出料口的设置有四种工艺，都是采用罐体底部出料，但立式罐结构都是采用重力出料，无须再配置动力出料装置，而卧式罐体是依靠罐内搅拌轴将物料推送出料，或在出料端采用真空抽吸出料的方式。干式厌氧发酵过程需要严格控制罐内物料的含固率和黏度、进罐惰性物比例等。

　　干式厌氧发酵系统不论采用立式结构还是卧式结构，一旦发生相分离，罐内都会发生重质、水相和轻质的三相分离，重质的砂石沉降在消化罐底部，轻质的塑料等杂物漂浮在消化罐顶部，而水相居中。对于卧式的机械搅拌方式，罐体内的沉积物将导致机械搅拌失效而无法搅拌，在不清罐的情况下几乎没有可能再使系统恢复运行状态。若采用底部锥底出料，一旦发生相分离，沉淀物将堵塞出料口，也需要清罐后再重新启动。若采用底部高压沼气搅拌，沉积会降低搅拌效率，但不影响高压沼气搅拌的操作，同时立式罐体出料口设置有低位和高位出料口，沉积物将低位出料口堵塞后，可采用高位出料口继续出料和回流，再加上高压气体搅拌的正常运行，可在不清罐的状态下恢复罐体的运行。

厌氧发酵设备中，消化罐是核心。典型消化罐一般是预制的圆柱形垂直钢筋混凝土罐，内部有一个长度为 2/3 直径长度的中央垂直隔断墙，消化罐里的物料在水平方向上朝着一个方向流动。物料进口和出口都位于消化罐底部，分别在中央隔断墙的两侧。中央隔断结构使得罐内发酵物料围绕它形成圆周的路径，泵入消化罐的物料只有在走完平均为消化罐直径的两倍长的路径后，才会进行出料，保证物料在罐内不会短流。

在消化罐里经过 30～35d 后，物料通过位于消化罐底部的出料口进行出料。利用重力出料，物料靠自身的重力排出消化罐。消化罐中物料含量必须符合内部高度的 84% 的标称值。超过该值的上部空间为气体包，容纳了生成的沼气，沼气由顶部一个 DN200 管道排往后续的沼气系统。

脱水后的沼渣通过皮带机输送至沼渣堆肥车间，先进行混料处理，沼渣与粉碎的秸秆或返混料等通过混料机混合均匀，调节物料的水分、C/N 等参数到适宜范围后，通过装载机倒入发酵池内，并堆放 1.5～1.8m 高，根据堆体的温度，控制翻抛机进行翻抛，并通过鼓风机提供堆体所需的含氧量（参照条垛式发酵设备）。

6.7　沼气与沼渣的综合利用

6.7.1　沼气的利用

沼气于 1667 年为世人所了解，是中热值的可燃气体，有着广泛的用途，利用方式主要有以下几种：用作热源，用作动力源，作为压缩气体利用，与城市燃气混合利用。据研究，沼气的热值为 37660kJ/m³，当含有 CO_2 时，其热值为 20920～25100kJ/m³。平均 1kg 有机物的纯沼气产生量为 200～300L，而 1000m³ 的沼气热值相当于 600m³ 的天然气。

沼气的利用基本上是围绕其产热能力而展开的，如用于各种小型燃烧器、锅炉、燃气发电机、汽车发动机等。除用于气体燃烧外，沼气还可以用作原料制取化工产品，如四氯化碳等。

6.7.2　沼液与沼渣的利用

在厌氧条件下，各种农业废物和人畜粪便等有机物质经过沼气发酵后，除碳、氢组成沼气外，其他有利于农作物生长的元素氮、磷、钾几乎没有损失。这种发酵余物是一种优质的有机肥，通常称为沼气肥。其中，沼液称为沼气水肥，沼渣称为沼气渣肥。其主要成分和其他有机肥的比较见表6-8。

表6-8　沼气肥和其他有机肥主要成分比较

肥料	有机质/%	腐殖酸/%	全氮/%	全磷/%	全钾/%
沼气水肥	—	—	0.03～0.08	0.02～0.06	0.05～0.1
沼气渣肥	30～50	10～20	0.8～1.5	0.4～0.6	0.6～1.20
人粪尿	5～10	—	0.5～0.8	0.2～0.4	0.2～0.3
猪粪	15	—	0.56	0.4	0.44

可见，沼气渣肥的有机质含量比人粪尿高5～6倍，氮素比例也略高。沼气水肥中可溶性养分含量较低。沼气渣肥的养分含量高，含有丰富的有机质和较多的腐殖酸。沼气肥具有原料来源广、成本低、养分全、肥效长、能改良土壤等特点。

沼液是一种速效肥料，适于菜田或有灌溉条件的旱田作追肥使用。适量施用沼液可促进土壤团粒结构的形成，使土壤疏松，增强土壤保水保肥能力，改善土壤理化性状，使土壤有机质、全氮、全磷及有效磷等养分均有不同程度的提高，因此对农作物有明显的增肥效果。每亩用量为1000～1500kg。

用沼液进行根外追肥，或进行叶面喷施，其营养成分可直接被作物茎叶吸收，参与光合作用，从而增加产量、提高品质，同时增强抗病和防冻能力。对防治作物病虫害很有益，若将沼液和农药配合使用，会大大超过单施农药的治虫效果。

沼渣含有较全面的养分和丰富的有机物，是一种缓速并能改良土壤功效的优质肥料。使用沼渣的土壤中，一段时间后，有机质与氮磷含量都比未施沼渣的土壤有所增加，而土壤容重下降，孔隙度增大，土壤的理化性状得到改善，保水保肥能力增强。沼渣单作基肥效果很好，若和沼液浸种、根外追肥相结合，则效果更好，还可使作物和果树在整个生育期内基本不发生病虫害，减少化肥和农药的施用量。

沼渣用在水稻上的效果好于旱地作物，沼液用在旱地作物上的效果好于水田。沼气肥与化肥配合施用，效果好于单用一种的增产效果之和。因为有机肥是迟效肥而化肥是速效肥，二者配合使用能相互取长补短，既保证了较快较高的肥效，又能避免连续大量施用化肥对土壤结构的破坏及土壤肥力的降低。

本章主要内容

二维码6-3　有机垃圾生物发酵产氢产甲烷

有机垃圾，来自日常生活、农业废弃物、餐饮业等，一般指可生物降解有机物，是非常重要的生物质，可以利用有机垃圾进行好氧堆肥和厌氧发酵。对于好氧堆肥，时间、温度、含水率、预处理、反应器类型是决定堆肥产品质量的重要因素。好氧堆肥过程中，碳和氮损失比较大，产品肥效较低，应尽可能控制碳、氮的挥发和损耗。对于厌氧发酵，时间、温度、有机垃圾组分与预处理、含固率、反应器类型等是重要的影响因素。由于好氧堆肥和厌氧发酵涉及生物降解过程，创造条件使有机垃圾中的微生物充分生长和发挥降解作用，对于有机垃圾稳定化、腐殖质化、沼气化是核心内容。厌氧发酵的沼渣，还需要二次好氧堆肥才能腐熟化，沼液也需要进一步处理和无害化。

习题与思考题

1. 好氧堆肥技术与厌氧发酵技术的异同点各是什么？
2. 说明典型发酵器的结构、工作原理和特点。
3. 好氧堆肥过程的控制参数有哪些？
4. 简述立式、卧式、筒仓式和箱式等堆肥发酵设备的工作原理。
5. 简述堆肥的肥效及其影响因素。
6. 对3t有机废物进行好氧堆肥处理，分解后有机产物剩余40%，假设有机物初始组成和分解后有机产物组成，计算好氧堆肥过程的理论需氧量。
7. 好氧堆肥技术的一个关键制约因素是堆肥的市场化问题，如何提高堆肥产品的竞争力？
8. 简述各种厌氧发酵工艺与设备配置。
9. 设计干法厌氧发酵基本流程。
10. 描述有机垃圾联合产氢产甲烷设备基本结构和相关参数。

第7章 有机固体废物热解技术

7.1 热解原理

7.1.1 热解定义

热解（pyrolysis）是利用有机物的热不稳定性，在无氧或缺氧条件下对其进行加热蒸馏，使有机物产生热裂解，经冷凝后形成各种新的气体、液体和固体，从中提取燃料油、油脂和燃料气的过程。热解反应可以用通式表示如下：

固体废物 $\xrightarrow{\triangle}$ 气体（H_2、CH_4、CO、CO_2）+有机液体（有机酸、芳烃、焦油）+固体（炭黑、炉渣）

固体废物热解工艺下受热分解的主要产物为：以氢气、一氧化碳、甲烷等低分子烃类化合物为主的可燃性气体；在常温下为液态的包括乙酸、丙酮、甲醇等化合物在内的燃料油；纯炭与玻璃、金属、砂土等混合形成的炭黑。

7.1.2 热解过程及产物

热解反应是一个非常复杂的反应过程，包括大分子键的断裂、异构化和小分子的聚合等反应，其主要反应流程如图 7-1 所示。

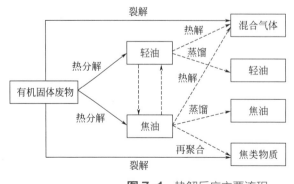

二维码 7-1 固体
有机废物热解过程

图 7-1 热解反应主要流程

随着热解温度的升高，热解物料依次经历干燥、干馏和气体生成等不同阶段。热解物料从常温升高到 200℃时，物料中的水分逐渐以物理蒸发的形式析出。当物料温度达到 250～500℃时，热解物料发生干馏，依次经历内在水的析出、脱氧、脱硫、二氧化碳析出等过程，热解物料中纤维素、蛋白质、脂肪等大分子有机物裂解为小分子量的气体、液体和固态含碳化合物。当温度达到 500～1200℃时，干馏过程产物进一步裂解，液态和固态有机化合物裂解为 H_2、CO、CO_2、CH_4 等气态产物。产气阶段的化学反应主要包括：

$$C_nH_m \longrightarrow xCH_4 + \left(\frac{m-4x}{2}\right)H_2 + (n-x)C \tag{7-1}$$

$$CH_4 + H_2O \longrightarrow CO + 3H_2 \tag{7-2}$$

$$C + H_2O \longrightarrow CO + H_2 \tag{7-3}$$

$$C + CO_2 \longrightarrow 2CO \tag{7-4}$$

在热解过程中，中间产物存在两种变化趋势：一方面存在从大分子变成小分子甚至气体的裂解反应，另一方面也存在小分子聚合成较大分子的聚合过程。总的来说，热解过程包括裂解反应、脱氢反应、加氢反应、缩合反应、桥键反应等。

7.1.3　热解特点

热解过程一般在 400～800℃的条件下进行，通过加热使固体物质挥发液化或分解。产物通常包括气体、液体和固体焦类物质，其含量根据热解的工艺和反应参数（如温度、压力）的不同而存在差异。低温通常会产生较多的液体产物，而高温则会使气态物质增多。慢速热解（炭化）过程需要在较低温度下以较慢的反应速率进行，使固体焦类物质的产量能够达到最大。快速或者闪式热解是为了使气体和液体产物的产量最大化。这样得到的气体产物通常具有适中的热值（13～21MJ/m³），而液体产物通常称为热解油或生物油，是混有许多碳水化合物的复杂物质，这些物质可以通过转化成为各种化学产品或者电能及热能。

热解过程产物包括可燃性气体、有机液体、固体残渣三大类。可燃性气体包括 H_2、CH_4、CO、C_2H_4 和其他少量高分子烃类气体。热解过程产生的可燃性气体量大，特别是在温度较高的情况下，废物有机成分的 50% 以上都转化为气态产物。除少部分用于维持热解过程所需热量外，剩余气体可作为气体燃料输出。有机液体是一类复杂的混合物，主要包括有机酸、芳烃、焦油和其他高分子烃类油等，可作为燃料油输出。固体残渣主要包括炭黑及灰渣。废物热解后，减容量大，残余炭渣较少。这些炭渣化学性质稳定，含碳量高，有一定热值，可用作燃料添加剂，或者作为道路路基材料、混凝土骨料或制砖材料使用。

对于不同类型的固体废物，热解过程产生的气态、液态和固态产物的成分和比例是不同的。从开始热解到热解结束的整个过程中，有机物都处在一个复杂的化学反应过程中。不同的温度区间所进行的反应不同，产物的组成也不同。在通常的反应温度下，高温热解过程以吸热反应为主，但有时也伴随着少量放热的二次反应。此外，当物料粒度较大时，由于达到热解温度所需传热时间长，扩散传质时间也长，整个过程更易发生许多二次反应，使产物组成及性能发生改变。因此，热解产物的产率取决于原料的化学结构、物理形态及热解的温度、速率、反应时间等参数。

　　热解法和焚烧法是两个完全不同的过程。首先，焚烧的产物主要是二氧化碳和水，而热解的产物主要是可燃的低分子化合物（气态的有氢气、甲烷、一氧化碳等；液态的有甲醇、丙酮、乙酸、乙醛等有机物及焦油、溶剂油；固态的主要是焦炭或炭黑）。其次，焚烧是一个放热过程，而热解需要吸收大量热量。另外，焚烧产生的热能，量大的可用于发电，量小的只可用于加热水或产生蒸汽，适于就近利用，而热解的产物是燃料油及燃料气，便于贮存和远距离输送。

7.2　热解动力学模型

　　根据原料样本热重 - 差热分析获得的样品热失重过程的 TG（热重法）、DTG（微商热重法）曲线，建立热解动力学模型，并在此基础上计算表观活化能、指前因子和反应级数等动力学参数，是目前通用的热解动力学方法。

7.2.1　热解动力学方程

　　在无限短的时间间隔内，非等温过程可看成等温过程，固体废物的总体热解速率可以表示如下：

$$d\alpha/dt = k(T)f(\alpha) \tag{7-5}$$

式中　α——t时刻物质转化率，%；

　　　k——反应速率常数，s^{-1}；

　　$f(\alpha)$——动力学机理函数，表示固体反应物中未反应产物与反应速率的关系；

　　　T——温度，K。

　　其积分形式可以表示为：

$$G(\alpha) = k(T)t \tag{7-6}$$

　　两者的关系为：

$$G(\alpha) = \int_0^\alpha d\alpha \,|\, f(\alpha) \tag{7-7}$$

　　反应速率常数 k 与温度有非常密切的关系，阿伦尼乌斯（Arrhenius）通过模拟平衡常数 - 温度关系的形式提出的速率常数 - 温度关系式是目前最常用的计算反应速率常数 k 的公式：

$$k = A\exp\left(-\frac{E}{RT}\right) \tag{7-8}$$

式中　A——指前因子，s^{-1}；

　　　E——活化能，J/mol；

　　　R——摩尔气体常数，J/(mol·K)，取 8.314J/(mol·K)；

　　　T——热力学温度，K。

一般垃圾热解为非等温过程，设试验过程中加热速率为 β（K/min），则当前温度：

$$T = T_0 + \beta t \tag{7-9}$$

式中，T_0 为初始温度。

将反应速率常数公式代入并积分可得：

$$G(\alpha) = \int_0^\alpha \frac{\mathrm{d}\alpha}{f(\alpha)} = \frac{A}{\beta} \int_{T_0}^T \exp\left(-\frac{E}{RT}\right)\mathrm{d}T \tag{7-10}$$

由于初始温度 T_0 较低，热解反应可以忽略不计，则可将积分区间调至 $0 \sim T$，则有：

$$G(\alpha) = \int_0^\alpha \mathrm{d}\alpha \mid f(\alpha) = \frac{A}{\beta} \int_0^T \exp\left(-\frac{E}{RT}\right)\mathrm{d}T = \frac{A}{\beta} \Lambda(T) \tag{7-11}$$

其中

$$\Lambda(T) = \int_0^T \exp\left(-\frac{E}{RT}\right)\mathrm{d}T \tag{7-12}$$

此式在数学上无解析解，只能求其近似解或数值解。

7.2.2　数值解求解方法

为了得到近似解，令：

$$\mu = \frac{E}{RT}$$

则

$$T = \frac{E}{R\mu}$$

可得

$$\mathrm{d}T = -\frac{E}{R\mu^2}\mathrm{d}\mu$$

代入式（7-11）可得：

$$G(\alpha) = \int_0^\alpha \mathrm{d}\alpha/f(\alpha) = \frac{A}{\beta} \int_0^T \exp\left(-\frac{E}{RT}\right)\mathrm{d}T = \frac{AE}{\beta R} \int_\infty^\mu \frac{-\mathrm{e}^{-\mu}}{\mu^2}\mathrm{d}\mu = \frac{AE}{\beta R} P(\mu)$$

式中，E/R 为常数，求解温度问题就变为寻找函数：

$$\begin{aligned}
P(\mu) &= \int_\infty^\mu \frac{-\mathrm{e}^{-\mu}}{\mu^2}\mathrm{d}\mu = \int_\infty^\mu \frac{1}{\mu^2}\mathrm{d}\mathrm{e}^{-\mu} \\
&= \frac{\mathrm{e}^{-\mu}}{\mu^2} - \int_\infty^\mu 2\mu^{-3}\mathrm{d}\mathrm{e}^{-\mu} \\
&= \frac{\mathrm{e}^{-\mu}}{\mu^2}\left(1 - \frac{2!}{\mu} + \frac{3!}{\mu^2} - \frac{4!}{\mu^3} + \cdots\right)
\end{aligned}$$

由此可得：

$$\int_0^T \exp\left(-\frac{E}{RT}\right)\mathrm{d}T = \frac{E}{R} \times \frac{\mathrm{e}^{-\mu}}{\mu^2}\left(1 - \frac{2!}{\mu} + \frac{3!}{\mu^2} - \frac{4!}{\mu^3} + \cdots\right)$$

根据 Coats-Redefern 近似式，取括号内前两项作为 $P(\mu)$ 的近似表达式，则有：

$$\int_0^T \exp\left(-\frac{E}{RT}\right)\mathrm{d}T = \frac{E}{R} \times \frac{\mathrm{e}^{-\mu}}{\mu^2}\left(1 - \frac{2}{\mu}\right) = \frac{ET^2}{R}\left(1 - \frac{2RT}{E}\right)\exp\left(-\frac{E}{RT}\right)$$

设动力学机理函数：

$$f(\alpha) = (1-\alpha)^n$$

则有：

$$\int_0^\alpha \frac{\mathrm{d}\alpha}{(1-\alpha)^n} = \frac{ART^2}{\beta E}\left(1 - \frac{2RT}{E}\right)\exp\left(-\frac{E}{RT}\right)$$

两边取对数，整理得：

当 $n \neq 1$ 时

$$\ln\left[\frac{1-(1-\alpha)^{1-n}}{T^2(1-n)}\right] = \ln\left[\frac{AR}{\beta E}\left(1 - \frac{2RT}{E}\right)\right] - \frac{E}{RT}$$

当 $n=1$ 时

$$\ln\left[\frac{-\ln(1-\alpha)}{T^2}\right] = \ln\left[\frac{AR}{\beta E}\left(1 - \frac{2RT}{E}\right)\right] - \frac{E}{RT}$$

在常规反应温区，$\dfrac{E}{RT} \gg 1$，故 $1 - \dfrac{2RT}{E} \approx 1$，故：

$$\ln\left[\frac{G(\alpha)}{T^2}\right] = \ln\left(\frac{AR}{\beta E}\right) - \frac{E}{RT}$$

$G(\alpha)$ 和 $1/T$ 为线性关系，斜率为 $-E/R$，截距为 $\ln\left(\dfrac{AR}{\beta E}\right)$。

7.2.3 转化函数

表 7-1 为常见的气固反应方程式，根据表中 $G(\alpha)$ 的表达式和 TGA（热重分析）曲线的测量值与温度值，拟合 $\ln\left[\dfrac{G(\alpha)}{T^2}\right]$ 与 $1/T$ 的曲线，从斜率中求得 E，从截距中求得 A。理论上讲，$G(\alpha)$ 选取得越合理，$\ln\left[\dfrac{G(\alpha)}{T^2}\right]$ 与 $1/T$ 的拟合曲线的直线相关性越好，所得到的 E 和 A 越精确。

表7-1　常见的气固反应方程式 [$kt=F(\alpha)$]

函数序号	反应机理方程式 $G(\alpha)$	反应速率函数式 $f(\alpha)$
1	$\alpha^2 = kt$	$f(\alpha) = \alpha^{-1}/2$
2	$(1-\alpha)\ln(1-\alpha) + \alpha = kt$	$f(\alpha) = [-\ln(1-\alpha)]^{-1}$
3	$[1-(1-\alpha)^{1/3}]^2 = kt$	$f(\alpha) = (3/2)(1-\alpha)^{2/3}[1-(1-\alpha)^{1/3}]^{-1}$
4	$1-(2/3)\alpha-(1-\alpha)^{2/3} = kt$	$f(\alpha) = (3/2)[(1-\alpha)^{-1/3}-1]^{-1}$
5	$[(1+\alpha)^{1/3}-1]^2 = kt$	$f(\alpha) = (3/2)(1+\alpha)^{2/3}[(1+\alpha)^{1/3}-1]^{-1}$
6	$[(1-\alpha)^{-1/3}-1]^2 = kt$	$f(\alpha) = (3/2)(1-\alpha)^{4/3}[(1-\alpha)^{1/3}-1]^{-1}$
7	$-\ln(1-\alpha) = kt$	$f(\alpha) = 1-\alpha$
8	$1-(1-\alpha)^{1/2} = kt$	$f(\alpha) = 2(1-\alpha)^{1/2}$
9	$1-(1-\alpha)^{1/3} = kt$	$f(\alpha) = 3(1-\alpha)^{2/3}$
10	$\alpha = kt$	$f(\alpha) = 1$

续表

函数序号	反应机理方程式 $G(\alpha)$	反应速率函数式 $f(\alpha)$
11	$(1-\alpha)^{-1/2}-1=kt$	$f(\alpha)=2(1-\alpha)^{3/2}$
12	$(1-\alpha)^{-1}-1=kt$	$f(\alpha)=(1-\alpha)^2$
13	$(3/2)[1-(1-\alpha)^{2/3}]=kt$	$f(\alpha)=(1-\alpha)^{1/3}$
14	$2[(1-\alpha)^{-1/2}-1]=kt$	$f(\alpha)=(1-\alpha)^{3/2}$
15	$-\ln[\alpha/(1-\alpha)]=kt$	$f(\alpha)=\alpha(1-\alpha)$

垃圾组分的热解动力学模型可以用一个方程式来概括，即：

$$f(\alpha)=\left\{(3/2)(1+\alpha)^{2/3}\left[(1+\alpha)^{1/3}-1\right]\right\}^{m}\alpha^{n}(1-\alpha)^{p}[-\ln(1-\alpha)]^{q}$$

对式中的 m、n、p 和 q 取不同的值，即可得到垃圾中的典型组分在不同温度范围内的热解模型。选定反应速率控制方程式，根据热重分析，绘制 $\ln\left[\dfrac{G(\alpha)}{T^2}\right]$ 与 $1/T$ 的曲线，根据截距与斜率即可求得动力学参数 A 与 E。部分垃圾组分的热解动力学参数见表 7-2。

表7-2　部分垃圾组分的热解动力学参数（高温区段）

垃圾组分名称	加热速率/（℃/min）	温度区间/℃	E/（kJ/mol）	A/min^{-1}	反应速率控制方程式 $f(\alpha)$	相关系数
废橡胶	10	690～780	168.1	3×10^8	$f(\alpha)=\alpha(1-\alpha)$	0.9842
	20	700～780	178	8×10^8	$f(\alpha)=\alpha(1-\alpha)$	0.9979
	50	690～860	114	5×10^5	$f(\alpha)=\alpha(1-\alpha)$	0.9718
废塑料	10	420～550	49.06	3660	$f(\alpha)=(1-\alpha)^2$	0.9793
	20	450～550	86.24	2×10^{-6}	$f(\alpha)=(1-\alpha)^2$	0.9958
	50	430～550	67	2×10^5	$f(\alpha)=(1-\alpha)^2$	0.9431
废纸	10	380～920	34.97	0.069	$f(\alpha)=\alpha^{-1/2}$	0.9992
瓜皮	10	400～970	3.312	0.166	$f(\alpha)=\alpha^{-1/2}$	0.9575
化纤	10	390～880	1.923	0.253	$f(\alpha)=[-\ln(1-\alpha)]^{-1}$	0.9926
废皮革	10	490～940	2.423	0.222	$f(\alpha)=\alpha^{-1/2}$	0.9813
杂草	10	380～900	3.673	0.232	$f(\alpha)=\alpha^{-1/2}$	0.9995
植物类厨余	10	700～900	27.15	1.377	$f(\alpha)=[-\ln(1-\alpha)]^{-1}$	0.9917
	50	500～980	1.706	1.051	$f(\alpha)=[-\ln(1-\alpha)]^{-1}$	0.9464
落叶	10	480～920	6.363	0.217	$f(\alpha)=\alpha^{-1/2}$	0.9867
	50	530～960	1.131	1.662	$f(\alpha)=\alpha^{-1/2}$	0.9826

7.3　热解工艺

7.3.1　工艺分类

热解过程由于反应温度、供热方式、升温速率、停留时间、热解炉结构以及产品状态等条件的不同，对应的热解工艺也各不相同。按热解温度可分为低温热解（600℃以下）、中温热解（600～900℃）和高温热解（900℃以上）；按供热方式可分为直接加热和间接加热；按工艺操作条件可分为慢速热解、快速热解和反应性热解三种类型；按热解炉的结构可分为固定床、移动床、流化床和回转窑等；按热解产物的聚集状态可分成气化方式、液化方式和炭化方式。通过控制热解的条件（主要是反应温度、升温速率、停留时间、催化剂使用等），选择不同的热解工艺，可得到不同的热解产品。

（1）按供热方式分类

① 直接加热法。燃烧过程需提供氧气，会产生CO_2、水蒸气等惰性气体。当惰性气体混在可燃气中时，可燃气将被"稀释"，导致热解气体的热值降低。如果采用空气作氧化剂，热解气体中不仅有CO_2、水蒸气，而且含有大量的N_2，可燃气稀释更严重，使热解气体的热值大大降低。因此，采用的氧化剂不同，其热解气体的热值不同。

② 间接加热法。间接加热法是将物料与直接加热介质在热解反应器（或热解炉）中分离开来的一种方法。可利用墙式导热或一种中间介质来传热（热砂料或熔化的某种金属床层）。墙式导热方式由于热阻大，熔渣可能会出现包覆传热壁面或者腐蚀壁面等问题，以及不能采用更高的热解温度等从而受限，采用中间介质传热，虽然可能出现固体传热或物料与中间介质的分离等问题，但二者综合比较起来，后者较墙式导热方式要好一些。

直接加热法的设备简单，可采用高温，不仅处理量大，而且产气率高，但产气的热值不高，不能作为单一燃料直接利用。另外，采用高温热解，还需考虑NO_x产生的控制问题。

间接加热法的主要优点在于其产品的品位较高，完全可当成燃气直接燃烧利用，但其每千克物料所产生的燃气量——产气率大大低于直接加热法。

（2）按热解温度分类

① 高温热解。热解温度一般都在900℃以上，高温热解方案采用的加热方式几乎都是直接加热法。如果采用高温纯氧热解工艺，反应器中的氧化 - 熔渣区段的温度可高达1500℃，从而将热解残留的惰性固体（金属盐类及金属氧化物和氧化硅等）熔化，以液态渣形式排出反应器，清水淬冷后粒化。这样可减少固态残余物的处理困难，而且这种粒化的玻璃态渣可作建筑材料的骨料。

② 中温热解。热解温度一般在600～900℃。主要用在比较单一的物料作能源和资源回收的工艺上，像废轮胎、废塑料转换成类重油物质的工艺，所得到的类重油物质既可作能源，亦可作化工初级原料。

③ 低温热解。热解温度一般在600℃以下。农业、林业产品和农业产品加工后的废物用来生产低硫低灰的炭就可采用这种方法，生产出的炭视其原料和加工的深度不同，可作不同等级的活性炭和水煤气原料。

（3）按工艺操作条件分类 根据工艺操作条件，热解工艺可分为慢速热解、快速热解和反应性热解三种类型。慢速热解工艺又可分为炭化和常规热解。

与慢速热解相比，快速热解的传热过程发生在极短的原料停留时间内，强烈的热效应导致原料迅速降解，不再出现一些中间产物，直接产生热解产物，而产物的迅速淬冷使化学反应在所得初始产物进一步降解之前终止，从而最大限度地增加了液态生物油的产量。各工艺类型的特点见表 7-3。

表7-3　热解反应的主要工艺类型

工艺类型		滞留期	升温速率	最高温度 /℃	主要产物
慢速热解	炭化	数小时至数天	非常低	400	炭
	常规热解	5~30min	低	600	气、油、炭
快速热解	快速热解	0.5~5s	较高	650	油
	闪速（液体）热解	<1s	高	<650	油
	闪速（气体）热解	<10s	高	>650	气
	极快速热解	<0.5s	非常高	1000	气
	真空热解	2~30s	中	400	油
反应性热解	加氢热解	<10s	高	500	油
	甲烷热解	0.5~10s	高	1050	化学品

7.3.2　影响热解的主要参数

（1）热解温度　热解温度是热解反应器的关键控制变量，热解产物的产量和成分可通过控制反应器的温度来有效地改变。热解温度与气体产量成正比，而各种液体物质和固体残渣均随分解温度的升高而相应减少。此外，热解温度不仅影响气体产量，也影响气体质量，如图 7-2 和图 7-3 所示。当温度较低时，有机废物大分子裂解成较多的中小分子，油类含量相对较多。随着温度升高，除大分子裂解外，许多中小分子会发生二次裂解，C_5以下的分子、CH_4 及 H_2 成分增多，炭产率降低，但最终趋于一定值。

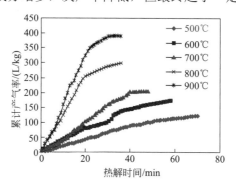

图 7-2　有机废物在不同温度下的热解产气率

随着热解温度的升高，脱氢反应加剧，使得热解产气中 H_2 含量增加，CH_4、C_2H_6 减少。CO 和 CO_2 的变化规律较为复杂。低温热解时，生成水会与架桥部分分解的亚甲基键反应，使得 CO_2、CH_4 等增加，CO 减少；高的热解温度使大分子发生二次裂解。同时，伴随着水煤气还原反应的进行，CO 含量增加，H_2 含量也增加。CH_4 的变化恰好相反，低温热解时含量较低，但随着脱氢和氢化反应的进行，CH_4 含量逐渐增加，高温时 CH_4 分解为 H_2 和固定碳，故而含量会下降。

（2）湿度　热解过程中湿度的影响是多方面的，主要表现为影响气体的产量和成分、热解的内部化学过程以及整个系统的能量平衡。

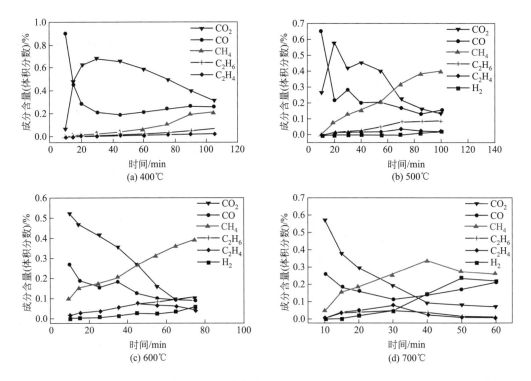

图7-3 有机废物不同热解温度下热解气成分（CO_2、CO、CH_4、C_2H_6、C_2H_4 和 H_2）变化规律

热解过程中的水分来自两方面，即物料自身的含水量 W^y 和外加的高温水蒸气。反应过程中生成的水分，其作用更接近于外加的高温蒸汽。

物料的含水量 W^y，对不同物料来讲其变化非常大，对单一物料而言就比较稳定。我国的生活垃圾含水率一般可达 40% 左右，有时超过 60%。这部分水在热解过程前期的干燥阶段（105℃以前）总是先失去，最后凝结在冷却系统中或随热解气一同排出。如果物料含水以水蒸气的形式与可燃的热解气共存，则会严重降低热解气的热值和可用性。因此，在热解系统中要求将水分凝结下来，以提高热解气的可用性。

在热解进行的内部化学反应过程中，水分对产气量和成分都有明显影响。在 900℃ 条件下，物料含水率由 4% 变化到 50% 时，热解气产量和成分都发生了较大的变化。气体产量按质量分数计，从 70% 上升到 86%。热解气成分及去水后的组分含量见表 7-4。

表7-4 有机垃圾热解气的主要成分及组分含量（质量分数）

热解气主要成分	组分含量 /%	热解气主要成分	组分含量 /%
H_2	49～54	CO_2	14～18
CO	21～24	CH_4	6.5～12

上述变化的原因是发生了如下反应：

$$CH_4 + 2H_2O \xrightarrow{\quad 900℃ \quad} CO_2 + 4H_2 \qquad (7-13)$$

如果反应是在 500～550℃ 的条件下发生，则呈现"甲烷化反应"，反应方向主要向左。因此，水分的影响一定要与反应条件联系在一起考察，不能只看一个参与反应的反应物条件。

水分对热解的影响还与热解的方式甚至具体的反应器结构相关。如直接热解方式在 800℃以上供以水蒸气，则有水与炭的接触反应和"水煤气反应"。一般喷入水蒸气应在反应器内温度达 900℃以上时为佳。另外，直接热解与物料和产气导出的流向有关，逆向或同向流动有区别。如果导出气与物料流动方向相同，即含水分的导出气将经过高温区，此时产气的成分组成与逆向流动产气的组成是不同的。

（3）反应时间　反应时间是指反应物料完成反应在炉内停留的时间。它与物料粒度、物料分子结构特性、反应器内的温度水平、热解方式等因素有关，并且影响热解产物的成分和总量。

一般而言，物料粒度越小，反应时间越短；物料分子结构越复杂，反应时间越长；反应温度越高，反应物颗粒内外温度梯度越大，这就会加快物料被加热的速率，缩短反应时间。热解方式对反应时间的影响比较明显，直接热解与间接热解相比，热解时间要短得多。直接热解可理解为在反应器同一断面的物料基本上处于等温状态，而壁式间接加热，在反应器的同一断面上就不是等温状态，而是存在一个温度梯度。采用中间介质的间接热解方式，热解反应时间直接与处理固体废物的量有关，处理量的大小与反应器的热平衡直接相关，与设备的尺寸相关。如采用间接加热的沸腾床，它的反应时间短，但单位时间的处理量不大，要加大处理量，相应的设备尺寸也要增大。

（4）加热速率　加热速率的快慢直接影响固体废物的热解历程，从而也影响热解的产物。在低温、低速条件下，有机物分子有足够时间在其最薄弱的接点处分解，重新结合为热稳定性固体，而难以进一步分解，固体产率增加；在高温、高速条件下，热解速率快，有机物分子结构发生全面裂解，生成大范围的低分子有机物，产物中气体组分增加。

（5）反应器类型　根据热解炉炉型的不同，主要可分为固定床热解炉和流化床热解炉。固定床热解炉适用于块状及大颗粒原料。它结构简单，制作方便，具有较高的热效率，但内部过程难以控制，内部物料容易架桥形成空腔，且处理量小，处理强度低。流化床热解炉适合含水率高、热值低、着火难的细颗粒原料，原料适应性广，可大规模、高效率利用，处理量大，处理强度高。流化床还具有气固充分接触、混合均匀的优点，反应温度一般为 700～850℃，其气化反应在床内进行，焦油也在床内裂解。

（6）物料特性　固体废物的种类不同，热解反应产气、产油和残渣产生量也不同，产物的成分也有较大区别。物料的粒径及其分布影响到物料之间的温度传递以及气体流动，从而影响热解反应的时间。粒径越小，热解反应越容易进行。物料的含水率会影响物料加热的时间，也会对合成气热值产生影响。物料含水率低，加热速率快；含水率高时，合成气的热值会降低。

7.4　热解装置

固体燃料的气化热解技术最早出现于 19 世纪 50 年代，英国伦敦利用煤气化来生产"城市煤气"。第一代成熟的工业气化技术——常压固定床煤气发生炉出现于 20 世纪 20 年代。到了 20 世纪 50 年代，用于煤气化的加压固定床鲁奇（Lugri）炉、常压温克勒

（Winkler）炉和常压 K-T 气化炉先后实现了工业化。到 20 世纪 80 年代，热解气化技术逐步走向成熟，并且走向规模化应用，具有代表性的炉型有德士古煤浆气化炉、熔渣鲁奇炉、高温温克勒炉及谢尔气化炉等。

目前，垃圾热解气化反应器可以分为固定床、流化床、回转窑、移动床、旋转床等。

7.4.1　固定床

固定床是固体燃料热解气化炉的一种重要床型，按照气流在反应器中的流动方式，固定床气化炉可分为下吸式（并流式）、上吸式（逆流式）、横吸式、开心式，其中下吸式固定床气化技术成熟，使用最为频繁。

（1）上吸式固定床气化炉　上吸式固定床气化炉结构简单、运行稳定，其工作原理如图 7-4 所示。物料从顶部加入，从顶部到炉膛底部依次经过干燥区、热解区、还原区和氧化区，熔渣从炉体底部排出。气化剂从炉体底部送入，最后从炉体上部排出。由于物料与烟气的流动方向相反，物料在下落过程中被向上流动的热空气烘干，因此，该炉型可用于处理含水率较大（约 50%）的物料。

（2）下吸式固定床气化炉　下吸式固定床气化炉是物料从顶部加入，作为气化剂的空气也由顶部加入，物料依靠重力自由下落，经过干燥区使水分蒸发，再进行裂解反应、氧化还原反应等，适用于含水率不大于 30% 的物料，其工作原理如图 7-5 所示。下吸式固定床气化炉结构比较简单，点火比较快且较容易，原料适应性广，工作比较稳定，随时可以开盖进行物料的添加，出炉烟气中的焦油较上吸式相对要少，因为气体在通过下部高温区时，一部分气体中的焦油被裂解成永久性小分子气体（再降温时不凝结成液体）。然而，下吸式固定床气化炉安装困难，需要过滤器和冷却装置，燃料要求严格，占地面积大，管道容易堵塞；由于炉内的气体流向是自上而下的，而热流的方向是自下而上的，引风机从炉栅下抽出可燃气要耗费较大的功率，因此要用较大功率的引风机，造价比较高。

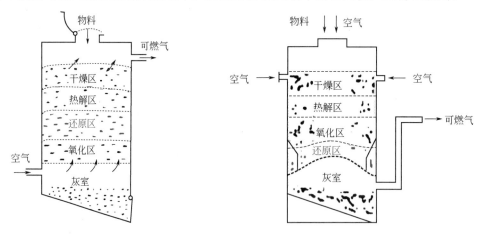

图 7-4　上吸式固定床气化炉构造　　　　图 7-5　下吸式固定床气化炉构造

7.4.2　流化床

流化床气化炉是一种常见的炉型，可以进一步划分为鼓泡流化床、循环流化床、双流化床等工艺形式。流化床气化炉内温度均匀，气固接触良好，是一种物料适应性广、转化率高、气化强度高、能耗低的气化工艺。该工艺要求物料颗粒粒径必须满足良好的气固接触及传热传质要求，而且为防止结渣，对床温的控制要求较为严格。

（1）鼓泡流化床　气速超过临界流化气速后，固体开始流化，床层出现气泡，如图7-6所示，气泡有形成、上升、破裂三个阶段，并明显地出现两个区，即粒子聚集的密相区和以气泡为主的稀相区，此时的床层称为鼓泡流化床。

（2）循环流化床　循环流化床可以分为外循环流化床、内循环流化床。外循环流化床是最为常见的生物质气化装置。其循环装置主要包括气化炉、循环灰分离器和返料装置，如图7-7所示。外循环流化床的分离器布置在床外，灰分从气化炉出去后经分离器进入下降管，再经返料器回送至气化炉底部继续流化。内循环流化床通过非均匀布风，在内部形成横向混合，其混合情况要强于其他循环流化床，结构相对简单，不用外部装置进行循环，床内温度一般在600~800℃，不易产生结焦，产气热值和氢气含量比外循环流化床稍高，稳定性和产气量较好，且不用考虑返料问题。

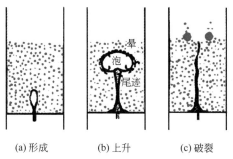

图7-6　鼓泡流化床气化炉构造　　　　图7-7　外循环流化床气化炉构造

（3）双流化床　双流化床结构相对比较复杂，其产气纯度、氢气含量、热值等较高，床内温度通常在850~1100℃，产气的焦油量较少，结构如图7-8所示。由于燃烧段能提供大量的能量给整个循环过程，因此该系统不需要太多的辅助热量。双流化床气化技术现已成为流化床气化技术的前沿课题，是循环流化床气化技术的一个延伸和发展。双流化床气化装置主要是由两级反应器组合而成，物料的热解和气化过程在两级反应器中分别进行，炭转化率较高。目前，双流化床气化技术得到了国内外众多学者的广泛关注。

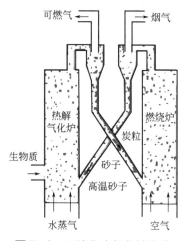

图7-8　双流化床气化炉构造

7.4.3 回转窑

回转窑以其广泛的物料（各种尺寸及形状的固体和液体、气体废物）适应性、控制方便及操作简单等一系列优点，已成为热解各种废物的主要炉型之一，结构如图 7-9 所示。回转窑反应器根据加热方式分为内热式和外热式。内热回转窑垃圾热解技术虽然已经得到了广泛的认同，但是燃气的热值较低，只能和燃油与天然气混合使用。外热式以其更高的能源利用率和更低的二次污染排放逐渐引起了人们的重视。

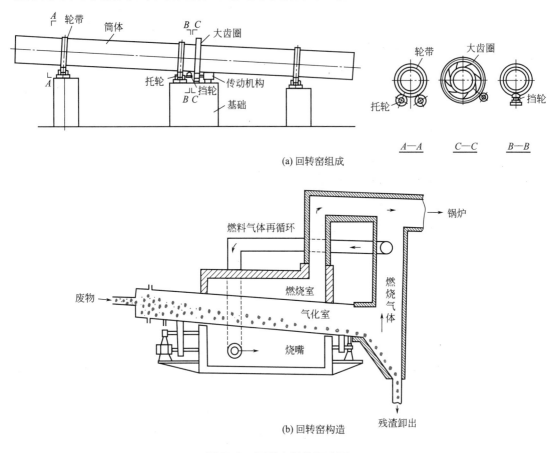

(a) 回转窑组成

(b) 回转窑构造

图 7-9 回转窑结构示意图

7.5 热解产物

不同的热解工艺其产物不同，即使相同的热解工艺，由于其工艺参数的不同，其产物也不尽相同。热解产物的产率通过准确称量液体和固体产物的质量并采用以下公式进行计算：

$$Y_{L(或S)} = \frac{W_{L(或S)}}{W_M} \times 100\% \tag{7-14}$$

$$Y_G = \frac{W_M - (W_L + W_S)}{W_M} \times 100\% = 100\% - (Y_L + Y_S) \tag{7-15}$$

式中，$Y_{L(或\,S,\,G)}$ 表示液体、固体和气体产物的产率，% ；$W_{L(或\,S)}$ 表示液体、固体产物的质量，kg ；W_M 表示热解原料的质量，kg。此外，气体产物的产率 Y_G 也可通过流量计测定。

7.5.1　生物油

生物油（bio-oil），也称为热解油或生物燃油，是一种以农林废物、生活垃圾等生物质资源为原料，经过热化学转化工艺裂解、分离、冷凝所获得的新型、绿色可再生的生物质液体燃料，主要通过热解液化工艺制备。依据生物油特性，其可在一定程度上代替石油，但是由于生物油会表现出含水率高、含颗粒杂质、黏度大、稳定性差、有腐蚀性等特性，这与传统化石燃油有很大不同，也给生物油用于柴油机带来了很多困难。

（1）含水率　生物油的含水率最高可达 30%～46%，一般在 15%～31% 之间。生物油中的水分主要来源于原料携带的水分以及热解过程中发生的脱水反应。较高的含水率会降低生物油的热值，但是也有利于降低生物油的黏度、提高生物油的流动性与稳定性，进而提高生物油的雾化和燃烧效率。

（2）pH 值　生物油一般具有较强的酸性，pH 值较低（2.8～3.8）。这主要是因为在生物质热解过程中，特别是半纤维素的分解会生成大量的有机酸如甲酸、乙酸等冷凝进入生物油中，使之具有一定的腐蚀性，限制生物油的应用。由于中性环境有利于多酚成分的聚合，因此酸性环境一定程度上有利于生物油的稳定。

（3）密度　生物油的密度一般大于水的密度，约为 $1.2 \times 10^3 kg/m^3$。

（4）高位热值　25% 含水率的生物油具有 17MJ/kg 的热值，相当于 40% 同等质量的汽油或柴油的热值。但由于生物油的密度较大，1.5L 生物油与 1L 化石燃油的能量相当。

（5）黏度　生物油的黏度变化区间很大，水分、热解条件、物料特性及生物油贮存环境和时间对其有很大的影响。室温下，最低为 10mPa·s。若长时间存放于不利条件下，可达到 10000mPa·s。

（6）固体杂质　为保证加热速率和传热效率，热解原料粒径一般很小，因而生成的生物炭颗粒也很小，旋风分离器不可能把所有的固体产物分离下来，因此，可采用过滤热蒸气产物或液体产物的方法更好地分离固体杂质。

（7）稳定性　普遍认为，生物油的稳定性取决于热解过程中的物理化学变化和液体内部的化学反应。这些过程会导致大分子形成，尤其在使用燃料时人们不希望发生这种情况。生物油中分子的形成过程复杂且难以量化。反应的全过程近似为物理变化。考虑到聚合物和平均分子量相关，黏度就成为生物油最明显的物性参数，而且黏度也是燃料质量的重要指标，它直接影响生物油的流动和雾化。普遍认为，将生物油暴露于空气中是有害的，应将其存放在密闭容器中。

（8）生物油元素组成　生物油的元素组成与原料的种类及热解条件息息相关。生活垃圾由于成分较为复杂，且含有许多无机组分，其 C 元素含量明显低于木屑、玉米芯等单组分木质纤维素类生物质原料，但农林废物和生活垃圾的 C 元素含量明显低于锅炉燃油，O 元素含量则呈现相反的趋势。典型农林废物和生活垃圾热解生物油特性见表 7-5。

表7-5　典型农林废物和生活垃圾热解生物油特性

原料	温度/℃	反应器	生物油元素分析/%				
			C	H	O	N	S
木屑	500	流化床	47.79	7.79	42.96		
松木粉	550	流化床	31.76	8.53	59.62	0.09	
玉米芯	550	固定床	59.36	7.86	31.91	0.86	0.01
木薯茎	600	固定床	22.58	10.63	56.70	1.07	0.59
生活垃圾	600	固定床	17.72	9.67	62.51	1.22	0.46
锅炉燃油			85.0	12.5	1.5		

（9）生物油化合物组成　生物油的组成成分一般采用气相色谱-质谱联用仪（gas chromatograph / mass spectrometer，GC-MS）进行测定，并通过峰面积归一化法进行半定量分析。通常生物油中含有100～300种化合物，且组分含量不确定。生物油的组成成分及其含量与热解原料特性有很大关系。例如，酚类物质主要来自木质素的分解，酮类和醛类物质主要来自纤维素和半纤维素分解形成的葡聚糖等糖类的再分解，酸类物质主要来自半纤维素的分解。此外，生物油中还含有呋喃类、脂类、醇类、醚类、脂肪烃类、芳香烃类、多糖类等物质。藻类生物质由于含有大量蛋白质成分，其生物油中还会含有吲哚类、吡啶类、腈类等含氮化合物。

7.5.2　热解气

热解气（pyrolysis gas），是热解挥发分经过快速冷凝后剩余的不可冷凝气体产物。热解气的组成及组分含量一般采用气相色谱仪（gas chromatograph，GC）进行测定，通过内标法、外标法等方法对热解气中的组分进行测定，并进行相对含量的计算。热解气中的主要成分包括CO、CO_2、H_2、CH_4、C_2H_4、C_2H_6、C_3H_6 和 C_3H_8 等组分，热解原料一定程度上决定热解气的组分含量，一般热解工艺及条件下热解气中的 CO 和 CO_2 组分含量占绝大部分。

除原料本身对热解气组分的影响外，热解温度是影响热解气组分含量的最主要因素。一般认为，随着热解温度的逐渐升高，热解气中的 CO_2 含量逐渐降低，CO 含量的变化趋势与之相反。此外，H_2、CH_4、C_2H_4、C_2H_6、C_3H_6 和 C_3H_8 等的含量也随着热解温度的上升逐渐增大。这归因于在较高的热解温度下，热解挥发分发生了二次裂解，生成了更多小分子物质。典型农林废物和生活垃圾热解气体主要特性见表7-6。

表7-6　典型农林废物和生活垃圾热解气体主要特性

原料	温度/℃	反应器	气体组分（体积分数）/%				
			H_2	CH_4	CO	CO_2	C_nH_m
玉米芯	500	固定床	11.20	4.89	32.55	48.81	2.55
微藻藻渣	450	固定床	3.27	5.79	13.23	72.51	5.20
废纸张	500	流化床	5.76	1.04	38.37	54.22	0.61

热解温度对热解气组分含量的影响如图 7-10 所示。

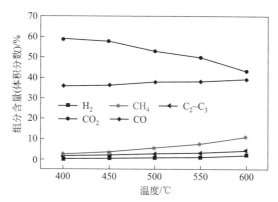

图 7-10　热解温度对热解气组分含量的影响

7.5.3　生物炭

生物炭（bio-char），是热解反应完成后在反应器或旋风分离器内剩余的固体产物。生物炭是一类具有一定比表面积和孔结构的物质，可通过进一步处理后作为吸附材料、固体催化剂载体等使用。不同温度下木屑热解生物炭的 SEM（扫描电子显微镜）图像如图 7-11 所示。

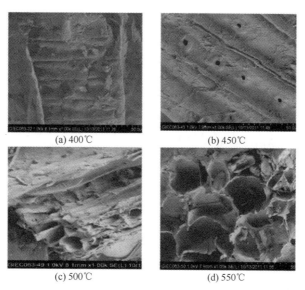

（a）400℃　　　　　　（b）450℃

（c）500℃　　　　　　（d）550℃

图 7-11　不同温度下木屑热解生物炭的 SEM 图像

在热解过程中，生物质的化合物结构会被打断和聚合，破坏生物质原料原有的纤维结构，其中超过一半的挥发分会析出。不同温度下制备焦炭的 SEM 图像显示，由于挥发分的释放，焦炭颗粒表面会变得越来越粗糙，焦炭表面形成中空或鼓泡类的孔状结构，孔隙数量明显增加，并且孔的形态逐渐呈现不规则的特征，在小孔形成的同时，出现了大孔的塌陷。在较低温度下（400℃），生物质热解生物炭表面基本保留着原有的骨架及筋状结构，但也出现了部分碎片物质。随着温度的升高，生物炭表面开始出现小孔，孔状物质随着温度的升高逐渐增多，并逐渐形成较大孔状结构。在达到更高的温度时，生物炭很难保持原来的骨架结构，开始出现断裂现象。

生活垃圾的不同组分经过热解产生的生物炭比表面积和孔结构存在显著差异，蔬果厨余、塑料单组分的生物炭的孔结构不如竹木、布织物和废纸张的好，尤其是塑料，比表面积要低近 1 个数量级，见表 7-7。

表7-7　生活垃圾典型组分热解生物炭比表面积及孔结构特性

原料	热解温度 /℃	反应器	比表面积 / (m²/g)	孔容 / (cm³/g)	孔径 /nm
竹木	800	固定床	430.65	0.145	2.36
蔬果厨余	800	固定床	82.38	0.025	3.55
布织物	800	固定床	361.20	0.130	2.42
废纸张	700	固定床	218.07	0.085	2.10
塑料	600	固定床	7.68	0.00064	8.10

7.6　生活垃圾热解案例分析

图 7-12 为日处理 5t 城市生活垃圾设备工艺流程，适于小城镇使用。由主热解炉、副热解炉、可燃气体冷却器、焦油馏分塔、可燃气体过滤器、燃气贮存器及垃圾灰处理器组成。主热解炉分为燃烧室和热解炉两部分，以煤和垃圾炭在燃烧室炉排上燃烧产生的热量作为垃圾热解的热源。副热解炉的热源来自主热解炉产生的热烟气和热解气的余热。

无筛分生活垃圾热解产物分布见表 7-8。

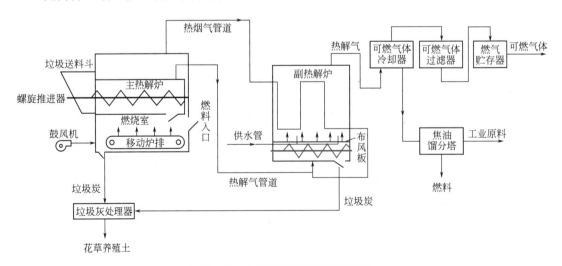

图 7-12　生活垃圾热解炉工艺流程

表7-8　无筛分生活垃圾热解产物分布

热解温度 /℃	原料质量 / kg	产物分布					
		生物炭 /kg	Y_S/%	生物油 /kg	Y_L/%	热解气 /L	Y_G/%
500	212	115.75	54.6	44.52	21.0	1.73×10^4	24.4
600	207	106.19	51.3	39.12	18.9	2.15×10^4	29.8
700	209	93.42	44.7	34.28	16.4	2.83×10^4	38.9

由于生活垃圾成分具有很大的不确定性，其热解气成分与实验室中选配的垃圾热解气成分存在一定不同。根据表 7-9，由于无筛分生活垃圾成分复杂，所产生的热解气中产热气体成分的总比例为 42.6%，虽然与实验室条件下的 43% 相差不大，但因其组分含量区别，气体的总热值差异明显。热解设备产出的气体的热值低于实验室条件下产生的气体的热值，主要是由于热解设备密封性比实验室条件差，有一些空气渗入以及作为副热解炉热源的热烟气混入热解气中。另外，热解设备中产生的热解气中的高热值成分 C_nH_m 含量低于实验室中产生的热解气。热解设备产生的热解气中 H_2 的含量比实验室高出 14 倍之多，证明热解设备中低温条件下生成的芳环化合物的再裂解反应比实验室中的比例大。

表7-9　600℃热解设备与实验室条件下热解气成分对照

原料	试验环境	热解气成分 /%							热值 / (kJ/m³)
		CO_2	C_nH_m	O_2	CO	CH_4	H_2	N_2	
无筛分垃圾	热解设备	1.4	0.4	8.8	17.4	9.6	15.2	47.2	7546.4
复配垃圾	实验室条件	32.0	8.0	9.0	16.0	18.0	1.0	16.0	13906.0

　　注：复配垃圾（按某市垃圾场提供组分配比）：橡胶 8.27%；PVC 8.51%；PE 8.52%；厨余 24.33%；果皮 14.60%；青菜 7.30%；布匹 5.35%；纸 18.25%；木屑 4.87%。CH_4 的高位热值为 39.842MJ/m³，CO 的高位热值为 12.636MJ/m³，H_2 的高位热值为 12.745MJ/m³。

因此，在热解处理真实的城市生活垃圾时，应当充分考虑生活垃圾组分对热解产物分布及特性的影响，设计更广谱的、高效的生活垃圾热解装置，合理控制热解条件与工艺，可对生活垃圾进行有效的减量化、无害化、资源化处理，获得的生物油、热解气及生物炭等热解产物还可作为燃料或化工原料使用。

本章主要内容

有机固体废物含碳，可以通过热解气化生产燃气、生物炭、焦油，实现有机废物的资源化。本章全面地论述了热解的基本原理、动力学模型、工艺条件、热解装置、热解产物等。温度、废物组分、反应器类型，都会影响热解产物的组成和价值。热解气化过程符合热量平衡和质量平衡。热解反应器大部分采用固定床、流化床和回转窑。与焚烧相比，热解能处理的废物规模偏小，反应器比较复杂。可以对一次热解产物进行二次热解，以得到较高质量的产品。本章最后介绍了生活垃圾热解案例。

习题与思考题

1.简述热解与焚烧的区别。

2.简述固体废物热解的过程及特点。

3.简述慢速热解、快速热解和反应性热解的特点及产物分布规律。

4.简述固体废物热解的反应温度和升温速率分别对热解过程、产物分布的影响。

5.比较焚烧发电与热解的区别和经济技术可行性。

第8章 工业固体废物处理与资源化技术

8.1 工业固体废物的处理原则与技术

根据《中华人民共和国固体废物污染环境防治法》（2020 年修订），工业固体废物是指在工业生产活动中产生的固体废物。按行业划分，工业固体废物主要包括冶金废渣（如钢渣、高炉渣、赤泥）、矿业废物（如煤矸石、尾矿）、能源灰渣（如粉煤灰、炉渣、烟道灰）、化工废物（如磷石膏、硫铁矿渣、铬渣）、石化废物（如酸碱渣、废催化剂、废溶剂）以及轻工业排出的下脚料、污泥、渣糟等废物。工业固体废物的成分与产业性质密切相关。

工业固体废物的污染控制与其他环境问题一样，经历了从简单处理到全面管理的发展过程。在早期，世界各国都注重末端治理，提出了资源化、减量化和无害化的"三化"原则。在经历了许多教训之后，人们越来越意识到对其进行源头控制的重要性，并出现了"从摇篮到坟墓"的管理控制体系（图 8-1）。

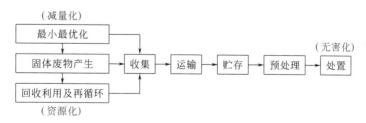

图 8-1 工业固体废物"从摇篮到坟墓"的管理控制体系

目前，在世界范围内取得共识的基本对策是避免产生（clean）、综合利用（cycle）、妥善处理（control）的"3C 原则"。

8.1.1 处理技术

工业废物的处理，是指通过物理、化学和生物手段，将废物中对人体或环境有害的物质分解为无害成分，或转化为毒性较小的物质，使其适于运输、贮存、资源化利用和最终处置的一种过程。例如废物解毒、对有害成分进行分离和浓缩、对废物进行固化 / 稳定化处理以降低有害成分的浸出毒性等。常规处理技术主要包括以下几类。

（1）化学处理　主要用于处理无机废物，如酸、碱、重金属废液、氰化物、乳化油等，处理方法有焚烧、溶剂浸出、化学中和、氧化还原。

（2）物理处理　包括重力选矿（简称重选）、磁选、浮选、拣选、摩擦和弹跳分选等各种相分离及固化技术。其中固化工艺用于处理其他过程产生的残渣，如飞灰及不适于焚烧处理或无机处理的废物，特别适用于处理重金属废渣、工业粉尘、有机污泥以及多氯联苯等污染物。

（3）生物处理　如适用于有机废物的堆肥法和厌氧发酵法，提炼铜、铀等金属的细菌冶金法，适用于有机废液的活性污泥法，该法还可用于生物修复被污染的土壤。

工业废物的处置，是指通过焚烧、填埋或其他改变废物的物理、化学、生物特性的方法，减少已产生的固体废物数量、缩小固体废物体积、减少或者消除其危险成分，并将其置于与环境相对隔绝的场所，避免其中的有害物质危害人体健康或污染环境的活动与过程。

当前处理和处置固体废物的技术主要有焚烧、堆肥、卫生填埋、回收利用等。这几种处理方法各有优缺点，适用范围也不尽相同，因此根据固体废物的具体特点，选用适宜的处理方法是十分必要的。

8.1.2 资源化途径

工业废物的资源化途径主要集中在以下几个方面。

（1）生产建材　其优点是：①耗渣量大，投资少，见效快，产品质量高，市场前景好；②能耗低，节省原材料，不产生二次污染；③可生产的产品种类多、性能好，如用作水泥原料与配料、掺合料、缓凝剂、墙体材料、混凝土的混合料与骨料、加气混凝土、砂浆、砌块、装饰材料、保温材料、矿渣棉、轻质骨料、铸石、微晶玻璃等。

（2）回收或利用其中的有用组分，开发新产品，取代某些工业原料　如煤矸石沸腾炉发电，洗矸泥炼焦作工业或民用燃料，钢渣作冶炼熔剂，硫铁矿烧渣炼铁，赤泥用于生产塑料，开发新型聚合物基、陶瓷基与金属基的废物复合材料，从烟尘和赤泥中提取镓、钪等。

（3）筑路、筑坝与回填　回填后覆土，还可开辟为耕地、林地或进行住宅建设。

（4）生产农肥和土壤改良　许多工业固体废物含有较多的硅、钙以及各种微量元素，有些还含有磷和其他有用组分，因此改性后可作为农肥使用，但应取得肥料生产许可证和登记证，确保使用安全。

8.2 矿业固体废物的处理与资源化

8.2.1 矿业固体废物的产生、特点和危害

黑色金属矿山、有色金属矿山、黄金矿山等，在采矿、选矿和矿物加工过程中，会

产生数量庞大的固体状或泥状废物,主要包括选矿尾矿、采矿废石、浸出渣、浮渣、尘泥等。

矿业废物种类多、产生量大、伴生成分多、毒性小,大多数废物可作为二次资源加以利用。例如:综合回收其中的有价物质;作为一种复合的矿物材料,用于生产建筑材料、土壤改良剂、微量元素肥料;作为工程填料回填矿井采空区或塌陷区;等等。

8.2.2　矿山废石与尾矿

(1)回收有价金属　我国矿山共生、伴生矿产多,矿物嵌布粒度细,铁矿、有色金属矿、非金属矿的采选回收率分别为 60%~67%、30%~40%、25%~40%,尾矿中往往含有铜、铅、锌、铁、硫、钨、锡等,以及钪、镓、钼等稀有元素及金、银等贵金属。尽管这些金属的含量甚微,提取难度大、成本高,但由于废物产生量大,从总体上看这些有价金属的数量相当可观。

① 铁矿尾矿。铁矿选厂主要采用高梯度磁选机,从弱磁选、重选和浮选尾矿中回收细粒赤铁矿。除从尾矿中回收铁精矿外,还可回收其他有用成分。如用浮选法从磁铁矿中回收铜,从含铁石英岩中回收金,从尾矿中回收钒、钛、钴、钪等多种有色金属和稀有金属。

② 有色金属矿山尾矿。有色金属尾矿经过进一步富集、分选可以回收金属精矿。如对部分硫化矿尾矿进行浮选回收银试验,可获得含铋银精矿,采用三氯化铁盐酸溶液浸出,最终获得海绵铋和富银渣。

③ 金矿尾矿。黄金价值高,但在地壳中含量很低,所以从金矿尾矿中回收金就显得更为重要。尾矿经过再富集,可进一步回收金及其他金属。

(2)生产建材

① 尾矿制砖。尾矿砖种类多,废物消耗大,既可生产免烧砖、墙体砌块、蒸养砖等建筑用砖,也可生产铺路砖、饰面砖等。

② 生产水泥和混凝土。矿业废物不仅可以代替部分水泥原料,且能起到矿化作用,从而有效提高熟料产量、质量并降低煤耗。此外,尾矿还可作为配料配制混凝土,使混凝土具有较高的强度和较好的耐久性。根据不同的粒级要求,尾矿颗粒不必加工,即可作为混凝土的粗细骨料直接使用。

③ 生产玻璃。利用尾矿砂生产玻璃的研究应用主要有:利用高钙镁型铁尾矿生产饰面玻璃,由于这种尾矿 CaO、MgO 和 FeO 含量较高,玻化时容易铸石化,适当添加砂岩等辅助原料和采用合适的熔制工艺,可使之玻化成为高级饰面玻璃,铁尾矿用量可达70%~80%,生产出的玻璃理化性能好,其主要性能优于天然大理石;作为生产微晶玻璃的材料,微晶玻璃也是一种高级装饰材料,其制作成本较高,试验表明,在微晶玻璃的配方中引入尾矿可大大改善产品的性能。

④ 用作其他建筑材料。废石、尾矿还可以生产其他建筑材料,如陶瓷、石英砂等。

(3)用作农肥　有些尾矿因其成分适宜,可用作土壤改良剂或微量元素肥料,以有效改善土壤的团粒结构,提高土壤的孔隙度、透气性、透水性,促进作物增产。例如:铁尾矿含有少量的磁铁,经磁化后,再掺加适量的 N、P、K 等,即得磁化复合肥;镁尾矿中因含有 CaO、MgO 和 SiO_2,可用作土壤改良剂对酸性土壤进行中和处理;锰尾矿除含锰外，通常还含有 P_2O_5、Cl^-、SO_4^{2-}、MgO 和 CaO 等，可将其作为一种复合肥使用；钼尾矿施于缺钼的土壤，既有利于农业增产，又可提高作物中钼含量，进而有利于降低食管癌的发病率。

（4）采空区回填、覆土造田　用来源广泛的尾砂、废石、尾矿代替砂石进行地下采空区回填，耗资少、操作简单，可防止地面沉降塌陷与开裂，减少地质灾害的发生。

8.2.3　煤矸石的处理与资源化

（1）煤矸石的产生与分类　煤矸石是煤炭开采、洗选及加工过程中排放的废物，为多种矿岩的混合体，约占煤炭产量的15%。按岩石特性不同，煤矸石可以分为泥质页岩、炭质页岩、砂质页岩、砂岩及石灰岩，其结构及性能和用途见表8-1。

表8-1　煤矸石的结构及性能和用途

类别	颜色	结构及性能	用途
泥质页岩	深灰色或灰黄色	片状结构，不完全解离，质软，经大气作用和日晒雨淋后，易崩解风化，加工时易粉碎	发电，生产耐火砖、水泥填料、空心砖、煅烧高岭土、精密铸造型砂、特种耐火材料、超轻质绝热保温材料等
炭质页岩	黑色或黑灰色	层状结构，表面有油脂光泽，不完全解离，受大气作用后易风化，其风化程度稍次于泥质页岩，易粉碎	
砂质页岩	深灰色或灰白色	结构较泥质页岩、炭质页岩粗糙而坚硬，不完全解离，出矿井时，块度较其他页岩为大，在大气中风化较慢，加工中难以粉碎	交通、建筑用碎石、混凝土密实骨料
砂岩	黑色	结构粗糙而坚硬，在大气中一般不易风化，难以粉碎	
石灰岩	灰色	结构粗糙而坚硬，但韧性不及砂岩，出矿井时块度较大，在大气中一般不易风化，难以粉碎	胶凝材料、建筑用碎石、改良土壤用石灰

碳含量≤4%和4%～6%的煤矸石热值低（≤2090kJ/kg），可作路基材料，或用于塌陷区复垦和采空区回填；碳含量为6%～20%的煤矸石（热值2090～6270kJ/kg），可用于生产水泥、砖瓦、轻骨料和矿渣棉等建材制品；碳含量＞20%的煤矸石热值较高（6270～12550kJ/kg），可从中回收煤炭或作工业用燃料。

煤矸石中的铝硅比（Al_2O_3/SiO_2）也是确定煤矸石综合利用途径的主要因素。铝硅比大于0.5的煤矸石，铝含量高、硅含量低，其矿物成分以高岭石为主，有少量伊利石、石英，质点（颗粒）粒径小，可塑性好，有膨胀现象，可作为制造高级陶瓷、煅烧高岭土及分子筛的原料。

煤矸石中的全硫含量决定了其中的硫是否具有回收价值，以及煤矸石的工业利用范围。按硫含量的多少可将煤矸石分为四类：一类≤0.5%，二类0.5%～3%，三类3%～6%，四类≥6%。全硫含量大于6%的煤矸石即可回收其中的硫精矿。用煤矸石作燃料要根据环保要求，采取相应的除尘、脱硫措施，减少烟尘和 SO_2 的污染。

（2）煤矸石的组成与危害　煤矸石是煤矿中夹在煤层间的脉石（又称为夹矸石）。大部分煤矸石结构较为致密，呈黑色；自燃后呈浅红色，结构较疏松。煤矸石的主要矿物成分为高岭石、蒙脱石、石英砂、硅酸盐矿物、碳酸盐矿物、少量铁钛矿及碳质，且高岭石含量达 68%，构成矿物成分的元素多达数十种，一般以 Si、Al 为主要成分，另外含有数量不等的 Fe、Ca、Mg、S、K、Na、P 等以及微量的稀有金属（如 Ti、V、Co 等），其典型矿物化学成分见表 8-2。煤矸石中的有机质随含煤量的增加而增多，主要包括 C、H、O、N 和 S 等元素。C 是有机质的主要成分，也是燃烧时产生热量的最重要的元素。

表8-2　煤矸石的典型矿物化学成分

成分	SiO_2	Al_2O_3	Fe_2O_3	CaO	MgO	K_2O	Na_2O	P_2O_5	SO_3	V_2O_5
含量 /%	40~65	15~30	2~9	1~7	0.5~4	0.3~2	0.2~2	0.1~0.5	0.3~2	0.01~0.1

　　煤矸石对生态环境的危害表现在：露天堆积的矸石山侵占良田、阻塞河道、造成水灾；煤矸石自燃释放大量有害气体，如 CO、CO_2、SO_2、H_2S 及 NO_x、C_nH_m 等，甚至引起火灾；煤矸石的酸性淋溶水污染邻近土壤、农作物及水环境；煤矸石细粒随风飘散，造成降尘污染；煤矸石中天然放射性元素对人体与环境产生危害；矸石山崩塌时，危及生命安全。可见煤矸石已成为固、液、气三害俱全的污染源，亟待治理。

　　（3）煤矸石的资源属性与利用途径　　煤矸石是宝贵的不可再生资源，它兼有煤、岩石、化工原料及元素资源库等特性。作为煤，可用作煤矸石电厂和矿山沸腾炉的燃料，利用其余热，制成型煤还适合层燃炉使用；作为岩石，在建材领域用途广泛，如生产水泥、制砖瓦、铺路，既可以替代黏土和石料，又能节约能源；作为化工原料，由于煤矸石中硅、铝等元素的含量高，可以制备硅系化学品、铝系化学品，如硅酸钠、硫酸铝、聚合氯化铝等，并可用来生产某些新型材料，如 SiC、分子筛等；由于煤矸石含有硫、铁、钡、钙、钴、镓、钒、锗、钽、铀等 50 多种微量元素和稀有元素，当某种元素或某几种元素富集到具有工业利用价值的水平时，还可对其加以回收利用。煤矸石的综合利用途径如图 8-2 所示。

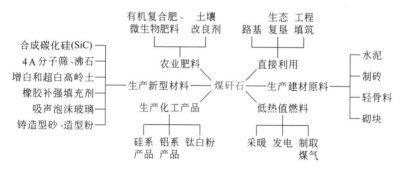

图 8-2　煤矸石的综合利用途径

8.3　粉煤灰的处理与资源化

8.3.1　粉煤灰概况

　　粉煤灰是冶炼厂、化工厂和燃煤电厂排放的非挥发性煤残渣，包括飘灰、飞灰和炉底灰三部分。根据煤炭灰分的不同，粉煤灰的产生量相当于煤炭用量的 2.5%～5.0%。粉煤灰是高温下高硅铝质的玻璃态物质，经快速冷却后形成的蜂窝状多孔固体集合物，属于火山灰类物质，外观类似水泥，颜色从乳白色到灰黑色，其物化性质取决于燃煤品种、煤粉细度、燃烧方式及温度、收集和排灰方法等。粉煤灰单体由 SiO_2、Al_2O_3、CaO、Fe_2O_3、MgO 和一些微量元素、稀有元素等组成，杂糅有表面光滑的球形颗粒和不规则的多孔颗粒的硅铝质非晶体材料，其物理性能及典型化学成分见表 8-3、表 8-4。

表8-3　粉煤灰的物理性能

真密度 /（g/cm³）	堆积密度 /（g/cm³）	比表面积 /（m²/g）	粒径 /μm	孔隙率 /%	灰分 /%	pH 值	可溶性盐 /%	理论热值 /（kJ/kg）	表观热值 /（kJ/kg）
2.0～2.4	0.5～1.0	0.25～0.5	1～100	60～75	80～90	11～12	0.16～3.3	550～800	300～500

表8-4　粉煤灰的典型化学成分

成分	SiO_2	Al_2O_3	Fe_2O_3	CaO	MgO	Na_2O	K_2O	V_2O_5	TiO_2	P_2O_5	烧失	总计
含量 /%	48.92	25.41	8.03	3.04	1.02	0.78	2.05	1.58	0.82	0.99	8.01	100.65

由表 8-3、表 8-4 可知，粉煤灰属于硅铝酸盐，其中 SiO_2、Al_2O_3 和 Fe_2O_3 的含量约占总量的 80%，由于富集有多种碱金属、碱土金属元素，其 pH 值较高；同时，粉煤灰具有粒细、多孔、质轻、密度小、黏结性好、结构松散、比表面积较大、吸附能力较强等特性。

粉煤灰的综合利用途径主要为：①用作建材原料（如水泥或混凝土掺料、制砖、空心砌块、硅钙板、陶粒等）；②用于工程填筑（如路面路基、低洼地或荒地填充、废矿井或塌陷区回填等）；③用于农业（如复合肥、磁化肥、土壤改良剂等）；④用于环境保护（如废水处理、脱硫、吸声等）；⑤生产功能性新型材料（如复合混凝剂、沸石分子筛、填料载体等）；⑥从粉煤灰中回收有用物质（如空心微珠、工业原料、稀有金属等）。

8.3.2　粉煤灰在建材工业中的应用

（1）水泥、混凝土掺料　粉煤灰与黏土成分类似，并具有火山灰活性，在碱性激发剂作用下，能与 CaO 等碱性矿物在一定温度下发生"凝硬反应"，生成水泥质水化胶凝物质。作为一种优良的水泥或混凝土掺合料，它减水效果显著，能增加混凝土最大抗压强度和抗弯强度、增加延性和弹性模量、提高混凝土抗渗性能和抗蚀能力，同时具有减少泌水和离析现象、降低透水性和浸析现象、减少混凝土早期和后期干缩、降低水化热和干燥收缩率的功效。因此，在各种工程建筑（包括工业与民用建筑、水工建筑、筑路筑坝等）中，粉煤灰的掺入不仅能改善工程质量、节约水泥，还降低了建设成本，使施工简单易行。

（2）粉煤灰砖　粉煤灰可以和黏土、页岩、煤矸石等分别制成不同类型的烧结砖，如蒸养粉煤灰砖、泡沫砖、轻质黏土砖、承重型多孔砖、非承重型空心砖以及碳化粉煤灰砖、彩色步道板、地板砖等新型墙体材料。

（3）小型空心砌块　以粉煤灰为主要原料的小型空心砌块可取代砂石和部分水泥，具有空心质轻、外表光滑、抗压保暖、成本低廉、加工方便等特点。

（4）硅钙板　以粉煤灰为硅质材料、石灰为钙质材料，加入硫酸盐激发剂和增强纤维，或使用高强碱性材料，采用抄取法或流浆法可生产各种硅钙板（简称 SC 板）。

（5）粉煤灰陶粒　它是以粉煤灰为原料，加入一定量的胶结料和水，经成球、烧结而成的人造轻骨料，具有用灰量大（粉煤灰掺量约 80%）、质轻、保温、隔热、抗冲击等特点，用其配制的轻质混凝土，容重可达 $1380 \sim 1760 kg/m^3$，抗压强度可达 $20 \sim 60 MPa$，适用于高层建筑或大跨度构件，其质量可减小 33%，保温性可提高 3 倍。

（6）其他建材制品　利用粉煤灰可生产辉石微晶玻璃、石膏制品的填充剂，作沥青填充料生产防水油毡，制备矿物棉、纤维化灰绒、陶砂滤料，在砂浆中代替部分水泥、石灰或砂等。

8.3.3　粉煤灰在环保上的应用

粉煤灰粒细质轻、疏松多孔、表面能高，具有一定的活性基团和较强的吸附能力，在环保领域已广为应用，主要用于废水治理、废气脱硫、噪声防治及用作垃圾卫生填埋填料等。粉煤灰主要通过吸附过程去除有害物质，其中还包括中和、絮凝、过滤等协同作用。

二维码 8-1　粉煤灰资源化利用途径

（1）在废水处理工程中的应用　粉煤灰本身已具有较强的吸附性能，经硫铁矿渣、酸、碱、铝盐或铁盐溶液改性后，辅以适量的助凝剂，可用来处理各类废水，如城市生活污水、电镀废水、焦化废水、造纸废水、印染废水、制革废水、制药废水、含磷废水、含油废水、含氟废水、含酚废水、酸性废水等。在废水脱色除臭、有机物和悬浮胶体去除、细菌微生物和杂质净化以及 Hg^{2+}、Pb^{2+}、Cu^{2+}、Ni^{2+}、Zn^{2+} 等重金属离子去除方面，粉煤灰均有显著的处理效果。

（2）在烟气脱硫工程中的应用　电厂烟气脱硫的主要方法是石灰 - 石灰石法，此法原料消耗大、废渣产生量大，但在消石灰中加入粉煤灰，脱硫效率可提高 $5 \sim 7$ 倍。此粉煤灰脱硫剂还可用于处理垃圾焚烧烟道气，以去除汞和二噁英等污染物。如在喷雾干燥法的烟气脱硫工艺中，将粉煤灰和石灰浆先反应，配成一定浓度的浆液，再喷入烟道中进行脱硫反应，或将石灰、粉煤灰、石膏等制成干粉状吸收剂喷入烟道。用粉煤灰、石灰和石膏制成的脱硫剂性能良好。

（3）在噪声防治工程中的应用　粉煤灰还可用于制作保温吸声材料、GRC（玻璃纤维增强水泥制品）双扣隔声墙板等。

8.3.4　粉煤灰的工程填筑应用

粉煤灰的成分及结构与黏土相似，可代替砂石应用在工程填筑上，如筑路筑坝、围海造田、矿井回填等。这是一种投资少、见效快、用量大的直接利用方式，既解决了工程建设的取土难题和粉煤灰的堆放污染问题，又大大降低了工程造价。

8.3.5　从粉煤灰中回收有用物质

粉煤灰作为一种潜在的矿物资源，不仅含有 SiO_2、Al_2O_3、Fe_2O_3、CaO、未燃尽 C、微珠等主要成分，还富集有许多稀有元素，如 Ge、Ga、Ni、V、U 等，其主要矿物有石英、莫来石、玻璃体、铁矿石及炭粒等，因此从中回收有用物质，既可节省开矿费用、获得有价原料和产品，又可达到防治污染、保护环境的目的。

8.3.6 生产功能性新型材料

粉煤灰可作为生产吸附剂、混凝剂、沸石分子筛与填料载体等功能性新型材料的原料，广泛用于水处理、化工、冶金、轻工与环保等方面。如粉煤灰在作为污水的调理剂时，有显著的除磷酸盐能力；作为吸附剂时，可从溶液中脱除部分重金属离子或阴离子；作为混凝剂时，COD 与色度去除率均高于其他常用的无机混凝剂；而利用粉煤灰制成的分子筛，质量与性能指标已达到甚至超过由化工原料合成的分子筛。

（1）复合混凝剂　粉煤灰复合混凝剂的主要成分为 Al、Fe、Si 的聚合物或混合物，因配比、操作程序、生产工艺不同而品种各异。可利用粉煤灰中的 SiO_2 制备硅酸类化合物。在粉煤灰中添加含铁废渣，可提高絮凝能力，并充分利用粉煤灰的有效成分。以粉煤灰为原料制备聚硅酸铝的工艺流程如图 8-3 所示。

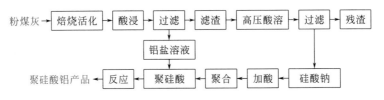

图 8-3　以粉煤灰为原料制备聚硅酸铝的工艺流程

（2）沸石分子筛　粉煤灰合成沸石分子筛的方法有水热合成法（图 8-4）、两步合成法、碱熔融 - 水热合成法、盐 - 热（熔盐）合成法、痕量水体系固相合成法等，其应用范围包括：①交换废水中的 Cu^{2+}、Cd^{2+}、Fe^{3+}、Pb^{2+}、Cs^+、Co^{2+} 等重金属离子；②用粉煤灰合成不同种类的沸石，用于选择性吸附 NH_3、NO_x、SO_2、Hg 等，以净化气体和除臭；③用作土壤改良剂，脱除 Cu、Ni、Zn、Cr 等易溶性金属离子，防止其对地表水和地下水的污染。

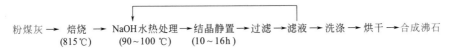

图 8-4　粉煤灰水热反应合成沸石的工艺流程

（3）催化剂载体　采用粉煤灰、纯碱和氢氧化铝为原料制备 4A 分子筛，作为化学气体和液体的分离净化剂和催化剂载体，具有节约原料、工艺简单等特点，已大规模用于工业化生产中。

（4）高分子填料　以粉煤灰为原料，加入一定量的添加剂和化学助剂，可制成一种粉状的新型高分子填料，耐水、耐酸、耐碱、耐高低温、耐老化，作为防水、防渗材料广泛应用于楼房、地面、隧道工程等。

此外，粉煤灰还可用于制造粉煤灰泡沫玻璃、轻质多孔球形生物滤料、防氧化材料与人造鱼礁等，随着粉煤灰综合利用技术的不断发展，其应用的深度和广度正不断扩大。

8.4 冶金工业固体废物的处理与资源化

8.4.1 钢铁工业固体废物概况

钢铁工业固体废物包括开采废石、尾矿、高炉渣、钢渣、铁合金渣、含铁尘泥、粉煤灰等，其典型组成见表 8-5。

表8-5 几种钢铁工业固体废物的典型组成

渣种类	组分 /%								
	CaO	SiO$_2$	Al$_2$O$_3$	MgO	Fe$_2$O$_3$	MnO	TiO$_2$	P$_2$O$_5$	FeO
尾矿	1.1～2.6	68.2～72.2	10.7～14.8	2.2～3.2	—	0.4～0.9	—	—	0.7～5.4
高炉渣	37.0～45.5	32.6～41.4	7.6～17.3	3.5～11.6	0.9～4.2	0.08～4.3	0.1～10.1	—	0.1～1.4
钢渣	39.3～48.1	10.2～19.8	1.5～4.8	3.4～12.0	0.2～33.4	1.1～4.9	0.45～1.0	0.6～4.1	7.3～14.1
铁合金渣	3.1～48.4	27.2～43.3	7.5～22.9	6.8～32.2	—	0.2～9.4	0.1～0.3	0.01～0.02	0.4～1.6
化铁炉渣	48.5～55.0	25.8～28.5	9.15～13.2	2.1～3.5	0.3～1.0	0.1～0.6	—	—	—
粉煤灰	0.5～8.0	40.5～59.3	15.9～32.7	0.4～2.23	2.0～19.0	1.0～2.8	—	—	—
含铁尘泥	12.3～17.5	2.5～7.1	1.12～2.75	2.69～4.55	—	—	2.5～8.3	—	30.6～32.6

钢铁工业固体废物的组成和性质不同，综合利用水平和途径也有差异：高炉渣、化铁炉渣、铁合金渣、含铁尘泥、粉煤灰的综合利用水平较高，基本可实现产业化；而尾矿、钢渣、含锌尘泥、重金属污泥、工业垃圾的利用率较低，若不及时处理和综合利用，势必渣满为患、污染环境，进而影响到钢铁工业的可持续发展。下面以高炉渣和钢渣为例，对钢铁工业废物的处理和资源化进行简单探讨。

8.4.2 高炉渣

高炉渣是冶炼生铁时从高炉中排出的一种废渣，其主要化学成分是 CaO、Al$_2$O$_3$、SiO$_2$、MgO、MnO、FeO 和 S 等组成的硅酸盐和铝酸盐。此外，有些高炉渣还含有微量的 TiO$_2$、V$_2$O$_5$、Na$_2$O、BaO、P$_2$O$_5$、Cr$_2$O$_3$ 等。其中，CaO、Al$_2$O$_3$、MgO、SiO$_2$ 四种主要成分在高炉渣中占 90% 以上。

高炉渣的产生量与矿石的品位有关，一般为生铁产量的 25%～100%，由于高炉渣属于硅酸盐质材料，又是高温下形成的熔融体，因而可以加工成多品种、高质量的建筑材料。在利用高炉渣之前，需要对其加工处理，其用途不同，加工处理的方法也不相同。高炉渣主要处理工艺及利用途径如图 8-5 所示。

（1）生产矿渣水泥、湿碾矿渣混凝土和矿渣砖

① 水渣在水泥熟料、石灰、石膏等激发剂作用下，可显示优越的水硬胶凝性能，以水渣为原料制成的水泥主要有矿渣硅酸盐水泥（矿渣水泥）、石膏矿渣水泥和石灰矿渣水泥。

矿渣硅酸盐水泥是用硅酸盐水泥熟料与粒化高炉矿渣再加入 3%～5% 的石膏混合磨细

或分别磨细后再加以混合均匀而制成的。与普通水泥相比，它具有较强的抗溶出性和抗侵蚀性，水化热较低，耐热性较强，早期强度低，但后期强度增长率高。

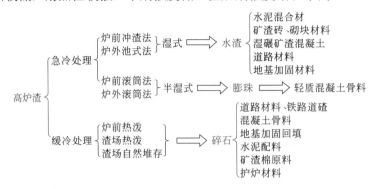

图 8-5　高炉渣处理工艺及利用途径示意图

石膏矿渣水泥是将干燥的水渣和石膏、硅酸盐水泥熟料或石灰按照一定的比例混合磨细或分别磨细后再混合均匀所得到的一种水硬性胶凝材料。在配制石膏矿渣水泥时，高炉水渣是主要的原料，一般配入量可高达 80% 左右。这种石膏矿渣水泥成本较低，具有较好的抗腐蚀性和抗渗透性，适用于建造混凝土的水工建筑物和生产各种预制砌块。

石灰矿渣水泥是将干燥的粒化高炉渣、生石灰或消石灰以及 5% 以下的天然石膏按适当的比例配合磨细而成的一种水硬性胶凝材料。石灰的掺入量一般为 10%～30%，它的作用是激发矿渣中的活性成分，生成水化铝酸钙和水化硅酸钙。石灰矿渣水泥可用于制备蒸汽养护的各种混凝土预制品，水中、地下、路面等的无筋混凝土，以及工业与民用建筑砂浆。

② 湿碾矿渣混凝土是以水渣为主要原料制成的一种混凝土。它的制造方法是将水渣和激发剂（水泥、石灰和石膏）放在碾机上加水碾磨制成砂浆后，与粗骨料拌和而成。湿碾矿渣混凝土的各种物理力学性能，如抗拉强度、弹性模量、耐疲劳性能和对钢筋的黏结力与普通混凝土相似。而其主要优点在于：具有良好的抗渗透性，可以制成不透水性能很好的防水混凝土；具有很好的耐热性能，可以用于工作温度在 600℃ 以下的热工工程中。能制成强度在 50MPa 以上的混凝土。此种混凝土适宜生产混凝土构件，但不适宜在施工现场浇筑使用。

③ 矿渣砖的主要原料是水渣和石灰，经过搅拌、成型和蒸汽养护而成。水渣既是矿渣砖的胶结材料，又是骨料，用量占 85% 以上。水渣质量的好坏直接影响矿渣砖的强度，一般要求水渣应有较高的活性和颗粒强度。水渣由于不具有足够的独立水硬性，因此在生产矿渣砖时，需加入激发剂。常用的有碱性激发剂（石灰或水泥）和硫酸盐激发剂（石膏）两种。矿渣砖具有很好的物理力学性能，但是密度比较大，一般为 2120～2160kg/m³。

（2）矿渣碎石的利用　矿渣碎石具有缓慢的水硬性，可用于公路、机场、地基工程、铁路道碴、混凝土骨料和沥青路面等。用矿渣碎石配制的混凝土具有与普通混凝土相近的物理力学性能，而且还有良好的保温、隔热、耐热、抗渗和耐久性能。矿渣碎石混凝土的应用范围较为广泛，可以作预制、现浇和泵送混凝土的骨料。

（3）膨胀矿渣和膨胀矿渣珠的利用　膨胀矿渣主要用作混凝土轻骨料，也用作防火隔热材料。用膨胀矿渣制成的轻质混凝土，可用作建筑物的围护和承重结构。膨胀矿渣珠可以用于轻质混凝土制品及结构，如用于制作砌砖、楼板、预制墙板及其他轻质混凝土制品。由于膨胀矿渣珠内孔隙封闭，吸水少，混凝土干燥时产生的收缩就很小，这是膨胀页岩或天然浮石等轻骨料所不及的。

直径小于 3mm 的膨胀矿渣珠与水渣的用途相同，可供水泥厂作矿渣水泥的掺合料用，也可作为公路路基材料和混凝土细骨料使用。

（4）其他利用方式

① 生产矿渣棉。矿渣棉是酸性高炉渣用喷吹法制成的一种白色丝状矿物纤维材料，可用作保温、隔热及吸声材料。

② 制取铸石制品。适当控制熔渣冷却速度，可浇筑铸石制品。铸石强度高，耐磨性好，在一些场合可代替石材及钢材。

③ 生产高炉矿渣微晶玻璃。将矿渣与硅石和结晶促进剂一起熔化成液体，用吹、压等玻璃成型方法成型，可制成矿渣微晶玻璃。这种玻璃具有抗腐蚀、耐热、耐磨、绝缘性能好等一系列优点，可用于工业部门。

8.4.3　钢渣

钢渣是炼钢过程中排出的固体废物，数量为钢产量的 15%～20%。根据炼钢所用炉型的不同，钢渣分为转炉渣、电炉渣。钢渣的形成温度为 1500～1700℃，在高温下呈液态，缓慢冷却后呈块状或粉状；转炉渣一般为深灰色、深褐色，电炉渣多为白色。钢渣主要由 CaO、MgO、Al_2O_3、SiO_2、MnO、FeO、P_2O_5 等氧化物组成，其中钙、铁、硅氧化物占绝大部分，各种成分的含量依炉型、钢种不同而异，有时相差悬殊。

炼钢设备、工艺布置、造渣制度、钢渣物化性能的悬殊，决定了钢渣处理和资源化的多样性。处理工艺可分为预处理、加工、陈化和精加工四个工序，实际应用中，可根据要求加以取舍。钢渣的主要利用途径是少部分在钢铁公司内部循环使用，如代替石灰作熔剂，返回高炉或烧结机作为炼铁原料，大部分用作建材原料、水泥原料，以及用于路基回填、改良土壤等。我国目前已开发出多种钢渣资源化利用的途径。

（1）作钢铁冶炼熔剂

① 作烧结熔剂。由铁矿石制备烧结矿时，一般需加石灰石等作为助熔剂，颗粒小于 10mm 的分级钢渣可部分替代烧结熔剂。钢渣中含有 40%～50% 的 CaO，而且钢渣具有软化温度低、物相均匀的优点，能促进烧结过程中烧结矿的液相生成、增加黏结相，有利于烧结成球、提高烧结速度等，从而得到较高转鼓指数和粒度组成均匀的优质烧结矿；同时还可提高烧结机的利用系数、降低煤耗，利用钢渣中 Fe、Ca、Mn 等有用元素。以钢渣含 Fe 15% 计，每利用 1t 钢渣，可代替含铁量为 60% 的铁精矿 250kg。另外，由于钢渣中含有大量的 CaO 和 SiO_2，在生产一定碱度的烧结矿时，可节约部分石灰石。

② 作高炉熔剂或化铁炉熔剂。利用加工分选出的 10～40mm 粒径钢渣返回高炉，回收钢渣中的 Fe、Ca、Mn 元素，不但可节省高炉炼铁熔剂（石灰石、白云石、萤石），而且对改善高炉运行状况有一定的益处，同时也能达到节能降耗的目的。钢渣中的 MnO 和 MgO 也有利于改善高炉渣的流动性。由于钢渣烧结矿强度高，颗粒均匀，故高炉炉料透气性好，煤气利用状况得到改善，焦比下降，炉况顺行。另外，钢渣大多采用半闭路循环处理，故对高炉生铁的磷含量不会产生影响。分选钢渣也可以作化铁炉熔剂代替石灰石及萤石，实践证明，其对铁水温度、铁水硫含量、熔化率、炉渣碱度及流动性均无明显影响。

（2）从钢渣中回收钢铁　水淬钢渣中的钢粒呈颗粒状，很容易提取，可以作炼钢调温剂。钢渣中一般含有 7%～10% 的废钢粒和渣钢大块，经破碎、磁选和精加工后可回收其中 90% 以上的废钢。从钢渣中回收废钢的流程为：钢渣→颚式破碎→磁选→废钢。

（3）钢渣制水泥　钢渣中由于含有和水泥类似的硅酸三钙（简称 C3S）、硅酸二钙（简称 C2S）和铁铝酸盐等活性矿物，具有水硬胶凝性，因此可成为生产无熟料或少熟料水泥的原料，也可以作为水泥掺合料。现在生产的钢渣水泥品种有无熟料钢渣矿渣水泥、少熟料钢渣矿渣水泥、钢渣沸石水泥、钢渣矿渣硅酸盐水泥、钢渣 - 矿渣 - 高温型石膏白水泥和钢渣硅酸盐水泥等。这些水泥适于蒸汽养护，具有后期强度高、耐腐蚀、微膨胀、耐磨性能好、水化热低等特点。

（4）钢渣用于路基垫层　钢渣具有容重大、表面粗糙不易滑移、抗压强度高、抗腐蚀和耐久性好的特点，代替天然碎石广泛用作各种路基材料，用于工程回填、堤坝修砌加固、填海工程等方面。钢渣由于具有一定活性，能板结成大块，适于沼泽地筑路。钢渣疏水性好，是电的不良导体，不会干扰铁路系统电信工作，所筑路床不生杂草，干净整洁，不易被雨水冲刷而产生滑移，是铁路道砟的理想材料。钢渣与沥青结合牢固，又有较好的耐磨、耐压、防滑性能，可作为掺合料用于沥青混凝土路面的铺设。钢渣存放 1 年后，其中游离氧化钙大部分消解，钢渣趋于稳定，经破碎、磁选、筛分后可用作道路材料。掺入粉煤灰是为了增加材料的胶凝性，同时缓解钢渣中残留的游离氧化钙的水化体积膨胀作用。粉煤灰和 $Ca(OH)_2$ 反应生成水化硅酸钙、铝酸钙凝胶，提高路面板结强度。混合料加入水搅拌、碾压并经一定龄期养护，可得到具有足够强度的半刚性道路基层材料。

（5）作农肥和酸性土壤改良剂　钢渣是一种以钙、硅为主，含有多种养分的具有缓效和后劲的复合矿质肥料。钢渣由于在冶炼过程中经高温煅烧，其溶解度已大大改变，所含各种主要成分易溶量达全量的 1/3～1/2，有的甚至更高，容易被植物吸收。钢渣内含有微量的 Zn、Mn、Fe、Cu 等元素，对缺乏此微量元素的不同土壤和不同作物，也起着不同程度的肥效作用。含磷高的钢渣还可以生产钙镁磷肥、钢渣磷肥。实践证明：不仅钢渣磷肥（P_2O_5＞10%）肥效显著，即使是普通钢渣（P_2O_5＜4%～7%）也有肥效；不仅施用于酸性土壤中效果好，在缺磷碱性土壤中施用也可增产；不仅在水田中施用效果好，即使在旱田，钢渣肥效仍起作用。除用作农肥外，钢渣还可用作酸性土壤改良剂。含 Ca、Mg 高的钢渣细磨后可用作土壤改良剂，同时也达到利用钢渣中 P、Si 等有益元素的目的。

8.4.4　冶金渣

（1）回收有价金属　冶金渣是在有色冶金过程中，伴随某种金属产品产生的废渣，种类繁多，性质各异。一般可直接或经适当处理后返回生产工艺流程，以提高金属的循环利用率；当其中一种或几种有价金属含量富集到一定程度时，可采取不同的工艺流程予以提取。

钨冶炼系统采用碱压煮工艺生产仲钨酸铵及蓝钨时产出的钨渣可用火法 - 湿法联合流程处理，还原熔炼得到含铁、锰、钨、铌、钽等元素的多元铁合金（简称钨铁合金）和含铀、钍、钪等元素的熔炼渣。钨铁合金用于铸铁件；熔炼渣采用湿法处理，分别回收氧化钪、重铀酸和硝酸钍等产品。钨湿法冶炼工艺中采用镁盐法除去钨酸钠溶液中的磷、砷等杂质时会产出磷砷渣，将此渣经过酸溶、萃取、反萃、沉砷等综合利用工艺，可回收钨的氧化物及硫酸镁。最后产出砷铁渣约为原磷砷渣的 10%，且其渣型稳定，不溶于强碱、弱酸，容易处理。

（2）有色冶金渣的综合利用　有色冶炼渣中有价金属含量很低，目前的技术提取极不经济时，还可用作其他行业的原料，使之资源化，如铜渣、铅渣、锌渣与锡渣、镍渣等。

① 铜渣。铜熔炼鼓风炉渣或反射炉渣水淬后，成为黑色致密的颗粒。可用于生产水泥，代替铁粉配制水泥生料。用铜渣生产渣棉，可节省能源，产品细而柔软，熔点低，质优价廉。冶炼铜水淬渣硬度较高，可用作钢铁表面除锈剂，供造船厂作除锈喷砂。

用铜渣生产的耐磨制品，有致密细结晶结构，耐腐蚀性能良好，其成分和性能均与玄武岩铸石相近。冶炼铜渣也可用于回转窑生产硅酸盐水泥熟料，以替代含铁加料（铁矿石、萤石等）。铜渣也可以直接用作混凝土填料。从化学成分上来看，铜熔渣基本符合混凝土填料的标准要求，并且具有耐碱性能。

② 铅渣、锌渣与锡渣。铅锌工业和锡工业产生的废渣，与铜熔渣一样，一般作为原料的调配掺加组分和填料，分别用于水泥工业和混凝土生产。锡渣和锌渣可作为混合原料组分，用于生产硅酸盐水泥熟料，对水泥的抗压、体积守恒、凝固和吃水等方面的质量指标没有影响。铅渣可代替铁粒作烧水泥的原料，能降低熟料的熔融温度，使熟料易烧、强度提高等，并能降低煤耗，铅渣用量占配料的 5% 左右。

③ 镍渣。镍渣可用于铸石、碎石、砖、水泥混合材等建筑材料。用磨细镍渣与水玻璃混合，制造高强度、防水、抗硫酸盐的胶凝材料，该材料既可以在常温下硬化，也可以在压蒸下硬化，还可以用来配制耐火混凝土等。

④ 其他冶炼渣的综合利用。锡矿山锑冶炼鼓风炉渣用于生产水泥。炼锑反射炉渣用于生产蒸汽养护砖。砷钙渣经处理后可用于玻璃工业，代替白砒作澄清脱色剂，生产出质量合格的玻璃。金矿的浮选尾矿可用于生产硅酸盐砖、铺设路基等。

⑤ 碱介质湿法冶金工艺提取有色金属矿渣。碱介质湿法冶金就是在碱性溶液（包括烧碱溶液、碳酸钠溶液、氨水等）中通过化学或物理化学作用进行的化学冶金过程。其基本工艺流程如图 8-6 所示。

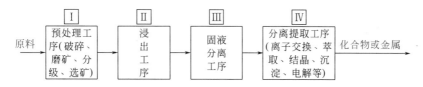

图 8-6　碱介质湿法冶金工艺的基本工艺流程

碱介质湿法冶金主要用于从两性金属废物中浸出有色金属，分解含氧酸盐（如黑钨精矿、独居石）。碱性浸出常用的试剂包括苛性钠（烧碱）、碳酸钠、氨水、硫化钠、氰化钠等。一般而言，碱性试剂的反应能力比酸性试剂弱，但浸出选择性比酸高，浸出液中杂质少，对设备腐蚀程度小。

碳酸钠可用于白钨矿和铀矿的浸出，白钨矿在高温高压下与碳酸钠溶液反应生成可溶性的钨酸钠与不溶性的碳酸钙，从而将矿物中的钨浸出至溶液：

$$CaWO_4(s) + Na_2CO_3(aq) \longrightarrow Na_2WO_4(aq) + CaCO_3(s)$$

六价铀可与碳酸钠形成稳定的碳酸铀酰配合物：

$$UO_3 + 3Na_2CO_3 + H_2O \longrightarrow Na_4[UO_2(CO_3)_3] + 2NaOH$$

苛性钠是浸出铝土矿、黑钨矿、氧化锌矿及氧化铅矿等的有效溶剂：

$$Al_2O_3 \cdot 3H_2O + 2NaOH \longrightarrow Na_2O \cdot Al_2O_3 \cdot 2H_2O + 2H_2O$$

$$FeWO_4 + 2NaOH \longrightarrow Na_2WO_4 + Fe(OH)_2$$

$$MnWO_4 + 2NaOH \longrightarrow Na_2WO_4 + Mn(OH)_2$$

$$ZnO + 2NaOH + H_2O \longrightarrow Na_2Zn(OH)_4$$

$$PbO + NaOH + H_2O \longrightarrow NaPb(OH)_3$$

氨是铜、镍、钴氧化矿的有效溶剂。这是因为铜、镍、钴等能与氨形成氨配离子，扩大了 Cu^{2+}、Ni^{2+}、Co^{2+} 在浸出溶液中的稳定区域，降低了铜、镍、钴的氧化还原电位，使其较易转入溶液中。Cu^{2+}、Ni^{2+}、Co^{2+} 等与氨形成 $Me(NH_3)_n^{2+}$ 配离子，镍、钴的配位数为6，铜的配位数为4。

在有氧存在时，镍与 NH_3 作用生成 $Ni(NH_3)_4^{2+}$：

$$Ni + 4NH_3 + CO_2 + \frac{1}{2}O_2 \longrightarrow Ni(NH_3)_4CO_3$$

对铜和铜氧化物也可以进行氨浸出：

$$CuO + 2NH_4OH + (NH_4)_2CO_3 \longrightarrow Cu(NH_3)_4CO_3 + 3H_2O$$

$$Cu + Cu(NH_3)_4CO_3 \longrightarrow Cu_2(NH_3)_4CO_3$$

生成的碳酸氨亚铜可被空气中的氧氧化成碳酸氨铜：

$$Cu_2(NH_3)_4CO_3 + 2NH_4OH + (NH_4)_2CO_3 + \frac{1}{2}O_2 \longrightarrow 2Cu(NH_3)_4CO_3 + 3H_2O$$

氧化生成的碳酸氨铜又可重新浸出自然金属铜。

氨浸出的特点是适用于含铁高以及碳酸盐脉石为主的铜、镍矿渣，能选择性浸出铜、镍、钴而不溶解其他杂质，且在常压下，自然铜和金属镍的浸出速度相当快。

Na_2S 是砷、锑、锡、汞硫化矿的良好浸出剂。硫化锑在氢氧化钠和硫化钠的混合液中，浸出率达 99% 以上。这是因为 Na_2S 可以与 As_2S_3、Sb_2S_3、HgS、SnS_2 作用，生成一系列稳定的金属硫离子配合物：

$$Sb_2S_3 + 3S^{2-} \longrightarrow 2SbS_3^{3-}$$

$$Sb_2S_3 + S^{2-} \longrightarrow 2SbS_2^{-}$$

$$As_2S_3 + S^{2-} \longrightarrow 2AsS_2^{-}$$

$$As_2S_3 + 3S^{2-} \longrightarrow 2AsS_3^{3-}$$

$$HgS + S^{2-} \longrightarrow HgS_2^{2-}$$

$$SnS_2 + S^{2-} \longrightarrow SnS_3^{2-}$$

为了防止 Na_2S 水解，通常在浸出液中添加氢氧化钠：

$$Na_2S + H_2O \Longleftrightarrow NaHS + NaOH$$

$$NaHS + H_2O \Longleftrightarrow H_2S + NaOH$$

氰化钠浸出是提取金、银最古老的方法，其原理是金、银等电极电位高的金属与 CN^- 生成配合物，降低了金、银的氧化还原电位，从而使金、银较易转入溶液。

8.4.5　赤泥

赤泥是制铝工业从铝土矿中提炼氧化铝后残留的一种红色、粉泥状、高含水率的强碱性固体废料，容重为 $0.7 \sim 1.0t/m^3$，比表面积为 $0.5 \sim 0.8m^2/g$。赤泥的组成和性质复杂，并随矿石成分、氧化铝生产工艺及赤泥的脱水、陈化程度的不同有所变化，其典型化学组成见表 8-6。

表8-6　赤泥的典型化学组成

氧化物	Fe_2O_3	Al_2O_3	SiO_2	CaO	Na_2O	TiO_2	K_2O	MgO	NiO	PbO	As_2O_3	灼减
含量/%	9.6	7.9	约20	约42	2.8	5.1	0.4	2.0	0.8	0.5	0.4	7.8

目前赤泥的主要利用途径有：从中回收有价金属，如 Ga、Fe、Ti、U、Th 等；利用赤泥生产建筑材料，如各类水泥、墙体材料、保温材料、陶瓷釉面砖、微晶玻璃等；另外，赤泥还可用于制备吸附剂、混凝剂、筑路材料、肥料及土壤改良剂等。

8.5　化学工业固体废物的处理与资源化

8.5.1　化学工业固体废物概况

化学工业是一个生产行业多、产品庞杂，既有基础原料工业又有加工工业的重要生产部门，在化肥、农药、染料、感光材料、氯碱、纯碱、橡胶、无机盐及其他化工原料的加工过程中，不可避免地会产生大量固体废物。

化学工业固体废物是指化工生产过程中产生的固体、半固体或浆状废物，包括生产过程中产生的不合格产品、副产物、失效催化剂、废添加剂及原料中夹带的杂质等，直接从反应装置排出的或在产品精制、分离、洗涤时由相应装置排出的工艺废物，空气污染控制设施排出的粉尘，废水处理产生的污泥，设备检修和事故泄漏产生的固体废物，以及报废的旧设备、化学品容器和工业垃圾等。化学工业固体废物的特点概括如下。

（1）废物产生量大　每生产 1t 产品产生 $1 \sim 3t$ 固体废物，有时生产 1t 产品可产生多达 12t 废物，是较大的工业污染源之一。

（2）危险废物种类多，成分复杂　主要有硫铁矿烧渣、铬渣、磷石膏、汞渣、电石渣等，这些危险废物中有毒物质含量高，对人体健康和环境会构成较大威胁，若得不到有效处置，将会对人体和环境造成较大影响。

（3）废物资源化潜力大　化工固体废物中有相当一部分是反应的原料和副产物，通过加工可以将有价值的物质从废物中回收利用，取得较好的经济、环境双重效益。

下面介绍几种典型化工废物的处理和综合利用技术。

8.5.2　硫铁矿渣

硫铁矿渣是硫铁矿在沸腾炉中经高温焙烧产生的废物。硫铁矿渣的化学成分主要是 Fe_2O_3 和 SiO_2，还有 S、Cu、Ca、Al、Pb 等元素。不同产地，硫铁矿渣成分不尽相同，典型硫铁矿渣的化学成分见表 8-7。

表8-7　典型硫铁矿渣的化学成分

成分	Fe_2O_3	FeO	CaO	MgO	SiO_2	Al_2O_3
含量 /%	38～58	3～13	0.3～3.5	0.2～1.6	5.6～35.9	1.3～17.1
成分	S	P	As	Cu	Pb	Zn
含量 /%	0.7～1.8	0～0.09	0.003～0.96	0.002～0.46	0.01～0.08	0.05～0.4

根据不同角度，可以对硫铁矿渣进行不同的分类。硫铁矿渣产出位置不同，粒度不同，根据粒度大小分为尘和渣。每生产 1t 硫酸约排出 0.5t 酸渣，从炉气净化收集的粉尘 0.3～0.4t，大部分酸厂已将尘与渣混在一起。按颜色分为红渣、棕渣、黑渣。当渣中以 Fe_2O_3（即赤铁矿）为主时为红渣；当渣中以 Fe_3O_4（即磁铁矿）为主时为黑渣；棕渣介于红渣和黑渣之间。渣的颜色变化反映了磁铁矿的含量，可以按磁性率（TFe / FeO）将渣分类。磁性率高，说明渣的氧化程度高，磁铁矿含量少。按有用组分含量，可分为贫渣、铁渣、有色 - 铁渣。贫渣铁品位较低，无综合利用价值；铁渣中铁含量较高，有色金属及其他有价金属含量低；有色 - 铁渣中综合回收的成分较多，如铁、铜、金、银、钴等均具有回收价值。

目前，除少量硫铁矿渣被用作水泥助熔剂外，绝大部分露天堆放，占用大量土地，污染土壤、大气和水源。硫铁矿渣中含有大量铁及少量铝、铜等金属，有的还含有金、银、铂等贵金属，可制取铁精矿、铁粉、海绵铁等，还可回收其他金属；含铁较低或含硫较高的硫铁矿渣难以直接用来炼铁，可用于生产化工产品，如作净水剂、颜料、磁性铁的原料。

（1）炼铁及回收有色金属

① 直接掺烧。硫铁矿渣在炼铁厂烧结机中以 10% 的比例直接掺烧后炼铁，对烧结块的质量和产量均无不利影响，且能降低烧结成本，但处理矿渣量有限。

② 经选矿后炼铁。通过控制硫铁矿中含铁大于等于 35%，粒度小于 5mm，及排气口 SO_2 浓度（体积分数）为 13.3%～13.5%，渣色为棕黑色，使沸腾炉排出的矿渣以磁性铁为主，这样得到的渣不经还原焙烧就可以进行磁选，产出的尾砂可作为水泥厂的原料。此法用于铁含量偏低（小于 40%）或硫含量偏高（大于 1%）的矿渣时，可在磁选前于球磨机矿石入口掺入一定量的低品位的自然矿（含铁 23% 左右）混合磁选，以提高铁精矿的

品位和降低硫含量。成品铁精矿可进一步加工成氧化球团。

③ 回收有色金属。氯化焙烧回收有色金属，分为高温、中温两种。高温氯化焙烧是将含有色金属的矿渣与氯化剂（氯化钙等）均匀混合，造球、干燥并在回转窑或立窑内经1150℃焙烧，使有色金属以氯化物形式挥发后经过分离处理回收，同时获得优质球团供高炉炼铁。中温氯化焙烧是将硫铁矿渣、硫铁矿与氯化钠混合，使混合料含硫 6%～7%，含氯化钠 4% 左右，然后投入沸腾炉内在 600～650℃温度下进行氯化、硫酸化焙烧，使矿渣中的有色金属由不溶物转化为可溶的氯化物或硫酸盐。浸出物可回收有色金属和芒硝。此法对硫铁矿中钴的回收率较高，可专门处理钴硫精矿经硫酸化焙烧后产出的硫铁矿渣，且工艺简单，燃料消耗低，不需要特殊设备。缺点是工艺流程长，设备庞大，对于粉状的浸出渣还需要烧结后才能入高炉炼铁。

（2）生产净水剂　利用硫铁矿渣较高的铁含量（55%～60%）、较细的粒度（0.04～0.15mm），采取盐酸法或硫酸法，生产无机铁系凝聚剂（净水剂），是目前研究较多的综合回收途径。

① 盐酸法。在常压下，采用 15% 的盐酸在 60～70℃进行一段酸溶，将得到的低盐基度、含一定游离酸的溶出液，通过与新烧渣的继续反应强制溶出 Al_2O_3 和 Fe_2O_3，即得聚合氯化铝铁（PAFC）。这种常压二段溶出方式节省了用于调节盐基度的其他碱原料，降低了成本，同时具有投资少、安全性好等优点，且整个工艺过程中不存在二次污染。其工艺流程如图 8-7 所示。

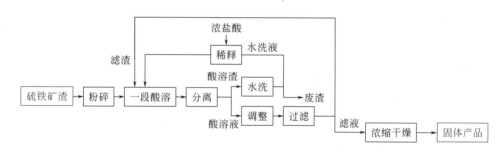

图 8-7　硫铁矿渣制备聚合氯化铝铁的工艺流程

② 硫酸法。将适量的矿渣、钛白废硫酸混入反应器中，配以少量 MnO_2，用压缩空气搅拌，维持锅内物料温度在（90±5）℃，反应后，趁热抽滤。往滤液中加入絮凝剂，6～8h 后浓缩到波美度为 43～45°Bé，即得到外观为浅棕黄色的液体成品聚合羟基硫酸铁。

（3）制铁系产品　用硫铁矿渣可生产铁系产品，主要途径有：高温还原制取金属化团块（即海绵铁）；选矿方法制取铁精矿；生产硫酸亚铁或聚合硫酸铁；干法、湿法生产铁红、铁黄、铁黑、硫酸亚铁等产品。目前国内主要是用硫铁矿渣制高纯氧化铁，其方法如下：将酸 - 渣反应生成物用水浸取制得含有 $Fe_2(SO_4)_3$ 和 $FeSO_4$ 及少量 $MgSO_4$ 等杂质的混合溶液，并加入适量的硫酸以防止高价铁盐过早发生水解反应；过滤去掉不溶物及杂质残渣，即可制得较纯净的酸解液；之后用碱性液调节溶液的 pH 值，在合适温度下用空气均匀鼓泡氧化，并经过除杂处理，从而得到高纯氧化铁。其试验工艺流程如图 8-8 所示。

图 8-8 硫铁矿渣制备高纯氧化铁的试验工艺流程

（4）其他综合利用　硫铁矿渣经加工磨细、磁选富集的磁性铁精矿粉可用作选煤加重剂；在还原气氛中于 700℃磁化焙烧，经盐酸溶解、过滤、浓缩、结晶、干燥、压块、氢还原制得还原铁粉，可用作电焊条或粉末冶金的原料。还可用作微量元素肥料，其效果与硫酸铜相同。由其制得的绿矾，与氯化钾一道，可联产硫酸钾、氧化铁及氯化铵等产品。在建材方面，可用于制砖，或用作建筑用砂浆。此外，硫铁矿渣还可处理含硫废水、有机废水，及用作气体脱硫剂等。

8.5.3　磷石膏

随着高浓度磷复肥、磷酸和洗涤剂工业的迅速发展，磷石膏废渣产生量急剧增加（每生产 1t 磷酸约排放 5t 磷石膏）。

磷石膏一般为黄白色、浅黄色、浅灰色或黑灰色的细粉状固体，含水率为 20%～30%，容重为 0.733～0.880g/cm³，黏性较大，呈酸性，略有异味；其主要成分为二水石膏（$CaSO_4·2H_2O$），并含有少量的 SiO_2、Al_2O_3、Fe_2O_3、CaO、MgO、P_2O_5 及 F 等杂质，以及微量的镉、砷、铅等重金属，铈、钒、钛等稀有元素和镭、铀等放射性元素。其典型化学组成见表 8-8。

表8-8　磷石膏的典型化学组成

组分	SO_3	CaO	P_2O_5	F	Fe_2O_3	Al_2O_3	SiO_2	MgO	有机物	结晶水
含量 /%	约 44	约 32	约 3	约 1	约 0.5	约 0.5	约 5	约 0.1	约 0.16	约 20

磷石膏可用于建材业、工业和农业。如利用磷石膏作水泥缓凝剂、生产硫酸联产水泥的工艺日臻成熟，生产石膏建筑材料、硫酸钾、硫酸铵和碳酸钙的技术已进入工业化阶段；磷石膏还可用于制硫脲、氯化钙和复合肥、活性硅酸钙及作建筑材料、加固软土地基等。

（1）生产水泥及其制品

① 作水泥缓凝剂。由于磷石膏含有的 P_2O_5、氟等杂质影响水泥的物理性能，使其初凝时间后延、强度下降，故在使用磷石膏作为水泥缓凝剂之前，应对其进行适当改性。改性方法主要有：水洗处理；煅烧磷石膏，再用石灰中和，最后水化；将干燥过的磷石膏加石灰中和，再入窑煅烧，最后水化；将磷石膏自然晾晒半年左右；将含有 25% 游离水的磷石膏用窑灰和石灰、电石渣搅拌中和，使磷石膏含水率降至 9% 左右，再加压成型；用柠檬酸处理磷石膏，把磷、氟杂质转化为可水洗的柠檬酸盐、铝酸盐以及铁酸盐。

② 联产水泥和硫酸。原理是将磷石膏高温分解，所得 SO_3 用于生产硫酸，CaO 用于生产水泥。其工艺过程主要由磷石膏干燥、脱水、煅烧、水泥烧成、SO_2 净化、SO_2 转化吸收等工序组成。

③ 生产低碱型硫铝酸盐水泥。磷石膏低碱度水泥是以石灰石、矾土和磷石膏为原料

在立窑中烧制的硫铝酸盐水泥熟料［熟料的主要矿物为无水硫铝酸钙（约为 65%）和硅酸三钙（约为 25%）］，外掺磷石膏和石灰石磨制而成。

（2）生产石膏胶凝材料及建材制品 建筑石膏可以用来生产粉刷石膏、抹灰石膏、石膏砂浆、各种石膏墙体、天花板、装饰吸声板、石膏砌块以及其他装饰部件等，属于轻质建材，广泛用于高层建筑上。

将磷石膏与水在旋涡混合器中混合，得到含固量为 50% 的料浆，将此料浆与过量的石灰在料浆槽中进一步中和，然后经真空过滤、干燥、脱水即制得粉饰灰泥。将磷石膏初洗、过滤除杂后，加入石灰中和或采用浮选、水旋器进一步洗涤、过滤，再经热气预干燥后，在沸腾炉或直热煅烧窑内煅烧，即得到 β 型半水石膏。

（3）作为路面基层或工业填料 利用磷石膏与水泥配合加固软土地基，其加固土强度可比单纯用水泥加固成倍提高，且可节省大量水泥，降低固化剂成本。特别是对单纯用水泥加固效果不好的泥炭质土，磷石膏的增强效果更加突出，从而拓宽了水泥加固技术适用的土质条件范围。

直接用磷石膏、石灰、粉煤灰生产的固结材料，凝结硬化能获得较高的早期强度，具有较好的抗裂性能，从根本上解决了传统二灰（石灰、粉煤灰）材料和二灰 - 碎石（土）材料的早期强度低、易产生收缩性裂纹等问题，并能节省一定数量的石灰，节约了工程造价。磷石膏还可用于露天停车场，磷石膏和土的混合料可用作公路路基。

纯化后的磷石膏还可用作各种工业填料，尤其是造纸填料，用作干燥剂来吸收各种液体和有机化合物，也可作铸造模具及玻璃工业的抛光材料，但其能处理的磷石膏量有限。

（4）生产化工产品

① 制硫酸铵和碳酸钙。用磷石膏生产硫酸铵有两种基本工艺。一种是将磷石膏洗涤过滤去掉杂质后（$P_2O_5 < 0.1\%$），将 NH_3 及 CO_2 引入带搅拌的反应器中与磷石膏反应。反应后的料浆通过转鼓过滤机过滤得到固体碳酸钙和硫酸铵溶液，硫酸铵溶液经蒸发浓缩和冷却结晶得到硫酸铵晶体。另一种是磷石膏与碳酸铵发生复分解反应的工艺流程，其化学反应为：

$$CaSO_4 + (NH_4)_2CO_3 \longrightarrow CaCO_3 \downarrow + (NH_4)_2SO_4$$

由于在硫酸铵溶液中碳酸钙的溶度积比硫酸钙的溶度积小很多，硫酸钙的平衡转化率可达 99.97%。

② 制硫酸钾。用磷石膏生产硫酸钾有一步法和二步法。一步法副产氯化钙，难以处理，所以应用前景不佳。二步法副产氯化铵和碳酸钙，前者可作肥料，后者可用于制水泥。具体工艺为：磷石膏经漂洗去除部分杂质后，使 $CaSO_4 \cdot 2H_2O$ 的质量分数从 87% 左右提高到 92%～94%。然后，磷石膏进入反应器 Ⅰ 与碳酸氢铵反应生成硫酸铵和碳酸钙，并排出 CO_2，由此制得的副产品碳酸钙可直接用作水泥原料。另外，因反应是在低温下进行，氨不挥发，所以 CO_2 气体较纯，可用于制液态 CO_2。反应器 Ⅰ 的料浆经分离、洗涤得到的硫酸铵溶液进入反应器 Ⅱ，与氯化钾反应生成硫酸钾和氯化铵。反应时加入某种无毒无害、低沸点的有机溶剂，可降低硫酸钾在体系中的溶解度，提高其收率。分离出的硫酸钾经洗涤、干燥得产品硫酸钾；滤液经蒸发、分离得副产品氯化铵，溶剂返回系统循环使用，此时磷石膏的利用率为 65%～70%。

③ 制硫脲和碳酸钙。用磷石膏制硫脲和碳酸钙的主要工艺分四步：煤与磷石膏在高温下焙烧生成硫化钙；用硫化钙和水、H_2S 进行浸取，浸得硫氢化钙溶液；将一部分硫氢化钙溶液通入 CO_2 碳化，得 H_2S 和碳酸钙，过滤得轻质碳酸钙，产生的 H_2S 和滤液回到浸取工序；在另一部分硫氢化钙溶液中加入石灰，过滤，滤液冷却结晶合成硫脲。即磷石膏通过焙烧、浸取、置换、合成等工序可得到超细碳酸钙，并可利用多余 H_2S 制取高附加值的硫脲。

④ 磷石膏在过磷酸钙生产中的应用。磷石膏可取代低品位磷矿石，与高品位磷矿石相混合生产合格过磷酸钙，过磷酸钙产量可增长 20% 以上，而且当矿浆水分过高时，可以利用加入磷石膏调整水分，使鲜肥水分稳定；另外，磷石膏能使过磷酸钙改性，促使过磷酸钙疏松，熟化期缩短；磷石膏中的少量磷酸、2% 左右的 P_2O_5 会减少过磷酸钙产品消耗。

（5）用作土壤改良剂　磷石膏呈酸性，pH 值一般在 1～4.5，且含有作物生长所需的磷、硫、钙、硅、锌、镁、铁等养分，可代替石膏用作盐碱土壤的改良剂，消除土壤表层硬壳，减轻土壤黏性，增加土壤渗透性，改良土壤理化性状，提高土壤肥力。

此外，将磷石膏和尿素在高湿度下混合、干燥，可制成吸湿性小而肥效比尿素高的长效氮肥——尿素石膏 $[CaSO_4 \cdot 4CO(NH_2)_2]$，这种肥料可减少氮的挥发，提高氮肥的利用率。

8.5.4　铬渣

铬盐工业是重要的基础原料工业，涉及国民经济 10% 以上的产品，在国民经济中占有重要的地位。在金属铬和铬盐产品的生产过程中，会产生大量铬渣。鉴于原料品位不一、粉碎程度殊异、生产设备和工艺不尽相同，铬渣的产生量也有波动。通常，每生产 1t 金属铬会排放约 10t 铬渣，每生产 1t 铬盐排放 3～5t 铬渣。铬渣的典型化学成分见表 8-9。

表8-9　铬渣的典型化学成分

项目	Cr_2O_3	Al_2O_3	SiO_2	CaO	MgO	K_2O	Na_2O	S	P	H_2O	Fe_2O_3	其他
老渣 /%	4.66	5.74	10.17	30.02	22.33	0.042	2.18	0.008	0.08	14	9.44	19.28
新渣 /%	3.44	4.58	9.57	31.11	21.79	0.26	0.74	0.021	0.051	22	8.13	19.65

由表 8-9 可知，铬渣既是有害废渣，又是可利用的二次资源。铬渣利用途径主要包括用于制砖、生产钙镁磷肥、用作玻璃着色剂、制彩色水泥、制矿渣棉制品及铸石制品等。

（1）铬渣的无害化处理　由于铬渣的物相组成复杂、危害大，在综合利用之前，需进行无害化处理。具体无害化处理方法包括高温还原法（干法）、湿法还原法（湿法）和固化法，三者的比较见表 8-10。

表8-10　铬渣无害化处理的三种方法比较

方法	原理	应用实践	特点
干法	将粒度小于 4mm 的铬渣与煤粒按 100∶15 的比例进行混合，在高温下进行还原焙烧，使 Cr(Ⅵ) 还原成不溶性的 Cr_2O_3	烧制玻璃着色剂、钙镁磷肥助熔剂、炼铁辅料、铸石和水泥等	可得到有价值的产品，但处理成本高，处理渣量小，铬渣解毒不彻底

方法	原理	应用实践	特点
湿法	将粒度小于 120 目的铬渣酸解或碱解后，向混合溶液中加入 Na_2S、$FeSO_4$ 等还原剂，将 $Cr(Ⅵ)$ 还原成 Cr^{3+} 或 $Cr(OH)_3$	与呈还原性的造纸废液、味精废水等联合应用，可达到以废治废的目的	处理后 $Cr(Ⅵ)≤2mg/kg$，但处理费用高，不宜处理大宗铬渣
固化法	将铬渣粉碎后加入一定量的 $FeSO_4$、无机酸和水泥，加水搅拌、凝固，使铬渣被封闭在水泥里，不易再次溶出	以水泥固化为主，也有少量沥青、石灰、粉煤灰和化学药剂的固化应用	该法须加入相当量的固化剂，经济效益差

（2）铬渣用作建筑材料

① 生产辉绿岩铸石。辉绿岩铸石是优良的耐酸碱、耐磨材料，广泛用于矿山、冶金、电力、化工等工业部门，生产铸石时需用铬铁矿作为晶核剂。由于铬渣中含有残存的铬，是生产铸石的良好的晶核剂，铬渣中还有一定数量的硅、钙、铝、镁、铁等，这些都是铸石所需要的元素。

② 生产铬渣棉。矿渣棉是优良的保温、轻质建筑材料。用铬渣制成的渣棉的质量和性能与矿渣棉基本相同，由于是在 1400℃ 的高温下还原解毒，因此解毒彻底。

③ 制砖。将铬渣同黏土、煤混合烧制红砖或青砖，由于原料中大量黏土在高温下呈酸性，加之砖坯中煤及其气化后 CO 的作用，有利于 $Cr（Ⅵ）$ 转化为 Cr^{3+}，使成品砖所含 $Cr（Ⅵ）$ 明显下降，特别是制青砖的饮窑工序形成的 CO，不仅将红褐色的 Fe_2O_3 还原为青灰色的 Fe_3O_4，而且进一步将残余 $Cr（Ⅵ）$ 转化为 Cr^{3+}，解毒效果更好。此外，铬渣掺量较少时，对成品砖的抗压强度、抗折强度无明显影响。

④ 制水泥。铬渣的主要矿物组成为硅酸二钙、铁铝酸钙和方镁石（三者含量达70%），与水泥熟料相似。铬渣用于制水泥有三种方式：铬渣干法解毒后作为混合材，同水泥熟料、石膏磨混制得水泥；铬渣作为水泥原料之一烧制水泥熟料，铬渣用量占水泥熟料的 5%～10%；铬渣代替氟化钙作为矿化剂烧制水泥熟料，铬渣用量占水泥熟料的 2%。三种方式的铬渣用量主要取决于原料石灰石的镁含量。

（3）用作玻璃制品的着色剂　在玻璃熔制过程中引入含铬化合物时，玻璃可吸收某些波长的光，呈现与透过部分波长的光相应的颜色。玻璃料在高温熔融时，$Cr（Ⅵ）$ 不稳定，转化为 Cr^{3+}，从而使玻璃呈现绿色。

该法要求铬渣粒度在 0.2mm 左右，含水率应低于 10%。铬渣作玻璃着色剂时加入量为 3%～5%。铬渣代替其他铬系原料作绿色着色剂的优点可概括为：①六价铬解毒彻底，无二次污染，稳定性好，资源化程度高，但在粉碎、运输、装卸过程中应注意劳动保护；②用铬渣代替铬矿粉所得的玻璃色彩鲜艳，质量有所提高；③铬渣是经高温氧化燃烧的活性物质，内含一定量的熔剂，能降低玻璃料的熔融温度，缩短熔化时间，节约能源；④铬渣价廉易得，除其中铬离子可使玻璃着色外，其中的 MgO、CaO、Al_2O_3、SiO_2 等也是制玻璃的有用成分。

（4）代替石灰用于炼铁　炼铁需用石灰石、白云石作熔剂。铬渣中含 50%～60%的 MgO 和 CaO，此外尚含 9%～20% 的 Fe_2O_3，这些都是炼铁所需的成分。少量铬渣代替消石灰同铁矿粉、煤粉混合在烧结炉中烧结后，送高炉冶炼，炉内高温和 CO 强还原气氛将渣中 Cr(Ⅵ) 还原为 Cr³⁺ 甚至金属铬，金属铬熔入铁水，其他成分熔入熔渣，后者水淬后可作水泥混合材。少量铬渣对烧结矿质量、高炉生产无影响，炼铁成本略有下降。

（5）代替蛇纹石生产钙镁磷肥　用铬渣代替蛇纹石作助熔剂生产钙镁磷肥，肥料质量符合钙镁磷肥三级标准，经田间试验，肥效与用蛇纹石制造的钙镁磷肥相同。利用铬渣中的钙、镁节约了蛇纹石，使每吨成本降低 10% 以上，每吨钙镁磷肥可消耗铬渣约 400kg。在生产中因以煤或焦炭为燃料和还原剂，所以可把铬渣中的 Cr(Ⅵ) 还原成 Cr³⁺，达到无害化的目的。

（6）制防锈颜料　铬渣经物理方法加工制成钙铁粉，具有良好的防锈性能，其质量稳定，已应用于酚醛、醇酸和环氧等防锈涂料的防锈颜料。工艺要点是采用适当措施加速颗粒沉降，缩短生产周期，注意选用防潮性能良好的包装材料。该法铬渣用量大，每生产 1t 钙铁粉可消耗铬渣 1.2～1.3t。

（7）制备其他铬系产品　铬渣经过还原、分离、浸取、蒸发、酸化等工艺，可制成 $Na_2Cr_2O_7$、Na_2S 等产品；铬渣与废盐酸混合，加入解毒剂、添加剂，可制成铬黄、石膏和氧化镁等。

在 95℃ 下用水浸取铬渣溶解得到可溶性铬盐，然后用 15% NaOH 溶液调 pH 值至 13，再用 H_2O_2 将 Cr³⁺ 氧化为 Cr(Ⅵ)，加入 $PbAc_2$ 溶液，沉淀生成 $PbCrO_4$，经过滤干燥后即得到产品铬酸铅。试验中原料的最佳配比为铬渣：H_2O_2（30%）：$PbAc_2$=7：3：3.2，1kg 铬渣可以制得 0.457kg 铬酸铅。

8.6　资源再生利用产业园区

8.6.1　基本概念

资源再生利用产业，指固废产业，过去也被称为静脉产业。《静脉产业类生态工业园区标准（试行）》（HJ/T 275—2006）将静脉产业定义为："以保障环境安全为前提，以节约资源、保护环境为目的，运用先进的技术，将生产和消费过程中产生的废物转化为可重新利用的资源和产品，实现各类废物的再利用和资源化的产业，包括废物转化为再生资源及将再生资源加工为产品两个过程。"

资源再生利用产业园区是一类新型工业园区，它以固废产业建设为主体，将生产和消费活动产生的各类废物进行收集、运输、资源化和最终安全处置。资源再生利用产业符合循环经济理念和工业生态学原理，目前已融入国家生态工业示范园区的建设中。

8.6.2　建设流程和实施途径

（1）建设流程　根据当地实际情况，决定建设具有何种功能的资源再生利用产业园区，可遵循以下步骤。首先，考察当地是否已有生活垃圾处理设施（填埋场、焚烧厂等）、危险废物集中处理设施、资源再生利用聚集园区，各类设施地理位置、产能；明确各废弃物是否能转移到其他地区进行处理。据此判断有无进行园区建设区域组合的可能性。其次，考虑资质问题，如垃圾焚烧项目是否立项成功，相关企业是否有危险废物、电子废物等的处理资质。最后，考虑资金和投资主体问题，如资金来源是否有保障，投资运营可采取何种模式。根据园区建设需求，集合多种功能的综合类园区是未来园区建设的趋势。

（2）实施途径　资源再生利用产业园区的实施途径主要包括以下几个方面的内容。

① 构建完整的产业链。园区内企业之间构建分工明确、互利协作、利益相关的产业链。对于缺少的产业环节，需要引入新企业或扩展现有企业业务领域。推动形成分拣、拆解、加工、资源化利用和无害化处理处置等完整的产业链条。

② 与区域产业的互动。要与当地或周边的工业产业形成良好的产业联动关系，工业产业产生的大量废料是资源再生利用产业园区发展的基础，同时工业产业对优质再生原料的需求可为资源再生利用产业园区的发展提供稳定的产品市场需求。

③ 建设污染防治设施。建设完善的污染防治设施，对废水、废气和固体废物等实行集中收集和处理，避免产生二次污染。

④ 研发利用核心技术。通过技术创新，可开发高附加值产品、降低加工成本、实施清洁生产、提升园区影响力。

⑤ 建立信息共享平台。构建园区层面和区域层面的信息共享平台，便于企业了解上下游行业资源状况，以便在更大的范围内进行原材料、产品等的交易。

⑥ 建立回收体系网络。通过自建网络或利用现有的社会回收渠道，形成覆盖面广、效率高、参与广泛的专业回收网络。

⑦ 规范运营管理制度。建立完善的规章制度和考核体系，鼓励园区内企业建立符合现代企业管理要求的组织结构，实现规范化、高效化管理。

8.6.3　涉及的废物类型及园区布局形式

资源再生利用产业园区主要涉及生活、生产和消费过程的各种固体废物，通常包括废橡胶、废汽车、废船舶、废弃电器电子产品、废塑料、废旧轮胎、废钢铁、废有色金属、废纸、餐厨垃圾、城市污泥、建筑废物，以及医疗废物、病死动物、通沟污泥、给水厂淤泥、河道疏浚污泥等，按照产生源可分为工业固体废物、生活垃圾、城市污泥、危险废物、电子废物、建筑废物等。

传统资源再生利用产业园区一般可划分为综合服务区、生产加工区、市政工程岛等模块，实现各功能区之间的相互协调。综合类资源再生利用产业园区分为核心区（垃圾综合处理区）、控制区（资源回收利用区）、缓冲区（生态区）。其中，核心区主要包括各种工业固体废物、生活垃圾、城市污泥、危险废物等处理设施及最终处置设施；控制区主要包括电子废物、建筑废物等各种固废的分拣、拆解、资源再生利用和再资源化企业；缓冲区是园区的外围，包括科研、教学、宣传等机构和设施。综合类资源再生利用产业园区由于可涵盖生活垃圾、电子废物、危险废物、建筑废物、城市污泥、工业固体废物等多种固废处理处置，目前正成为资源再生利用产业园的新兴形式。园区内，各种设施共享。

8.7   水泥窑协同处理工业废物

长期以来，对于工业固体废物，一直希望采用低温、湿法进行处理。然而，工业固废成分复杂，湿法和低温很难对其分离和无害化。采用高温技术，在不同温度下挥发分离各种有价成分，高温残渣进入水泥窑协同处理，也是可行的方法。

水泥回转窑在运行环境、自身温度、停留时间、处理规模等方面的特点使其非常适合焚烧处置工业废物，包括危险废物（图8-9）。水泥窑可以从3个方面处置利用工业废物：燃料、原料和单纯的添加物。废物经高压雾化喷头喷入炉窑内，经过筛选、烘干、磨碎等处理的工业废物加入生料，作为原料一起进入水泥窑。在负压环境下，窑内物料与混合气流呈逆向运行，氧化、分解其中的废物，一些重金属元素通过液相反应占据水泥半成品熟料组分的晶格，经急冷后被完全固化，碱性原料中和了焚烧过程中产生的酸性物质，合成盐性物质固化下来。

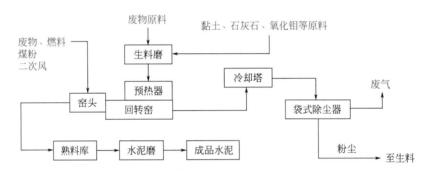

图8-9   水泥窑处置工业废物的工艺

水泥窑处置各种工业废物的关键点和难点，是基于先进工艺对成分复杂的废物进行分类预处理和选择合适的投加位置及方式。优先选择稳定且热值高的废物作替代燃料。优先选择 Ca、Al、Fe、Si 含量较高的工业废物替代一部分原料。剩下不能作替代原料和燃料的工业废物经过筛选，选择出可以利用水泥加水制成的水泥石包裹的废物，经预处理后入窑处置。

较为先进的新型干法水泥窑具有以下特点：

① 处置温度高。回转窑内温度在 1450～1800℃ 之间（普通焚烧炉和垃圾发电炉内温度都为 1200℃）。高温下，可以彻底分解有毒有害物质，焚毁率在 99.9999% 以上。

② 焚烧空间大。水泥窑的旋转筒体直径一般在 3.0～5.0m，长度在 45～100m，空间远大于普通专用焚烧炉。可以保持连续、均匀、稳定的焚烧环境。

③ 停留时间长。水泥窑筒体长、斜度小、旋转速度低，废物从窑头到窑尾大约需要不少于 35min，气体需要不少于 6s，更利于废物的燃烧和分解。

④ 碱性环境。水泥熟料呈碱性，可中和燃烧产生的酸性物质，使 HCl、SO_2 等物质合成盐类固定下来。

⑤ 固化重金属。废物中的重金属离子进入不同的矿物晶格，能被水泥石固化，固化率 ≥ 80%，不外溢。

⑥ 负压运作。粉尘、烟气都不外逸。

⑦ "四零一负"。水泥窑不仅能做到无废水、废渣、废气、余热的产生，还能通过高效转化，消纳工业废物。

水泥窑处置工业废物一方面降低了水泥行业的成本，缓解了资源的压力；另一方面，降低了工业废物对环境的污染，特别有利于二噁英的减排。其在二噁英减排方面的优势主要包括以下几点：

① 焚烧温度高，停留时间长，烟气扰动大。二噁英生成过程遵循"3T"原则，而水泥窑高温高扰动的焚烧条件有利于废物的彻底焚烧和分解。

② 碱性的环境氛围，配置旁路放风系统。生料含有 70% 左右的 $CaCO_3$，其形成的碱性氛围能够抑制二噁英生成，并且旁路放风系统能够有效地减少窑内二噁英生成所需的氯源。

③ 废气处理性能好，无残渣、窑灰产生。水泥工业烧成系统和废气处理系统，具有较高的吸附、沉降和收尘处理特性，并且所有的窑灰收集后回用至水泥生产系统，二噁英最终被全部焚毁。

本章主要内容

二维码 8-2　清洁生产与工业产业园

工业固体废物，分为一般无毒无害废物和危险废物两大类，数量巨大，有价资源含量较低。本章描述了各种一般工业固体废物的处理与资源化技术，包括矿山废石与尾矿、煤矸石、粉煤灰、高炉渣、钢渣、冶金渣、赤泥、硫铁矿渣、磷石膏、铬渣等，概述了其组成、性质、处理原则。传统的工业固废处理方法，试图采用湿法提取有价组分，但效率较低。目前，绝大部分工业固废采用尾矿坝堆填或类似生活垃圾卫生填埋场的方式进行末端处置。高温梯级分离固废中的有价组分，高温残渣进入水泥窑综合处置，是重要的研究方向。为此，描述了水泥窑协同处理工业废物的基本流程和参数。本章还介绍了避免废物产生的清洁生产技术，以及可实现资源共享、互为资源的资源再生利用产业园区。

习题与思考题

1. 简述工业固体废物的处理原则。
2. 试举例说明工业固体废物的处理技术和资源化途径有哪些。
3. 简述矿业固体废物的产生、特点和危害，并以尾矿、废石等常见的矿业废物为例，分析其组成特性，概括其资源化利用途径。
4. 煤矸石的利用途径有哪些？尚存在哪些问题？请就煤矸石的深加工利用提出你的建议。
5. 粉煤灰的利用途径有哪些？试探讨粉煤灰在环保工业中的应用前景。
6. 以几种钢铁工业废物为例，论述钢铁工业废物生产建材的优势。
7. 石化工业和化工工业固体废物的处理途径有哪些？请举例说明。
8. 石化工业和化工工业固体废物的特点有哪些？危害有哪些？论述工业危险废物安全处置的必要性。
9. 试述实施清洁生产的技术途径。

第9章　典型固体废物资源化技术

9.1　废橡胶的回收处理方法

废橡胶由于自然降解过程非常缓慢，且产生量增长迅速，因此成为各国迅速蔓延的黑色公害。废橡胶的来源主要为废轮胎以及其他工业用品，废轮胎占所有废橡胶来源的90%以上。因此，这里以废轮胎的处理方法为代表，介绍废橡胶的处理方法。

废轮胎的主要化学组成是天然橡胶和合成橡胶，此外，还含有丁二烯、苯乙烯、玻璃纤维、尼龙、人造纤维、聚酯、硫黄等多种成分。其典型化学成分见表9-1。

表9-1　废轮胎的典型化学成分

组分	完整轮胎	破碎后轮胎	组分	完整轮胎	破碎后轮胎
碳 /%	74.50	77.60	硫 /%	1.50	2.00
氢 /%	6.00	10.40	氮 /%	0.50	0.50
氧 /%	3.00	0.00	氯 /%	1.00	1.00

废轮胎的处理处置方法大致可分为材料回收（包括整体再用、加工成其他原料再用）和能源回收、处置三大类。具体来看，主要包括整体再用或翻新再用、生产胶粉、制造再生胶、焚烧转化成能源、热解和填埋处置等方法。

9.1.1　整体再用或翻新再用

废轮胎可直接用于其他用途，如船舶的缓冲器、人工礁、防波堤、公路的防护栏、水土保护栏或者用作建筑消声隔板等，也可以用作污水和油泥堆肥过程中的桶装容器，还可以经分解剪切后制成地板席、鞋底、垫圈，切削制成填充地面的底层或表层的物料等。但这些利用方式所能处理的废轮胎的量很少。

轮胎在使用过程中最普遍的破坏方式是胎面的严重破损，因此轮胎翻修引起了世界各

续表

国的普遍重视。所谓轮胎翻修是指用打磨方法除去旧轮胎的胎面胶，再经过局部修补、加工、重新贴覆胎面胶之后进行硫化，恢复其使用价值的一种工艺流程。轮胎翻修可延长轮胎使用寿命，做到物尽其用，同时因生命周期的延长，还可促进废轮胎的减量化。

9.1.2　生产胶粉

除了经过简单加工后的利用之外，还可以用废轮胎生产胶粉。胶粉是将废轮胎整体粉碎后得到的粒度极小的橡胶粉粒。按胶粉的粒度大小可分为粗胶粉、细胶粉、微细胶粉和超微细胶粉。橡胶粗粉料制造工艺相对简单，回用价值不大；而粒度小、比表面积非常大的精细粉料则可以满足制造高质量产品的严格要求，市场需求量大。胶粉的应用范围很广，概括起来可分为两大领域：一种是用于橡胶工业，直接成型或与新橡胶并用做成产品；另一种是应用于非橡胶工业，如改性沥青路面、改性沥青生产防水卷材、建筑工业中用作涂覆层和保护层等。

较成熟的工业化应用的胶粉生产方法有冷冻粉碎工艺和常温粉碎法。冷冻粉碎工艺包括低温冷冻粉碎工艺、低温和常温并用粉碎工艺。

废橡胶粉碎之前都要预先进行加工处理，预加工工序包括分拣、切割、清洗等。预加工后的废橡胶再经初步粉碎，将割去侧面的钢丝圈的废轮胎投入开放式的破胶机破碎成胶粒后，用电磁铁将钢丝分离出来，剩下的钢丝圈投入破胶机碾压。胶块与钢丝分离后，用振动筛分离出所需粒径的胶粉。剩余粉料经旋风分离器除去帘子线。初步粉碎的新工艺有：臭氧粉碎，此法已在中型胶粉生产厂中应用；高压爆破粉碎，适合大型胶粉生产厂使用；精细粉碎，最适用于常温下不易破碎的物质，产品不会受到氧化与热作用而变质。

目前以液氮为冷冻介质的工艺流程有两种：一种为废轮胎的超低温粉碎流程；另一种为废轮胎的常温粉碎与超低温粉碎流程。相比较而言，第一种流程粗碎生热影响较大，因此粗碎后必须再用液氮冷冻；而第二种流程比第一种可节省液氮的用量，但有多次粗碎与磁选分离，设备投资增大。精细胶粉的制造需要将两种方式结合起来。制得精细粉料后，进行分级处理，可提取符合规定粒径的物料，将这些物料经分离装置除去纤维杂质装袋即成成品。部分成品可进行改性处理。表面改性主要是利用化学、物理等方法将胶粉表面改性，改性后的胶粉能与生胶或其他高分子材料等很好地混合，复合材料的性能与纯物质近似，但可大大降低制品的成本，同时可回收资源，解决污染问题。目前世界上处理胶粉的技术有：在胶粉粒子表面吸附配合剂与生胶交联；在胶粉表面吸附特定的有机单体和引发剂后，在氮气中加热反应，形成互穿聚合物网络与生胶配合；胶粉表面进行化学处理后产生官能团与生胶结合；在粗胶粉表面喷淋聚合物单体后经机械粉碎，产生自由基与单体发生接枝反应。改性胶粉的一个重要应用是与沥青混合铺设路面，改性胶粉易与热沥青拌和均匀，不易发生离析沉淀，有利于符合管道输送、泵送的要求。

9.1.3　制造再生胶

再生胶是指废旧橡胶经过粉碎、加热、机械处理等物理化学过程，变成具有塑性、黏性和再硫化性能的橡胶。

再生胶不是生胶，从分子结构和组分来看，两者有很大差别。再生胶组分中除含有橡胶烃外，还含有增黏剂、软化剂和活化剂等，它的特点是具有高度分散性和相互掺混性。再生胶有很多优点：有良好的塑性，易与生胶和配合剂混合，节省工时，降低动力消耗；收缩性小，能使制品有平滑的表面和准确的尺寸；流动性好，易于制作模型制品；耐老化性好，能改善橡胶制品的耐自然老化性；具有良好的耐热性、耐油性和耐酸碱性；硫化速度快，耐焦烧性好。由于再生胶的优点很多，因此生产再生胶是废旧橡胶利用的主要方向。再生胶的主要缺点在于吸水性差、耐磨性差、耐疲劳性差。

再生胶的生产工艺主要有油法（直接蒸汽静态法）、水油法（蒸煮法）、高温动态脱硫法、压出法、化学处理法、微波法等。

（1）油法流程　废胶—切胶—洗胶—粗碎—细碎—筛选—纤维分离—拌油—脱硫—捏炼—滤胶—精炼出片—成品。

该法的特点是工艺简单，厂房无特殊要求，建厂投资低，生产成本低，无污水污染。但再生效果差，再生胶性能偏差，对胶粉粒度要求小（28～30目），适用于胶鞋和杂胶等品种及小规模生产。

（2）水油法流程　废胶—切胶—洗胶—粗碎—细碎—筛选—纤维分离—称量配合—脱硫—捏炼—滤胶—精炼出片—成品。

该法的特点是工艺复杂，厂房有特殊要求，生产设备多，建厂投资大，胶粉粒度要求较小，生产成本较高。有污水排放，应有污水处理设施。但再生效果好，再生胶质量高且稳定，特别是含天然橡胶成分多的废胶能生产出优质再生胶。适用于轮胎类、胶鞋类、杂胶类等废胶品种和中大规模生产。

（3）高温动态脱硫法　废胶不需粉碎得太细，一般20目左右即可。使用胶种广，天然橡胶、合成橡胶均可脱硫，且脱硫时间短，生产效益好。纤维含量可达10%，高温时可全部炭化。没有污水排放，对环境污染小，再生胶质量好，生产工艺较简单。但设备投资较油法大，脱硫工艺条件要求严格，适用于各种废胶品种和中大规模生产。

生产再生胶的关键步骤为硫化胶的再生。其再生机理的实质为：在热、氧、机械力和化学再生剂的综合作用下发生降解反应，破坏硫化胶的立体网状结构，从而使废旧橡胶的可塑性得到一定程度的恢复，达到再生目的。再生过程中硫化胶结构的变化为：交联键（S—S、S—C—S）和分子键（C—C）部分断裂，再生胶处于生胶和硫化胶之间的结构状态。

9.1.4　热解与焚烧

（1）热解　废轮胎热解就是利用外部加热打开化学链，有机物分解成燃料气、富含芳烃的油以及炭黑等有价值的化学产品。废轮胎还可与煤共液化，生产轻馏分油。热解温度一般在250～500℃范围内。轮胎热解所得主要成分的组成见表9-2。

表9-2　轮胎热解所得主要成分的组成

成分	气体（22%）					液体（27%）			炭黑	钢丝
	甲烷	乙烷	乙烯	丙烯	一氧化碳	苯	甲苯	芳香族化合物		
比例/%	约15	约3	约4	约2	约4	约5	约4	约9	约40	约10

在气体组成中，除水外，CO、H_2 和丁二烯也占一定比例。气体和液体中还有微量的

硫化氢及噻吩，但硫含量都低于限制标准。上述热解产品的组成随热解温度不同略有变化，当温度升高时，气体含量增加，而油品减少，气体和液体产物中的碳含量也增加。

热解产品中的液化石油气可经进一步纯化装罐；混合油经精制可制得各种石油制品（如溶剂油、芳香油、柴油等）；粗炭黑经精加工可得到各种颗粒度的炭黑，用以制成各种炭黑制品，但这种过程得到的炭黑产品中灰分和焦炭含量都很高，必须经过适当处理才可作为吸附剂、催化剂或轮胎制造中作为增强填料的炭黑。

废轮胎的热解主要应用流化床和回转窑，具体流程有多种。

（2）焚烧　轮胎具有很高的热值（2937MJ/kg）。废轮胎可作为水泥窑的燃料，可用来燃烧发电。利用废轮胎中的橡胶和炭黑燃烧产生的热可烧制水泥，同时废轮胎中的硫和铁作为水泥需要的组分。工艺流程为：废轮胎剪切破碎后投入水泥窑中，在1500℃左右的高温下燃烧，废轮胎中的硫元素最终氧化为SO_3后与水泥原料石灰结合生成$CaSO_4$，避免了SO_2对大气的污染；轮胎中的金属丝在高温条件下与氧作用生成Fe_2O_3后与水泥原料中的CaO、Al_2O_3反应也转化为水泥的组分。

9.2　废汽车的回收与处理

汽车有三大类型：客车、货车和轿车。汽车的主要材料有金属材料、塑料、橡胶、玻璃、涂料等。废汽车的金属材料组成见表9-3。

表9-3　废汽车的金属材料组成

项目	轿车	卡车	公共汽车	项目	轿车	卡车	公共汽车
生铁/%	约3	约3	约4	有色金属/%	约5	约5	约3
钢材/%	约77	约76	约77	其他/%	约15	约16	约17

由表9-3可知，钢铁材料占废汽车总质量的80%左右，有色金属占3%～5%。汽车中使用的有色金属主要是铝、铜、镁合金和少量的锌、铅及轴承合金。铝的含量最多，主要以铝合金的形式应用。

9.2.1　废汽车材料回收的工艺流程

废钢铁生产线主体是破碎机，辅助设备是输送、分选、清洗装置。先由破碎机用锤击方法将废钢铁破碎成小块，再经分选、清洗，把有色金属和非金属、塑料、涂料等杂物分离出去，得到的洁净废钢铁是优质炼钢原料。

从废汽车中回收金属材料的莱茵哈特法工艺流程（美国专利4014681号）如图9-1所示。

废汽车主要组成为金属材料，因此废汽车的回收利用主要是针对其中的金属材料，其回收利用率的高低直接影响到一辆汽车回收价值的大小。国内汽车回收的典型流程如图9-2所示。

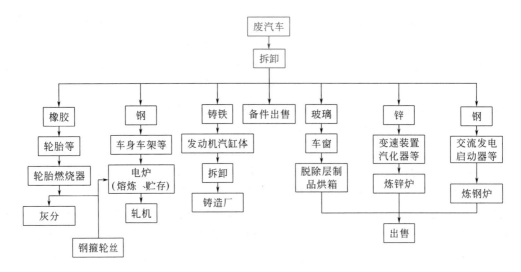

图9-1 从废汽车中回收金属材料的莱茵哈特法工艺流程

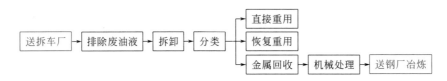

图9-2 国内汽车回收的典型流程

9.2.2 部分配件的再生

报废汽车中许多零配件是可以再生利用的，一方面可以减少再加工的成本，另一方面也会降低维修、制造的成本。为了保证再生利用的零配件质量，建立相应的质量保证体系十分重要。可以考虑将再生零配件分成不可再生零件、直接再生零件、有条件再生零件几类分别处理。零配件的梯级利用，其实质也是零件利用的方法问题。当零件不能在原车上使用时，在要求较低的车辆上使用或转为他用，发挥其使用价值。由于汽车是一种复杂的综合技术产品，零件的梯级利用较难，目前汽车工业发展中已在新车设计时研究、考虑零件的梯级利用。

9.2.3 金属材料回收

废汽车经拆卸、分类后作为材料回收必须经机械处理，然后将钢材送钢厂冶炼，铸铁送铸造厂，有色金属送相应的冶炼炉。当前机械处理的方法有剪切、打包、压扁和粉碎等。

对于金属材料的机械处理有三种可供选择的方案。

方案一：采用废汽车处理专用生产线整车处理，即送料→压扁→剪断→小型粉碎机粉碎→风选→磁选→出料或送料→大型粉碎机粉碎→风选或水选→出料。

方案二：汽车壳体和大梁用门式废钢剪断机预压剪断；变速箱、发动机壳体等用铸铁破碎机破碎。

方案三：对汽车壳体采用金属打包机打包；汽车大梁采用废钢剪断机剪断；对变速

箱、发动机缸体采用铸铁破碎机破碎。

方案一的特点是可以将整车一次性处理，可将黑色金属、有色金属和非金属材料分类回收，所回收的金属纯度高，是优质的炼钢原料，适合大型企业报废大量废旧汽车处理使用。此方案的生产效率很高，适合专门处理旧车的报废汽车处理厂。方案二的主要特点在于对钢件的处理投资较多，处理后废钢质量好，所选用的机器寿命长，生产效率高，适合中型企业使用。方案三的特点是投资少，处理灵活，占地面积小，适合私人或小型企业使用。

9.2.4　废汽车中铝金属的回收

汽车中的有色金属主要是铝、铜、镁合金和少量的锌、铅及轴承合金。国际上，汽车回收已经取得一些成果，85%～90% 的铝可以回收利用，可以节省资源，减少排放，使浪费降至最低。

报废汽车中铝料常与其他有色金属、钢铁件以及非金属混杂，为便于废旧铝料熔炼及保证再生合金化学成分符合技术要求，提高金属回收率，必须先进行废旧铝料预处理。

（1）预处理

① 拆解。去除与铝料连接的钢铁件及其他有色金属件，经清洗、破碎、磁选、烘干等制成废铝备料。

② 分类。废旧铝料如纯铝、变形铝合金、铸造铝合金、混合料等，应分类分级堆放，以便为后续工作提供方便。

③ 打包。对于轻薄松散的片状废旧铝件如锁紧管、速度齿轮轴套以及铝屑等，用金属打包液压机打包。钢芯铝绞线分离钢芯，铝线绕成卷。

（2）再生利用

① 配料。根据废旧铝料的质量状况，按照再生产品的技术要求，选用搭配方案并计算出各类料的用量，配料应考虑金属的氧化烧损程度。废旧铝料的物理规格及表面洁净度直接影响到再生成品质量及金属实收率，熔点较高及易氧化烧损的金属最好配制成中间合金加入。

② 制备变形铝合金。选用一级或二级废旧铝料中的金属铝或变形铝合金废料，可生产 3003、3105、3004、3005、5050 等变形铝合金，其中主要是生产 3105 合金，另外也可生产 6063 合金，为保证合金材料的化学成分符合技术要求及后续压力加工的便捷性，最好配加部分铝锭。

③ 再生铸造铝合金。废旧铝料只有一小部分再生成变形铝合金，约 1/4 再生成炼钢用的脱氧剂，而大部分则生成铸造用的铝合金，主要是压铸用铝合金。压铸铝合金 A380、ADC10、Y112 等可用废旧再生铝料生产。

废旧铝料熔炼设备多为火焰反射炉，一般为室状（卧式），分为一室或二室，容量一般为 2～10t，还有火焰炉。另外，也可采用工频感应电炉，电力充足的地方最好用电炉。

在铝合金中，一般为多元合金，常含有硅、铜、锰，有的含钛、铬、稀土元素（rare earth，RE）等。熔点较高或易氧化烧损的金属配制成熔点较低的中间合金，可避免熔体过热而增加烧损及吸气量，并且金属成分分散能更均匀。中间合金主要有 Al-10%Mg、Al-10%Mn、Al-10%Cu、Al-5%Ti、Al-5%Cr、Al-10%RE 等。紫铜可直接入炉，电解铜块最好与其他金属配制成 1∶1 的中间合金。

废旧铝料再生铸造铝合金的工艺流程如图 9-3 所示。

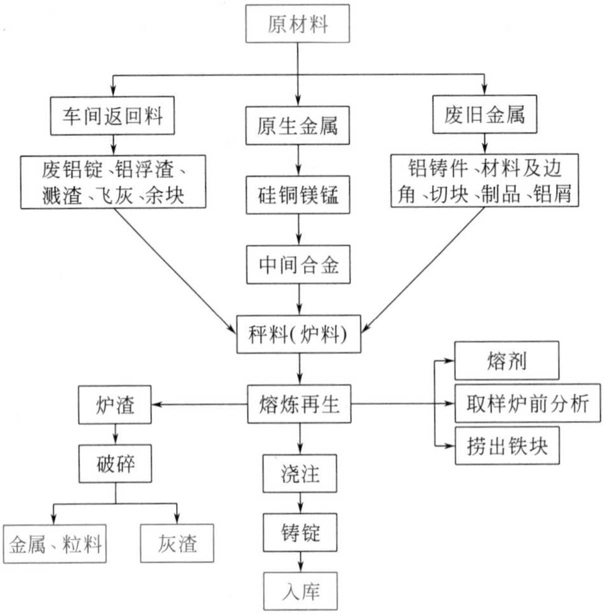

图 9-3　废旧铝料再生铸造铝合金的工艺流程

精炼熔剂的加入量视炉渣量而定，形成的炉渣以粉状为佳，湿度应该合适。熔剂成分一般为 50% Na_3AlF_6+25% KCl+25% NaCl，也可用氯化锌。

④ 炼钢脱氧用的杂铝锭的再生。含铁、锌、铅等杂质过高的废旧铝料，只能再生成铝锭作炼钢脱氧用。从混合炉渣中回收出来的铝料含铁、硅较高，有的废旧铝料的铁含量超过 1%，锌超过 2%，有的氧化锈蚀严重，将这些铝料熔化成炼钢脱氧用杂铝锭。

⑤ 炉渣灰再生成硫酸铝或碱式氯化铝。炉渣灰中还含有一定量的金属铝及三氧化二铝，经湿法浸出、过滤、浓缩、蒸发后再生成化工产品，可用于配制灭火药剂、印染工业的媒染剂等。

9.2.5　废汽车镁合金的再生工艺

废旧镁合金的再生工艺流程与铝合金类似，首先进行重熔，然后进行熔体净化和铸造。但因为镁合金极易燃烧，所以废料的重熔再生工序要复杂得多。下面介绍两种有代表性的镁合金废料重熔方法。

（1）盐炉熔化法　盐炉既是熔炼炉又是静置炉，不采用熔剂保护，而是在惰性气体保护下熔炼和精炼。

（2）双炉法　用双炉系统重熔再生镁废料，一个炉子为熔炼炉，另一个炉子是精炼/铸造炉，用导管将熔体低压转注，最终直接将熔体注入压铸机，铸出铸件。

铜合金的回收利用方法与铝、镁合金的再生利用方法类似。

9.2.6　废汽车的热解与焚烧处理

采用人工拆卸方法处理废汽车，虽然简单，但劳动强度很大，成本也不低。另外，废汽车中所含的涂料、塑料、橡胶等制品含有重金属和有毒有害有机物，这些废物大部分与金属制品黏附在一起，很难分离。因此，可采用焚烧法批量处理。

废汽车经冲压后送入焚烧炉或热解炉内，控制适当温度和空气量，使废汽车中的有机物能够充分焚烧或热解而离开金属表面，同时也要保证金属尽可能不被氧化。如果采用焚烧法，则尾气必须得到有效处理；如果采用热解法，其产生的燃气经处理可加以利用。

9.3　电子废物的处理与利用

电子废物包括废弃的电子产品和电子产品生产过程中产生的废物。按照可回收物品的价值大致可分为三类：第一类是计算机、冰箱、电视机等有相当高价值的废物；第二类是小型电器如无线电通信设备、电话机、燃烧灶、脱排油烟机等价值稍低的废物；第三类是其他价值很低的废物。电子废物一般拆分成电路板、显像管、电缆电线等几类，根据各自的组成特点分别进行处理，处理流程类似。本节主要介绍印制电路板的处理方法。

印制电路板（PCB）是电子产品的重要组成部分，废印制电路板的材料组成和结合方式很复杂，单体的解离粒度小，不容易实现分离。非金属成分主要为含特殊添加剂的热固性塑料，处置相当困难。电路板的组成元素很复杂，个人计算机（PC）中使用的印制电路板的组成元素见表 9-4。

表9-4　个人计算机中印制电路板的组成元素分析

成分	Ag	Pb	Al	As	Au	S	Ba	Be	
含量	3300g/t	4.7%	1.9%	<0.01%	80g/t	0.10%	200g/t	1.1g/t	
成分	Bi	Br	C	Cd	Cl	Cr	Cu	F	
含量	0.17%	0.54%	9.6%	0.015%	1.74%	0.05%	26.8%	0.094%	
成分	Fe	Ga	Mn	Mo	Ni	Zn	Sb	Se	
含量	5.3%	35g/t	0.47%	0.003%	0.47%	1.3%	0.06%	41g/t	
成分	Sr	Sn	Te	Ti	Sc	I	Hg	Zr	SiO$_2$
含量	10g/t	1.0%	1g/t	3.4%	55g/t	200g/t	1g/t	30g/t	15%

废电路板的回收利用基本上分为电子元器件的再利用和金属、塑料等组分的分选回收。后者一般是将电子线路板粉碎后，从中分选出塑料、铜、铅。分选方法一般采用磁选、重力分选和涡电流分选。这种方法可完全分离塑料、黑色金属和大部分有色金属，但铅、锌等金属易混在一起，还需用化学方法分离。也有采用化学方法分离有色金属的专门技术，可以分离出金、银、铜、锌、铅、铝等有色金属。对显像管、压缩机和电池等的处理还有物理冲击分离、智能分离以及高温焚烧等方法。

二维码 9-1　废弃电器电子产品的资源环境问题

9.3.1　电路板的机械处理方法

机械处理方法是根据材料物理性质的不同进行分选的手段，主要利用拆解、破碎、分选等方法。处理后的产品还须经过冶炼、填埋或焚烧等后续处理和处置。

（1）拆解　电子废物的拆解主要是针对有用部件回收利用或者是为后续的处理过程做准备。

拆解是一种系统方法，可以从一个产品上拆除一个或一组部件（部分拆解），也可以将一个产品拆解成各个部件（全拆解）。拆解一般用于分离电子废物中可再利用或是具有危险性的组件。

目前，电子废物的拆解主要是由手工操作实现的，通常要使用各种工具，如螺钉起子、凿子、钳子、镊子等；为了缩短拆解时间，增加产量，还须设计一些专门针对电子废物拆解的工具。

国内外关于拆解设备的专利较多，如CPU（中央处理器）风扇安装拆卸装置（CN 02293610.6）、拆卸焊接在电路板上的电子元件的专用工具（CN 87203334）、电脑主板专用拆卸工具（CN 96236551.3）、钻孔工具、卡夹工具、分离工具等。

拆解方面最引人瞩目的是机器人的使用。电子废物拆解完全依靠人工已经非常困难。当前，已经开发应用了每小时拆解200部手机的机器人。废旧液晶屏自动拆解、平板自动拆解设备等，也开始得到应用。电子废物的智慧化、智能化拆解和分选，是发展趋势。

拆解与新产品的设计应结合起来，即在产品的设计阶段将可回收再利用的性能融入产品当中，以利于将来的拆解及采用机械方法进行回收利用。例如在产品的结构设计中，各零部件的连接方式便于装配和拆卸；所有可重复使用的部分应便于清洗、检验和分类；采用简单化、标准化的零部件，有利于重复使用及回收。近年来研发人员开发了主动拆解技术（ADSM），也就是利用具有形状记忆合金（SMA）和形状记忆聚合物（SMP）的特殊材料制作那些将不同元器件结合起来的扣件，如螺钉和夹子，这种扣件在加热到预定温度时可以自行脱落，从而达到自动拆卸的目的。

（2）破碎　通过破碎的方法将有价物质从最终的产品中解离出来是关键的一步，可以促使各种材料单体解离，解离的程度和尺寸显著影响分选过程和回收产品的质量。

破碎设备按破碎方式可以分为冲击破碎、剪切破碎、挤压破碎、摩擦破碎等几种。目前用于电子废物机械破碎的设备有旋转式破碎机、锤式破碎机、剪切式破碎机、锤磨机等。现在废电路板的破碎也开始使用低温破碎技术。

典型的回收工艺采用两级破碎，分别使用剪切破碎机和特制的具有剪断和冲击作用的磨碎机，将废电路板粉碎成0.1~0.3mm的碎块。特制的磨碎机中使用复合研磨转子，并选用特种陶瓷作为研磨材料。整个工艺流程（图9-4）包括无损去除构件、去除焊料、粉碎、分离工艺。而后，经过二级破碎，粉末经重力粗选和静电分选被分成两类，即富含铜的粉末和玻璃纤维、树脂粉末，前者可作为冶炼有色金属的重要资源，后者可用作聚合物的添加剂。拆解的元器件在检测可靠性后进行再利用。

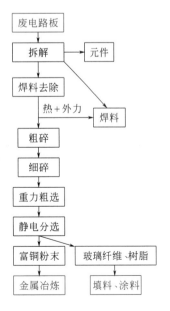

图9-4　废电路板处理工艺流程

（3）筛分　筛分可以为后续的分选工艺如重力分选

提供窄级别的物料进料或是对分选出的产品进行分级，而且可以将金属颗粒和部分塑料、陶瓷等非金属颗粒分开，提高金属的含量。

电子废物的金属回收中主要使用的筛分机械有振动筛和滚筒筛等，它们广泛地应用在汽车破碎后颗粒物的分选和其他电子废物的回收中。

（4）形状分离　形状分离技术可以提纯形状相同的颗粒，提高粉末材料的性能和颗粒集合体的加工性能，在以处理粉体为主的矿业领域有较广泛的应用，近年来在电子废物的机械分离中也有了一些应用。

形状分离设备根据原理的不同可分为四类：倾斜类或旋转类，这类设备又分为无运动部件类（斜管式形状分选机等）和有运动部件类（斜振动板式形状分选机等）；颗粒通过筛孔的时间差类（筛分形状分选机等）；颗粒的黏度差类（黏着形状分选机等）；颗粒在液体中的沉降速度差类（阻力形状分选机等）。

（5）重选　电子废物中有多种不同物质，密度也多种多样。表 9-5 为电子废物中一些物质的密度，可以看出，使用重选方法分离电子废物中的金属与非金属是可行的。

表9-5　电子废物中一些物质的密度

物质		密度范围 /（g/cm³）	物质		密度范围 /（g/cm³）
金属	金、铂、钨	19.3～21.4	塑料	低密度聚乙烯	0.9～1.0
	铅、银、钼	10.2～11.3		高密度聚乙烯	
	镁、铝、钛	1.7～4.5		丙烯腈 - 丁二烯 - 苯乙烯共聚物	1.0～1.1
	其他	6～9		聚氯乙烯	1.1～1.5

近年来重选法已广泛地用于电子废物的分选，多是从电子废物的轻物料（如塑料）中分选重物料（如金属）。重选法回收电子废物的技术有风力分选技术、摇床分选技术和跳汰分选技术等。

（6）磁选　电子废物中有多种金属，由这些金属比磁化率的差异性可以利用磁选从电子废物中将铁磁性金属和非铁磁性金属分离，这种方法简单方便，不会产生额外污染，在电子废物的资源化利用中比较常见。

电子废物的磁选处理中对磁选设备的研究较少，多使用已有的选矿设备，如低强度鼓筒磁选机、高强度磁选机和磁流体分选机等磁选设备。

（7）电选　电子废物中的金属和塑料之间电导率的差别比较大（表 9-6），可以采用电选的方法得到分离；塑料和塑料之间体积电阻率也有所不同（表 9-7），使采用摩擦电选法进行塑料分类成为可能。

表9-6　电子废物中某些材料的电导率

材料	电导率 σ/（$10^6 \Omega^{-1} \cdot m^{-1}$）	材料	电导率 σ/（$10^6 \Omega^{-1} \cdot m^{-1}$）
金	41.0	铝	35.0
银	68.0	铜	59.0
镍	12.5	锌	17.4
锡	8.8	铅	5.0
玻璃纤维强化树脂	0		

表9-7   电子废物中某些材料的体积电阻率

塑料	体积电阻率 /（Ω·m）	塑料	体积电阻率 /（Ω·m）
聚氯乙烯（PVC）	1.16～1.38	尼龙（PA）	1.14
聚乙烯（PE）	0.91～0.96	PET 和 PBT	1.31～1.39
丙烯腈 - 丁二烯 - 苯乙烯树脂（ABS 树脂）	1.04	聚碳酸酯（PC）	1.22
聚苯乙烯（PS）	1.04	人造橡胶	0.85～1.25
聚丙烯（PP）	0.90		

注：PET 为聚对苯二甲酸乙二醇酯，PBT 为聚对苯二甲酸丁二醇酯。

（8）电子废物典型机械处理工艺   典型机械分离回收处理过程包括：称重，拆解（去除某些特定的物质如电池、阴极射线管、汞球管等），破碎分离出的物料，筛分，摇床分选、磁选分离细料和钢铁（约 40% 的物料得到了有效的分离），利用涡电流分选机从铜和塑料的混合物中分离铝。典型电子废物机械处理工艺流程如图 9-5 所示，分选出的混合金属再经过熔炼、铸锭、电解后生产铜和贵金属阳极泥，贵金属阳极泥再经熔炼、铸锭变成粗金属，然后精炼，获得纯金属。

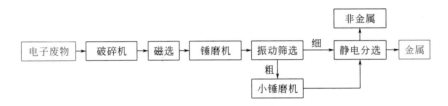

图9-5   典型电子废物机械处理工艺流程

9.3.2   电子废物的火法冶金技术

火法冶金技术具有简单、方便和回收率高的特点，优点是可以处理所有形式的电子废物，对废物物理成分的要求不像化学处理那么严格，回收的主要金属铜及金、银、钯等贵金属也具有非常高的回收率。但是该方法也存在明显的缺点：有机物在焚烧过程中产生有害气体造成二次污染，其他金属回收率低，处理设备昂贵，等等。火法冶金从电子废物中提取贵金属的一般工艺流程如图 9-6 所示。

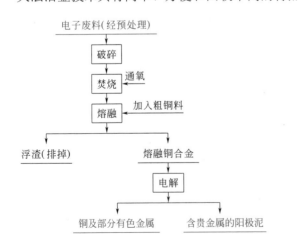

图9-6   火法冶金从电子废物中提取贵金属的一般工艺流程

从电子废物中回收金、银、钯的处理流程为：破碎、制样、燃烧和物理分选、熔化或冶炼样品。进一步回收灰渣，用化学或电解的方法进一步精炼粒化的金属，金、银、钯的回收率都超过 90%。

20 世纪 90 年代后，由于电子废物中贵金属的含量逐渐减少，且火法冶金对环境的影响较大，火法冶金技术发展比较缓慢。

9.3.3　热解法

热解法回收电子废物中的有机组分是一种比较合适的方法。在热解过程中，大分子有机组分在高温下降解为挥发性组分，如油状烃化合物和气体等，可用作燃料或化工原料；而金属、无机填料等物质通常不会发生变化。但是，由于电子废物中的塑料多含有溴化阻燃剂等，它们在热解过程中会产生挥发性卤化物等，这些挥发性卤化物在电子废物热解后的气体或油状产物中是不可忽视的组分，会对环境产生危害。因此，电子废物的热解处理法实现商业化的一个关键问题就是热解产物的脱卤。

采用热解法从废弃电路板（无电子元件）中回收金属，在一定的温度下加热（300～450℃），使得树脂分解，产生的气体通过气体吸附、吸收净化装置处理。树脂分解后的电路板经齿辊破碎机破碎，金属与非金属解离，再经过气流分选实现金属与非金属的分离。

9.4　废塑料的回收利用和处理

9.4.1　废塑料基本分类

依据受热后性能表现的不同可将塑料分为热塑性塑料和热固性塑料。

热塑性塑料是指在特定温度范围内，能反复加热软化和冷却硬化的塑料，如聚乙烯（polyethylene，PE）、聚氯乙烯（polyvinyl chloride，PVC）、聚丙烯（polypropylene，PP）、聚苯乙烯（polystyrene，PS）、聚对苯二甲酸乙二醇酯（PET）等。此类塑料是回收利用的重点。

热固性塑料是指受热时发生化学变化，线形分子结构的树脂转变为三维网状结构的高分子化合物，再次受热时就不再具有可塑性的塑料。此类塑料不能通过热塑而再生利用，如酚醛树脂、环氧树脂、氨基树脂等。此类塑料一般通过粉碎、研磨为细粉，以 15%～30% 的比例，作为填充料掺加到新树脂中再生利用。

（1）聚乙烯（PE）　聚乙烯是由乙烯单体聚合而成的。目前，按密度的不同，可分为高密度聚乙烯、低密度聚乙烯、线形低密度聚乙烯和超低密度聚乙烯等类别。

① 低密度聚乙烯（LDPE）。结晶度较低（45%～65%），密度较小（0.910～0.925g/cm³），质轻，柔性、耐寒性、抗冲击性较好。LDPE 广泛应用于生产薄膜、管材、电绝缘层和护套。

② 高密度聚乙烯（HDPE）。分子中支链少，结晶度高（85%～95%），密度大（0.941～0.965g/cm³），具有较高的使用温度、硬度、机械强度和耐化学药品性能。

③ 线形低密度聚乙烯（LLDPE）。是近年来新开发的新型聚乙烯。与 HDPE 一样，其

分子结构呈直链状，但分子结构链上存在许多短小而规整的支链。它的密度和结晶度介于 HDPE 和 LDPE 之间，而更接近 LDPE。熔体黏度比 LDPE 大，加工性能较差。

④ 超低密度聚乙烯（VLDPE）。密度很低，故具有其他类型 PE 所不能比拟的柔软度、柔顺度，但仍具有较高密度线形聚乙烯的力学性能及热学特性。VLPDE 可用于制造软管、瓶、大桶、箱及纸箱内衬、帽盖、收缩及拉伸包装膜、共挤出膜、电线及电缆料、玩具等。可用一般 PE 的挤出、注塑及吹塑设备加工成型。

⑤ 超高分子量聚乙烯（UHMWPE）。是指分子量大于 70 万的高密度聚乙烯，其密度介于 $0.936\sim0.964g/cm^3$，机械强度远远高于 LDPE，并具有优异的抗环境应力开裂性和抗高温蠕变性，还有极佳的消声、高耐磨等特性，可以广泛应用于工程机械及零部件的制造。超高分子量聚乙烯的熔体黏度特别高，只能用制坯后烧结的方法制造成型。

（2）聚丙烯（PP）　聚丙烯的均聚物是由丙烯单体经定向聚合而成的，制备方法有浆液聚合、液体聚合和气相本体聚合三种。PP 属于线形的高结晶性聚合物，熔点为 165℃。PP 是最轻的聚合物，其密度仅 $0.89\sim0.91g/cm^3$。PP 具有优良的力学性能，比聚乙烯坚韧、耐磨、耐热，并有卓越的介电性能和化学惰性。聚丙烯树脂的最大缺点是耐老化性比聚乙烯差，所以聚丙烯塑料常需添加抗氧剂和紫外线吸收剂。此外，PP 的成型收缩率大，耐低温性、抗冲击性差，通常通过复合及共混改性的方法加以改善。

（3）聚苯乙烯（PS）　聚苯乙烯是由苯乙烯单体聚合而成的。各种聚合方法制成的聚苯乙烯，其性能略有不同。例如，以透明度而言，本体聚合的最好，悬浮聚合的次之，乳液聚合而成的不透明，呈乳白色。PS 是典型的非晶态线形高分子化合物，具有较大的刚性，最大的缺点是质脆。PS 的熔点较低（约 90℃），且具有较宽的熔融温度范围，其熔体充模流动性好，加工成型性好。

（4）丙烯腈 - 丁二烯 - 苯乙烯树脂（ABS 树脂）　ABS 树脂是 PS 系列的共聚物，为丙烯腈、丁二烯、苯乙烯的共聚物，表现出三种单体均聚物的协同性能。丙烯腈使聚合物耐油、耐热、耐化学腐蚀；丁二烯使聚合物具有卓越的柔性、韧性；苯乙烯赋予聚合物以良好的刚性和加工熔融流动性。ABS 树脂兼有高的坚韧性、刚性和化学稳定性。改变三种单体的比例和相互的组合方式，以及采用不同的聚合方法和工艺，可以使产品性能产生极大的变化。主要用于制造汽车零件、电器外壳、电话机、旅行箱、安全帽等。

（5）聚氯乙烯（PVC）　PVC 由聚乙烯单体聚合而成。PVC 的生产以悬浮聚合法为主，产品呈粉状，主要用挤塑、注塑、压延、层压等加工成型工艺。用乳液法可制出 $0.2\sim5\mu m$ 的 PVC 微粒，因而适于制造 PVC 糊、人造革、喷涂乳胶、搪瓷制品等。缺点是树脂杂质较多，电性能较差。本体法制造的 PVC 纯度高、热稳定性好、透明性及电性能优良，但合成工艺较难掌握，主要用于电气绝缘材料和透明制品。

（6）聚对苯二甲酸酯类树脂　聚对苯二甲酸酯类树脂包括聚对苯二甲酸乙二醇酯（PET）和聚对苯二甲酸丁二醇酯（PBT），它们都是饱和聚酯型热塑性工程塑料。

聚对苯二甲酸乙二醇酯（PET）由对苯二甲酸或对苯二甲酸二甲酯与乙二醇在催化剂存在条件下，通过直接酯化法或酯交换法制成对苯二甲酸双羟乙酯（BHET），然后再由 BHET 进一步发生缩聚反应生成。PET 以前多作为纤维（即涤纶）使用，后又用于生产薄膜，近年来广泛用于生产中空容器，被称为聚酯瓶。PET 薄膜是热塑性树脂薄膜中韧性最大的，在较宽的温度范围内能保持其优良的物理力学性能，长期使用温度可达 120℃，能在 150℃短期使用，在 -120℃的液氮中仍是软的，其薄膜的拉伸强度与铝膜相当，为聚乙烯膜的 9 倍，为聚碳酸酯膜和尼龙膜的 3 倍。此外，还具有优良的透光性、耐化学性和电性能。聚对苯二甲酸丁二醇酯（PBT）的特点是热变形温度高，在 150℃空气中可长期使用，吸湿性低，在苛刻环境条件下尺寸稳定性仍佳，静态、动态摩擦系数低，可以大大减少对金属和其他零件的磨耗，耐化学腐蚀性也优良，主要用于机械零件。PBT 的加工性能优于 PET，目前主要是采用注射成型法制造机械零件、办公用设备等工程制品。

9.4.2　废塑料来源

（1）塑料生产加工边角料　指塑料制品的生产和加工中产生的废品、边角料等，如注射成型时产生的飞边、流道和浇口，热压成型和压延成型产生的切边料，中空制品成型时的飞边，机械加工成型时的切屑，等等。由于品种单一，品质均匀，较少被污染，此类废塑料便于回收利用。一般分类破碎，然后按比例（依据对制品性能的影响情况决定掺用配比）加到同品种的新料中再加工成型。

（2）使用后废弃塑料　从塑料制品的消费领域来看，以农膜为主体的农用塑料、包装用塑料、日用品三大领域是废塑料的主要来源。

9.4.3　废塑料回收利用及处理技术

废塑料的资源化应用主要包括物质再生和能量再生两大类，方法详见图 9-7。物质再生包括物理再生和化学再生。物理再生不改变塑料的组分，主要通过熔融和挤压注塑等直接成型加工生成塑料再生制品，产品的质量往往低于原有产品；化学再生则是在热、化学药剂和催化剂的作用下分解生成化学原料或燃料，或通过溶解、改性等方法分别生成再生粒子和化工原料。化学再生主要分为七类：解聚、气化、热解、催化裂解、氢化、溶解再生和改性。能量再生是在物质再生不可行时，将塑料直接用作燃料或制作成垃圾衍生燃料（RDF）在工业锅炉、水泥窑炉或焚烧炉中燃烧。但由于含氯塑料不完全燃烧可能生成二噁英，造成大气污染，这类方法一般较少提倡使用。

二维码 9-2　塑料分类及回收方法

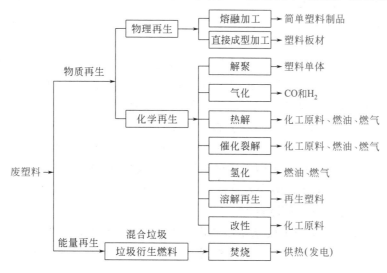

图 9-7　废塑料资源化技术

（1）直接成型加工技术　直接成型加工技术是指含杂质的混杂废塑料不经清洗、分选，可直接在成型设备中与按需要添加的填充料制成所需特性的混合料。填充料可以是玻璃、纤维等增强型添加剂，也可以是高聚物。混杂废塑料直接注射制品、模塑制品和挤出板材技术多数用于制造壁厚超过2.5mm的大型制品。直接使用混合材料的要求是：至少要有50%为同一种塑料，其湿含量不能大于27%。利用此项技术可以制作电缆沟盖、电缆管道、污水槽、货架、包装箱板等，可以取代使用木材、混凝土、石棉、水泥等材料制作的相应制品。

（2）熔融加工技术　熔融加工技术是指单一品种塑料经分选、清洗、破碎等预处理工序后，进行熔融过滤、造粒，并最终成型的过程。熔融加工工艺流程如图9-8所示。

废塑料 → 分选、清洗 → 熔融过滤 → 造粒 → 成型 → 制品

图9-8　熔融加工工艺流程

首先，物料按类别进行分选和清洗。清洗过的物料进行熔融过滤。对于含粗杂质的物料，可使用连续熔融过滤器，再通过可更换过滤网普通过滤器熔融过滤；对于含有印刷油墨的物料，需选用滤网孔径足够细的过滤网以去除油墨。经过熔融过滤，物料经过专门的机头，被切成规定尺寸的颗粒，以满足不同制品的成型需要。最后，在成型工序，再生废塑料颗粒通过不同成型设备被加工成所需的不同再生塑料制品。

（3）解聚技术　化学解聚技术是指加入化学药剂后，废塑料反应形成单体的技术。该技术只能用于缩聚型塑料，如PET、聚氨酯（PU）和聚酰胺（PA）。解聚反应根据使用的化学试剂不同，可分为酵解、醇解、水解和氨解。

PET可与甲醇反应醇解生成对苯二甲酸二甲酯（DMT），也可与乙二醇反应酵解生成BHET单体，还可与水或水蒸气反应水解产生对苯二甲酸。水解反应可在酸性、中性、碱性环境进行，中性条件下效果最好。氨解反应在PET解聚反应中并不常用。目前几种解聚反应相结合的组合型解聚技术已经得到了较快的发展。PU的解聚主要是进行酵解和氨解反应，当利用超临界氨进行氨解反应时，可极大地提高反应速率。组合型解聚技术目前也有应用，PA解聚主要是进行水解反应，此外，尼龙-66（聚己二酰己二胺）的氨解也有成功的报道。

（4）气化技术　当废塑料与氧气、空气、蒸汽或上述气体的混合物反应时，可生成一氧化碳和氢气的混合气体，这就是废塑料的气化技术。气化技术最大的特点是对塑料的纯度要求低，含有杂质的混杂塑料也可以气化处理。但混合气体的后续净化工艺较为复杂。把混合气体产物作为燃料显然是不经济的，只有当废塑料处理厂附近有合成甲烷、氨气、烃类或乙酸等物质的化工厂存在时，把混合气体作为反应原料才能产生较好的经济效益。

（5）溶解再生技术　该技术用于废聚苯乙烯的回收。将PS溶解于柠檬烯溶剂中，静置并将沉淀的杂质去除后把溶液送入蒸发器，挥发的溶剂经过冷凝器冷凝回收后可循环利用，留下的PS物料经造粒而得到回收。

（6）改性技术　主要用于废聚苯乙烯泡沫塑料。PS可通过改性生成多种化工原料，如阻燃剂、防水涂料、防腐涂料、建筑密封剂、指甲油涂饰剂、各种胶黏剂、铁板涂料、模型成型剂。

① 生产防水涂料。将混合有机溶剂倒入反应锅中搅拌，加入松香改性树脂，将清洗

晾干后的废 PS 破碎成小块放入反应锅中直至完全溶解。再加入增黏剂和分散乳化剂在 30～65℃条件下搅拌 1～2.5h，再加增塑剂继续反应 0.5～1h，最后停止加热和搅拌，取出冷却到室温。

② 生产阻燃剂。将回收的废聚苯乙烯经清洗、干燥后溶于有机溶剂，与液溴反应而制得溴化聚苯乙烯。溴化聚苯乙烯在燃烧过程中不会释放出二噁英等致癌物质，是一种性能良好的阻燃剂。

③ 生产胶黏剂。制备胶黏剂的一般工艺流程如图 9-9 所示。

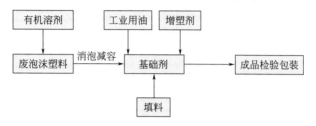

图 9-9　废泡沫塑料制备胶黏剂工艺流程

将净化处理的废 PS 粉碎，加入一定量混合溶剂，搅拌溶解后，在一定温度下，边搅拌边加入适量改性剂，待充分反应 1～3h，再加入增塑剂，继续搅拌 2～3min，沉淀数小时后即可出料。

④ 生产指甲油涂饰剂。以酯类作溶剂，以废 PS 为主要成分，生产出色泽鲜艳、光亮性好的指甲油涂饰剂。如用废 PS、乙酸乙酯、邻苯二甲酸二丁酯、单偶氮染料（红）、珠光粉、香精，先将废 PS 精化处理，然后加入乙酸乙酯中，待其溶解后加入邻苯二甲酸二丁酯和染料的混合物，将上述溶液混合并搅拌均匀，再加入珠光粉和香精搅匀即可生产红色指甲油涂饰剂。

（7）直接焚烧技术　废塑料的热值与燃油相当，是生活垃圾焚烧炉的重要热能来源。将塑料与混合垃圾一起作为燃料进行焚烧，可有效地克服填埋占用大量土地的缺点（可减容约 90%），因此受到重视。值得注意的是，由于焚烧含氯塑料可能会产生二噁英等有毒有害物质，因此焚烧设备的设计与焚烧过程的控制是关键。

（8）制备 RDF 技术　RDF 是以废塑料为主，配合其他可燃垃圾制成的燃料，可用于水泥回转窑和锅炉。RDF 中应去除垃圾中的金属、玻璃和陶瓷等不燃物和一切危险品。美国材料试验协会（ASTM）将 RDF 分为七类。其中的 RDF-5 在世界上应用较为广泛。其基本制作工艺有两类：一类是丁 - 卡托莱尔方式，将可燃固体废物破碎并加入 5% 的石灰使之发生化学反应，加压成型，经干燥为燃料；另一类是 RMJ 方式，将可燃固体废物（含废塑料、废纸、木屑、果壳和下水污泥等）破碎、混合、干燥后，加入 1% 的消石灰固化成型为燃料。RDF 制备技术与焚烧技术相比，有以下优点：①能源利用方面，热值较高，形状均匀，燃烧效率明显高于垃圾焚烧发电站；②环保方面，RDF 经干燥、脱臭处理和加入石灰后，烟气和二噁英等污染物的排放量少且比焚烧烟气易治理，但干燥和加工需消耗热量；③残渣方面，RDF 制造过程产生的不燃物占 1%～8%，需适当处理，燃后残渣占 8%～25%，比焚烧炉渣少且干净，含钙高，易利用；④维修管理方面，RDF 生产装置无高温部，寿命长，维修管理容易，利于处理废塑料。

（9）热解技术　废塑料的热解技术是在惰性环境中进行高温分解反应，主要应用于聚合型塑料。一般来说，热分解反应生成四类反应产物：烃类气体（碳原子数为 $C_1 \sim C_4$）、油品（汽油碳原子数为 $C_5 \sim C_{11}$，柴油碳原子数为 $C_{12} \sim C_{20}$，重油碳原子数大于 C_{20}）、石蜡和焦炭。产物的品质主要取决于塑料种类、反应条件、反应器类型和操作方法等。反应温度是影响反应的最关键因素。反应温度升高时，气体和焦炭产量增加，而油品产量却减少。

热分解反应主要是自由基反应，塑料聚合物分子链的断裂分为末端断裂和随机断裂两种。其中 PS 和 PMMA（聚甲基丙烯酸甲酯）主要通过末端断裂反应产生相应的单体，其他种类塑料则主要由随机断裂反应生成混合产物。塑料热分解反应机理模式如图 9-10 所示。

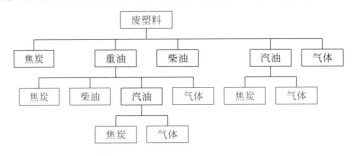

图 9-10　塑料热分解反应机理模式

聚烯烃类塑料的热分解速率与支、侧链取代基有关。热分解速率的排序是 HDPE＜LDPE＜PP＜PS。HDPE 的热解温度在 450℃左右，LDPE 的热解温度在 420℃左右，PP 的热解温度在 410℃左右，PS 的热解温度在 370℃左右，PVC 塑料热分解时先在较低温度（200～360℃）释放出 HCl 产生多烃，然后再在较高温度（＜500℃）下进一步分解。

反应温度不同，产物也不同。当反应温度高于 600℃时，主要产生烯烃以及少量芳烃。当升温速度较快或停留时间较短时，可大量生成乙烯和丙烯。在水蒸气存在的条件下，烯烃产量也可大幅度提高。

（10）催化裂解技术　废塑料的催化裂解是在催化剂存在条件下进行的热分解反应。催化裂解反应的产物是汽油、柴油、燃气和焦炭，应用范围主要是聚烯烃类塑料。催化剂是反应的关键，常用催化剂包括 ZSM-5 沸石催化剂、HY 沸石催化剂、REY 沸石催化剂、Ni-REY 催化剂等。

催化裂解与热分解相比具有以下优点：①分解温度低，例如，聚烯烃类塑料在催化剂存在条件下，200℃可明显分解，热分解在 400℃才开始，典型的热分解反应在 500～800℃，而催化裂解一般在 300～400℃进行；②相同温度下，催化裂解反应速率比热分解反应速率快；③产物质量高，通过催化剂的选择和改性，可以控制不同产物的生成量。另外，催化裂解反应可生成支链、环化和芳化结构的烃类产物，提高油品标号。

热分解与催化裂解相结合的二步法热解工艺应用较多。利用热分解降低塑料黏度，分离杂质，然后再对热解气体进行催化裂解与重整，提高产品质量。

除了上述几种主要的回收利用技术外，废塑料还可通过其他方式利用，如可利用废聚苯乙烯泡沫塑料（EPS）制备乳液涂料等。

9.5 废电池的回收与综合利用

9.5.1 废电池再生利用技术

由于电池内含有大量有害成分，如重金属、废酸、废碱等，如果未经妥善处置而进入环境，会对环境及人体健康造成严重威胁。同时，废电池作为资源存在的一种形式，其中仍含有大量的可再生资源。我国是电池的生产大国，每年都要消耗大量的锌、锰、铅、镉等金属，如果对废电池加以回收利用，在保护环境的同时又可以节省大量的宝贵资源。

电池的种类繁多，主要有锌 - 锰酸性电池、锌 - 锰碱性电池、镉镍充电电池、铅酸蓄电池、锂电池、氧化汞电池、氧化银电池、锌 - 空气纽扣电池等。每种电池都有许多不同的型号，其组成成分也有很大的不同，因此处理方法有很大的差别。普遍采用的有单类别废电池的综合处理技术及混合废电池的综合处理技术两大类。

对于单类别废电池的综合利用技术，因电池种类不同而大不相同。

9.5.2 废干电池的综合处理技术

废干电池的回收利用主要是回收金属和其他有用物质，其次是废气、废液、废渣的处理。目前，废干电池的回收利用技术主要有湿法和火法两大类。

（1）湿法冶金过程 废干电池的湿法冶金过程是将锌 - 锰干电池中的锌、二氧化锰与酸作用生成可溶性盐而进入溶液，然后净化溶液电解生产金属锌和电解二氧化锰或其他化工产品［如立德粉（硫化锌和硫酸钡的混合物）、氧化锌］、化肥等。主要方法有焙烧浸出法和直接浸出法。

① 焙烧浸出法。焙烧浸出法是将废干电池机械切割，分选出炭棒、铜帽、纸、塑料等，并使电池内部粉料和锌筒充分暴露，然后在 600℃的温度条件下，在真空焙烧炉中焙烧 6～10h，使金属汞、NH_4Cl 等挥发为气相，通过冷凝设备加以回收，并严格处理尾气，使汞含量减至最低；焙烧产物经过粉磨后加以磁选、筛分可以得到铁皮和纯度较高的锌粒，筛出物用酸浸出（电池中的高价氧化锰在焙烧过程中被还原成低价氧化锰，易溶于酸），然后从浸出液中通过电解回收金属锌和电解二氧化锰。该方法的工艺流程如图 9-11 所示。

② 直接浸出法。直接浸出法是将废干电池破碎、筛分、洗涤后，直接用酸浸出锌、锰等金属物质，经过滤、滤液净化后，从中提取金属或生产化工产品。不同的工艺流程，其产品也不同。图 9-12～图 9-14 为制备立德粉、化肥以及锌和电解二氧化锰的工艺流程。

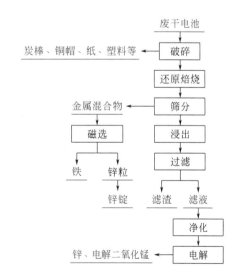

图 9-11 废干电池的焙烧浸出法工艺流程

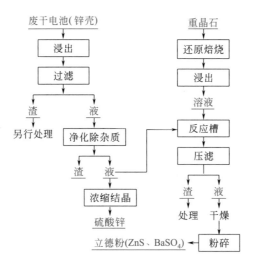

图 9-12 废干电池制备立德粉工艺流程

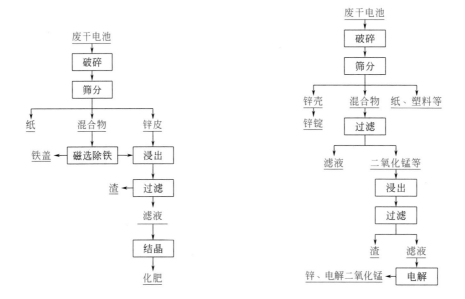

图 9-13 废干电池直接浸出法制化肥工艺流程 **图 9-14** 废干电池制备锌、电解二氧化锰工艺流程

总体上，湿法冶金流程过长，废气、废液、废渣难处理，而且近年来逐步实现电池无汞化，加上铁、锌、锰价格疲软，致使回收成本过高，所以湿法冶金回收废干电池逐步被减少使用。

（2）火法冶金过程　火法冶金处理废干电池是在高温下使废干电池中的金属及其化合物氧化、还原、分解和挥发及冷凝的过程。火法又分为传统的常压冶金法和真空冶金法两类。常压冶金法所有作业均在大气中进行，而真空冶金法则是在密闭的负压环境下进行。

① 常压冶金法。处理废干电池的常压冶金法有两种：一种是在较低的温度下加热废干电池，先使汞挥发，然后在较高的温度下回收锌和其他重金属；另一种是将废干电池在高温下焙烧，使其中易挥发的金属及其氧化物挥发，残留物作为冶金中间产物或另行处

理。其工艺流程如图 9-15 所示。

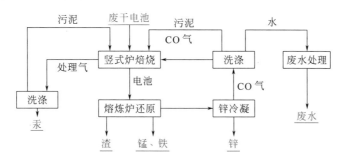

图 9-15 处理废干电池的常压冶金法的工艺流程

从废干电池中回收锌、铁、汞、二氧化锰等有价成分的工艺如下：电池经破碎、筛选分成粗、细两级产品。粗粒进行磁选选出废铁和非磁性产品，废铁经过水洗除汞后用作冶金原料。细粒用盐酸和 $CaCl_2$ 等处理，加热至 110℃除湿。干燥后的物料再筛选，筛上物加热至 370℃，使汞、氯化汞、氯化铵变成气态，气体冷凝后所得产品可以重新用来生产干电池。含汞物质馏出后，将第一阶段筛出的细粒与非磁性物质混合，加热蒸馏出锌，然后再加热至 800℃，使氯化锌升华。残渣在还原气氛中加热到 1000℃，然后筛分、磁选，得到可用于熔炼锰、铁的氧化锰、碎铁和非磁性产品（图 9-16）。

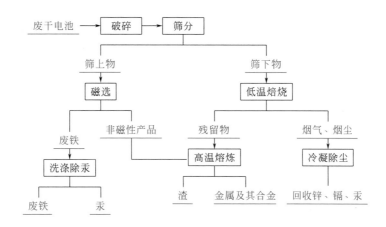

图 9-16 废干电池回收有价成分工艺流程

② 真空冶金法。由于常压冶金法的所有作业均在大气中进行，同样有流程长、污染重、能源和原材料的消耗及生产成本高等缺点，因此，人们又研究出了真空冶金法。真空冶金法是基于组成废干电池各组分在同一温度下具有不同的蒸气压，在真空中通过蒸发与冷凝，使其分别在不同的温度下相互分离，从而实现综合回收利用。蒸发时，蒸气压高的组分进入蒸气，蒸气压低的组分则留在残液或残渣内，冷凝时，蒸气在温度较低处凝结为液体或固体。

9.5.3 废镉镍电池的综合处理技术

废镉镍电池的回收利用技术可分为湿法和火法两大类。表 9-8、表 9-9 列出了火法、湿法回收的典型工艺。

表9-8 镉镍电池火法处理工艺

回收工艺	备注
加热到 500℃，氢氧化物分解，有机物挥发，再加热到 900℃，非氧化气氛回收镉	
高温高压下煤还原，然后蒸馏回收镉	
由小型镉镍电池蒸馏回收镉	
加热到 500℃，去掉有机相，加热到 900℃，蒸馏回收镉	
加热到 400℃，去掉有机相，再加热到 900℃，还原性气氛下蒸馏回收镉，镍铁合金送到冶炼厂冶炼成不锈钢	Cd 的纯度可达 99.5%
加热到 900℃以上，蒸馏回收镉，剩余物质与铁水反应生成合金	
加热到 1000℃回收镉，残余物质中的镍按常规方法处理	

表9-9 镉镍电池湿法处理工艺

回收工艺	备注
洗掉 KOH 电解液→加热到 500℃，1h，镉盐、镍盐分解，镉氧化成 CdO →加入 NH_4NO_3 浸出 Cd（Ni、Fe 不反应）→通入 CO_2，生成 $CdCO_3$ 沉淀→加热到 40~60℃，pH=4.5，抽真空→加 HNO_3 中和去碱，浸出剂循环使用	只有 94% 的 Cd 浸出，Fe、Ni 未分离，加热设备投资大
在加热条件下，硫酸浸出 Ni、Cd、Fe，pH=4.5~5 →加 NH_4HCO_3 沉淀出 $CdCO_3$ →加 Na_2CO_3、NaOH 沉淀出 $Ni(OH)_2$	Ni、Cd 分离的好方法，但要保证 NH_4HCO_3 的质量
滤除 KOH 电解液 → 用 $NH_4HCO_3+NH_3 \cdot H_2O$ 浸出 Cd^{2+}、Ni^{2+}、Co^{2+} →空气氧化 Co^{2+} 为 Co^{3+} →加配合剂 LIX64N 萃取 Ni →驱走 NH_3，$Cd(OH)_2$ 沉淀析出→加热到 100℃，1h，$Cd(OH)_2$ 沉淀析出	可回收 95% 以上的 Ni，99% 以上的 Cd，配合剂成本高，连续处理设备投资大
粉碎→筛分→ H_2SO_4 浸出→电解沉积镉→加水稀释，用空气或氧化剂氧化，加石灰中和使 pH=7 →滤除铁→加 $CaSO_4$，冷却至室温，$NiSO_4$ 生成	镉纯度可达 99.75%，但电解电流密度不易控制，能耗高
H_2SO_4 浸出 Ni、Cd 等 → 加入 40~100g/L NaCl → pH=2.5~4.5，温度为 25~30℃，加铝粉置换 Cd → pH=2.1~2.4，温度为 55~60℃，加 120g/L NaCl，加铝置换 Ni	回收产品纯度低
镉镍电池废料→ 60℃，pH=1.8，硫酸浸出→稀释，调整 pH 值，电解沉积 Cd → 60℃，除铁→加 Na_2S，生成 CdS 沉淀→进一步回收镍	曾工业化应用
H_2SO_4 浸出→加锌置换镉→加 NH_4HCO_3 析出 $ZnCO_3$、$Fe(OH)_3$ 等	纯度低
硫酸等溶液浸取→有机溶剂萃取→草酸镍、碳酸镉	中国专利 CN 108220608A
煅烧得 CdO、NiO，然后选择性浸出，分别得氢氧化物	中国专利 CN 1053092
H_2SO_4 浸出→电解沉积 Cd	
酸浸出→过滤→萃取 Cd →电解沉积 Cd → $Ni(OH)_2$ 析出	美国专利 US 5407463
压碎→磁选→磁性物质为铁镍混合物→其余物质溶于稀酸→选择性萃取	美国专利 US 5377920
氨水浸出→驱氨，过滤后煅烧处理→二次氨浸→过滤分离，固体物质为氧化镍→液体驱氨后得氢氧化镉	回收产品纯度较高

火法回收基本上是利用了金属镉易挥发的性质。从各工艺温度条件可知，火法回收镉的温度范围为 900~1000℃。镍的火法回收，简单的方式是让其熔入铁水，或者采用较高温度的电炉冶炼，火法回收的产品是 Fe-Ni 合金，没有实现镍的分离回收。由于电池中的镉、镍多以氢氧化物状态存在，加热变成氧化物，故采取火法回收时，要加入炭粉作为还原剂。

从表 9-9 可以看出，湿法工艺的浸出阶段，大多数采取硫酸浸出，少数采取氨水浸出，而在试验条件下也有采用有机溶剂选择性浸出的。采用氨水浸出，铁不参加反应，浸出剂易于回收，可以循环利用，无二次污染；硫酸虽然成本低，但是大量的铁参加反应，浸出剂消耗量大，较难回收，二次污染严重。具体到 Ni^{2+}、Cd^{2+} 的分离，有电解沉淀、沉淀析出、萃取及置换等几种方式。

图 9-17 为废镉镍电池萃取 - 沉淀处理的流程。首先对废镉镍电池进行破碎和筛分，分为粗颗粒和细颗粒。粗颗粒主要为铁外壳以及塑料和纸。通过磁分离将粗颗粒分为铁和非铁两种组分，然后分别用盐酸在 30~60℃下清洗，去除黏附的镉。清洗过的铁碎片可以直接出售给钢铁厂生产铁镍合金，非铁碎片由于含有镉须作为危险废物进行处置。细颗粒则用粗颗粒的清洗液浸滤，约有 97% 的细颗粒和 99.5% 的镉被溶解在浸滤液中。过滤浸滤液，滤出主要为铁和镍的残渣。残渣约占废电池的 1%，作为危险废物进行处置。过滤后的浸滤液用溶剂萃取出所含的镉，含镉的萃取液再萃取，产生氯化镉溶液。将溶液的 pH 值调到 4，再通过沉淀、过滤去除所含的铁，最终通过电解的方法回收镉，可以得到纯度为 99.8% 的金属镉。提取镉的浸滤液含有大量的铁和镍，铁可以通过氧化沉淀法去除，然后用电解法从浸出液中回收高纯度的镍。

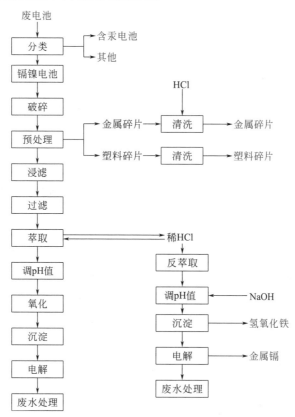

图 9-17 废镉镍电池萃取 - 沉淀处理流程

9.5.4　混合电池的处理技术

对于混合废电池目前采用的主要技术为模块化处理。即首先对所有电池进行破碎、筛分等预处理，然后按类别分选电池。混合电池的处理也采用火法或湿法、火法混合处理的方法。

废电池中五种主要金属（汞、镉、锌、镍和铁）具有明显不同的沸点，可通过加热使所需分离的金属蒸发气化，然后再冷却收集气体。镉和汞沸点比较低，镉的沸点为765℃，而汞仅为357℃，通常先通过火法分离回收汞，然后通过湿法冶金回收余下的金属混合物。其中铁和镍一般作为铁镍合金回收。

混合废电池的典型火法和湿法结合处理流程如图9-18所示。

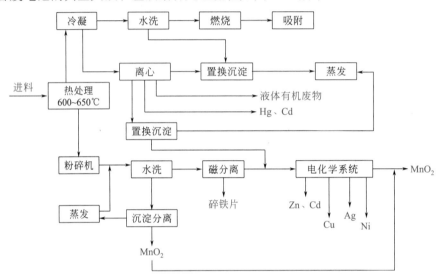

图9-18　混合废电池的典型火法和湿法结合处理流程

该工艺可回收95%的废电池组分，但回收费用较高。

9.5.5　铅酸蓄电池的回收利用技术

铅酸蓄电池广泛应用于汽车、摩托车的启动，应急灯设备等。根据用途可以确定废铅酸蓄电池的来源有以下几种：发电厂、变电所、电话局等固定型防酸式废铅酸蓄电池；各种内燃机车、柴油机启动、点火和照明用及一些其他用途的废铅酸蓄电池；叉车、矿用车、起重车等作为备用电源的废铅酸蓄电池；铁路客车上作为动力牵引及照明电源的废铅酸蓄电池。废铅酸蓄电池铅膏的组成见表9-10。铅酸蓄电池的回收利用以废铅的再生利用为主，还包括废酸以及塑料壳体的利用。电解液中的金属成分见表9-11。由于铅酸蓄电池体积大，易回收，废铅酸蓄电池的金属回收率远高于其他种类的废电池。

表9-10　废铅酸蓄电池铅膏的成分（质量分数）

成分	总Pb	Pb	S	$PbSO_4$
含量 /%	72	5	5	42.1
成分	PbO	Sb	FeO	CaO
含量 /%	38	2.2	0.75	0.88

表9-11　电解液中的金属成分

金属	铅粒	溶解铅	砷	锑
浓度/（mg/L）	60～240	1～6	1～6	20～175
金属	锌	锡	钙	铁
浓度/（mg/L）	1～13.5	1～6	5～20	20～150

构成铅酸蓄电池的主要部件是正负极板、电解液、隔板和电池槽，此外，还有一些零件如端子、连接条和排气栓等。从废铅酸蓄电池的组成可以看出，其中含有大量的金属铅、锑等。铅的存在形态主要有溶解态、金属态、氧化态，可通过冶炼过程将其提取再生利用。再生铅业主要采用火法和湿法及固相电解还原三种处理技术。

（1）火法冶金工艺　火法冶金工艺又分为无预处理混炼、无预处理单独冶炼和经过预处理单独冶炼三种工艺。无预处理混炼就是将废铅酸蓄电池经去壳倒酸等简单处理后，进行火法混合冶炼，得到铅锑合金。该工艺金属回收率平均为85%～90%，废酸、塑料及锑等元素未合理利用，污染严重。无预处理单独冶炼就是废铅酸蓄电池经破碎分选后分出金属部分和铅膏部分，二者分别进行火法冶炼，得到铅锑合金和精铅，该工艺回收率平均水平为90%～95%，污染控制较第一类工艺有较大改善。经过预处理单独冶炼工艺就是废铅酸蓄电池经破碎分选后分出金属部分和铅膏部分，铅膏部分脱硫转化，然后二者再分别进行火法冶炼，得到铅锑合金和软铅，该工艺金属回收率平均在95%以上。

火法处理又可以采取不同的熔炼设备，其中普通反射炉、水套炉、鼓风炉和冲天炉等熔炼的技术落后，金属回收率低，能耗高，污染严重。

（2）固相电解还原工艺　固相电解还原是一种新型炼铅工艺方法，采用此方法金属铅的回收率比传统炉火熔炼法高出10%左右，生产规模可视回收量多少决定，可大可小，因此便于推广，对于供电资源丰富的地区，就更容易推广。该工艺机理是把各种铅的化合物放置在阴极上进行电解，正离子型铅离子得到电子被还原成金属铅。其设备采用立式电极电解装置。其工艺流程为：废铅污泥→固相电解→熔化铸锭→金属铅。每生产1t铅耗电约700kW·h，回收率可达95%以上，回收铅的纯度可达99.95%，产品成本大大低于直接利用矿石冶炼铅的成本。

（3）湿法冶炼工艺　湿法冶炼工艺可使用铅泥、铅尘等生产含铅化工产品，如三碱式硫酸铅、二碱式亚硫酸铅和硬脂酸铅等，可应用于化工和加工行业。该工艺简单，容易操作，污染小，可以取得较好的经济效益。

其工艺流程为：铅泥→转化→溶解沉淀→化学合成→含铅产品。该工艺的回收率在95%以上。全湿法处理，产品可以是精铅、铅锑合金、铅化合物等。

废酸经集中处理可用于以下用途：经提纯、浓度调整等处理，可以作为生产蓄电池的原料；经蒸馏以提高浓度，可用于铁丝厂作除锈剂；供纺织厂中和含碱污水使用；利用废酸生产硫酸铜等化工产品；等等。

铅酸蓄电池多采用聚烯烃塑料制作隔板和壳体，属于热塑性塑料，可以重复使用。完整的壳体经清洗后可继续使用；损坏的壳体清洗后，经破碎可重新加工成壳体或加工成其他制品。

9.5.6　锂离子电池回收利用技术

锂离子电池（Lithium-ion battery，LIB），由于具有较高的工作电压和能量密度、低自放电率、无记忆效应等独特优势，逐渐取代了镍氢电池、铅酸电池等传统电池，被广泛应用于手机、笔记本电脑等移动电子产品以及电动汽车、医疗、航天等领域。

锂离子电池由外壳和电池内芯组成。内芯是锂离子电池的核心部分，主要由正极材料、隔膜、负极材料和电解液构成。正极材料是决定锂离子电池性能的最重要的组成部分，早期的正极材料以钴酸锂（$LiCoO_2$）为主，后来开发了三元正极材料——镍钴锰酸锂（$LiNi_xCo_yMn_{1-x-y}O_2$）和磷酸铁锂（$LiFePO_4$）等。负极材料在充放电过程中完成锂离子的可逆嵌入和脱出，目前常用的负极材料主要为石墨。隔膜将锂离子电池的正负极分开，避免因正负电极接触造成短路。锂离子电池电解液是电池中离子传输的载体，一般由锂盐和有机溶剂组成，在锂离子电池正、负极之间起到传导离子的作用。

锂离子电池使用一定时间后，其充放电性能和容量不能满足设备的需求，或者使用锂离子电池的设备达到生命周期而报废，便会成为失效锂离子电池。一方面，失效锂离子电池中含有残余的电能，存在安全隐患。另外，失效锂离子电池中还含有有毒有害金属组分（钴、锰等）和大量的有机物（黏结剂、电解液等），如果不妥善处置，将带来严重的安全和环境问题。另一方面，失效锂离子电池中又含有锂、钴、镍、锰等多种有价金属元素，镍和钴的总含量可达到10%～20%，锂含量达到1%～4%，有价金属的含量远高于原生矿产资源，具有非常高的回收价值（图9-19）。

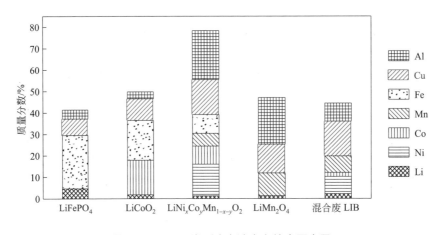

图9-19　不同类型废电池中有价金属含量

针对失效锂离子电池的回收利用工艺可以分为三大类：火法工艺、湿法工艺和火法-湿法联合工艺。

（1）火法工艺　火法工艺是将放电后的失效锂离子电池在高温条件下进行还原熔炼，在熔炼过程中，其中的隔膜、电解液、黏结剂及负极石墨等燃烧除去，镍、钴、铜、铁等金属形成合金，部分低沸点的金属及其化合物进入烟尘，其他杂质进入熔炼渣或烟气。火法工艺过程产物除了金属富集物外，还有炉渣、烟气和烟尘。

比较典型的是比利时优美科公司的火法流程，该工艺将失效锂离子电池和石灰石、煤、石英砂等进行配比后投入高温竖炉中，物料在经过炉口300～700℃低温区时电解液和塑料等挥发除去，最后到达温度为1200～1450℃的炉腔底部，在此发生还原反应，得到含镍、钴、铜的合金。该工艺在高温熔炼前不需进行预处理，工艺流程大大简化，并且可对有机物和石墨燃烧所释放的热量加以利用（图9-20）。

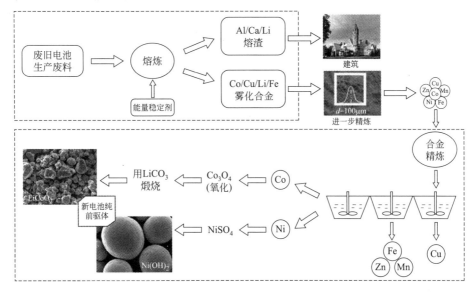

图 9-20　失效锂离子电池火法处理工艺流程

火法工艺具有反应迅速、生产效率高、原料适应范围广、预处理要求低等优点，但只能首先得到富集的合金产品，后续仍需进一步对合金进行湿法处理，而且有价金属锂、锰在火法熔炼中会进入渣中，使其后续的回收变得困难。另外，电池中有机物在处理过程中会产生有害气体，需要配置烟气处理装置。

（2）湿法工艺　湿法工艺主要是借助湿法冶金的方法对失效锂离子电池中的有价金属进行分离和富集，得到金属盐类产品，具有投资少、生产灵活、金属回收率高等优点，是目前研究最多、应用最为广泛的工艺。湿法工艺通常分为如下几个主要步骤。

① 预处理。通过放电、拆解、电解液收集、分选等工序，分别得到粉状电极材料、铜铝箔集流体、有机隔膜以及混合电解液等。

由于失效锂离子电池中会残留部分电量，为避免短路和自燃，在对失效锂离子电池进行拆解前，必须进行放电处理。较常用的放电方法有低温放电、盐水放电、焙烧放电等。放电处理后的失效锂离子电池一般需要进行拆解，主要方法有人工拆解法和机械拆解法。

在锂离子电池中，负极上的炭材料一般通过水溶性黏结剂附着在集流体铜箔上，结合并不牢固，通过机械粉碎或水洗即可实现炭与铜箔的分离；正极活性材料通常是与有机黏结剂调浆后涂覆在集流体铝箔上，正极活性材料与集流体的分离方法主要包括热处理法、碱浸法和有机溶剂溶解法等。

② 湿法浸出。利用浸出剂对富集后的正极材料进行浸出，获得富含有价金属离子的浸出液。

经过预处理分离富集得到的正极材料通常采用湿法浸出工艺，将正极材料中的有价金属元素浸出至液相，以便于后续的深度净化和分离。因此，浸出过程是整个锂离子电池湿法回收过程的关键部分。浸出方法分为化学浸出和生物浸出两大类，化学浸出常用的浸出剂有无机酸、有机酸、氨、碱等，生物浸出常用的菌种有嗜酸性硫氧化菌、铁氧化菌和黑曲霉菌等。

③ 有价金属回收。浸出液经过净化除杂、选择性萃取、化学沉淀等步骤将各有价金属元素提纯和分离，获得相应的高附加值产品。

锂离子电池正极材料成分复杂，导致浸出液中所含元素种类较多（如钴、镍、锂、锰、铜和铝等）。另外，钴、镍、锰均属于过渡金属元素，化学性质相近，分离比较困难。从多金属复杂混合溶液中逐一分离相似金属元素，需要借助溶剂萃取、化学沉淀或离子交换等一系列单元操作。镍钴锰三元锂离子电池湿法回收工艺流程如图 9-21 所示。

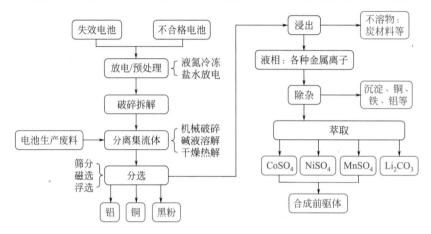

图 9-21 镍钴锰三元锂离子电池湿法回收工艺流程

（3）火法 - 湿法联合工艺　不管是采用火法工艺还是湿法工艺处理失效锂电池，都有各自的优点和缺点。火法冶金对原料的适应性好，湿法冶金对金属的分离提纯效果好。因此，火法与湿法相结合的联合工艺在失效锂电池多种有价组分的回收利用方面，更具有经济和环保优势。

火法 - 湿法联合工艺一般先采用火法将正极材料在高温下进行焙烧，脱除电解液、黏结剂等有机组分，有利于铝箔与正极材料的分离，同时焙烧过程中正极材料可转化为更有利于后续浸出的形式。对于钴酸锂材料，通常采用硫酸化焙烧方法，将金属转化为溶于水的金属盐，再通过水浸将金属浸出。镍钴锰三元锂离子电池材料的回收通常采用还原焙烧 - 酸浸的联合工艺。

联合工艺结合了火法工艺与湿法工艺，克服了火法工艺金属损失率高的缺点，并且还原焙烧可以避免后续浸出过程还原剂的使用，提高效率，降低成本，目前受到了越来越多的关注。

9.6　碱溶性金属废物碱介质提取技术

根据锌、铅、钨、钼等碱溶性形态（如氧化物、碳酸盐、硫酸盐、磷酸盐）可在强碱性溶液中高效选择性溶解的特性，通过机械活化转化强化浸出硫化锌、水解 - 熔融处理铁酸锌、挥发富集含钼尾矿与废渣的预处理、基于高效选择性沉淀和溶剂萃取的杂质深度分离、电解过程中锌粉或铅粉可自动脱落的阴极板和基于微量阻燃剂配方的锌粉清洗等技术的应用，集成和优化了废物原料预处理、浸取、浓缩、浸出液的净化、过滤、电解、金属产品洗涤、真空干燥、电解贫液再生与循环使用等一系列关键技术参数，实现了大规模工业化应用，已经形成了完整的大宗碱溶性金属废物及尾矿的无害化处理和资源化利用技术体系。

9.6.1　废物和尾矿中碱溶性金属碱介质浸出过程

碱溶性金属废物通常都是由一系列的矿物相组成，成分十分复杂，有价矿物常以氧化物、硫化物、碳酸盐、硫酸盐、砷化物、磷酸盐等化合物形式存在。现以锌、铅为例重点描述含锌、铅、钨、钼等碱溶性金属废物和尾矿的碱介质湿法冶金过程。

二维码 9-3　锌的碱介质湿法冶金工艺

由于含锌废物及尾矿中锌主要以氧化锌（ZnO）、碳酸锌（菱锌矿 $ZnCO_3$）、硅酸锌［异极矿 Zn_2SiO_4 或 $Zn_4Si_2O_7(OH)_2 \cdot H_2O$］及闪锌矿（ZnS）形式存在，贫杂含锌废物及尾矿中四种主要含锌成分中的 ZnO、$ZnCO_3$ 和 Zn_2SiO_4 用 NaOH 溶液浸出是可行的，但以 Zn_2SiO_4 的溶解所需烧碱浓度为最高；当锌离子活度为 0.1 时，Zn_2SiO_4 完全溶解所需要的 OH^- 浓度应为 5.37mol/L 以上；ZnS 是根本无法在强碱溶液中溶解的，因此必须通过化学方法使之转化为可碱溶的 ZnO、$ZnCO_3$ 和 Zn_2SiO_4 等形态。

在 Zn^{2+}-OH^- 溶液体系中，可能生成的配合物有 $Zn(OH)^+$、$Zn(OH)_2$、$Zn(OH)_3^-$、$Zn(OH)_4^{2-}$。在强碱溶液中锌主要以 $Zn(OH)_4^{2-}$ 的形式存在，因此 ZnO 溶于 NaOH 溶液发生的主要反应为：$ZnO + H_2O + 2OH^- \longrightarrow Zn(OH)_4^{2-}$。该反应的表观平衡常数 K_C 随 NaOH 浓度增大而增大，但当 NaOH 浓度超过 4.2mol/L 时呈下降趋势，其原因是较高的碱浓度导致溶液黏稠而使扩散过程受到阻碍。因此，选择浸出液的 NaOH 浓度要保持在 4～5mol/L（160～200g/L）。

含铅废物和尾矿中铅的主要形态为 PbO、$PbCO_3$、$PbSO_4$ 和 PbS，在强碱溶液中，当 pH>12 时，铅主要以 $Pb(OH)_3^-$ 的形态存在；铅在强碱溶液中的溶解度与碱浓度有关，常温下其关系式为 $[Pb]_T = 0.0455[OH^-]$，当 NaOH 浓度为 5mol/L 时，试验测得铅的溶解度为 25.56g/L；PbO、$PbSO_4$ 和 $PbCO_3$ 均可自发溶于强碱溶液中，PbS 则不溶。

$PbCO_3$ 和 $PbSO_4$ 在碱性溶液中被解离为 $Pb(OH)_2$、CO_3^{2-} 和 SO_4^{2-}，CO_3^{2-} 和 SO_4^{2-} 的存在对碱液中铅的形态没有影响。当 pH<5 时，溶液中的铅几乎全部以 Pb^{2+} 的形态存在；当 7<pH<10 时，溶液中的铅大部分以 $Pb(OH)^+$ 的形态存在；当 10<pH<12 时，溶液中的铅发生剧烈水解，生成 $Pb(OH)_2$ 沉淀；当 pH>12 时，铅主要以 $Pb(OH)_3^-$ 的形态存在。

铅在 NaOH 溶液中的溶解度与碱的浓度成正比，增大溶液中 NaOH 的浓度，铅的溶解度将会增大，有利于氧化铅矿和含铅废物中的铅在碱溶液中的浸出。

钨和钼的绝大部分化合物都不溶于酸，但溶于烧碱和氨水。然而，在钨和钼原料溶解于烧碱时，P、As、Si 以及 Nb 和 Ta 等杂质也同时溶解，其去除难度很大。在弱碱性溶液中，W 可与 P、As、Si 以及 Nb 和 Ta 形成 W/P、W/As、W/Si、W/Nb 和 W/Ta 物质的量比为 11 的杂多阴离子，而 Mo 则仅可与 P、As、Si 形成 Mo/P、Mo/As、Mo/Si 物质的量比为 11 的杂多阴离子。

9.6.2　浸出工艺及动力学

含锌废物及尾矿中的氧化锌（ZnO）、碳酸锌（$ZnCO_3$）及硅酸锌（Zn_2SiO_4）三种主要含锌成分在强碱溶液中都有较好的浸出效果。含锌烟灰（氧化锌）在碱溶液中的浸出过程符合关系式 $1-(1-\eta)^{1/3}=kt$，浸出过程受化学控制，提高浸出率的主要途径为提高反应温度和浸出剂 NaOH 溶液的浓度。

含铅烟尘在强碱溶液中浸出，随 NaOH 溶液浓度的增大，铅、锌的浸出率逐渐增大，当 NaOH 溶液浓度大于 5mol/L 时，铅、锌浸出率趋于稳定，因此，选择最佳的 NaOH 溶液浓度为 5mol/L。

传统处理硫化矿物的方法主要是通过高温焙烧（750℃）将金属硫化物氧化为氧化物后进行酸浸，焙烧过程中形成 SO_2 气体，环境污染严重。而以 H_2SO_4、HCl、HNO_3、$HClO_4$ 及氨水等作为浸出剂的硫化物浸出工艺，需在高温高压或强酸条件下进行，对设备要求高，操作危险，成本高。针对硫化锌在碱溶液中难以浸出的问题，提出了采用 $PbCO_3$ 将 ZnS 转化为 PbS，而锌转化为 $Na_2Zn(OH)_4$ 进入碱溶液的方法，从而实现了 ZnS 在碱溶液中的溶解，同时进入浸出渣的 PbS 可通过 Na_2CO_3 溶液转化为 $PbCO_3$ 以实现循环使用。其反应式为：

$$PbCO_3(s) + 2OH^- + H_2O(l) \longrightarrow Pb(OH)_3^- + CO_3^{2-} + H^+$$

$$Pb(OH)_3^- + ZnS(s) + OH^- \longrightarrow Zn(OH)_4^{2-} + PbS(s)$$

$$PbS(s) + Na_2CO_3(aq) + 2O_2(g) \longrightarrow PbCO_3(s) + Na_2SO_4(aq)$$

9.6.3　碱溶性金属废物碱介质中金属提取技术

含锌废渣及贫杂锌矿通过氢氧化钠溶液浸出后形成浸出液，浸出液用净化剂净化后，可通过电沉积得到锌粉。碱性体系锌电积比酸性体系锌电积的分解电压要低 0.48V，所以碱性体系的锌沉积要比酸性体系的能耗低。碱性体系锌电积的最佳工艺条件如下：电流密度为 800～1000A/m²，NaOH 质量浓度为 180～200g/L，Zn 质量浓度为 30～40g/L，电解温度为 30～50℃，电流效率可达 99% 以上，电能耗为 2.38kW·h/kg。增大 Zn 质量浓度、适当控制温度、适当降低 NaOH 质量浓度和电流密度，可使电积晶核形成速度降低，颗粒变粗，便于清洗。与传统酸介质电解相比，碱介质电解的电能耗降低 30% 左右。

以含锌铅废物碱浸 - 电解工艺工业化应用为例，其生产的流程为：含锌废料经称量后，通过下料溜槽加入浸取釜，同时加入废电解液、洗渣水及氢氧化钠进行浸取，浸取釜用蒸汽蛇形管进行加热。浸出结束后，浸取液用矿浆泵输入框式压滤机固液分离。压滤后得到的浸取渣用锌粉洗水按比例清洗。压滤后的浸取液进入净化釜，加入分离剂进行净化。净化后的溶液经压滤机压滤后，送入陈化池陈化。净化渣直接出售给铅冶炼厂。陈化后的净化液送入电解槽进行电解。电解结束后，锌粉和废电解液由泵送入离心机进行固液分离。离心后的废电解液进入废电解液池，以备下次浸取用。而湿锌粉送入干燥器中真空烘干，再经过粉碎分级，按粒径大小包装，得到最终的金属锌粉产品。整个流程如图 9-22 和图 9-23 所示。

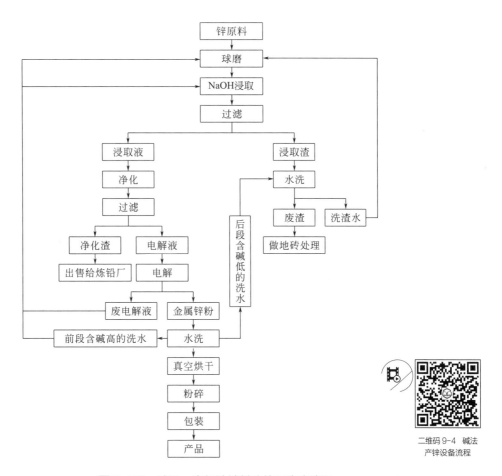

图 9-22 碱浸－电解法锌粉冶炼厂生产流程

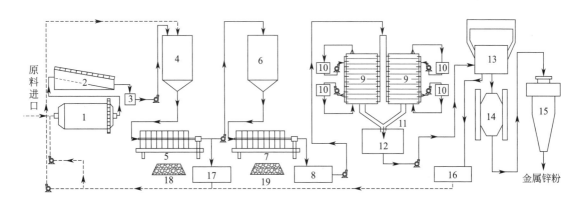

图 9-23 碱浸－电解法生产锌粉工业化应用项目设备连接图

1—球磨机；2—分级机；3—料浆贮槽；4—浸取釜；5—浸取压滤机；6—净化釜；7—净化压滤机；8—陈化池；

9—电解槽；10—电解液循环池；11—锌粉及电解液溜槽；12—锌粉清洗过滤机；13—离心机；14—干燥机；

15—气磨机；16—废电解液池；17—洗渣水池；18—浸取渣；19—净化渣

9.7　污泥厌氧消化

9.7.1　污泥厌氧消化的影响因素

（1）温度　温度不仅影响厌氧消化的速率，而且影响厌氧消化的程度。一方面，在一定温度范围内，温度越高，消化的过程越快，所用的时间就越少；另一方面，在一定温度范围内，温度越高，产气量越多，但当温度升到某一数值时，产气量反而越少。实践证明，低温消化效率太低，中温和高温消化效果较为理想。

（2）投配率　即每天投入的生污泥量占池内原有熟污泥量的比例。投配率的大小对池内污泥的酸碱度和消化速率都产生影响。投配率小，污泥消化迅速且充分，产气量高，消化经常维持在碱性阶段，但需加大消化体积。投配率大，消化速率减慢，造成有机酸积累，pH值下降，有可能抑制产甲烷菌生长，消化经常维持在酸性阶段，破坏正常的消化过程。实践证明，生活污水及水质相近的工业废水的污泥，投配率一般在 6%～12%。

（3）生熟污泥的混合程度　投入的生污泥与池内熟污泥的充分混合，可使得全池各部分的物料和工作条件均匀一致，这样既可保证消化池处于偏碱性条件下，又可缩短培养微生物的时间，加速消化过程，提高产气量。

（4）厌氧条件　产甲烷菌是厌氧微生物，所以要求消化池密闭、隔绝空气，保证厌氧菌的正常活动和消化池的安全运行。

（5）污泥的组成　污泥中有机物含量直接影响有机物降解的程度。有机物含量越高，有机物降解率也越高。当污泥中有机物含量为 60% 时，其有机物降解率为 45%。

（6）污泥含水率　降低污泥含水率可以降低运行成本，减少污泥加热时消耗的热量，同时提高产气率。

（7）有毒物质浓度　在厌氧消化中增加毒性物质将导致抑制作用而最终使消化池失效。但许多有毒物质在低浓度时能促进反应进行，只有在浓度增高时才起抑制作用。在持续和有毒物质接触后，还可能产生驯化。

9.7.2　消化池设计

消化池多为圆形，池盖上设有检修口、集气管等装置，池内有各种管道。生污泥一般从池体中部加入，以便和消化污泥混合，确保接种。消化污泥在静水压力下从底部定时排出。

计算消化池容积的方法有容积负荷法、污泥固体负荷法、水力停留时间（HRT）法、投配率法、美国土木工程协会法等。这些方法由于都是以经验为依据，因而计算出的池容积也有一定的差异，最后需根据经验进行核算。

消化池容积多采用生物固体停留时间（SRT）来确定。池容积最重要的影响因素是使微生物有足够的繁殖时间，使其能及时补充随污泥流失的微生物量，调整数量以适应有机负荷的变动。SRT 是指单位生物量在消化池中的平均停留时间，对于无回流的消化池，SRT 等于 HRT。实践表明，SRT 小于某临界值 SRT_c 时，污泥消化完全失败。通常，中温高速率消化池的 SRT>10d，为了稳定和易于控制，大多数控制在 15d 以上。一些国家设计的高速率消化池 SRT 的范围在 10～30d。在相同的条件下，停留时间短，可以减少投资和提高消化强度。目前应用 SRT 代替挥发性固体负荷作为消化池设计参数。

在进行厌氧消化反应器的设计时，需考虑诸如温度、停留时间、污泥接种、气体处理及运行操作等问题。一般采用 30℃ 左右的中温消化，消化池的容量一般以停留时间 15～20d 计算，通过搅拌使接种的产甲烷菌在池内得到均化。当利用气体发电时，消化气需进行脱硫。运行中主要的问题是漂浮物（泥渣）和沉淀物（砂）的去除，其他如安全措施、单元数量、工艺布置的灵活性及工艺控制等方面在设计时也应考虑。消化池的设计主要包括消化池的形式（顶、壁、底）、溢流装置、污泥接种、消化池混合、污泥加热、消化污泥浓缩及消化气处理等方面。

9.8 餐厨垃圾处理

餐厨垃圾是家庭、餐饮单位抛弃的剩饭菜以及厨房余物的通称，是人们在生活消费过程中形成的一种固体废物，是城市生活垃圾的重要组成部分。餐厨垃圾的来源包括家庭、饭店、宾馆及各企事业单位食堂。

餐厨垃圾的主要组成有菜蔬、果皮、果核、米面、肉食、骨头等，还有一定数量的废餐具、牙签及餐纸。各组成含量随地点、场所以及季节的变化有所不同。化学成分包括淀粉、纤维素、蛋白质、脂类和无机盐等，其中以淀粉和纤维素等有机组分为主。餐厨垃圾一般含总固体（TS）10%～20%，其组成见表 9-12。

表9-12 餐厨垃圾固体成分的组成

成分	含量（质量分数）/%	成分	含量（质量分数）/%
挥发性固体（VS）	85～92	P	0.1～0.5
灰分	8～15	K	1～2
C	40～45	Ca	0.5～2
N	1～3	Na	0.5～2

餐厨垃圾具有特定的物理、化学及生物特性。其含水率较高，在 85% 左右，且脱水性能较差，高温易腐并散发出难闻的异味，而且容易滋生蚊蝇、病菌，同时油腻腻、湿淋淋的外观对人和周围环境造成不良影响。其有机物含量高，具有较高的生物可降解性，这也为餐厨垃圾的转化利用提供了可行的途径。

二维码9-5 餐厨
垃圾资源化流程

过去餐厨垃圾一直作为畜禽养殖的饲料，并一直是通过市场渠道自行寻找出路的。但餐厨垃圾中除含有大量的细菌等病原微生物外，同时还不能满足安全饲料的要求，与某些动物疾病如口蹄疫等有直接或间接的联系，如果直接作为饲料，会形成污染链，对人体健康造成危害。为此，国家和地方已经发布一系列文件明确禁止未经无害化处理的餐厨垃圾喂养畜禽，其中的有机物必须经过降解转化。

二维码9-6 餐厨
垃圾交联聚合流程

餐厨垃圾作为一种废弃物，对其处理可采用多种方法。严格意义上讲，卫生填埋、焚烧以及生物转化等都可以作为处理餐厨垃圾的手段。餐厨垃圾有机物含量较高，常用的集中处理方法是生物转化法。生物转化是利用微生物的新陈代谢作用，实现垃圾的稳定化、无害化，同时进行资源的回收利用。目前，已经被应用到实际中的餐厨垃圾集中处理技术主要包括堆肥和厌氧发酵。

9.8.1 堆肥处理

餐厨垃圾有机物含量高，营养元素种类丰富，C/N 较低，是微生物的良好营养基质，含有大量的微生物菌种，非常适于作堆肥原料。堆肥过程应针对餐厨垃圾含水率高、脱水难、盐分高、pH 值低的特性进行调整，以利于堆肥过程正常进行。

（1）影响控制因素

① 接种微生物。餐厨垃圾有机物含量高，应加入适量的微生物以提高堆肥速率；通常可在堆肥原料中接种下水污泥，也可配以一定量专性工程菌或熟堆肥。

② 温度。温度是堆肥得以顺利进行的重要因素，直接影响微生物的生长。高温菌对有机物的降解效率高于中温菌。餐厨垃圾易结团，原料中可加入一定量的填充料（木屑、秸秆等），以利于氧的传输和传质作用。

③ 水分。餐厨垃圾含水率较高。一般认为，按质量计，50%～60% 的含水率最有利于微生物分解。含水率超过 70%，温度难以上升，有机物降解速率明显降低。水分过多，易造成厌氧状态，产生恶臭气体。餐厨垃圾在堆肥前须降低含水率到 60% 左右，一般用离心机脱水。

④ 碳氮磷比。一般认为，碳素含量高，氮素养料相对缺乏，细菌和其他微生物的发展受到限制，有机物的分解速率就慢，发酵过程就长，因此一般调整原料中的碳氮比在 25∶1 左右，碳磷比为（75～150）∶1。

⑤ 供氧。供氧不足会造成厌氧反应和发臭；通风量过高，又会影响发酵的堆温，降低发酵速率。实际生产中，可通过测定排气中氧的含量，确定发酵器内氧浓度和氧吸收率。排气中氧的适宜体积分数是 14%～17%。如果降到 10%，好氧发酵将会停止。如果以排气中 CO_2 的浓度为氧吸收率参数，CO_2 的体积分数要求为 3%～6%。

⑥ pH 值。一般微生物最适宜的 pH 是中性或弱碱性，pH 值太高或太低都会使堆肥处理遇到困难。餐厨垃圾的 pH 值偏低，可加入石灰调节，适量的石灰投加能刺激微生物的生长。

（2）餐厨垃圾堆肥化工艺　现代化堆肥生产按设备流程包括下述系统：进料供料设备、预处理设备、一次发酵设备、二次发酵设备、后处理设备及产品细加工设备等。下面简单介绍餐厨垃圾高温机械堆肥处理和高温好氧生物处理的工艺及流程。

① 餐厨垃圾高温机械堆肥工艺。餐厨垃圾高温机械堆肥工艺包括前处理、一次发酵、二次发酵和后处理等工序。餐厨垃圾进入场区后首先称重计量，取样测定含水率后进行脱水、配料处理，调节含水率到 50%～60%。水分调节后通过破碎机对餐厨垃圾中粗大物料进行破碎处理，再由装载机送入地面带有通风装置的一次发酵池内，强制通风 12～15d 后进行二次发酵。二次发酵产物可作为成品肥直接销售。为了提高堆肥产品的品质，可对堆肥产品进行精加工，制成精品堆肥销售。其堆肥工艺流程如图 9-24 所示。

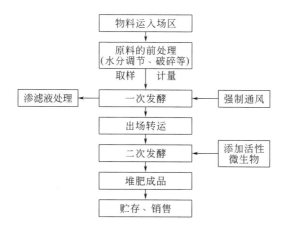

图 9-24　餐厨垃圾堆肥的工艺流程

② 餐厨垃圾高温好氧生物处理工艺。采用高度嗜热性微生物进行发酵，由于发酵温度高，有利于加快发酵过程。高温好氧生物处理工艺包括分拣、粉碎、溶浆、分离、一次发酵、二次发酵、干燥/沉淀和压制/蒸发等工序。采用闭环控制系统进行在线监测，严格控制各工艺参数，使发酵液中的有机垃圾成分最大限度地转化为有机肥料。该技术发酵所采用的菌种是混合菌团，能在 85℃的高温下很好地生长。发酵周期为 72h，实行二次发酵。若能够把氧气或空气以溶气的方式引入浆状体中，可明显提高氧气的利用率。

堆肥技术相对成熟，但餐厨垃圾堆肥处理也存在以下一些问题：餐厨垃圾含水率不均匀，因而前段水分调节是影响堆肥质量的关键；发酵时间应得到保证，根据情况可能需要二次发酵，因而需要后处理和贮存仓库；肥料销售渠道不畅，多数只能用于土壤改良；餐厨垃圾盐分含量过高，易造成土壤板结等。

9.8.2　厌氧发酵处理

餐厨垃圾日益增长的数量及环境安全影响已引起人们的普遍关注。从环境友好及废物资源化的角度，厌氧发酵技术是对其进行科学处理的较佳选择。此外，氢能是未来最具潜力的替代能源之一，随着厌氧生物产氢技术研究的深入，利用有机废物产氢、产甲烷，进行资源回收的理念已逐步成为世界各国的共识，积极对其展开研究探索，具有重要的技术理论发展意义。

根据餐厨垃圾富含碳水化合物的特点，将颗粒污泥作为外源混合菌群引入餐厨垃圾的厌氧消化产氢工艺中，利用水解酸化过程产生的大量挥发性脂肪酸（VFA）抑制产甲烷菌的活性，富集到厌氧消化中间产物氢气。餐厨垃圾在颗粒污泥的作用下，水解酸化产生的 VFA 对产甲烷菌有明显的抑制作用。图 9-25 是餐厨垃圾产氢产甲烷发酵工艺流程。颗粒污泥 VS 含量为 19.09g/L，餐厨垃圾 VS 含量为 20.75g/L 时，氢气产率仅为 1.87mL/g，生物气体中甲烷浓度（体积分数）可达 63.67%。随着餐厨垃圾含量的上升，水解酸化产生的 VFA 浓度不断增大，当餐厨垃圾 VS 含量上升至 103.8g/L 时，氢气产率增至 42.61mL/g，氢气浓度峰值可达 60.3%，甲烷浓度最高仅为 6.32%。单因素试验的最优配比为餐厨垃圾 VS 含量 103.8g/L、颗粒污泥 VS 含量 15.34g/L，此时氢气理论产率可达 67.24mL/g。

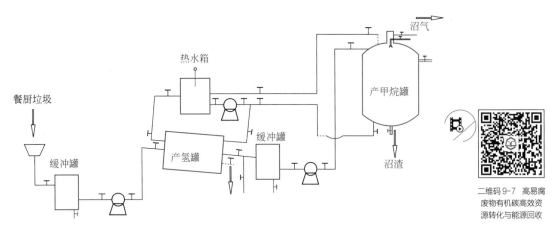

图 9-25　餐厨垃圾产氢产甲烷发酵工艺流程

二维码 9-7　高易腐废物有机碳高效资源转化与能源回收

以满意度函数为工具，当餐厨垃圾 VS 含量、颗粒污泥 VS 含量分别为 93.84g/L、20.25g/L 时，满意度函数取值最高。满意度函数法可以在满足氢气产率最高（70.87mL/g）、丙酸浓度最低（714.34mg/L）、丁酸浓度最高（9703.68mg/L）的同时，使餐厨垃圾厌氧消化产氢的氢气产率从 67.24mL/g 提升至 70.87mL/g，使该工艺能更好地满足后续甲烷化过程的需要。

从整个加热时间段（0～60min）来分析，总固体（TS）浓度为 10%、15%、20% 的餐厨垃圾中溶解性 COD（SCOD）的增幅为 62.09%、65.75%、67.84%。总有机碳（TOC）随热水解时间的变化趋势与 SCOD 相似，TOC 浓度随热水解时间延长而增加。热水解 60min 时，TOC 浓度分别为 32.542g/L、46.549g/L 和 55.548g/L。高温热水解可明显提高餐厨垃圾厌氧消化产氢的能力。TS 含量为 20% 的餐厨垃圾在 120℃条件下热水解 60min 后，比未进行高温热水解的餐厨垃圾氢气产率增加 17.2%。

对产氢残余物甲烷化过程影响显著的因素依次为产氢残余物含量、接种物/残余物的比例、钙离子浓度这三个因素，初始 pH 值（6～7.5）对甲烷产率没有明显作用。提高接种物/残余物的比例可以明显地提高甲烷产率，当比例超过 3∶1 时将导致养分的缺乏而出现产气率下降的现象。对模型进行积分计算得到最佳的试验组合条件如下：产氢残余物（以 VS 计）含量为 7.77g/L，接种物/残余物的比例为 2.81∶1，钙离子浓度为 380.82mg/L，此时最高产气（CH_4）率可达 565.76mL/g。验证试验得到餐厨垃圾产氢出料的最终甲烷潜值（M_μ）和产气速率常数（k）分别为 705.43mL/g 和 0.2518d^{-1}。

在稳定运行条件下，两相厌氧消化产氢产甲烷的最佳工艺如下：水解酸化相有机（以 VS 计）负荷率（底物停留时间）为 22.65kg/（m^3·d）（160h）、甲烷相有机（以 VS 计）负荷率（底物停留时间）为 4.61kg/（m^3·d）（26.67d）。1t 餐厨垃圾（VS 浓度 15.12%）在水解酸化相可以产出 32.80m^3 生物气体，其中氢气浓度均值可达 30%；在甲烷发酵过程中可以产出 99.54m^3 沼气，其中甲烷浓度可达 67.50%。

温度对蚯蚓处置沼渣的消化速率影响最为显著，其次是沼渣水分。在 25℃的环境中，蚯蚓对沼渣的消化速率最高达到 0.84g/（g·d），每条蚯蚓每天可消化其自身质量 84% 左右的沼渣（含水率 70%）。蚯蚓处置沼渣时，蚯蚓自身的生物量日增长率最高可达到 1.043%，倍增时间约为 67d。在 20℃、沼渣含水率 70%、碳氮比 15∶1 的条件下，1t 蚯蚓每日可消化 780kg 沼渣、产生 513kg 蚓粪、增重 7kg（不考虑蚯蚓繁殖）。

目前，水热反应、酸碱处理、餐厨垃圾与污泥及人畜粪便等混合的预处理方法都在研发和应用之中。厌氧发酵技术处理有机垃圾还存在一系列设备和工艺难题，特别是启动困难、管道堵塞、产气率偏低等。

餐厨垃圾有机物含量高，经过厌氧生物处理能回收大量甲烷气，实现能源回收，具有较大的经济价值。厌氧处理时，对水分的要求不如好氧条件严格，反应温度的保持可通过回收能量的全部或部分维持，能实现能量的平衡。厌氧微生物对 N、P 等营养元素的要求比好氧微生物低，减少附加费用。发酵沼渣、沼液可作为良好的有机肥，经过适当处理后可成为动物饲料。

餐厨垃圾的厌氧发酵，也存在以下一些难点和缺陷：厌氧微生物的启动慢，发酵周期长；餐厨垃圾固体含量高，流动性差，连续进料困难，影响厌氧微生物的接种等；餐厨垃圾 pH 值较低，含盐量高，易发生酸中毒，抑制微生物的正常生长；厌氧处理设备复杂，一次性投资较高。

餐厨垃圾的厌氧发酵包括脱水和破碎等前处理过程、厌氧发酵、渗滤液处理、气体净化及贮存等环节。垃圾经破碎分选后，有机组分与反应器回流液混合，调成浆状。在中温（35～40℃）或高温（55～60℃）下连续消化 17～25d 出料，压缩后进一步加工成肥料出售；渗滤液部分回流，用于调节进料浓度，并起一定的接种作用，多余的渗滤液处理后排放；产生的沼气一部分压缩后回流，起搅拌作用，另一部分输出利用。该工艺最主要的特征是：用压缩沼气进行搅拌，避免了机械搅拌的泄漏、机械磨损、消耗动力高等缺点。

9.9　建筑废物资源化利用

9.9.1　建筑废物再生骨料概述及性能指标

再生骨料，由一般建筑废物中的混凝土、砂浆、石块或砖瓦等经过分选、破碎等工艺加工而成，是用于后续再生利用的颗粒。再生骨料制备是建筑废物再生利用的第一步，再生骨料可用于生产再生骨料混凝土、再生骨料砂浆、再生骨料砌块和再生骨料砖等。在我国，再生骨料主要用于取代天然骨料配制普通混凝土或普通砂浆，或者作为原材料用于生产非烧结砌块或非烧结砖。根据粒径的大小，再生骨料分为再生粗骨料、再生细骨料和再生微粉；其中，再生粗骨料粒径大于 4.75mm，再生细骨料粒径在 0.16～4.75mm，再生微粉粒径小于 0.16mm。配制混凝土和砂浆时，再生粗骨料可用于取代天然粗骨料，再生细骨料用于取代天然细骨料或天然砂。

（1）再生粗骨料和再生细骨料共有的性能指标

① 颗粒级配。颗粒级配又称（粒度）级配，是指由不同粒度的颗粒组成的散状物料中各级粒度所占的比例，常以占总量的百分数来表示。由不间断的各级粒度所组成的级配称为连续粒级或连续级配；只由某几级粒度所组成的称单粒级或间断级配。混凝土用再生粗骨料按粒径尺寸分为连续粒级和单粒级，连续粒级分为 5～16mm、5～20mm、5～25mm 和 5～31.5mm 四种规格，单粒级分为 5～10mm、10～20mm 和 16～31.5mm 三种规格。混凝土用再生粗骨料要求详见表 9-13；混凝土和砂浆用再生细骨料要求详见表 9-14，再生

细骨料按 600μm 孔筛的累计筛余（%）分成三个级配区。

表9-13 混凝土用再生粗骨料颗粒级配

直径 /mm		累计筛余 /%							
		方孔筛筛孔边长							
		2.36mm	4.75mm	9.5mm	16.0mm	19.0mm	26.5mm	31.5mm	37.5mm
连续粒级	5～16	95～100	85～100	30～60	0～10	0			
	5～20	95～100	90～100	40～80	—	0～10	0		
	5～25	95～100	90～100	—	30～70	—	0～5	0	
	5～31.5	95～100	90～100	70～90	—	15～45	—	0～5	0
单粒级	5～10	95～100	80～100	0～15	0				
	10～20		95～100	85～100		0～15	0		
	16～31.5		95～100		85～100			0～10	0

表9-14 混凝土和砂浆用再生细骨料颗粒级配

方孔筛筛孔边长	累计筛余 /%		
	1 级配区	2 级配区	3 级配区
9.50mm	0	0	0
4.75mm	10～0	10～0	10～0
2.36mm	35～5	25～0	15～0
1.18mm	65～35	50～10	25～0
600μm	85～71	70～41	40～16
300μm	95～80	92～70	85～55
150μm	100～85	100～80	100～75

注：再生细骨料的实际颗粒级配与表中所列数字相比，除4.75mm和600μm筛档外，可以略有超出，但超出总量应小于5%。

②微粉和泥块含量。微粉含量指再生骨料中粒径小于 75 μm 的颗粒含量。再生粗骨料中泥块含量指原粒径大于 4.75mm，经水浸洗、手捏后变成粒径小于 2.36mm 的颗粒占再生骨料的质量百分比；再生细骨料中泥块含量指原粒径大于 1.18mm，经水浸洗、手捏后变成粒径小于 600μm 的颗粒占再生骨料的质量百分比。

③压碎指标和坚固性。压碎指标反映再生骨料抵抗压碎的能力。坚固性指：再生骨料在自然风化和其他物理化学因素作用下抵抗破裂的能力（再生粗骨料）；采用硫酸钠溶液法进行试验，再生骨料经 5 次循环后的质量损失率（再生细骨料）。

④表观密度和空隙率。表观密度指再生骨料颗粒单位体积（包括内封闭孔隙）的质量。空隙率指散状颗粒材料空隙体积在堆积体积中占的比例。

⑤有害物质含量。再生粗骨料中有害物质指的是有机物、硫化物、硫酸盐和氯化物，硫化物及硫酸盐换算成 SO_3，氯化物以氯离子计。再生细骨料中有害物质指云母、轻物质、有机物、硫化物、硫酸盐和氯化物。

⑥碱骨料反应。碱骨料反应，指再生骨料中某些活性矿物与微孔中的碱溶液发生的化学反应，主要包括碱 - 氧化硅反应、碱 - 碳酸盐反应、碱 - 硅酸反应三种。经碱骨料反应试验后，由再生骨料制备的试件无裂缝、酥裂或胶体外溢等现象，膨胀率应小于0.10%。

（2）再生粗骨料特有的性能指标

① 针、片状颗粒含量。再生粗骨料的长度大于该颗粒所属相应粒级的平均粒径 2.4 倍者为针状颗粒；厚度小于平均粒径 0.4 倍者为片状颗粒（平均粒径指该粒级上、下限粒径的平均值）。此类针、片状颗粒占再生粗骨料的质量百分比为针、片状颗粒含量。

② 吸水率。再生粗骨料饱和面干状态时所含水的质量占绝干状态质量的百分数。

③ 杂物质含量。杂物质含量指再生粗骨料中除混凝土、砂浆、砖瓦和石块之外的其他物质占再生骨料的质量百分比。

（3）再生细骨料特有的性能指标

① 细度模数。细度模数（M_x）是衡量再生细骨料粗细程度的指标。其测试方法参见《建设用砂》（GB/T 14684—2022）第 7.3 条，计算公式如下：

$$M_x = \frac{(A_2 + A_3 + A_4 + A_5 + A_6) - 5A_1}{100 - A_1}$$

式中　　　　　　　　　M_x——细度模数；

A_1、A_2、A_3、A_4、A_5、A_6——4.75mm、2.36mm、1.18mm、600μm、300μm、150μm 筛的累计筛余百分率，%。

再生细骨料按细度模数分为粗、中、细三种规格，其细度模数 M_x 分别为：粗细骨料 M_x=3.7～3.1、中细骨料 M_x=3.0～2.3 和细细骨料 M_x=2.2～1.6。级配良好的粗细骨料应落在 1 级配区，级配良好的中细骨料应落在 2 级配区，细细骨料则落在 3 级配区。

② 堆积密度。堆积密度指把细骨料自由填充于某一容器中，在刚填充完成后所测得的单位体积质量。

③ 再生胶砂需水量比和强度比。再生胶砂，指用再生细骨料、水泥和水制备的砂浆。再生胶砂需水量比指流动度为 130mm±5mm 的再生胶砂用水量与此条件下基准胶砂（用标准砂、水泥和水制备的砂浆）的需水量之比。

9.9.2　建筑废物再生骨料制备技术及设备

（1）再生骨料制备工艺技术流程概述　再生骨料的生产过程包括预处理、破碎和筛分等工艺环节。

① 预处理。预处理的目的是完成对建筑废物的初级破碎（一级破碎）和杂物的人工分拣。预处理阶段，建筑废物初级破碎一般采用颚式破碎机，主要是将大块的建筑废物破碎至块径 400mm 以下，便于后续破碎处置和混凝土块中钢筋和骨料的分离。经过初破后，未经源头分类的建筑废物需进入人工分拣平台（已进行源头分类的建筑废物可以省去人工分拣环节）。人工分拣主要是分拣建筑废物中较大的钢筋、布条、塑料、编织物等。未经源头分类的建筑废物成分较为复杂，人工分拣程序保证了大块杂物的去除，同时可使后续的处置过程更高效，物料更纯净。预处理工艺具体见图 9-26。

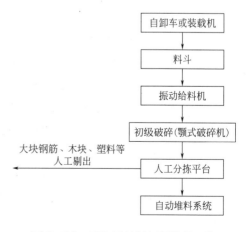

图 9-26　再生骨料制备预处理工艺

② 破碎和筛分。破碎和筛分，是生产建筑废物再生骨料的主要环节，是对建筑废物进行的细碎和进一步杂质分离。二级破碎设备一般采用反击式破碎机。物料经反击式破碎机二级破碎后首先进入去泥筛去除 1mm 以下的泥粉，并经电磁除铁器再次去除残留的钢筋、铁块等金属物质，再经风力分拣机去除物料中木屑、塑料等轻物质。经过分拣去除杂质的物料，经分级筛分出不同规格的再生骨料，粒径大于 31.5mm 的物料返回二级破碎再次破碎。具体工艺见图 9-27。

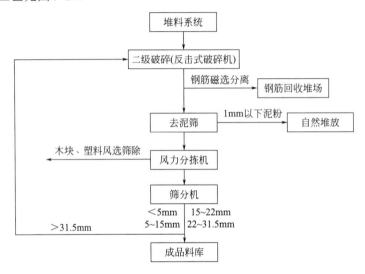

图 9-27 再生骨料制备破碎和筛分工艺

（2）砂石骨料生产工艺 砂石骨料生产工艺包括单段砂石骨料生产工艺、多级砂石骨料生产工艺、机制砂生产线生产工艺、固定式生产线生产工艺、移动式生产线生产工艺。影响砂石生产线工艺设备选型的因素有物料的易碎性、物料的给料粒径、成品料的出料粒径、生产现场的地域局限性、生产成品的粒型要求。

以二级破碎砂石生产线为例，其工艺流程包括转运，给料、破碎，轻物质分离，筛分，建筑废物破碎，破碎后物料筛分，钢筋处置，骨料洁净处理，等等。

（3）制砂生产工艺 制砂生产线可分为干法制砂和湿法制砂两种工艺。干法制砂的出现晚于湿法，是在传统湿法制砂生产线的基础上进一步推出的。干法制砂生产线包含以下设备：料斗、振动给料机、皮带输送机、冲击式制砂机、SZZ 型自定中心振动筛、提升机、高效选粉机、料仓组等。干法制砂生产线具有以下优点：减少湿法生产线中水的消耗；去除砂中的泥粉，达到建筑用砂的标准；在去除泥粉的同时留下适量的石粉，以增强人工砂在混凝土中的优点。湿法人工生产砂石料工艺历史比较长，适用于南方多雨、水资源丰富的地区。湿法人工生产砂石料具有以下优点：生产出来的骨料、砂表面清洁，观感好，品质较好；采用大量水冲洗，生产环境没有粉尘污染。

（4）再生骨料的破碎设备及其配置 表 9-15 为通用的主要设备配置方案。皮带输送机、除尘设备、降噪设备可根据地理位置、环保要求、投资规模分别进行设计、制造、采购。

表9-15 再生骨料破碎通用的主要设备配置方案

序号	设备名称	30 万吨 / 年	50 万吨 / 年	100 万吨 / 年
1	振动给料机	GZG803	ZSW380×95 Ⅱ	ZSW490×110 Ⅱ
2	颚式破碎机	PE500×750	PE600×900	PE750×1060
3	反击式破碎机	PFY1210	PFY1214	PFY1315
4	圆振动筛	3YK1854	3YK2160	3YK2460
5	风道风选机	DBF-40	DBF-60	DBF-80

设备辅件主要包括电机、润滑冷却系统、支撑结构、控制系统、安全系统、耐磨件、空气炮系统等。

9.9.3 建筑废物再生骨料后续利用技术

（1）再生骨料混凝土　再生骨料混凝土（再生混凝土），指将废弃的混凝土块破碎后清洗分级制作骨料，部分或全部代替天然骨料（砂、石），按一定配合比配制成的混凝土。目前，再生骨料混凝土制备工艺大都是将切割破碎设备、传送机械、筛分设备和清除杂质设备有机结合，完成破碎、去杂、分级等工序。由于再生骨料各方面的性能不同于天然骨料，根据再生骨料的特点，对再生混凝土的配合比设计进行专门研究，是合理有效地推广再生混凝土制备工艺的关键。

（2）再生骨料砂浆　粒径尺寸介于 0.08～4.75mm 之间的再生骨料称为再生砂，主要包括砂浆体破碎后形成的表面附着水泥浆的砂粒、表面无水泥浆的砂粒、水泥石颗粒及少量破碎石块。建筑废物再生骨料可制备干粉砌筑砂浆、干粉抹灰砂浆、干粉地面砂浆。砌筑砂浆是指将砖、石、砌块等块材等黏结成为砌体的砂浆。抹灰砂浆是涂抹在建筑物和构件表面以及基底材料的表面，同时具有保护基层和满足使用要求作用的砂浆。地面砂浆是在建筑物的室内外地面涂抹的，硬化后具有一定特性的砂浆。再生骨料生产砂浆工艺流程如图 9-28 所示。

（3）再生骨料砌块　再生骨料砌块的生产，以破碎分拣区生产的再生骨料为原料，主要产品为再生砌块、再生砖、道路砖、透水砖等墙体材料、路面材料等。再生骨料砌块生产设计主线，可采用 1 台 1m³ 卧式双轴搅拌机，并配有 1 个 100t 水泥筒仓，组成搅拌、供料系统，用来制备生产混凝土料。再生骨料、水泥、水等物料经搅拌机搅拌后，通过胶带输送机送入生产车间的成型机。采用全自动生产线，从原料加料到二次布料、压制振动成型、产品输送、升板机均为自动化控制。再生制品在特定的车间进行太阳能养护（电加热补充），养护时间为 10h 左右。完成养护后的制品进降板机，通过输送机、码垛机码垛，并用尼龙带进行捆扎包装，由叉车运至成品堆场叠码堆放。

（4）再生建材墙材　再生建材墙材主要包括生态墙板和高效自保温墙体材料。生态墙板制造工艺技术路线为：胶凝材料、再生骨料、改性材料、添加剂—搅拌混合—输送—挤压成型—切割—打包—蒸汽养护—入库。高效自保温墙体材料主要包括复合保温砌块、轻质砂加气混凝土砌块、加气混凝土板、页岩模数多孔砖等。

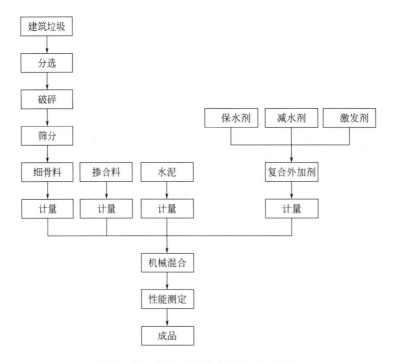

图 9-28 再生骨料生产砂浆工艺流程

9.9.4 建筑废物高值化利用

建筑废物由于含有的砖、瓦、土、砂浆较多，难以生产高质量的建筑材料。但是 Si、Ca 元素在建筑废物中的含量较高，将建筑废物用于生产再生胶凝材料或再生骨料是较好的高阶资源化利用方式。为推动建筑废物深加工向再生细砂和再生微粉方向发展，联合粉磨系统可提供装备技术保障。此外，建筑废物层压再生技术开创了再生砂和再生粉体一体化生产的先河（传统砂石破碎线没有粉体回收、生产功能），可大幅度提高建筑废物再生材料附加值。建筑废物层压再生选择性破碎，特别适于破碎混杂建筑废物，脆性物料废砖、废混凝土等被压碎，韧性物料木块、织物等被压扁，有利于杂物分离滚筒筛分机进行分离。

此外，再生微粉可进一步粉碎至纳米或微米级超细粉末。这种超细粉末可用于生产高性能水性涂料，或用于有机废水的高级催化氧化处理。

9.10　医疗废物收集、贮运和处置

9.10.1 医疗废物收集、贮存和运输

医疗废物的贮存按贮存地点分为医疗废物产生单位的暂时贮存和处置单位的暂时贮存。医疗废物的产生单位应对医疗废物进行暂时贮存。设有住院病床的医疗卫生机构应建

立专门的医疗废物暂时贮存库房。不设住院病床的医疗卫生机构，如门诊部、诊所、医疗教学和科研机构，当难以设置独立的医疗废物暂时贮存库房时，应设立专门的医疗废物专用暂时贮存柜（箱）。对于医疗废物暂存库房、贮存柜（箱），应设有明显的警示标识，必须与生活垃圾存放地及人员活动密集区域分开，同时应避免无关人员接触，并做到每日消毒。医疗废物暂存设施应尽量做到日产日清，如实在无法做到日产日清，则应将医疗废物进行低温贮存，最长不超过48h。

医疗废物的运输过程由医疗废物集中处置单位负责。医疗废物的运输主要是通过陆地车辆运输的方式，驾驶室应与货箱完全隔开，以保证驾驶人员的安全，同时，车厢容积、车厢内部尺寸设计、车厢内部材料，车厢气密性能、隔热性能、防渗和排出性能、货物固定装置及车厢颜色都必须符合具体规定。医疗废物转运车辆可装载GPS实时定位监控系统，确保医疗废物收运全过程的安全、可控。通过GPS监控平台，形成"医院源头—中途运输过程—焚烧处置点（装卸作业）"的动态化监控；收运驾驶员均配备对讲机，确保收运的高效率；通过开发运输管理系统等信息化工具，确保收运系统管理的科学高效。

同时，医疗废物处置单位必须设置医疗废物运送车辆清洗场所和污水收集消毒处理设施。医疗废物运送专用车每次运送完毕，应在处置单位内对车厢内壁进行消毒，喷洒消毒液后密封至少30min。医疗废物运送的重复使用周转箱，每次运送完毕应在医疗卫生机构或医疗废物处置单位内进行消毒、清洗。医疗废物运输作业应满足标准化、规范化、信息化的要求。医疗废物运输作业人员应凭危险废物运输驾驶员/押运员资格证上岗，规范出车。

医疗废物运输过程中需要用到专用包装袋和周转箱。包装袋在正常使用的情况下，不应出现渗漏、破裂和穿孔；采用高温热处置技术处置医疗废物时，包装袋不应使用聚氯乙烯材料。包装袋容积大小应适中，便于操作，配合周转箱（桶）运输。医疗废物包装袋的颜色为淡黄，表面基本平整，无褶皱、污迹和杂质，无划痕、气泡、缩孔、针孔以及其他缺陷。医疗废物周转箱尺寸要适当，如长度600mm、宽度500mm、高度300mm/400mm。在实际的医疗废物运输过程中，根据医疗废物的来源及运输车型采用不同尺寸的周转箱。医疗废物包装袋及周转箱应印有明显的医疗废物警示标识，形式为直角菱形，警告语应与警示标识组合使用。

对于有住院病床的医疗卫生机构，处置单位必须每天派车上门收集，做到日产日清；对于无住院病床的医疗卫生机构，如门诊部、诊所，医疗废物处置单位至少2天收集一次医疗废物。

运送路线尽量避开人口密集区域和交通拥堵道路，路线规划根据处理中心地理位置、服务的区域范围、医疗卫生单位地理位置分布、各医疗卫生单位规模及医疗废物产生量、运输时间分配、交通路线、路况等综合考虑。

为了加强对危险废物（医疗废物）转移运输的有效监督，对危险废物（医疗废物）实施转移联单制度。转移联单制度，又称为废物流向报告单制度，是指在进行废物转移时，其转移者、运输者和接受者，不论各个环节涉及者数量多寡，均应按国家规定的统一格式、条件和要求，对交接、运输的废物如实进行报告单的填报登记，并按程序和期限向有关生态环境部门报告。其目的是控制废物流向，掌握废物的动态变化，监督转移活动，控制危险废物（医疗废物）污染的扩散。危险废物（医疗废物）转移联单管理办法流程如图9-29所示。

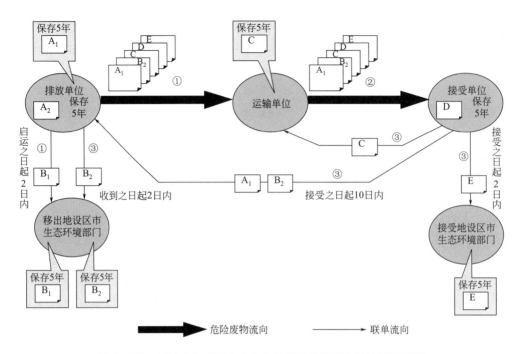

图 9-29 危险废物（医疗废物）转移联单管理办法流程示意图

"危险废物转移联单"（医疗废物专用）一式两份，每月一张，由处置单位医疗废物运送人员和医疗卫生机构医疗废物管理人员交接时共同填写。医疗废物集中处置单位在医疗废物接收过程中，应配置计量系统，计量系统具有称重、记录、传输、打印与数据处理功能。在上海，为实现医疗废物接收过程的信息化，医疗废物处置单位采用 RFID（射频识别）相关设备对医疗废物接收全过程进行信息化记录，包括员工工号、出车号、医疗机构名称、医疗废物量等信息。

9.10.2 医疗废物处置技术

目前医疗废物的处置技术包括焚烧技术与非焚烧技术。其中，焚烧技术属末端处置技术，主要包含回转窑焚烧、等离子体焚烧、热解气化、机械炉排炉焚烧等主流处置技术。非焚烧技术中，在国内应用最多的微波消毒、高温蒸煮、化学消毒法等均属于预处理技术，在处理后仍需按照生活垃圾运用末端处置技术对医疗废物进行处置，如与生活垃圾协同焚烧；等离子体气化技术也属于非焚烧技术，在国内应用较少，该技术属末端处置。

在处理医疗废物的非焚烧技术中，高温蒸汽灭菌技术、微波消毒技术和化学消毒技术应用较多。高温蒸汽灭菌技术是在密封的高压灭菌器中通入 130～190℃的蒸汽，使内部产生 100～500kPa 的压强，具体值取决于设备的尺寸和类型，以及废物的组成和湿度。废物在高压灭菌器中停留 30～90min，得到充分穿透，确保病原有机体被破坏。新一代高温蒸汽灭菌技术中加入了浸渍或研磨工序，确保蒸汽更好地穿透废物，能取得较好的处理效果。该技术适宜处理感染性强的医疗废物，如微生物培养基、敷料、工作服、注射器等。不宜处理病理性废物，如人体组织和动物尸体，对药物和化学性废物的处理效率也不高。影响高温蒸汽灭菌法处理医疗废物的主要因素有高压灭菌器的温度和压力，进料废物的尺寸和组成，废物对蒸汽的耐受力，进料废物的包装以及高压灭菌器中废物的进料方向。

在电磁光谱中，微波的频率介于无线电波和红外线之间。当使用微波处理医疗废物时，可以促进废物的预破碎并使之变湿，从而产生热（温度可达 95℃ 或更高）并释放蒸汽，由此产生的热能可以有效地处理医疗废物。该工艺使用经微波预热的蒸汽，在频率 2450MHz 和波长 12.24cm 的波的作用下，大多数微生物都被杀死。处理前，废物最好经过破碎成为粒状。废物投入进料口后，接着被产生的蒸汽润湿，而后混有热蒸汽的 110℃ 烟气通过系统的过滤器去除。废物进入设备的收集室中停留 20～30min。工艺时间和温度应由自动化的仪器监控，系统自动提醒下一次进料时间。微波消毒适宜处理大部分湿性或富含水分的感染性医疗废物，不包括有毒害细胞作用的、危险性的或有放射性的废物。不适宜处理病理性废物（如人体组织和受污染的动物尸体等）和较大的金属废物。影响微波辐射处理医疗废物的主要因素包括辐射的频率和波长、暴露时间、废物的破碎程度和水分、工艺温度以及处理过程中废物的混合程度。

化学消毒技术适宜处理医疗机构产生的一些液态废物如人血、体液、粪便、尿等，特别是在发生传染病流行的情况下，处理传染病人的体液、排泄物等比较有效；不适宜处理病理性废物。对固体医疗废物进行消毒处理时，须先将待消毒的废物破碎。

目前，国内外处理处置医疗废物应用最为广泛的方法仍然是焚烧技术。医疗废物经过 850℃ 以上的高温焚烧可以达到较彻底的消毒灭菌并去除绝大部分的污染物，可实现大幅度的减容。医疗废物较生活垃圾具有较高的热值，适于焚烧，因而该技术颇受青睐。医疗废物焚烧系统与一般生活垃圾焚烧系统基本相同，只是针对医疗废物的传染性及其他危害性在原有基础上采取了相关措施，最主要的区别突出体现在进料系统的要求、焚烧炉的焚烧控制要求、烟气净化装置以及残渣处理系统上。一套较为完整的医疗废物焚烧处置系统应包括进料系统、焚烧炉、燃烧空气系统、启动点火与辅助燃烧系统、烟气净化系统、残渣处理系统、自动监控系统及应急系统。医疗废物焚烧产生的残渣包括炉渣与飞灰，均属危险废物，经处理后的残渣应送至危险废物安全填埋场进行处置。

医疗废物的处理必须确保在处理过程中无泄漏、焚烧彻底、净化达标、无二次污染等。基本处理原理如图 9-30 所示。实际设计时可以按照其思路，再进行设备和附件的配置。

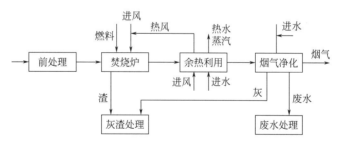

图 9-30 典型医疗废物处理系统原理图

医疗废物的焚烧处理与普通垃圾的焚烧处理有明显的不同，其目的主要为通过焚烧，最大限度地降解和去除医疗废物中的有毒有害物质及病原微生物，以实现排放物质中无任何污染性的目标。其次是通过焚烧反应减少医疗废物的容积、体积或数量。最后是充分利用焚烧过程中的热能资源。医疗废物的焚烧过程不应该将经济效益和热能利用效益作为主要考核指标。医疗废物焚烧炉渣和飞灰仍然是危险废物，必须按照危险废物进行处理。大规模焚烧厂，热量可以发电，或为周边用户供热。

最常用的焚烧炉是回转窑。医疗废物含有大量玻璃等，在窑头进料，热值高、温度高，随着焚烧的进行，可燃物含量逐渐减少，热值逐渐降低，温度下降，熔渣在窑尾结块很难排出。为此，应改进传统回转窑运行方法。可采用回转窑正转（顺时针旋转）、反转（逆时针旋转）、摇摆（回转窑先正转一定角度，然后再反转相同角度）完成一个周期，提高窑尾温度至熔点以上（1300℃左右），依靠回转窑摇摆，将窑尾各处大块熔渣熔化至流态，连续流入底部出渣口，达到清除熔渣的目的，彻底解决了熔渣堵塞出渣口问题，正常连续运行时间延长了2～3倍，所有参数明显优于传统回转窑技术。

焚烧过程中投加适量硫化钠和尿素，可显著抑制二噁英形成，但须严格控制硫化钠添加量，避免多余 SO_2 产生。在精准取样分析基础上，可采取调整医疗废物、病死畜禽动物、化工有机危废配比的方法，使废物达到一定含硫量，抑制二噁英的生成。在控制烟气中 SO_2 浓度为 $1000mg/m^3$，且投加含尿素还原剂条件下，二噁英浓度降低50%。投加活性炭（100～150mg/m³），利用脉冲喷射加单布袋除尘器，烟气中二噁英去除效率达99%，符合欧盟 $0.1ng/m^3$[以毒性当量（TEQ）计] 排放限值，同时颗粒物浓度小于 $10mg/m^3$。通过活性炭脉冲喷射加双布袋除尘器，活性炭消耗量可降至 $40mg/m^3$，二噁英去除效率达99%以上。

二维码 9-8 医疗废物和病死动物安全储运智能焚烧脱毒

本章主要内容

固体废物种类繁多，不同废物可选择的处理技术很多，而各种技术的差异很大。本章详细描述了几种典型固体废物的资源化处理工艺，包括废橡胶、废汽车、电子废物、废塑料、废电池、碱溶性金属废物、城市污泥、餐厨垃圾、建筑废物、医疗废物等处理工艺过程及相关设备、优缺点、影响因素等。这些技术，涉及收集转运、破碎、分选、剥离，材料回收、再生、再用，酸碱浸取和净化电解、厌氧发酵或好氧堆肥、焚烧，等等。处理对象与处理技术的交叉耦合，是固体废物处理与资源化工艺选择和工程设计实施的特色。在工艺选择和工程设计时，需要结合处理对象特性，对各种处理技术进行认真比选和论证，以获得最优解。

✏ 习题与思考题

1. 对比废橡胶回收处理各种方法的优缺点。

2. 简述废汽车再生利用的主要工艺。

3. 设计电子废物再生利用处理工艺，回收其中的金属铜。

4. 简述废塑料回收利用及处理技术。

5. 简述各种废电池的回收利用技术，以及废电池的管理。

6. 论述干电池的无害化处理和资源化利用工艺方法。

7. 描述碱溶性金属废物的碱介质湿法冶金流程和主要工艺参数。

8. 污泥厌氧发酵，存在哪些工艺和技术难点？如何克服？

9. 餐厨垃圾厌氧发酵产氢产甲烷过程，还存在哪些工艺难题？主要工艺参数是什么？

10. 描述建筑废物高值化利用的原理和工艺。

11. 描述医疗废物全过程收运、贮存、无害化处理的基本流程和工艺。

参考文献

[1] 李国鼎. 环境工程手册：固体废物污染防治卷[M]. 北京：高等教育出版社，2003.

[2] 芈振明，高忠爱，祁梦兰，等. 固体废物管理与处理处置[M]. 北京：高等教育出版社，1993.

[3] 庄伟强. 固体废物处理与利用[M]. 北京：化学工业出版社，2002.

[4] GEORGE T，HILARY T，SAMUEL V. Integrated Solid Waste Management：Engineering Principles and Management Issues[M]. 影印版. 北京：清华大学出版社，2000.

[5] 陆鲁，郭辉东. 大型垃圾集装化转运系统中转站主体工艺优化分析[J]. 环境卫生工程，2007，15（5）：23-26.

[6] 冯颖俊，李云. 中国城市生活垃圾分类收集的研究[J]. 污染防治技术，2009，22（5）：75-77.

[7] 杨玉楠，熊运实，杨军，等. 固体废物的处理处置工程与管理[M]. 北京：科学出版社，2004.

[8] 李金惠. 危险废物管理与处理处置技术[M]. 北京：化学工业出版社，2003.

[9] 杨佳珊. 垃圾焚烧炉烟气处理方法介绍和比较[J]. 中国电力，2001，34（8）：54-56.

[10] 王平梅. 高效率的废弃物发电[J]. 余热锅炉，1998（1）：23-26.

[11] 叶传泽. 上海第一座垃圾焚烧厂：浦东新区生活垃圾焚烧厂处理工艺[J]. 上海建设科技，1999（3）：29-31.

[12] 祝建中，蔡明招，陈烈强，等. 城市垃圾焚烧炉内残渣性质及结渣形成[J]. 城市环境与城市生态，2002，15（2）：46-48.

[13] 孙燕. 几种垃圾焚烧炉及炉排的介绍[J]. 环境卫生工程，2002，10（2）：77-80.

[14] 曹本善. 垃圾焚化厂兴建与操作实务[M]. 北京：中国建筑工业出版社，2002.

[15] 章非娟. 城市污水厂污泥的堆肥处理[J]. 中国给水排水，1991，7（3）：36-39.

[16] 张长森. 生物质流化床气化及热解实验研究[D]. 郑州：郑州大学，2006.

[17] 曹建军，刘永娟，郭广礼. 煤矸石的综合利用现状[J]. 环境污染治理技术与设备，2004，5（1）：19-22.

[18] 常前发. 矿山固体废物的处理与处置[J]. 矿产保护与利用，2003（5）：38-42.

[19] 陈佛顺. 有色冶金环境保护[M]. 北京：冶金工业出版社，1984.

[20] 陈茂棋. 有色金属工业固体废物综合利用概况[J]. 矿冶，1997，6（1）：82-88.

[21] 陈闽子，佟琦，韩树民. 磷石膏、粉煤灰在硅钙硫肥料生产中的应用[J]. 中国资源综合利用，2003（9）：9-11.

[22] 董保澍. 固体废物的处理和利用[M]. 北京：冶金工业出版社，1988.

[23] 冯金煌. 磷石膏及其综合利用的探讨[J]. 无机盐工业，2001，33（4）：34-36.

[24] 高占国，华珞，郑海金. 粉煤灰的理化性质及其资源化的现状与展望[J]. 首都师范大学学报（自然科学版），2003，24（1）：70-77.

[25] 桂祥友，马云东. 矿山开采的环境负效应与综合治理措施[J]. 工业安全与环保，2004，30（6）：26-28.

[26] 胡燕荣. 化工固体废物的综合利用[J]. 污染防治技术，2003，16（1）：37-39.

[27] 纪柱. 铬渣的危害及无害化处理综述[J]. 无机盐工业，2003，35（3）：1-4.

[28] 李亚峰，孙凤海，牛晚扬. 粉煤灰处理废水的机理及应用[J]. 矿业安全与环保，2001，28（2）：30-33.

[29] 梁爱琴，匡少平，白卯娟. 铬渣治理与综合利用[J]. 中国资源综合利用，2003（1）：15-18.

[30] 刘建秋. 化工行业实施清洁生产的构想[J]. 河北化工，2003（2）：12-14.

[31] 刘宪兵. 我国工业危险废物污染防治的技术原则和技术路线[J]. 中国环保产业，2002（3）：26-27.

[32] 罗道成，易平贵，刘俊峰. 硫铁矿烧渣综合利用研究进展[J]. 工业安全与环保，2003，29（4）：10-12.

[33] 吕淑珍，方荣利. 利用煤矸石制备超细Al（OH）₃[J]. 矿产综合利用，2004（3）：34-37.

[34] 贾玉杰，安学琴. 粉煤灰综合利用现状及发展建议[J]. 煤化工，2004，32（2）：35-36.

[35] 梁爱琴，匡少平，丁华. 煤矸石的综合利用探讨[J]. 中国资源综合利用，2004（2）：11-14.

[36] 马雷，刘力，杨林，等. 磷石膏资源化利用[J]. 贵州化工，2004，29（2）：14-17.

[37] 聂永丰. 三废处理工程技术手册：固体废物卷[M]. 北京：化学工业出版社，2000.

[38] 钱易. 清洁生产与可持续发展[J]. 节能与环保，2002（7）：10-13.

[39]　任爱玲，郭斌，周保华. 以工业废物制备高效氧化铁系脱硫剂的研究[J]. 环境工程，2000，18（4）：40-44.

[40]　田立楠. 磷石膏综合利用[J]. 化工进展，2002，21（1）：56-59.

[41]　童军杰，房靖华，刘永梅. 粉煤灰制备沸石分子筛的进展[J]. 粉煤灰综合利用，2003（5）：52-54.

[42]　万年峰. 垃圾处理技术评估[J]. 水土保持科技情报，2003（2）：13-15.

[43]　王春峰，李尉卿，崔淑敏. 活化粉煤灰在造纸废水处理中的综合利用[J]. 粉煤灰综合利用，2004，18（2）：39-40.

[44]　王健，金鸣林，魏林，等. 用粉煤灰制备新型水处理滤料[J]. 化工环保，2003，23（6）：352-355.

[45]　王世娟. 磷石膏综合利用探讨[J]. 南通职业大学学报，2002，16（4）：19-20.

[46]　谢锴. 处理高炉渣的先进方法：干式成粒法[J]. 冶金能源，2002，21（1）：49-51.

[47]　徐旺生，占寿祥，宣爱国，等. 利用硫铁矿烧渣制备高纯氧化铁工艺研究[J]. 无机盐工业，2002，34（2）：37-39.

[48]　杨崇豪，周瑞云. 粉煤灰技术在污水处理中的应用研究及存在问题讨论[J]. 环境污染治理技术与设备，2003，4（2）：49-53.

[49]　杨启霞. 工业固体废物在絮凝剂制备上的应用及问题探讨[J]. 再生资源研究，2003（5）：29-32.

[50]　张林霖，周淑梅，吕岩. 清洁生产和循环经济是工业可持续发展的必要途径[J]. 环境科学动态，2004（2）：6-7.

[51]　赵建茹，玛丽亚·马木提. 浅谈磷石膏的综合利用[J]. 干旱环境监测，2004，18（2）：95-96.

[52]　赵家荣. 清洁生产回顾与展望[J]. 资源与发展，2003（1）：7-12.

[53]　郑苏云，陈通，郑林树. 磷石膏综合利用的现状和研究进展[J]. 化工生产与技术，2003，10（4）：33-36.

[54]　周珊，杜冬云. 粉煤灰-Fenton 法处理酸性红印染废水[J]. 环境科学与技术，2004，27（2）：69-71.

[55]　朱桂林. 中国钢铁工业固体废物综合利用的现状和发展[J]. 废钢铁，2003（1）：12-16.

[56]　朱海涛，张灿英，陈磊，等. 煤矸石等工业废物研制环保陶瓷生态砖[J]. 新型建筑材料，2003（2）：11-12.

[57]　赵由才. 可持续生活垃圾处理与处置[M]. 北京：化学工业出版社，2007.

[58]　宋立杰，赵天涛，赵由才. 固体废物处理与资源化实验[M]. 北京：化学工业出版社，2008.

[59]　赵由才，宋玉. 生活垃圾处理与资源化技术手册[M]. 北京：冶金工业出版社，2007.

[60]　楼紫阳，赵由才，张全. 渗滤液处理处置技术与工程实例[M]. 北京：化学工业出版社，2007.

[61]　牛冬杰，秦峰，赵由才. 市容环境卫生管理[M]. 北京：化学工业出版社，2007.

[62]　王罗春，赵爱华，赵由才. 生活垃圾收集与运输[M]. 北京：化学工业出版社，2006.

[63]　赵由才，张全，蒲敏. 医疗废物管理与污染控制技术[M]. 北京：化学工业出版社，2005.

[64]　边炳鑫，赵由才，康文泽. 农业固体废物的处理与综合利用[M]. 北京：化学工业出版社，2005.

[65]　边炳鑫，解强，赵由才. 煤系固体废物资源化技术[M]. 北京：化学工业出版社，2005.

[66]　柴晓利，赵爱华，赵由才. 固体废物焚烧技术[M]. 北京：化学工业出版社，2005.

[67]　柴晓利，张华，赵由才. 固体废物堆肥原理与技术[M]. 北京：化学工业出版社，2005.

[68]　赵由才，龙燕，张华. 生活垃圾卫生填埋技术[M]. 北京：化学工业出版社，2004.

[69]　边炳鑫，张鸿波，赵由才. 固体废物预处理与分选技术[M]. 北京：化学工业出版社，2004.

[70]　王罗春，赵由才. 建筑垃圾处理与资源化[M]. 北京：化学工业出版社，2004.

[71]　解强，边炳鑫，赵由才. 城市固体废弃物能源化利用技术[M]. 北京：化学工业出版社，2004.

[72]　金龙，赵由才. 计算机与数学模型在固体废物处理与资源化中的应用[M]. 北京：化学工业出版社，2006.

[73]　赵由才，张承龙，蒋家超. 碱介质湿法冶金技术[M]. 北京：冶金工业出版社，2009.

[74]　梅娟，范钦华，赵由才，等. 交通运输领域温室气体减排与控制技术[M]. 北京：化学工业出版社，2009.

[75]　赵天涛，阎宁，赵由才，等. 环境工程领域温室气体减排与控制技术[M]. 北京：化学工业出版社，2009.

[76]　王星，徐菲，赵由才，等. 清洁发展机制开发与方法学指南[M]. 北京：化学工业出版社，2009.

[77]　唐红侠，韩丹，赵由才，等. 农林业温室气体减排与控制技术[M]. 北京：化学工业出版社，2009.

[78]　蒋家超，李明，赵由才，等. 工业领域温室气体减排与控制技术[M]. 北京：化学工业出版社，2009.

[79] 王罗春, 张萍, 赵由才, 等. 电力工业环境保护[M]. 北京: 化学工业出版社, 2008.

[80] 宋立杰, 赵由才. 冶金企业废弃生产设备设施处理与利用[M]. 北京: 冶金工业出版社, 2009.

[81] 唐平, 曹先艳, 赵由才. 冶金过程废气污染控制与资源化[M]. 北京: 冶金工业出版社, 2008.

[82] 钱小青, 葛丽英, 赵由才. 冶金过程废水处理与利用[M]. 北京: 冶金工业出版社, 2008.

[83] 李鸿江, 刘清, 赵由才. 冶金过程固体废物处理与资源化[M]. 北京: 冶金工业出版社, 2008.

[84] 马建立, 郭斌, 赵由才. 绿色冶金与清洁生产[M]. 北京: 冶金工业出版社, 2007.

[85] 孙英杰, 孙晓杰, 赵由才. 冶金过程污染土壤和地下水整治与修复[M]. 北京: 冶金工业出版社, 2007.

[86] 蒋家超, 招国栋, 赵由才. 矿山固体废物处理与资源化[M]. 北京: 冶金工业出版社, 2007.

[87] 牛冬杰, 马俊伟, 赵由才. 电子废弃物处理处置与资源化[M]. 北京: 冶金工业出版社, 2007.

[88] 牛冬杰, 孙晓杰, 赵由才. 工业固体废物处理与资源化[M]. 北京: 冶金工业出版社, 2007.

[89] 祝优珍, 王志国, 赵由才. 实验室污染与防治[M]. 北京: 化学工业出版社, 2006.

[90] 王罗春, 何德文, 赵由才. 危险化学品废物的处理[M]. 北京: 化学工业出版社, 2006.

[91] 赵由才. 危险废物处理技术[M]. 北京: 化学工业出版社, 2003.

[92] 赵由才. 环境工程化学[M]. 北京: 化学工业出版社, 2003.

[93] 赵由才, 牛冬杰. 湿法冶金污染控制技术[M]. 北京: 冶金工业出版社, 2003.

[94] 赵由才. 实用环境工程手册: 固体废物污染控制与资源化[M]. 北京: 化学工业出版社, 2002.

[95] 赵由才. 生活垃圾资源化原理与技术[M]. 北京: 化学工业出版社, 2002.

[96] 赵由才, 黄仁华. 生活垃圾卫生填埋场现场运行指南[M]. 北京: 化学工业出版社, 2001.

[97] 张益, 赵由才. 生活垃圾焚烧技术[M]. 北京: 化学工业出版社, 2000.

[98] 赵由才, 朱青山. 城市生活垃圾卫生填埋场技术与管理手册[M]. 北京: 化学工业出版社, 1999.

[99] 李兵, 张承龙, 赵由才. 污泥表征与预处理技术[M]. 北京: 冶金工业出版社, 2010.

[100] 许玉东, 陈荔英, 赵由才. 污泥管理与控制政策[M]. 北京: 冶金工业出版社, 2010.

[101] 朱英, 张华, 赵由才. 污泥循环卫生填埋技术[M]. 北京: 冶金工业出版社, 2010.

[102] 王罗春, 李雄, 赵由才. 污泥干化与焚烧技术[M]. 北京: 冶金工业出版社, 2010.

[103] 李鸿江, 顾莹莹, 赵由才. 污泥资源化利用技术[M]. 北京: 冶金工业出版社, 2010.

[104] 王星, 赵天涛, 赵由才. 污泥生物处理技术[M]. 北京: 冶金工业出版社, 2010.

[105] 曹伟华, 孙晓杰, 赵由才. 污泥处理与资源化应用实例[M]. 北京: 冶金工业出版社, 2010.

[106] 刘遂庆, 赵由才. 1998中-瑞固体废物技术管理学术会议文集[C]. 上海: 同济大学出版社, 1999.

[107] 孙英杰, 赵由才. 危险废物处理技术[M]. 北京: 化学工业出版社, 2006.

[108] CHRISTIAN L, STEFANIE H, SAMUEL S. Municipal Solid Waste Management: Strategies and Technologies for Sustainable Solutions[M]. Gewerbestrasse 11 6330 Cham Switzerland: Springer International Publishing AG, 2002.

[109] 赵庆祥. 环境科学与工程[M]. 北京: 科学出版社, 2007.

[110] 李金惠. 危险废物处理技术[M]. 北京: 中国环境科学出版社, 2006.

[111] 国家环境保护总局危险废物管理培训与技术转让中心. 危险废物管理与处理处置技术[M]. 北京: 化学工业出版社, 2003.

[112] 何晟. 城市生活垃圾分类收集与资源化利用和无害化处理[M]. 苏州: 苏州大学出版社, 2015.

[113] 张小平. 固体废物污染控制工程[M]. 北京: 化学工业出版社, 2010.

[114] 陈冠益. 生物质能源技术与理论[M]. 北京: 科学出版社, 2017.

[115] 日本能源学会. 生物质和生物质能手册[M]. 史仲平, 华兆哲, 译. 北京: 化学工业出版社, 2007.

[116] 蒋建国. 固体废物处置与资源化[M]. 2版. 北京: 化学工业出版社, 2013.

[117] 李新禹. 城市生活垃圾热解设备与特性的研究[D]. 天津: 天津大学, 2007.

[118] 聂永丰, 岳东北. 固体废物热力处理技术[M]. 北京: 化学工业出版社, 2016.

[119] 余阳阳, 李洪亮, 鲁志远, 等. 稻壳快速热解制取生物质油的试验研究[J]. 化工进展, 2016, 35 (7): 2041-2045.

[120] 马文超, 王铁军, 徐莹, 等. 松木粉热解和生物油精制的实验研究[J]. 太阳能学报, 2015, 36 (4): 976-980.

[121] 潘敏慧. 村镇生活垃圾热解气化装置与工艺研发[D]. 天津: 天津大学, 2017.

[122] CHEN G Y, LIU C, MA W C, et al. Co-pyrolysis of corn cob and waste cooking oil in a fixed bed[J].

Bioresource Technology，2014，166（8）：500-507.

[123] JI X，LIU B，CHEN G Y，et al. The pyrolysis of lipid-extracted residue of *Tribonema minus* in a fixed-bed reactor [J]. Journal of Analytical and Applied Pyrolysis，2015，116：231-236.

[124] 陈冠益，杨会军，姚金刚，等. 两段式固定床芦竹催化热解实验研究[J]. 天津大学学报（自然科学与工程技术版），2017，50（1）：59-64.

[125] JON A，GARTZEN L，MAIDER A，et al. Bio-oil production from rice husk fast pyrolysis in a conical spouted bed reactor[J]. Fuel，2014，128：162-169.

[126] 罗亭. 城镇有机垃圾热解生物炭理化性质研究[D]. 重庆：重庆大学，2014.

[127] 王娜. 生物质热解炭、气、油联产实验研究[D]. 天津：天津大学，2011.

[128] ZHAO Y C，LOU Z Y. Pollution Control and Resource Recovery：Municipal Solid Wastes at Landfill[M]. Oxford OX5 1GB United Kingdom，Cambridge MA 02139 United States：Elsevier Publisher Inc，2017.

[129] ZHAO Y C. Pollution Control and Resource Recovery：Municipal Solid Wastes Incineration Bottom Ash and Fly Ash[M]. Oxford OX5 1GB United Kingdom，Cambridge MA 02139 United States：Elsevier Publisher Inc，2017.

[130] ZHEN G Y，ZHAO Y C. Pollution Control and Resource Recovery：Sewage Sludge[M]. Oxford OX5 1GB United Kingdom，Cambridge MA 02139 United States：Elsevier Publisher Inc，2017.

[131] ZHAO Y C，HUANG S. Pollution Control and Resource Recovery：Industrial Construction & Demolition Wastes[M]. Oxford OX5 1GB United Kingdom，Cambridge MA 02139 United States：Elsevier Publisher Inc，2017.

[132] ZHAO Y C，ZHANG C L. Pollution Control and Resource Reuse for Alkaline Hydrometallurgy of Amphoteric Metal Hazardous Wastes[M]. Gewerbestrasse 11 6330 Cham Switzerland：Springer International Publishing AG，2017.

[133] ZHAO Y C. Pollution Control for Leachate from Municipal Solid Waste[M]. Oxford OX5 1GB United Kingdom，Cambridge MA 02139 United States：Elsevier Publisher Inc，2018.

[134] 雷舒雅，徐睿，孙伟，等. 废旧锂离子电池回收利用[J]. 中国有色金属学报，2021，31（11）：3303-3319.

[135] 任亚琦，吕怿滢，肖秀婵，等. 废旧锂离子电池资源化技术现状与前景分析[J]. 成都工业学院学报，2020，23（4）：1-6，12.

[136] SONG L，YANG S，LIU H，et al. Geographic and environmental sources of variation in bacterial community composition in a large-scale municipal landfill site in China[J]. Applied Microbiology and Biotechnology，2017，101：761-769.

[137] SONG L，WANG Y，ZHAO H，et al. Composition of bacterial and archaeal communities during landfill refuse decomposition processes[J]. Microbiological Research，2015，181：105-111.

[138] SONG L，WANG Y，TANG W，et al. Bacterial community diversity in municipal waste landfill sites[J]. Applied Microbiology and Biotechnology，2015，99：7745-7756.

[139] SONG L，WANG Y，TANG W，et al. Archaeal community diversity in municipal waste landfill sites[J]. Applied Microbiology and Biotechnology，2015，99：6125-6137.

[140] SONG L，LI L，YANG S，et al. Sulfamethoxazole，tetracycline and oxytetracycline and related antibiotic resistance genes in a large-scale landfill，China[J]. Science of the Total Environment，2016，551：9-15.

[141] WANG Y，TANG W，QIAO J，et al. Occurrence and prevalence of antibiotic resistance in landfill leachate[J]. Environmental Science and Pollution Research，2015，22（16）：12525-12533.

[142] ZHOU J，ZHANG R，WANG X，et al. NaHCO$_3$-enhanced sewage sludge thin-layer drying：Drying characteristics and kinetics[J]. Drying Technology，2016，35（10）：1276-1287.

[143] ZHAO Y C，ZHOU T. Biohydrogen Production and Hybrid Process Development for Food Waste[M]. Oxford OX5 1GB United Kingdom，Cambridge MA 02139 United States：Elsevier Publisher Inc，2020.

[144] ZHAO Y C，WEI R. Biomethane Production from Vegetable and Water Hyacinth Waste[M]. Oxford OX5 1GB United Kingdom，Cambridge MA 02139 United States：Elsevier Publisher Inc，2020 .

[145] 赵由才，周涛. 固体废物处理与资源化原理及技术[M]. 北京：化学工业出版社，2021.